Jetzt helfe ich mir selbst

Dieter Korp

Mercedes-Benz
190 Dc / 200 D / 220 D / 240 D

bis 1976

Jetzt helfe ich mir selbst

Unter Mitarbeit von
Albrecht G. Thaer
und
Hans-Peter Lange
Hans-Hartmut Münch
Stefan R. Brugger

Motorbuch Verlag Stuttgart

Pietsch/MB Bd. 24 Impressum

Umschlagentwurf und Buchgestaltung: Peter Werner / Siegfried Horn
Titelbild: Albrecht G. Thaer

ISBN 3-87943-063-2

Auflage Nr. 118197

Idee und Gestaltung des Störungsfahrplanes in der vorderen Buchklappe: Verfasser.
Manuskripterstellung: Redaktion »Jetzt helfe ich mir selbst«.
Fotos: Schmarbeck 1, Thaer 134, Weitmann 1; Zeichnungen: Cruz 1, Horn 1, Werner 1; Werkfotos und -zeichnungen: Daimler-Benz 17, Michelin 2, Veith-Pirelli, Dunlop, Opel, Continental, Metzeler, Semperit je 1.
Den Schaltplan in der hinteren Buchklappe zeichnete Siegfried Blandow nach Werksunterlagen.
Satz und Druck: Staib+Mayer, Vereinigte Druckereien, 7000 Stuttgart.
Buchbinderische Verarbeitung: Verlagsbuchbinderei Wilhelm Nething, 7315 Weilheim.
Printed in Germany.

Sie finden in diesem Buch

Seite

Seite

Die elektrische Anlage

Pflege der Karosserie

Dies und jenes

Vorwort

So bleibt Ihr Auto mobil

Wie gut kennen Sie Ihren Mercedes? Kaum, gut oder sehr gut? Wissen Sie, ob die Bremslichter Ihres Wagens brennen, wenn die Zündung ausgeschaltet ist? Beispielsweise, wenn Sie abgeschleppt werden – und das kann mit jedem Auto passieren –, sollte man wissen, ob trotz stehendem Motor und ausgeschalteter Zündung hinterherfahrende Autofahrer beim Bremsen durch Aufleuchten der Stopplichter gewarnt werden können.

Kenntnis des eigenen Wagens und seines Innenlebens kann einem viel Ärger, Zeit und Geld ersparen. Aber das ist nur eine Seite der Angelegenheit. Wenn man ein Auto besitzt, wird man freundlich, aber nachdrücklich darauf hingewiesen, daß man regelmäßig zur Inspektion erscheinen möge – auch wenn dem vierrädrigen Gefährten gar nichts fehlt. Das heißt: Man muß viele Umstände auf sich nehmen, wenn man sein Fahrzeug den Werkstätten überlassen soll. Und fast unbemerkt vom Autobesitzer steigen langsam, aber stetig die Arbeits- und Teilepreise an.

Eine vernünftig vorgenommene Selbsthilfe kann Zeit, Geld und Ärger ersparen, wobei Ihnen dieses Handbuch die notwendige Unterstützung geben soll. Vor allem in den Fällen, wo vielleicht keine hilfreiche Fach-Werkstatt in der Nähe ist und Sie auf Ihr »Gewußt wo« und »Gewußt wie« angewiesen sind. Denn nichts auf dieser Welt ist perfekt. Das bewies auch die erste Mondlandung, als kurz vor dem Wiederaufstieg der Mondlandefähre der Schalter abbrach, der die Startraketen auslösen sollte. Die »Männer vom Mond« bewiesen, was Selbsthilfe wert ist: Sie halfen sich durch einen hineingesteckten Bleistift und starteten zum Rückflug! Hilfe mit solchen einfachen Mitteln müßte auf der Erde doch auch möglich sein!

Dieses Buch soll also eine in Richtung Eigenhilfe und Störungsbeistand wesentlich erweiterte Betriebsanleitung sein und daneben auch jenem Autofahrer, der nicht unters Blech schauen kann oder möchte, das Rüstzeug für den richtigen Betrieb und Unterhalt seines Wagens geben. Auch kann es nicht schaden, wenn Sie der Werkstatt gegenüber sachkundiger auftreten.

Allen freundlichen Leuten, die bei der Herausgabe dieses Buches geholfen haben, sei hiermit herzlicher Dank abgestattet.

Die Verfasser

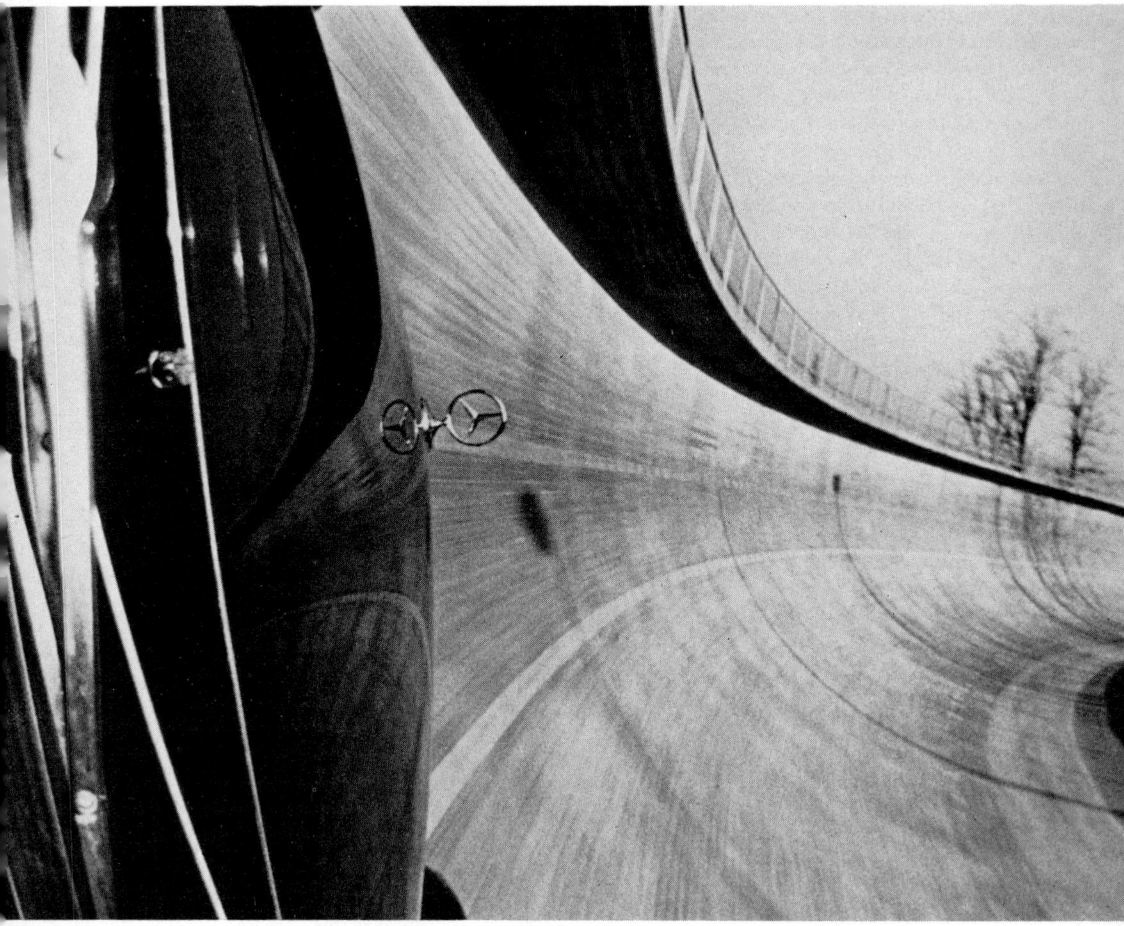

Ein wenig aufregender als bei der Probefahrt, die wir Ihnen nebenstehend empfehlen, geht es bei Probefahrten zu, die Versuchsingenieure von Daimler-Benz auf dem Versuchsgelände in Stuttgart-Untertürkheim unternehmen. Da bleibt »der gute Stern« nicht auf der Straße, sondern er muß auch die Wand hinaufklettern. Grund: Auf der Gegengeraden des räumlich begrenzten Versuchsgeländes sollen die Mercedes ihre Spitzengeschwindigkeit auf dem Tacho zeigen. Da müssen sie bereits mit 120 bis 150 »Sachen« durch die Steilwandkurve. Und der besondere Pfiff: Die Neigung der Steilwandkurve ist so genau berechnet und ausgeführt, daß bei diesen Geschwindigkeiten das Auto freihändig gefahren werden kann. Eigene derartige Versuche an Autobahnböschungen und dergleichen sind nicht empfehlenswert.

Wer will, der kann

Der ständig steigende Kraftstoffpreis hat auch den Diesel-Fahrern das Selbsttanken beschert, wobei man für rund drei Pfennig Ersparnis je Liter seinen Tank selbst wieder auffüllen kann. Aber der freundliche Tankwart, der sonst unsere Scheiben geputzt, den Ölstand und den Reifendruck kontrolliert hat, bleibt jetzt in seinem Häuschen sitzen und kassiert nur noch. Während man durch Plakate an den Tankstellen noch ständig an den rechten Ölstand im Motor erinnert wird (schließlich liegt im Ölverkauf eine recht ansehnliche Verdienstspanne), muß man an die übrigen kleinen Kontrollen selbst denken.

Kontrolle auf Verkehrssicherheit

Zur Prüfung des Fahrzeugs auf seine Verkehrssicherheit gehört eine Probefahrt, zu der die Werkstatt wegen Verkehrsdichte und Zeitmangel selten Gelegenheit hat. Günstigerweise sucht man sich dazu eine verkehrsarme Straße und hält sich an diese Reihenfolge: Bremsen – Lenkung – Motor – Kupplung – Getriebe – Beleuchtung.

■ Bremsen: Siehe »Bremsen prüfen« im Kapitel »Die Bremsen«.

■ Lenkung: Wagen mit und ohne Gas fahren und rollen lassen, Hände weg vom Lenkrad. Der Wagen darf nicht einseitig wegziehen (die Straße darf nicht gewölbt sein, gilt auch für Bremsversuch, der Luftdruck in den Reifen muß die vorgeschriebene Höhe haben). Lenkung kurz anreißen und loslassen: Kommt das Fahrzeug von selbst in die Geradeausrichtung zurück? Stellt sich die Lenkung nach der Kurve ohne Nachhilfe zurück? Läßt sich das Lenkrad leicht drehen? Kein zu großes Spiel in der Lenkung?

■ Rollt der Wagen leicht (Motor im Leerlauf, Schalthebel neutral) weiter? (Sonst schwergängige Räder.)

■ Läuft der Motor mit Leerlauf gleichmäßig? Sauberer Übergang und ruckfreies Beschleunigen beim Gasgeben? Gaswegnehmen bei höherem Tempo: Unübliche Geräusche vom Motor, Getriebe, Auspuff? Weitere Prüfungen: Trennt die Kupplung beim Schalten (kein Kratzen im Getriebe)? Rutscht sie beim scharfen Gasgeben gleich nach dem Schalten und entlastetem Kupplungspedal durch? (Motor dreht hoch, ohne daß das Fahrzeug schneller wird.)

■ Prüfen im Stand: Alle Lichter in Ordnung? Bremslicht beobachten lassen oder selbst abends beobachten im Rückspiegel durch helleren Schein an einem dicht aufgefahrenen Hintermann in haltender Kolonne.

■ Reifen in Ordnung (Reifendruck, Profilzustand, Reifenflanken, Ventilkappen)? Reserverad nicht vergessen?

■ Rostansatz am Unterboden, insbesondere an den Bremsleitungen?

■ Stoßdämpfer ölfeucht?

■ Motor, Getriebe, Achsantrieb unten ölfeucht?

■ Schwergängige Räder? Geräusch in den Radlagern beim Drehen?

■ Auspuff oder seine Halterung beschädigt?

Das Auf-den-Boden-legen können Sie sich ersparen, wenn Sie einen Tankwart

Nicht ganz korrekt ist es, daß wir auf der Vorseite den Reifendruck in das Kapitel »Prüfen ohne Werkzeug« aufgenommen haben. Denn die hier gezeigte Art der Luftdruckprüfung ohne Werkzeug ist keine Prüfung. Ohne genau anzeigenden Luftdruckmesser (siehe Kapitel »Die Reifen«) geht es nicht. Schon Luftdruckunterschiede von wenigen Zehntel atü, die man mit der Schuhspitze auf gar keinen Fall spüren kann, wirken sich auf die Straßenlage eines Autos ungünstig aus.

bitten, beispielsweise anläßlich eines Ölwechsels, einen Blick von unten auf den Wagen tun zu dürfen, also von der Schmiergrube aus bzw. unter der Hebebühne.

Kraftstoffverbrauch messen

Die Höhe des Kraftstoffverbrauchs ist ein beliebtes und oft heiß diskutiertes Thema, und die Werkstätten bekommen oft Klagen über angeblich zu hohe Verbräuche zu hören. Die Diesel-Typen machen hier jedoch meist eine rühmliche Ausnahme, denn nicht zuletzt des geringen Verbrauchs wegen erfreuen sich Diesel-Fahrzeuge so großer Beliebtheit, vor allem, wenn sie für gewerbliche Zwecke eingesetzt werden, wie beispielsweise als Taxi.

In jedem Fall ist es wichtig, zunächst den Verbrauch richtig messen zu können.

Am besten mit dem Fahrtenbuch

Für den Durchschnittsverbrauch erhält man keine genaue Angabe, wenn man nur zu Anfang und Ende einer wenige hundert Kilometer langen Autobahnfahrt volltankt und dann die verbrauchte Menge (die letzte Volltankung) durch die gefahrenen Kilometer teilt. Damit erfahren Sie nur den durch Tankungenauigkeiten (schief stehendes Fahrzeug, Luftblasen im Tank) zusätzlich ungenauen Durchschnittsverbrauch des Tages bezogen auf die spezielle Fahrweise und -strecke.

Eine Aussage über die Gesundheit des Motors und des Fahrwerks gibt nur eine Meßstrecke von mindestens 1000 und mehr km über mehrere Tage und Wochen, weil sich nur darin unterschiedliche Fahrweisen und -strecken (Autobahn-, Stadtfahrt) genügend mischen, um einen echten Durchschnitt zu ergeben. Zur Messung nehmen Sie am besten ein Fahrtenbuch (kostenlos an Ihrer Stamm-Tankstelle), notieren darin alle getankten Mengen und bei gelegentlichen Volltankungen auch den genauen km-Stand. Diese Nachfüllmengen und die letzte Volltankung werden addiert und durch die km-Differenz (mindestens 1000 km!) zwischen den beiden Volltankungen geteilt. Das Ergebnis ist der Verbrauch pro 1 Kilometer. Mit 100 multipliziert haben Sie Ihren Durchschnittsverbrauch je 100 km.

Der Normverbrauch

Die Verbrauchswerte werden seit 1979 unter drei unterschiedlichen Fahrbedingungen gemessen: Bei simuliertem Stadtverkehr, bei konstant 90 km/h und bei konstant 120 km/h.

Die Normverbrauchswerte für unsere Mercedes-Typen stammen jedoch aus der Zeit, als noch so gemessen wurde: Das Auto fährt mit halber Nutzlast beladen gleichmäßig mit $3/4$ der Höchstgeschwindigkeit (höchstens jedoch mit

110 km/h) auf absolut ebener Fahrbahn bei Windstille. Zum so ermittelten Verbrauchswert wurde noch ein Zuschlag von 10 % zugerechnet. Diesen Verbrauch werden Sie jedoch normalerweise nicht erreichen.

Zu hoher Verbrauch

Zu hoher Verbrauch deutet auf Abweichungen vom Normalzustand hin, wenn Fahrweise, Belastung, Verkehrsdichte und Witterung ungefähr gleich geblieben sind.
Zu bemerken ist hier allerdings, daß es zwischen Höchst- und Niedrigstverbrauch beim Diesel-Motor keine solchen Differenzen geben wird, wie das bei Vergaser-Motoren durch verstopfte Luftdüsen, Luftfilter oder auch durch besonders forcierte Fahrweise möglich ist. Auch in dieser Hinsicht ist der Diesel-Motor dem Otto-Motor überlegen.

Ungünstige Fahrbedingungen

- Hauptsächlicher Stadtverkehr: Motor dreht zuviel im Leerlauf, erreicht seine günstigste Betriebstemperatur nicht oder sehr spät, Gemischbildung nicht optimal.
- Niedrige Außentemperaturen kühlen den Motor stark ab, er wird erst nach längerer Fahrt mit zügigem Tempo richtig warm, im Winter oft gar nicht. Getriebeöl bleibt länger steif und verursacht höheren Reibungswiderstand.
- Viele Kurven und Gebirgsstrecken führen zu Mehrverbrauch.
- Schnee, Matsch und M + S-Reifen erhöhen den Rollwiderstand.

Wagenursachen

- Hohe Belastung (vor allem, wenn das Fahrzeug gewerblich mit Anhänger gefahren wird) ergibt Mehrverbrauch.
- Zu niedriger Reifendruck erhöht den Rollwiderstand.
- Schwergängige Räder: Zu knappes Radlagerspiel, schleifende Bremsbeläge.
- Radeinstellung (Vorspur) stimmt nicht.

Motorursachen

- Manche Motoren brauchen unter ungünstigen Bedingungen (Stadtverkehr) bis zu 5000 km, bis sie richtig »frei« sind und die günstigsten Verbrauchswerte erreichen.
- Großserienmotoren streuen in der Leistung und im Verbrauch um 5 Prozent nach oben, aber auch nach unten.
- Verschmutztes Luftfilter: Es behindert das Ansaugen der Luft.
- Falsch eingestellte Einspritzpumpe (starke Rauchentwicklung).
- Fortgeschrittener Motorverschleiß: nicht mehr dicht schließende Ventile, ausgeschlagene Ventilführungen, mangelnde Kompression, klebende oder abgenutzte Kolbenringe, verschlissene Kolben und Zylinder.

Wagen mit Getriebe-Automatik verbrauchen gegenüber solchen mit Schaltgetriebe etwa 15 Prozent mehr Kraftstoff.

Durchschnittsverbrauch

Nach vorliegenden Erfahrungen läßt sich mit folgenden Durchschnittsverbräuchen rechnen:

180 D	von 6	bis	9 Liter/100 km
190 D	von 8	bis	10 Liter/100 km
200 D	von 8	bis	12 Liter/100 km
220 D	von 9	bis	13 Liter/100 km
240 D	von 9,5	bis	14 Liter/100 km

Man sieht, daß mit den stärkeren, schnelleren und größervolumigen Motoren der heutigen Baureihe nicht mehr die schon legendär gewordenen Niedrigverbräuche der alten 180er erreicht werden, zumal sich inzwischen auch die Verkehrsverhältnisse grundlegend gewandelt haben.

Die Höchstgeschwindigkeit

Gespräche über die erreichte Höchstgeschwindigkeit spielen sogar bei Diesel-Fahrern zuweilen eine Rolle. Allgemein ist bekannt, daß Fahrzeuge mit Diesel-Motoren relativ langsam sind, ihre Vorzüge liegen nicht in hohen Geschwindigkeiten, sondern in niedrigen Verbräuchen und oft langer Lebensdauer. Dennoch sollte man wissen, ob das Tacho genau anzeigt oder nicht, um sich auf Strecken mit Geschwindigkeitsbegrenzung danach richten zu können. Man sollte sich also nicht auf die Angaben verlassen, die einem das Tachometer angibt. Tachos sind meist Optimisten und schwindeln immer einige Prozente dazu. Und der Gesetzgeber gestattet das sogar in gewissen Grenzen: In den oberen beiden Dritteln des Anzeigebereichs darf ein Tacho bis zu + 7 % zuviel anzeigen. 130 auf dem Tacho sind oft nur 120 echte Kilometer pro Stunde.
Zunächst die Höchstgeschwindigkeit: Sie können die entsprechende Voreilung des Tachos auf einer ebenen, mäßig befahrenen Autobahnstrecke nachprüfen: Beifahrer(in) mit Stoppuhr, notfalls Armbanduhr mit Sekundenzeiger. Bei Vollgas die Zeit für einen Kilometer (zwischen zwei km-Markierungen) messen lassen. Die Tachonadel darf dabei während der Fahrt nicht mehr ansteigen, was einen kilometerlangen Anlauf bedingt (Fenster und Schiebedach schließen). Die Geschwindigkeit in Kilometer pro Stunde (3600 Sekunden) ergibt sich, wenn Sie 3600 durch die gestoppte Zeit (in Sekunden) dividieren.
So läßt sich auch das Tachometer eichen: 3600 geteilt durch die zwischen zwei km-Markierungen auf der Autobahn gestoppte Zeit, während man genau nach Tacho ein bestimmtes Tempo fuhr. Beispiel: 3600 : 38 sec = 95 km/h (Tacho zeigte 100 km/h). Diese Messung ist besonders wichtig für Fahrten auf Straßen mit 100 km/h-Geschwindigkeitsbegrenzung.
Übrigens zeigen nicht nur Tachometer, sondern auch Kilometerzähler im allgemeinen zu viel an. Auch das sollte man einmal gelegentlich einer Autobahnfahrt messen: Zu Beginn der Fahrt km-Markierung der Autobahn und den Stand des km-Zählers notieren. Bevor man die Autobahn verläßt, wiederum beides notieren und vergleichen. Eine Mehranzeige des eigenen km-Zählers täuscht natürlich einen günstigeren Diesel-Verbrauch vor. Außerdem werden die Intervalle zwischen den Inspektionen kleiner (darüber freut sich die Werkstatt). Es kommt aber ganz darauf an, wie groß die Abweichung des Zählers ist. Schließlich spielt auch noch die Bereifung bei der Tachoanzeige eine Rolle. Wenn das Profil auf den Reifen immer dünner wird, wird auch der pro Radumdrehung zurückgelegte Weg des Reifens ein wenig kürzer. Da das Tachometer, genau besehen, eigentlich nur die Radumdrehungen zählen kann, wird der Wagen bei abgefahrenen Reifen laut Tacho scheinbar etwas schneller, aber nur scheinbar. Ähnlich ist es, wenn man sein Auto auf Gürtelreifen mit kleinerem Abrollumfang umrüstet. So viel schneller, wie das Tachometer glauben läßt, wird der Wagen damit nicht.

Mit Blick auf die Sterntaler

Es kommt eines Tages, nahezu unvermeidbar, daß irgend etwas an Ihrem Mercedes-Diesel nicht mehr in Ordnung ist, zu dessen Instandsetzung die Spezialwerkzeuge und das fachliche Können der Werkstatt in Anspruch genommen werden müssen. Da erheben sich dann zwei Fragen, die das schöne Autofahren plötzlich ein wenig überschatten: Was wird das wohl kosten? Und: Wie kommt man mit der Werkstatt am besten zurecht?

Fingerzeig: *Mercedes-Benz hat einen Reparatur-Notdienst eingerichtet, der täglich, also auch an Sonnabenden, Sonn- und Feiertagen, über die normale Arbeitszeit hinaus von 6 bis 22 Uhr in Notfällen Hilfe leistet. Über die »Zentrale Leitstelle für den Reparatur-Notdienst« in Stuttgart-Untertürkheim erfahren Sie zwischen 6 und 22 Uhr unter der Rufnummer 0711 / 54 11 54, welche Mercedes-Werkstatt in Ihrer Nähe Bereitschaftsdienst hat.*

Umgang mit der Werkstatt

Wer klug war, hat sich schon vor dem Kauf nach dem Ruf der erreichbaren Mercedes-Vertretungen erkundigt und sein Fahrzeug dort erworben, wo er auch nach dem Kauf gerne gesehen und solide bedient wird. Gute Werkstätten sind aber manchmal überlastet, und selbst der hilfsbereiteste Werkstattchef kann einem Kunden nicht immer so schnell dienlich sein, wie dieser sich das wünscht. Deshalb einige Ratschläge:

- Wartungsdienste und voraussehbare Reparaturen möglichst früh persönlich oder telefonisch anmelden und Termin vereinbaren.
- Möglichst morgens zwischen 7 und 8 Uhr vorfahren; da werden die Arbeiten für den Tag eingeteilt. Besser den Wagen am Vorabend hinbringen.
- Vor dem Werkstattaufenthalt sollten Sie Handschuhfach und Kofferraum einschließlich Werkzeug, Reservekanister und Abschleppseil ausräumen. Die Werkstatt übernimmt keine Haftung, wenn derartige Dinge abhanden kommen.
- Ganz klaren Reparaturauftrag geben (dieses Buch soll dazu helfen). Defektes Teil reparieren oder durch neues ersetzen? Ölwechsel ja oder nein?
- Eigene Telefonnummer hinterlassen. Wichtig für Rückfragen wegen zusätzlicher Arbeiten, die der Werkstatt empfehlenswert erscheinen.
- Ausgebaute oder ersetzte Teile wandern auf den Schrotthaufen. (Rückgabe-Austauschteile natürlich ausgenommen.) Lassen Sie auf dem Auftrag vermerken, daß man die defekten Teile in den Kofferraum legt oder zur Hand hält. Dadurch haben Sie eine gewisse Kontrolle der Werkstattarbeit.
- Wenn Sie anderer Meinung als die Leute von der Werkstatt sind, toben Sie nicht durch die Werkhalle – Sie erheitern dadurch nur die Lehrlinge –, sondern sprechen Sie sachlich und ruhig mit dem Chef. Lassen Sie sich seine Gründe so erklären, daß Sie sie als Laie verstehen können.
- Unterwegs sollten Sie einen kleinen Block und Bleistift mit sich führen, damit Sie nicht vergessen, was Sie dem Werkstattmann mitteilen wollten.

■ Bei Abnahme des reparierten Wagens sollten Sie noch auf dem Werkstatthof möglichst viele Funktionen Ihres Wagens prüfen und auch versuchen, ein kleines Stück hin und her zu fahren. Solange Sie noch im Bereich der Werkstatt sind, lassen sich Beanstandungen aller Art besser und überzeugender anbringen.

■ Bei Unstimmigkeiten mit der Werkstatt können Sie sich auch an die nächstgelegene Schiedsstelle des Kraftfahrzeughandwerks wenden. Die Adresse erhalten Sie vom Zentralverband des Kraftfahrzeughandwerks, 53 Bonn 1, Franz-Lohe-Straße 21, von den Automobilclubs, vom TÜV oder von der DAT.

Werkstatt-Garantie

Die Neuwagen-Garantie Ihres Diesel-Mercedes ist natürlich längst abgelaufen. Aber seitdem die zwischen ADAC und dem Zentralverband des Kraftfahrzeughandwerks ausgehandelten »Kraftfahrzeug-Reparaturbedingungen 1974« in Kraft sind, müssen auch die im Zentralverband des Kfz-Handwerks organisierten Werkstätten (das sind alle autorisierten Daimler-Benz-Werkstätten) Garantie auf ihre Reparaturen leisten:

■ 6 Monate Garantie ohne Kilometerbegrenzung auf einwandfreie Reparatur.

■ Stellt sich ein Reparaturfehler im angegebenen Zeitraum heraus, muß die Werkstatt den Fehler völlig kostenlos beheben – also nicht nur die Kosten eines defekten Teiles etwa (wie bei der seitherigen Neuwagen-Garantie) müssen übernommen werden, sondern auch die Montagekosten in vollem Umfang.

■ Darüber hinaus müssen dem Autobesitzer für die Dauer der »Nachbesserung« (also die Garantie-Reparatur) kostenlos ein Ersatzfahrzeug zur Verfügung gestellt oder 80 % der Mietwagenkosten ersetzt werden, wenn die ursprüngliche Reparatur von der Werkstatt grob fahrlässig oder die Nachbesserung schuldhaft mangelhaft ausgeführt wurde.

■ Auch für Folgeschäden muß die Werkstatt heute haften. Ereignet sich durch unsachgemäße Reparatur ein Unfall, haftet die Werkstatt bei Personenschäden bis zu 500 000 DM. Ferner hat die Werkstatt die Abschleppkosten und die Instandsetzung des Fahrzeugs zu übernehmen.

■ Ist eine Instandsetzung nicht mehr möglich, hat die Werkstatt den Wiederbeschaffungswert des Fahrzeugs zu ersetzen.

■ Für Schäden und Verlust des Fahrzeugs während des Werkstattaufenthalts muß die Werkstatt ebenfalls gerade stehen.

■ Wird ein Fahrzeug infolge mangelhafter Reparatur innerhalb des Garantie-Zeitraumes mehr als 30 km entfernt vom Reparaturbetrieb betriebsunfähig, muß die Werkstatt benachrichtigt werden und diese entscheidet, ob sie das Fahrzeug abschleppen will oder ob man die Nachbesserung in einer näher gelegenen Fachwerkstatt auf ihre Kosten vornehmen lassen kann.

■ Natürlich muß der Autobesitzer einen erkannten Reparaturmangel sofort der Werkstatt mitteilen. Er darf nach dem Wortlaut der Bestimmungen z. B. nicht bis zur Rückkehr aus dem Urlaub warten, sondern muß vom Urlaubsort aus schreiben!

Was wird das wohl kosten?

Die am häufigsten gestellte Frage in der Werkstatt lautet: »Was kostet das?« Drei Arten der Beantwortung sind dann möglich:

■ Der Reparaturannehmer oder Meister schätzt über den Daumen. Die hierbei genannte Zahl ist völlig unverbindlich, und der tatsächliche Rechnungsbetrag kann wesentlich höher ausfallen.

■ Der genaue Zeitaufwand einer Routinereparatur wird aus der nachfolgend genannten Arbeitspositionsliste herausgesucht und im Auftragsformular – von dem Sie eine Kopie erhalten müssen – neben der jeweiligen Reparatur aufgeführt. Diese Methode hat sich in der Praxis eingebürgert, und die Preise sind für die Werkstatt verbindlich, sofern sich keine Zusatzarbeiten ergeben.

■ Ein verbindlicher, schriftlicher Kostenvoranschlag – an den sich die Werkstatt übrigens drei Wochen lang halten muß – lohnt sich nur bei umfangreichen Reparaturen. Wir denken dabei an einen Unfallschaden oder die Beseitigung von Durchrostungen. Der Meister schaut sich den Wagen dazu genau an und sucht die Preise für die Arbeiten und Ersatzteile heraus. Diesen Zeitaufwand darf die Werkstatt nur dann in Rechnung stellen, wenn dies zuvor ausdrücklich mit dem Kunden vereinbart wurde.

Ein derartiger Kostenvoranschlag kann bei einem Schadensfall auch als Nachweis gegenüber der Versicherung gelten.

Überschreiten des Kostenvoranschlags

■ Nach den bisherigen Kfz-Reparaturbedingungen durften die Reparaturkosten ohne Rückfrage beim Besitzer auch um 15–20 % höher ausfallen. Diese Klausel gilt nicht mehr. Sind entsprechende Überschreitungen der bei Auftragserteilung festgehaltenen Zirka-Preise zu erwarten, muß die Werkstatt den Kunden hierüber vorab unterrichten. Allerdings muß er dann kurzfristig erreichbar sein, sonst kann die Werkstatt nach eigenem Gutdünken weiter verfahren. Daher empfiehlt es sich, am Reparaturtag wenigstens telefonisch erreichbar zu sein, um bei der Fahrzeugabholung keine Überraschung zu erleben.

■ Der schriftlich erstellte und verbindliche Kostenvoranschlag darf keinesfalls überschritten werden. Hier muß der Wagenbesitzer in jedem Fall gefragt werden, ob er Zusatzarbeiten und damit einem höheren Preis zustimmt.

Fingerzeig: *Bei Reparaturen an der Karosserie, sei es das Ausbügeln eines Unfallschadens oder der Ersatz durchgerosteter Bleche, können die Kosten schnell den Zeitwert des Fahrzeugs überschreiten. Für derartige Arbeiten ist deshalb ein verbindlicher Kostenvoranschlag unerläßlich. Will sich Ihre Werkstatt darauf nicht einlassen, sollten Sie sich nach einem anderen Reparateur umsehen.*

Die Rechnung muß stimmen

Gelegentlich hört man von Rechnungen, deren sparsamer Text sich in dem Satz »Wagen instandgesetzt 217,58 DM« erschöpft. Solch eine Rechnung ist keine Rechnung. Man darf sie sich nicht gefallen lassen, denn es ist das gute Recht des Kunden, genau zu erfahren, was ihm da alles berechnet wurde. Und nicht zuletzt gilt eine genaue Rechnung auch als eventuelles Beweismittel bei Reklamationen. So ist es für eine gut geführte Werkstatt selbstverständlicher Brauch, daß die Rechnung genau beschreibt, wie und was eigentlich repariert wurde, welche Teile und zu jeweils welchem Preis dazu nötig waren und wie hoch der Preis für die eigentliche Arbeitszeit war.

Gerade diese letzte Position bringt manchen unkundigen Autobesitzer zum erschreckten Luftanhalten, denn in sehr vielen Fällen sind die Kosten der Montage wesentlich höher als der Preis des eigentlichen Ersatzteils. Wenn man sein defektes Auto zur Werkstatt bringt, genügt es also keineswegs, nur nach dem Preis der notwendigen Ersatzteile zu fragen. Auch die Montagekosten – der sogenannte »Arbeitspreis« – müssen erfragt werden, wenn man sich ein Bild machen will, wie tief man in die Tasche greifen soll.

Auch ein Kostenvoranschlag über den »Arbeitspreis« ist für eine gut geführte Mercedes-Werkstatt kein Problem. (Ausnahme: Ein defektes Teil, etwa der Motor, das Hinterachsgetriebe oder dergleichen, muß vorher auseinandergenommen werden, um den Umfang des Schadens genau feststellen zu können.) Denn Daimler-Benz hat für seine Werkstätten ein »Arbeits-Positionsbuch« zusammengestellt. Darin kann man aus stichwortartigen Beschreibungen von mehreren hundert Reparaturarbeiten die Kosten für die jeweilige Arbeit berechnen. Das sind nun keine Einheitskosten, die in jeder Mercedes-Werkstatt gleich hoch sind, denn in diesem Arbeits-Positionsbuch sind keine festen Preise vermerkt, sondern die vielen hundert verschiedenartigen, jedoch in sich jeweils gleichartigen Reparaturarbeiten sind mit sogenannten »Arbeitswerten« (Kurzbezeichnung: AW) klassifiziert.

Berechnung nach »Arbeitswerten«

Unter solch einem Arbeitswert (AW) können Sie sich nicht viel vorstellen, aber die Sache ist einfach: Ein ordentlicher Monteur einer ordentlichen Mercedes-Werkstatt soll in der Stunde 10 AW schaffen, ein Arbeitswert entspricht also etwa 6 Minuten Arbeitszeit. In einer sehr gut durchorganisierten Werkstatt schafft der sorgsam ausgewählte und eingesetzte Monteur vielleicht auch 12 AW oder sogar mehr. Diese Werkstatt wird deshalb kaum billiger sein. Denn bezahlt wird (auch der Monteur) nach Arbeitswerten und nicht nach der tatsächlich benötigten Zeit.

Unterschiedlich ist jedoch der Preis, den der Kunde pro Arbeitswert hier oder dort zu zahlen hat. Etwas knapper sind die Preisdifferenzen bei den werkseigenen Niederlassungen (etwa 37 im Bundesgebiet), wo Daimler-Benz ja selbst auf die Kalkulation Einfluß nimmt. Aber man darf heutige Stundenlöhne nicht mit dem »Gesellen-Stundenlohn« früherer Handwerkergenerationen verwechseln oder vergleichen. Denn in diesem »Stunden-Arbeitspreis« – das ist die korrekte Bezeichnung – muß der Werkstattinhaber seine gesamten Unkosten (Löhne, Gehälter, Gebäude- und Geräteamortisation, allgemeine Betriebskosten, Steuern und dergleichen) unterbringen. Da ist es natürlich, daß der Werkstattinhaber auf ererbtem Grundstück in der Kleinstadt und bei niedrigeren Löhnen billiger sein kann als der Chef einer aufwendigen Großstadt-»Reparatur-Fabrik« auf sündteurem Grund und Boden.

Tatsächlich lohnt es sich bei größeren Reparaturen unter Umständen, irgendwo auf dem Lande eine zuverlässige Mercedes-Werkstatt aufzuspüren, wo man Sie billiger bedienen kann. Geheimtip: Mit einer nicht so dringenden Reparatur warten, bis man im Urlaub weit weg von der Großstadt ist und auch Zeit hat, ein paar Tage auf den Wagen zu warten. Voraussetzung: Die Finanzen reichen für Urlaub und Reparatur gleichzeitig. Aber: In einem feudalen Kurort ist man auch nicht immer genügend weit weg von teuren Preisen.

Ersatz- oder Austauschteile

Es müssen nicht in jedem Falle neue Teile sein, die Sie bei fälligen Reparaturen in Ihren Mercedes einbauen lassen. Denn Daimler-Benz hat für verschiedene Teile, die erfahrungsgemäß nicht das ganze Autoleben aushalten, aber vom Werk wieder »generalüberholt« werden können, ein besonderes Austauschteile-Programm bereit. Dazu gehören natürlich nicht zerknitterte Stoßstangen oder eingebeulte Türen, und auch durchgebrannte Auspufftöpfe werden nicht per Austauschteil ersetzt. Bei allen sonstigen Teilen sollten Sie als sparsamer Mann in Ihrer Mercedes-Werkstatt nach einer etwaigen Austauschmöglichkeit fragen.

Mit Austauschteilen lassen sich also einige D-Mark sparen. Voraussetzung ist dabei, daß das Alt-Teil abgegeben wird und überholt werden kann. Bei einem durch Frost geplatzten Motorblock ist also ein Austausch nicht möglich. Oder der Preis eines nicht mehr reparierbaren Motorteils wird zum Austauschteilpreis hinzugerechnet.

Mit dem Austauschmotor erhält man bei Daimler-Benz übrigens ein komplettes Stück, an dem auch alle Zusatzaggregate, wie Wasserpumpe, Lichtmaschine, Anlasser, Einspritzpumpe usw., überholt bzw. erneuert wurden. Das ist nicht bei allen Automarken üblich. Dort müssen entweder die alten Anbauteile des seitherigen Motors »umgerüstet« werden, was entsprechendes Geld kostet, oder diese sind ebenfalls durch Austauschteile zu ersetzen, was noch mehr Geld kostet. Unter diesem Blickwinkel schrumpft der oben aufgeführte Motorpreis ganz erheblich zusammen.
Die technische Entwicklung läßt auch bei den Mercedes-Wagen Änderungen in der Serie eintreten, die im Einzelfall bei der Ersatzteil-Beschaffung beachtet werden müssen. Wichtige konstruktive Änderungen sind im jeweiligen Kapitel dieses Buches oder auf den Seiten 250–251 erwähnt.

Auch Tankstellen können helfen

Suchen Sie sich eine gut geführte Stammtankstelle, die nicht nur auf Selbstbedienung spezialisiert ist. Denn an SB-Tankstellen darf Ihnen, entsprechend gesetzlicher Vorschriften, nicht geholfen werden und demzufolge sitzt dort vielfach nur jemand zum Kassieren. An anderen Tankstellen, die (vielleicht neben einigen Selbstbedienungs-Zapfsäulen) auch noch Service leisten, sind Sie mit kleineren autotechnischen Nöten besser aufgehoben, denn diese Zapfstationen bieten in der Regel mehr als nur Kraftstoff für den Tank. Dort gibt es durchweg alle Möglichkeiten zum Ölwechsel (wir meinen damit nicht die »Schnell-Ölwechsel-Absauggeräte«, von denen wir für die Diesel-Motoren nichts halten; siehe auch Seite 34), sowie Einrichtungen für Reifen- und Batteriedienst oder zum Einstellen der Scheinwerfer. Bei Störungen am Diesel-Motor wird man an Tankstellen allerdings kaum Hilfe finden, es sei denn, der Tankstellenchef ist Kraftfahrzeugmeister und kennt sich speziell mit Diesel-Motoren aus.
Regelrechte Kraftfahrzeug-Reparaturen gehören ohnehin nicht an Tankstellen. Denn dort fehlt es zumeist am erforderlichen Spezialwerkzeug, am Spezialwissen und vor allem sind Tankstellen normalerweise gegen solches Reparaturrisiko nicht haftpflichtversichert. Das könnte bösen Ärger geben und ein vernünftiger Tankstellenhalter wird deshalb schon von sich aus echte Fahrzeugreparaturen ablehnen – man muß dafür Verständnis haben.

Prüfen vor der TÜV-Kontrolle

Wie Sie wissen, muß man nach § 29 der Straßen-Verkehrs- und -Zulassungsordnung alle 2 Jahre bei irgendeinem Technischen Überwachungs-Verein (TÜV) vorfahren, um den Wagen auf Verkehrssicherheit überprüfen zu lassen. An Hand des in diesem Buch Gesagten wird man selbst schon vorher eine ganze Reihe von Funktionen durchprüfen können, damit es keine Beanstandungen gibt.
Das Hauptaugenmerk richtet der TÜV bei einem älteren Wagen auf den Rost an tragenden Teilen. Es empfiehlt sich, die gefährdeten Bereiche zuerst einmal selbst abzuklopfen, wir sind auf Seite 239 darauf eingegangen. Weiter sollten Sie prüfen, ob die hinteren Schräglenker (Nr. 11 im Bild Seite 15 oben) vom Rost geschwächt sind; eine äußere Rostschicht ist dagegen belanglos. Bei einem Fahrzeug mit Servolenkung kann der Längsträger der Karosserie unterhalb des Lenkgetriebes gebrochen sein, diese Stelle sollten Sie vor dem TÜV-Besuch ebenfalls kontrollieren.
Der Sicherheit wegen gehört die Bremsanlage genauso zu den wichtigsten Prüfpunkten. Daß man mit einer schief ziehenden Bremse nicht beim TÜV vorfährt, dürfte selbstverständlich sein. Kontrollieren Sie vorher auch die Wirkung der Feststellbremse. Rostnarbige Bremsleitungen oder angescheuerte Brems-

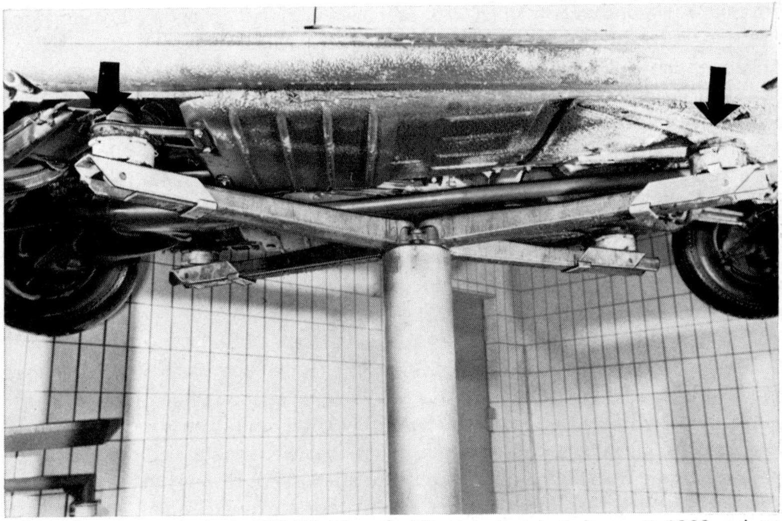

Wenn Ihr Mercedes in Werkstatt oder Tankstelle auf einen sogenannten Kreuzheber genommen wird, sollten Sie darauf achten, daß auf die Hebearme genügend hohe »Pilze« (schwarze Pfeile) aufgeschoben werden, damit das unter dem Wagen längs laufende Auspuffrohr nicht gequetscht wird. Vorne (auf dem Bild rechts) wird der Mercedes unter den kräftigen Längsträgern (siehe dazu auch Bild Seite 31 oben) und hinten (auf dem Bild links) unter den vorderen Lagern des Hinterachsträgers abgestützt. Soll der Wagen mit einem sogenannten Rangierheber (Steinbockheber) nur vorne oder nur hinten angehoben werden – beispielsweise zum Radwechsel – soll vorne eine druckausgleichende Gummiplatte zwischen die Wagenheberpfanne und die Mitte des Vorderachsträgers gelegt werden. Auf keinen Fall darf der Mercedes am schwachen Querträger unterhalb des Kühlers aufgebockt werden. Hinten ist der Rangierheber unter der Mitte des Ausgleichgetriebes anzusetzen.

schläuche übersieht kein TÜV-Prüfer. Gefährdet sind bei den seit 1968 gebauten Modellen die Bremsschläuche der Hinterachse. Ihr Schlauchhalter am Wagenboden kann bei falschem Ansetzen des Wagenhebers verbogen werden. Dann scheuert der Bremsschlauch am Wagenboden oder an der Blechkante des Achsträgers.

Dennoch ist es nicht ausgeschlossen, daß der Prüfer etwas Negatives findet. Um das zu vermeiden, ist es aber nicht unbedingt zu empfehlen, eine Werkstatt aufzusuchen, um dort zu erklären: »Ich muß zum TÜV, bitte schauen Sie doch nach, ob alles in Ordnung ist!« Damit hat man nämlich der Werkstatt einen Blanko-Auftrag gegeben, und man darf sich hinterher nicht wundern, wenn man eine entsprechend große Rechnung bekommt! Denn irgend etwas findet man bekanntlich immer, was nicht ganz in Ordnung ist. Besser ist es unserer Meinung nach, wenn man es getrost darauf ankommen läßt, daß der Prüfer des TÜV etwas Beanstandenswertes findet. Die Punkte kreuzt er auf seinem Berichtsbogen an und genau diese Punkte läßt man dann in der Werkstatt beheben. Dann fährt man zum zweitenmal zum TÜV für die Nachprüfung. In der Regel wird man dem Prüfer gleich von vornherein sagen, daß man auf Grund des oben Gesagten vorher nicht zur Werkstatt gegangen ist. Das wird kaum auf Unverständnis stroßen. Übrigens raten wir Ihnen, vor der Durchsicht dem Fahrzeug eine Ober- und Unterwäsche zu gönnen, das macht auf den Prüfer einen guten Eindruck!

Und noch einige Hinweise: Die Untersuchung braucht nicht bei einer TÜV-Stelle am Wohnort zu erfolgen (man kann sich also eine solche aussuchen, bei der man sich mehr Entgegenkommen verspricht). Ungünstige Prüfzeiten sind die Tage vor den Ferien und vor Feiertagen, allgemein jedoch das Frühjahr. Sie können mit den Prüfstellen einen Termin vereinbaren. Man muß nicht persönlich mit seinem Wagen vorfahren, sondern kann einen anderen zu dieser Vorführung beauftragen.

Nicht nur für zwei linke Daumen

In ganz grauer Auto-Vorzeit, als der auf seine süße kleine Tochter Mercedes so sehr stolze Konsul Emil Jellinek in Nizza den von ihm verkauften Daimler-Wagen aus Schwaben ohne Federlesens den Namen Mercedes gab, gehörten Pannen zum Autofahrer-Alltag. Das lag nicht an den Daimler-Wagen jener Tage, sie waren eher pannensicherer als andere, sondern am technischen Stand der Zeit. Darum hielt sich die Finanzaristokratie dazumal – und nur diese konnte sich einen der kostspieligen und bei vielen Autorennen siegenden Mercedes leisten – einen livrierten Chauffeur und dieser griff, wenn unterwegs mal wieder die Abreißzündung versagte oder ein »Pneumatik« Luft und Lust verlor, in einen großen Kasten unter dem Fahrersitz oder auf dem Trittbrett, der neben allen wichtigen Ersatzteilen die Werkzeugausstattung einer gut eingerichteten Dorfschmiede enthielt.
Pannen sind heutzutage selten geworden, wenn auch noch lange nicht ausgestorben, aber da die meisten Autofahrer nach Ansicht der Kraftfahrzeughersteller bezüglich Werkzeuggebrauch sowieso nur zwei linke Daumen haben, wurde das seinerzeit so stattliche Bordwerkzeug immer unansehnlicher und kümmerlicher, und es gibt sogar schon Fahrzeuge – nicht von Daimler-Benz! –, die lediglich einen armseligen Schraubenzieher – welch ein Aufwand! – mit auf den Lebensweg bekommen.
Ganz so schlimm ist es bei Ihrem Mercedes nicht. Die vier Schraubenschlüssel zeigen die am Mercedes zumeist verwendeten Muttergrößen, in der Größe SW 17 ist sogar ein zweiter zum Gegenhalten für sich etwa mitdrehenden Schrauben vorhanden, was wirklich heutzutage in der serienmäßigen Bordwerkzeugausstattung eine Rarität zu nennen ist. Auch für den Schraubenziehergriff sind zwei doppelseitig verwendbare Schraubenzieherklingen verschiedener Größen vorhanden und die Kombizange ist tatsächlich gebrauchsfähig – sagen Sie ja nicht, das sei bei serienmäßigem Bordwerkzeug selbstverständlich. Schließlich ist oftmals eine kleine schwarze Kunststoffzange beigefügt, an der wir auch zuerst herumrätseln mußten (siehe Bordwerkzeugbild, nächste Seite), zu was sie wohl gut sein sollte. Sie ist ein sehr gescheiter Einfall der Daimler-Benz-Kundendienstler und dient, wie das Bild auf Seite 171 zeigt, zum Austausch defekter Sicherungen und – bei den Benzin-Motoren – zum Halten eines Zündkabels bei der Zündfunkenprobe.

Empfehlenswerte Grundausrüstung

Wenn Sie sich selbst um Ihren Mercedes kümmern wollen, werden Ihre Gedanken bestimmt bald in Richtung Werkzeugkauf gehen. Unbedingt sollten Sie auf eine gute Qualität achten, denn nur mit wirklich gutem Werkzeug läßt sich leicht und zuverlässig arbeiten. Ein Werkmeister kann zur Not auch mit schlechtem Gerät hantieren – er weiß sich zu helfen. Aber ein Heimwerker, der den Umgang mit Werkzeug nur nebenbei und ungelernt betreibt, ist mit schlechten Schraubenschlüsseln und Schraubenziehern schnell am Ende seiner

Die vier Doppel-Gabelschlüssel des Mercedes-Bordwerkzeugs zeigen zwar die an Ihrem Fahrzeug zumeist verwendeten Schraubengrößen, wer sich jedoch mehr mit seinem Fahrzeug selbst beschäftigen möchte, kommt damit nicht aus. Der Bordwerkzeug-Schraubenzieher ist mit seiner vierfachen Umsteckmöglichkeit recht zu loben, auch die Kombizange ist tatsächlich brauchbar – das ist bei Auto-Bordwerkzeug keine Selbstverständlichkeit! Eine Mercedes-Spezialität ist die Kunststoff-Zange (links) für Sicherungen, deren Gebrauch auf Seite 171 gezeigt ist.

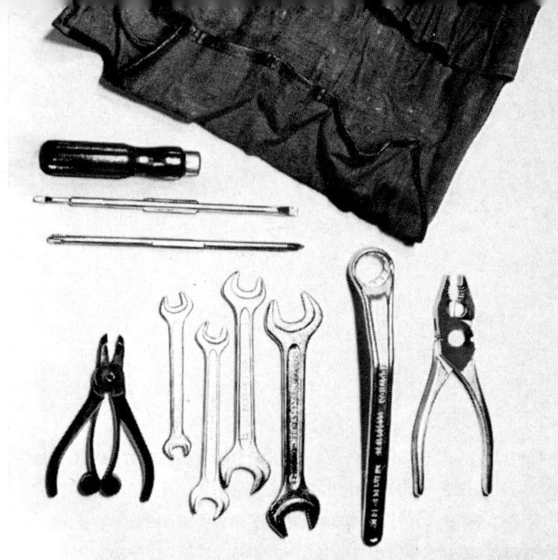

Kunst. Gutes Werkzeug ist aber nicht billig. Um so wichtiger ist es, daß man sein gutes Geld zweckmäßig anlegt und nicht einfach aufs Geratewohl ganze Werkzeugsätze kauft, denn manches Teil des so in Bausch und Bogen gekauften Werkzeuges wird dann gar nicht benötigt. Dagegen können Sie für Ihren Mercedes verschiedene Spezial-Werkzeuge recht gut gebrauchen, sie sind aber in allgemeinen Werkzeugsätzen nicht enthalten. Aus diesem Grunde erscheinen uns auch fertige Werkzeugsätze »für den Herrenfahrer« gar nicht empfehlenswert, denn ihre Zusammensetzung ist viel zu allgemein gehalten. Aus der nachfolgenden Liste ist erkennbar, was als schon recht vielseitig verwendbare Grundausrüstung für den heimischen Werkzeugschrank empfehlenswert erscheint. Die beigefügten Preise haben wir, mit Ausnahme der Quetsch-Kombizange, dem Katalog der Firma Hazet entnommen, die zu den renommierten Werkzeugherstellern zählt und in allen guten Werkzeuggeschäften bekannt ist. Leider muß das für einen Mercedes vorgesehene Werkzeugsortiment reichhaltiger sein, als es bei vielen gängigen Wagen heutzutage notwendig ist. Während nämlich beispielsweise Fiat, Ford und Opel die an ihren Fahrzeugen vorkommenden Schrauben und Muttern auf einige wenige Normgrößen zusammengefaßt haben, behielt man bei Daimler-Benz vielerlei Schrauben und Muttern bei. Trotzdem muß man sich nicht gleich alles, was in der nachstehenden Liste aufgeführt ist, vor allem, wenn ein noch gut intakter Bordwerkzeugsatz die Basis bilden kann, kaufen. Es kommt ja wesentlich darauf an, welche Arbeiten man selbst vornehmen will, und bei den Arbeits-

Werkzeuge, die wir dem Heimwerker speziell für die Mercedes-Diesel-Modelle empfehlen:
1 – Doppel-Gabel-Schraubenschlüssel;
2 – Ringschlüssel, gekröpft;
3 – Rohrsteckschlüssel;
4 – Steckschlüssel (»Stecknüsse) mit Gelenkhandgriff und Verlängerungsstück;
5 – Inbus-Sechskant-Steckschlüssel SW 14;
6 – Radschraubenschlüssel SW 17;
7 – Querschlitzschraubenzieher;
8 – Kreuzschlitzschraubenzieher;
9 – Winkelschraubenzieher für Querschlitzschrauben;
10 – Rohrzange;
11 – Quetsch-Kombizange von Brunsmeier;
12 – Seitenschneider;
13 – Schlosserhammer;
14 – Fühlerblattlehre;
15 – Flachmeißel und Kreuzmeißel;
16 – Körner und Durchschläger;
17 – Flachfeile

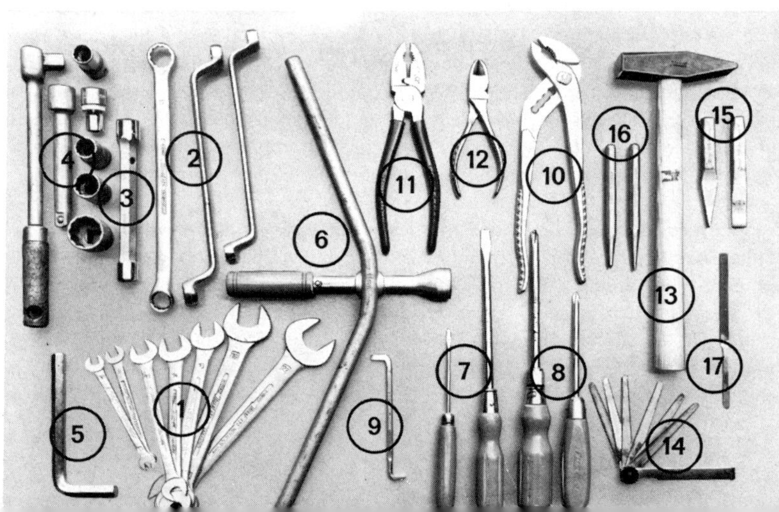

beschreibungen in diesem Buch ist in der Regel erwähnt, welches Werkzeug dazu benötigt wird.

1 Satz Doppel-Gabelschlüssel 6 x 7, 8 x 9, 10 x 13, 12 x 14, 14 x 17, 17 x 19, 22 x 24
2 Ringschlüssel 10 x 14, 17 x 19, hoch gekröpft
1 Ringschlüssel 14 x 17, flach gekröpft
1 Rohrsteckschlüssel 13 x 17
1 Innensechskant-Steckschlüssel SW 14
1 Radmutternschlüssel SW 17
3 Schraubenzieher, Breite 3, 5, 7 mm für Querschlitzschrauben
3 Schraubenzieher für Kreuzschlitzschrauben
1 Winkel-Schraubenzieher, 5 mm
1 Rohrzange, 240 mm lang
1 Spezialquetschzange; siehe Seite 170
1 Seitenschneider
1 Schlosserhammer, 300 Gramm
1 Fühlerblattlehre, 0,10 bis 0,60 mm
1 Flachmeißel und 1 Kreuzmeißel
1 Körner
1 Durchschläger, 3 mm
1 Satz Schlüsselfeilen, flach, dreikant, rund

Was die Größenangaben bedeuten

Bei der Aufzählung der Schraubenschlüssel ist beispielsweise von SW 13 oder 17 x 19 die Rede. Natürlich müssen Sie wissen, was das bedeutet; es ist schnell erklärt: Bei uns in Deutschland wie in Frankreich und vielen anderen Ländern werden Maschinenteile und Werkzeuge in der Regel nach dem metrischen Maß-System gemessen. In manchen Fällen ist jedoch auch noch das amerikanische oder englische Maß-System üblich. Im metrischen System werden alle Größen natürlich in Zentimeter und Millimeter angegeben, im amerikanischen Maß-System in Zoll. Das Kennzeichen für Zoll ist ein oben an der betreffenden Zahl stehendes Gänsefüßchen ("). 1 Zoll (1") entspricht 25,4 mm. Zumeist kann man schon an den Zahlen selbst erkennen, welchem Maß-System sie zuzuordnen sind, denn Zollangaben werden in der Regel mit Bruchstrichen gemacht, also ½" (= 12,7 mm) oder etwa 2¼" (= 37,5 mm), während metrische Angaben entweder ein Komma haben oder vollständig in Millimetern geschrieben werden. Bei Schraubenmuttern mißt man den Abstand der einander gegenüberliegenden Flanken in mm oder Zoll und schreibt auf den jeweils dafür passenden Schraubenschlüssel die entsprechende Schlüssel-Weite (Kurzbezeichnung SW). Ein Doppel-Gabelschlüssel (man nennt den Gabelschlüssel vielfach auch Maulschlüssel) mit der Bezeichnung 10 x 13 hat also auf der einen Seite eine Gabel oder ein Maul für eine 10 mm breite und auf der anderen Seite für eine 13 mm breite Schraube.

Da an unserem Mercedes alle Schrauben in Millimeter gemessen werden, kommen Schraubenschlüssel mit Zoll-Angaben nicht in Frage. Auch geschenkte Schraubenschlüssel mit Zoll-Angaben soll man nicht benutzen. Sie passen nicht genau, so daß man sich nur die Flanken der Schrauben damit beschädigt.

Welches Werkzeug für welchen Zweck

Besonders oft sind an Ihrem Mercedes die Schlüsselweiten 8, 10, 13, 14, 17 und 19 vertreten. Man kauft sie deshalb am besten mehrmals, auch in unterschiedlicher Ausführung als Gabel-, Ring- und Steckschlüssel, wie sie unser Bild zeigt. Den zweiten Schlüssel gleicher SW braucht man gelegentlich

zum Gegenhalten, wenn zwei Muttern gleicher Weite miteinander verschraubt sind. Ringschlüssel kauft man am besten in der flach bzw. hoch gekröpften Form, wie sie unser Werkzeugbild zeigt. Die Ringe sind dabei seitlich zum Halteschaft versetzt, so daß man damit auch an Schrauben und Muttern kommt, die sich mit einem Gabelschlüssel nicht greifen lassen. Ring- und Steckschlüssel sind auch allgemein besser und intensiver zu handhaben, denn ihre Zwölfkant-Form übt auf alle 6 Kanten der Schraube gleichzeitig Druck aus, während der Gabel- oder Maulschlüssel, wie man diese Sorte auch nennt, eine Schraube nur an zwei einander gegenüberliegenden Flanken angreifen kann, somit bei festgerosteten Teilen eher abgleitet.
Seltener benötigt werden die Schlüsselweiten 7 (Elektrik) und 11 (an Bremsleitungen, die sowieso Werkstattsache sind), den Innensechskant-Steckschlüssel SW 14 braucht man nur zur Ölkontrolle und zum Ölwechsel in Getriebe und Hinterachse (es gibt für den Mercedes-Öldienst den Spezialschlüssel Hazet Nr. 2760 mit Innensechskant SW 14 und Ringschlüssel SW 17), ein Steckschlüssel SW 22 wird zum Lösen der Lenksäulenmutter (grundsätzlich auch Werkstattangelegenheit) gebraucht, und mit einem kurzen Zündkerzenschlüssel SW 21 lassen sich die Glühkerzen herausdrehen. Wer an solchen Fahrzeugteilen nicht herumbasteln mag, kann also auch auf die Anschaffung der entsprechenden Werkzeuge verzichten.
Unser Werkzeug-Sortiment nennt je drei Querschlitz- und Kreuzschlitz-Schraubenzieher und einen Winkel-Schraubenzieher. Sie sind bei den zahlreichen Schrauben mit Querschlitz- oder Kreuzschlitzkopf in unterschiedlichster Größe auch tatsächlich am Mercedes notwendig. Man kann sich aber statt dessen auch einen Einsteck-Werkzeugsatz mit entsprechend verschiedenen Einsteckklingen für Querschlitz- und Kreuzschlitz-Schrauben kaufen. Der Winkel-Schraubenzieher wird dort gebraucht, wo sich eine gerade Schraubenzieherklinge nicht ansetzen läßt.
Rohrzange, Kombizange und der Seitenschneider zum Abkneifen von Kabeln dienen als allgemeine Hilfswerkzeuge. Ebenso Hammer, Meißel, Körner und die feinen Feilen in verschiedenen Ausführungen.
Überlegen Sie sich also vor dem Werkzeugkauf, ob Sie diese oder jene Arbeit wirklich selbst machen wollen und das dafür notwendige Werkzeug demnach auch brauchen.

Hilfsmittel für die Wagenpflege

Zum eigentlichen Werkzeug der Grundausrüstung gehören noch einige Hilfsgeräte, die nicht vergessen werden sollen. Wir nennen davon
1 Ölspritzkanne
1 Reifendruckprüfer
1 kleine Handfettpresse (nicht mehr für 200 D/8 und 220 D/8)
1 Prüflampe
1 Fensterleder, erste Qualität
1 Benzinwaschpinsel ohne Metallfassung
1 Autoschwamm oder Waschhandschuh
1 Waschbürste mit Stiel
Wie diese Hilfsgeräte benützt werden, ist in den diesbezüglichen Kapiteln beschrieben.

Ergänzung nach Bedarf

Wer seine Werkzeugausrüstung für den Mercedes weiter ergänzen will, sollte sich in erster Linie weitere Ringschlüssel sowie Steckschlüssel mit 6kant-Einsätzen anschaffen. Sie sind leichter und wirksamer zu handhaben als die einfachen Gabelschlüssel. Als Steckschlüssel sind die sogenannten 6kant-

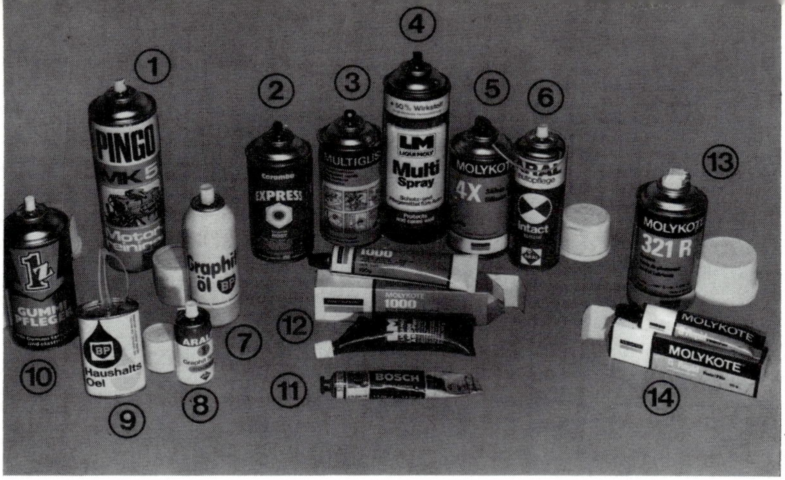

Flüssige und fette Spezialisten für die Fahrzeugpflege:
1 – Motorreiniger zum Anlösen fettiger Schmutzkrusten;
2 – besonders intensiver Spezial-Rostlöser;
3, 4, 5 – Mehrzweck-Sprays zum Rostlösen, Schmieren und mit weiteren Anwendungsmöglichkeiten;
6 – Isolierspray, speziell feuchtigkeitsverdrängend;
7 – Graphitöl mit meterweitem nadelfeinen Sprühstrahl für versteckte Schmierstellen;
8 – Graphitpuder als Trockenschmierstoff (verklebt nicht mit Staub);
9 – vielseitig verwendbares Haushaltsöl;
10 – Spezialspray zur Gummipflege;
11 – Batterie-Polschutzfett Bosch Ft 40 v 1;
12 – Heißschrauben-Compound von Liqui Moly und Molykote, verhindert Festrosten von Schrauben;
13 – Gleitlack, ohne Schmierfilm;
14 – Festschmierstoff-Montagepaste (auch als Spray), wichtig bei Motor- und Getriebemontagen.

Nüsse besonders praktisch, denn sie rutschen auf festsitzenden Schrauben und Muttern am wenigsten durch. In Verbindung mit einer vielzahnigen Knarre läßt sich auf engstem Raum arbeiten.
Die Einsätze haben auf der »Werkseite« (das ist die Seite zur Schraube) die jeweils angegebene Schlüsselweite, auf der Halteseite ein Vierkantloch von ½″ Kantenlänge zum Einstecken der Betätigungswerkzeuge. Man braucht also einen Gelenkgriff. Dazu muß man sich für den Mercedes die Steckeinsätze jener Schlüsselweiten kaufen, die in unserer Werkzeugliste bei den Gabel- und Ringschlüsseln genannt sind. Weiteres Betätigungswerkzeug für die Stecknüsse, wie Verlängerungsstücke, Kardangelenk, Hebel, Kurbel usw. kann man sich je nach Bedarf dazukaufen.
Gelegentlich wird man bei Bekannten oder in einer Werkstatt weiteres Werkzeug sehen, das man sich auch kaufen möchte. Überhaupt hat ein eifriger Heimwerker mit der Zeit Lieblingswerkzeug, mit dem er besonders gerne arbeitet, und bis zur Anschaffung eines Drehmomentenschlüssels zu 125,– DM, einer Bohrmaschine, Gewindeschneidern und einem bestens ausgestatteten Werkzeugschrank, der selbst einen Werkstattbesitzer vor Neid erblassen läßt, sind da keine Grenzen gesetzt. Wir wollen in dieser Richtung keine Vorschläge machen, denn solch ein Hobby entwickelt sich individuell. Nur vor einer Werkzeugsorte wollen wir warnen: Vor sogenanntem Universal-Werkzeug, mit dem man beispielsweise – wir übertreiben nur wenig – zugleich Schrauben anziehen, Draht abkneifen, die Gartenhecke scheren, Nägel einklopfen und vielleicht noch Butterbrot schmieren können soll. Solches Werkzeug nützt keinem seiner Zwecke wirklich richtig.

Umgang mit Werkzeug

Wenn Sie es zusammenrechnen, kostet ordentliches Werkzeug eine hübsche Stange Geld. Dieses Kapital sollten Sie zweckdienlich ausnutzen und sorgsam pflegen. Das bedeutet, daß grundsätzlich das Werkzeug nur zu jenem Zweck verwendet wird, für den es entwickelt ist. Einen Schraubenzieher etwa als Meißel zu benutzen ist genau so schädlich wie etwa das Lösen oder Anziehen einer Schraubenmutter mit der Zange. Eine Zange ist nur ein Haltewerkzeug, und mit der Rohrzange darf, wie ihr Name sagt, nur an Rohren und Wellen herumgedreht werden, aber nicht an Schrauben. An den Schraubenziehern soll die Klingenspitze immer sauber gerade geschliffen sein, aber sie darf keine scharfe Schneide bilden, sondern muß flach wie ein Messerrücken sein. Eine scharf zugeschliffene Klingenspitze dreht sich nämlich leicht aus dem Schraubenschlitz, da ihre Flanken schräg sind.

Zum Aufbewahren des Werkzeuges genügen zu Anfang Holzkiste oder Tischschubladen, die am besten durch einige eingebaute Brettchen aufgeteilt werden, damit der ganze Inhalt nicht durcheinanderfällt und umgerührt werden muß, bis das gesuchte Stück endlich gefunden ist. Für unterwegs ist eine Werkzeugtasche (aus starkem Leinen oder Kunstleder) praktisch. Später kann man sich einen Werkzeugkasten aus Blech kaufen, wobei der fünfteilige mit Tragegriff, wie ihn die Schlosser haben, besonders praktisch zum schnellen Greifen der einzelnen Werkzeuge ist.

Flüssige Hilfen

Rostlöser für festgerostete Verschraubungen gibt es genügend im Angebot, beispielsweise »Caramba Super«, »LM Liqui Multi« von Liqui Moly oder »Multigliss« von Molykote. Diese Flüssigkeiten sollten Sie schon einige Zeit vorher aufsprühen, damit sie den Rost auf den Gewinden weit genug unterwandern können. Anders ist das bei den sogenannten Schnellrostlösern, wie »Caramba Rasant« oder »mo Schnellrostlöser« von Teroson. Nach dem Einsprühen kann die festsitzende Schraube bzw. Mutter gleich losgedreht werden, ggf. zwischendurch nachsprühen.

Isoliersprays sind ebenfalls ausgesprochen kriechfähig. Vielfach sind die Rostlöser (z. B. alle oben genannten) zugleich solche Isoliersprays, die bei Feuchtigkeit in der Autoelektrik den feinen Wasserfilm unterwandern und dadurch verhindern, daß Batteriestrom über den leitenden Wasserfilm als Kurzschluß oder »Kriechstrom« abgeleitet wird. Zu den bereits genannten Rostlösern wären als Spezial-Isoliersprays beispielsweise zu nennen »Kontaktspray« von 1z oder »4xSilikon-Spray« von Molykote.

Die Vielseitigkeit dieser Sprays erweist sich auch an den Türschlössern des Autos: Sie halten das Schloß als Schmiermittel leichtgängig und verhindern im Winter durch ihre Feuchtigkeitsverdrängung das Einfrieren.

Kaltreiniger dient zum Säubern des ölverschmierten Motors und sonstiger fettiger Fahrzeugteile. Die Reinigungsflüssigkeit gibt es in Sprühdosen oder – billiger – in Kanistern oder Dosen. Ein Waschpinsel ist in jedem Fall unerläßlich, um die Schmutzkrusten zu lösen. Anschließend wird mit scharfem Wasserstrahl abgespritzt. Die Säuberungsaktion sollte aus Gründen des Gewässerschutzes nur über einem Benzin- oder Ölabscheider, wie ihn jede Tankstelle oder Werkstatt hat, stattfinden. Zu größeren Reinigungsaktionen fahren Sie am besten an eine Tankstelle mit Münz-Dampfstrahlgerät. Dort können Sie den zuvor mit Kaltreiniger eingeweichten Schmutz in aller Ruhe abdampfen.

Motorschutzlack verhindert im Triebwerksabteil Korrosionserscheinungen nach der Motorwäsche und wirkt zusätzlich schmutzabstoßend.

Gummipflegespray verhindert, daß im Winter die Türdichtungen ankleben oder die Ausstellfenster an ihren Abdichtgummis festfrieren. Mit solchem Spray kann man sich auch den Fenstereinbau erleichtern, wenn man die Scheibendichtung vorher damit einsprüht.

Hilfe unterwegs

Es gibt Autofahrer, die so sorglos drauflosfahren, daß in ihrem Wagen weder ein Reservekanister noch ein Abschleppseil zu finden ist, und im Ersatzreifen ist auch keine Luft. Andere dagegen führen aus Furcht vor Pannen ein ganzes Arsenal von Werkzeugen und Ersatzteilen mit sich. Hier ist, wie zumeist, der Mittelweg goldene Richtigkeit. Wir wollen aufführen, was man mitführen sollte:

Reservekanister	Ersatzglühlampen	2 m Elektrokabel
Abschleppseil	Sicherungen	Auto-Apotheke
Rolle Draht, Tesa-Film	2 m kraftstoffeste Schläuche	Warndreieck, Warnlampe
Starthilfekabel	Ersatzkeilriemen	

Ersatzteile bei Auslandsreisen

Falls eine längere Reise in fremde Länder geplant ist, wird man auch dort das Mercedes-Schild antreffen, selbst in Ostblockländern hat Daimler-Benz, oft zusammen mit VW, Vertragswerkstätten. Trotzdem wird es beruhigend sein, wenn im Kofferraum, sorgsam in Lappen eingewickelt, nicht nur eine bewährte Auswahl des heimischen Werkzeugs mitreist, sondern auch ein Ersatz zur Hand ist für Teile, die unvermutet den Geist aufgeben und die Weiterfahrt empfindlich hemmen können. Neben den bereits oben erwähnten Stücken denken wir beim Mercedes-Diesel dabei vor allem an:

2 Glühkerzen (Typenangabe Seite 177) 1 Kraftstoff-Vorfilter

1 Stück des oder der benötigten Keilriemen

Kühlwasserschlauchstücke verschiedener Stärke, Schlauchbinder

Flasche mit destilliertem Wasser für Batterie (in Ostblockstaaten eine Rarität)

Motoröl, je 1 Liter/1000 km geplanter Fahrtstrecke (besonders wichtig für Motortyp OM 615)

Reifenventileinsätze — Reifenflickzeug (Seite 141)

Fuß-Luftpumpe — 2 Reifen-Montierhebel

Weitere Ersatzreifen (nicht montiert)

Bei Fahrten in unwegsame Länder lassen sich überdies (siehe Seite 145) größere Reifen auf 15-Zoll-Felgen montieren (die im allgemeinen hierzulande nicht zugelassen werden), die dem Wagen mehr Bodenfreiheit geben, aber nur in Verbindung mit härteren Federn und Stoßdämpfern montiert werden sollen. Auch sonstige Sonderausstattungen (Bodenschutzplatten usw.), die man sich bei einer größeren Daimler-Benz-Niederlassung erfragen kann, machen den Wagen für unebenes Gelände und die Tropen widerstandsfähiger.

Beseitigung von Sondermüll

Wer tiefer ins Do-it-yourself am Auto einsteigt, muß sich als umweltbewußter Mensch Gedanken zur Beseitigung von Sondermüll wie Altöl, Bremsflüssigkeit oder Farbresten machen. Umweltbelastende Stoffe dürfen nicht einfach im Garten vergraben oder in die Kanalisation geschüttet werden. Das Gesetz sieht hierfür saftige Strafen vor.

Generell sollten Sie Flüssigkeiten unterschiedlicher Beschaffenheit in **getrennten, beschrifteten Behältern** bis zum Abgeben aufbewahren, als da wären:

- Altöl aus Motor und Getriebe
- Behälter mit Ölresten, alte Öl- und Kraftstoffilter, ölhaltige Lappen
- Bremsflüssigkeit
- Kühlflüssigkeit mit Frostschutz
- Verdünnung
- Farbreste
- Kraftstoff

Wo Sie den genannten Sondermüll in Kleinmengen abgeben können, klärt ein kurzer Anruf bei der **Stadt- oder Kreisverwaltung.** Altöl wird in der Regel dort abgenommen, wo Öl verkauft wird. Bei den übrigen Abfallstoffen hilft Ihnen evtl. auch Ihre Stammtankstelle oder die Werkstatt weiter.

Was ist was im Motorraum?

Es ist keine Schande, wenn man nicht über alle Teile unter der Mercedes-Motorhaube Bescheid weiß. Sie werden sich aber viel mehr über Ihren Wagen freuen, wenn Sie wissen, welche Kostbarkeiten Sie da alle eingekauft haben. Bescheid wissen unter der Motorhaube gibt größere Sicherheit bei der Pflege und vor allem im Pannenfall. Vergleichen Sie darum einmal das obige Bild (Mercedes 200 D, Baujahr 1968) und die nachfolgenden Erläuterungen mit der »Wirklichkeit« Ihres eigenen Mercedes. Wo alle bezifferten Teile genauer beschrieben sind, finden Sie durch das Stichwortverzeichnis am Ende dieses Buches. Die Ziffern bedeuten:

1 – Batterie; 2 – Kraftstoff-Hauptfilter; 3 – Kühlwasserschlauch zwischen Kühler und Thermostatgehäuse; 4 – Ventilator-Keilriemen; 5 – Überlaufschlauch des Kühlers; 6 – Kühlerverschlußdeckel; 7 – Thermostatgehäuse des Kühlsystems; 8 – Lichtmaschine; 9 – Kühlwasserschlauch zwischen Kühler und Wasserpumpe; 10 – Ölbad-Luftfilter; 11 – Zylinderkopfhaube; 12 – Öleinfüllschraubdeckel des Motors; 13 – Unterdrucksaugleitung; 14 – Schwingsaugrohr; 15 – Ansaugstutzen des Luftfilters; 16 – Luftklappenstutzen; 17 – Reglerschalter der Lichtmaschine; 18 – Kurbelgehäuse-Entlüftung; 19 – Befestigungsstrebe für Motorraum-Spritzwand; 20 – »Gas«-Gestänge; 21 – Heizungsventil; 22 – Bremsverstärker; 23 – Bremsflüssigkeitsbehälter; 24 – Kupplungsflüssigkeitsbehälter; 25 – Sicherungskasten; 26 – Flüssigkeitsbehälter der Servolenkung; 27 – Einspritzpumpe; 28 – Ölpeilstab.

Planwirtschaft

Regelmäßig wie das Zähneputzen – wenn auch in anderen Zeitabständen – läßt sich der gepflegte Mensch die Haare schneiden, kürzt die Fingernägel, zieht frische Socken an die Füße und spart auch nicht mit Wasser und Seife an sich. Bei einem Auto ist es nicht anders. Bei regelmäßiger und sorgfältiger Pflege gewinnt es an Aus- und Ansehen. Und was noch wichtiger ist: an Zuverlässigkeit und Lebensdauer.

Jedes Werk stellt zu diesem Zweck einen ausführlichen Fahrplan darüber auf, was wann und wo gepflegt, gewartet oder kontrolliert werden soll. Nun zeigen die alle 5000 km von Daimler-Benz empfohlenen unterschiedlichen Wartungspläne mit dieser sehr runden Kilometerzahl, daß solche Pläne vom Werk ein wenig über den Daumen gepeilt werden müssen. Denn solche Wartungsvorschriften der Autohersteller sind ein Kompromiß aus der Vielzahl unterschiedlichster Beanspruchungen, denen ein Fahrzeug gleichen Typs in den verschiedenen Fahrerhänden und Fahrgegebenheiten ausgesetzt ist. Der eine fährt seinen Mercedes möglichst nur bei gutem Wetter und auf glatten Straßen. Der andere muß damit, noch einen Anhänger hinten dran, über miserable Feldwege holpern. Stadtfahrten mit jeweils nur kurzen Fahrtstrecken beanspruchen den Wagen grundsätzlich anders als eine zügige Reise auf der Autobahn.

Man kann daher bei ausreichender Erfahrung und sorgfältiger Überlegung die Wartung des Wagens in gewisser Weise seinen eigenen Fahrverhältnissen anpassen, ohne an der Verkehrssicherheit etwas zu versäumen. Man muß sich nicht ängstlich an die im Kundendienstheft genannten Kilometerabstände halten, vor allem, wenn es sich nicht um besonders strapazierte Teile handelt. Andererseits gibt es aber auch einige Pflegepunkte, die nicht nur alle 5000 km berücksichtigt werden dürfen, sondern man muß sich öfter mal darum kümmern. Wir denken da an die Überprüfung des Motorölstandes (erfahrungsgemäß alle 500 Kilometer), Reifendruck prüfen (etwa alle 14 Tage) oder Kühlwasser nachsehen (ebenfalls alle 14 Tage), Beleuchtung und Signaleinrichtungen kontrollieren (etwa jede Woche) und die Überprüfung des Ölbad-Luftfilters, falls der Wagen in sommerlicher Trockenheit querfeldein durch Staubwolken gefahren werden muß (je nach Lage bis zu täglicher Überprüfung).

Auch die Standzeit nagt am Auto

Da aber nicht nur gefahrene Kilometer die Fahrzeuge verschleißen, sondern auch die Standzeit ein Auto vor sich hin altern läßt, empfiehlt Daimler-Benz, jeweils im Herbst und im Frühjahr eine Überprüfung und Pflege bestimmter Teile vorzunehmen. Diese Jahreszeit-Wartungen sind im Kapitel »Winterschutz« erläutert. Ferner empfiehlt Daimler-Benz für Wagen, die im ganzen Jahr nur eine geringe Kilometerzahl sammeln – also weniger als 10 000 Kilometer –, das Motoröl trotzdem zweimal im Jahr zu wechseln. Über dieses Problem mehr im Kapitel »Schmieren aller Teile«.

Sparen mit Verstand

Daimler-Benz bringt in seinem durch Sechssprachigkeit reichlich unübersichtlichen Kundendienstheft die Wartungspläne A, B, C, D und E. Die Wartungspläne A (für km-Stand 300–1000) und B (km-Stand 5000) haben wir nicht berücksichtigt, denn diese Kilometerstände hat Ihr Mercedes ja schon längst überschritten.

Grundsätzlich können Sie durchaus manche harte Mark sparen, ohne Ihr Fahrzeug dadurch zu vernachlässigen. So gibt es nicht wenige gewissenhafte Autobesitzer, die alles, was sie sich an Wartungsarbeiten zutrauen, in unterhaltsamen Hobbystunden regelmäßig selbst erledigen und nur noch aus zwei Gründen die Werkstatt aufsuchen: Wenn tatsächlich Störungen oder Schäden die Hilfe des Fachmannes erfordern oder wichtige Wartungsarbeiten notwendig erscheinen, die entsprechendes Wissen und spezielle Werkstatthilfsmittel erfordern. Sie sind in unserem Pflegeplan besonders mit einem »W« (= Werkstatt) gekennzeichnet.

Ihr Kundendienstheft erleichtert Ihnen noch die diesbezügliche Auftragserteilung an die Werkstatt, denn vor jeder darin aufgeführten Wartungsarbeit finden Sie eine kleine blaue Zahl. Das ist die Nummer der betreffenden Arbeit im Arbeits-Positionsbuch von Daimler-Benz, dessen Sinn wir auf Seite 15 erläutert haben. Anhand dieses Arbeits-Positionsbuches kann man Ihnen überdies bereits vorher genau sagen, was die betreffende Wartungs- oder Einstellarbeit kosten wird.

Zum Sparen und zur Selbstpflege bieten sich vor allem die Wartungsarbeiten alle 5000 km bzw. alle 7500 km an. Mit ein wenig Autoverstand kann man das alles selbst machen, mit Ausnahme des Motorölwechsels, der aber an Tankstellen auch nur das Geld für Öl und Ölfilterpatrone kostet. Schon braucht man nur noch alle 10 000 km bzw. 15 000 km zur Werkstatt, und bei weiterer Selbstpflege-Hobby-Befähigung auch dann nicht immer.

Wartungsdienst mit Richtpreisen

Wer trotzdem regelmäßig oder gelegentlich zwecks Wartung zur Mercedes-Werkstatt geht, der sollte wissen, daß Daimler-Benz für die Wartungspläne Richtpreise festgelegt hat, an die sich die firmeneigenen Mercedes-Niederlassungen halten müssen, während sie für die selbständigen Vertragswerkstätten unverbindlich sind. Bei diesen Preisen handelt es sich jedoch nur um die

Für den Bord-Wagenheber findet sich an den Seiten des Fahrzeugs vorne und hinten am Rahmenboden je ein Einsteckrohr. Dort wird erst der Schmutz herausgebohrt, bevor man den Tragearm des Wagenhebers einschiebt. Beim Ansetzen muß der Heber, von der Seite betrachtet, genau senkrecht, in Längsrichtung des Wagens gesehen jedoch etwas schräg gestellt werden, da er beim Hochheben des Wagens sich nach innen neigt. Wichtiges Zubehör ist ein Unterlegbrettchen, damit sich der Wagenheberfuß nicht in weichen Boden drückt, anstatt das Fahrzeug anzuheben.

Grundgebühren (ohne Mehrwertsteuer!), die natürlich das verbrauchte Material, wie Öl, Filterpatronen, Dichtungen und dergleichen, sowie Sonderarbeiten – beispielsweise Auswuchten der Reifen – nicht beinhalten.

Mercedes-Benz-Wartungs-System

Im September 1971 kam das neue »Mercedes-Benz-Wartungs-System« für Fahrzeuge ab 1968 in Anwendung, das aus drei Teilen besteht: 1. Pflegedienst, 2. Elektronische Motorprüfung, 3. Sicherheitsprüfung. Neu ist die Möglichkeit, daß jeder dieser drei Wartungsteile auch einzeln zu einem beliebigen Zeitpunkt zusätzlich in Auftrag gegeben werden kann. Nach jeweils 15 000 km sollen diese Arbeiten der drei Wartungsteile aber spätestens durchgeführt werden.
Für den nachstehenden Wartungsplan ergeben sich dadurch einige Verschiebungen. So werden für die Diesel-Modelle ab Baujahr 1968 die unter Kilometerstand 5000 aufgeführten Wartungsarbeiten und der Wartungsdienst Nr. 27 nun alle 7500 km durchgeführt. Ausgenommen davon sind der Motorölwechsel und die Ölfilterpflege; diese beiden Arbeiten müssen nach wie vor alle 5000 km erledigt werden. Die bei 10 000 km und 20 000 km aufgeführten Wartungsdienste werden jetzt alle 15 000 km vorgenommen, mit Ausnahme der Achsvermessung, die lediglich alle 45 000 km notwendig ist. Die Arbeiten Nr. 62 und Nr. 63 kommen ebenfalls alle 45 000 km dran.

Was muß wann und wo gemacht werden

Erschrecken Sie nicht vor unserer langen Liste. Einerseits ist bei genauem Hinsehen vieles nur ein einziger schneller Handgriff und andererseits verstehen Sie vielleicht erst dadurch, warum Sie in der Werkstatt so viel Geld für den Wartungsdienst bezahlen mußten.

Wartung alle 5000 km

			Nähere Hinweise Seite
		Probefahrt	
S/T		1. Reifendruck prüfen und berichtigen	137
S		2. Kupplungsgängigkeit prüfen	100
S		3. Fußbremse auf Wirkung prüfen	120
S		4. Handbremse bzw. Fußfeststellbremse auf Wirkung prüfen	128
S		5. Automatik-Getriebe auf Gängigkeit prüfen	108
S		6. Blinkanlage auf Funktion prüfen	195
S		7. Signalhorn prüfen	193
S		8. Beleuchtungsanlage prüfen	181, 192
S		9. Scheibenwischer und Scheibenwascher prüfen	203
		Unter dem Wagen	
	T	10. Motorölwechsel	33
	T	11. Ölfilter reinigen und Patrone ersetzen	35
	T	37 a. Ölstand der Hinterachse prüfen	46
S/T		12. Bremsleitungen auf Dichtheit prüfen	122
S/T		23 a. Schmiernippel am Fahrwerk abschmieren	49
		Unter der Motorhaube	
S		13. Ölbad-Luftfilter auf Verschmutzung prüfen	47
S		14. Ölstand in der Einspritzpumpe prüfen	89
S		15. Ölstand in Getriebe-Automatik kontrollieren	45
S		16. Bremsflüssigkeitsbehälter der Bremse prüfen	120
S		17. Flüssigkeitsbehälter der Kupplung prüfen	101
S		18. Ölbehälter der Servo-Lenkung prüfen	48
S		19. Scheibenwaschanlage auffüllen	206
S		20. Kühlwasserstand prüfen	73
S		21. Keilriemenspannung prüfen	76, 165
S/T		22. Batteriesäurestand nachprüfen	154
		Rund um den Wagen	
	T	23. Türscharniere abschmieren	49
S/W		24. Vordere Scheibenbremse Bremsbelagstärke prüfen	125
S		25. Radbefestigungsschrauben nachziehen	140
S		26. Reifenzustand prüfen	139

Dazu alle 10 000 km			Nähere Hinweise Seite
S/W		27. Teile der Handbremse (Feststellbremse) schmieren	51
S/W		28. Rückschlag-Drosselklappe ölen	53
S/W		29. Motor-Leerlauf einregulieren	92
S/W		30. Kupplungspedalspiel einstellen	103
S/W		31. Scheibenbremsen Bremsklötze prüfen, reinigen	125
	W	31 a. Trommelbremsen nachstellen	123
		31 b. Bremsbelagstärke prüfen	123
	W	32. Handbremse nachstellen	129
S		33. Kraftstoff-Handpumpe mehrmals betätigen	81

Dazu alle 20 000 km			
		Unter dem Wagen	
S/T		34. Motorblock auf Dichtheit und Schadensstellen prüfen	69
S/T		35. Getriebegehäuse auf Dichtheit und Schaden prüfen	43, 105
T/W		36. Getriebeölwechsel	44
	W	36 a. Automatik-Getriebe Ölwechsel (einmal jährlich)	45
T/W		37. Hinterachse Ölwechsel bzw. Ölstand prüfen	46
S/T		38. Hinterachse auf Schadensstellen prüfen	46
S/T		39. Kraftstoffanlage auf Dichtheit prüfen	81
S/W		40. Stoßdämpfer auf Dichtheit und Schadensstellen prüfen	115
S/W		41. Lenkungsteile auf Verschleiß, Lenkungsspiel prüfen	118
S/W		42. Handbremsseile auf Verschleiß prüfen	51, 129
	W	43. Gelenkwelle auf Verschleiß prüfen	106
	W	44. Schrauben und Muttern am Fahrwerk auf festen Sitz prüfen	117
		Unter der Motorhaube	
S		45. Einspritzpumpe und Kraftstoffleitungen auf Dichtheit prüfen	85
S/W		46. Kraftstoff-Hauptfilter reinigen	85
S/W		47. Ölstand in Normal-Lenkgehäuse prüfen	48
	W	47 a. Servo-Lenkungsteile überprüfen	119
S/W		48. Kühlsystem und Wasserpumpe auf Dichtheit prüfen	75
S		48 a. Ölstand der Wasserpumpe prüfen	51
S		49. Heizanlage auf Funktion prüfen	79
	W	50. Kupplungshydraulik überprüfen	101
	W	51. Ventilspiel nachstellen	64
S		52. Gelenke und Lager des Gasgestänges ölen	53
S		53. Drahtzüge und Hebel ölen	53
S		54. Motorhaube Schloß und Scharniere ölen	53
		Rund um den Wagen	
S		55. Kofferraumhaube Schloß und Scharniere ölen	53
S		56. Scharniere der Betankungsklappe ölen	53
S		57. Türabdichtungen einreiben	238
	W	58. Vorderachse Vorspur und Sturz vermessen	112
	W	59. Vorderradlager fetten	54
	W	60. Hinterachse Sturz vermessen	112
	W	61. Scheibenbremsen reinigen	124
	W	61 a. Trommelbremsen überholen	123

Dazu alle 50 000 km			
S/W		62. Keilriemen erneuern	77
	W	63. Servo-Lenkung: Filtereinsatz im Ölbehälter erneuern	48

Dazu			
	W	64. Bremsflüssigkeit erneuern (jedes Jahr)	122
S/T		65. Kühlflüssigkeit erneuern (alle 3 Jahre)	74

Was kann man selbst machen?

Wir haben in der vorstehenden Tabelle durch einen oder mehrere Kennbuchstaben angezeigt, wann man sich selbst helfen kann und wann nicht. Es bedeuten:

S = Selbstmachen. Das sind Arbeiten, die man ohne Fachkenntnisse und besonderes Werkzeug selbst ausführen kann, wenn man den entsprechenden Abschnitt auf der betreffenden Seite dieses Buches durchgelesen hat.

Es ist sträflicher Leichtsinn, an der Unterseite eines Fahrzeugs zu arbeiten, das nur vom Wagenheber angehoben ist. Nach unseren Erfahrungen haben sich Hohlblocksteine zum Aufbocken noch am besten bewährt. Sie dürfen aber nicht feucht sein oder gar Risse zeigen, dann könnten sie nämlich in sich zusammenbrechen. Zwischen Stein und Fahrzeugbauch legt man ein breites Brett, wodurch die Last gleichmäßig über den ganzen Stein verteilt wird. Der Hohlblockstein muß auch selbst auf ebenem Boden gut aufliegen, z. B. auf Beton oder Asphalt, aber nicht auf weichem Boden oder Rasen. Zwei Hohlblocksteine übereinander sind ein zu hoher wackeliger Stapel und praktisch auch nicht notwendig. Notfalls nehmen wir noch eine Lage Backsteine mit lastverteilendem, zwischengelegtem Holzbrett.

S/T = Selbstmachen oder Tankstelle. Auch hier sind keine besonderen Fachkenntnisse notwendig, aber vielleicht fehlt Ihnen das Gerät zur Durchführung dieser Arbeit und die Tankstelle besitzt es.

S/W = Selbstmachen oder Werkstatt. Dabei sind neben einigen Kenntnissen, die Ihnen ebenfalls dieses Buch vermittelt, etwas Geschick, Einfühlungsvermögen und zusätzliches, aber kein aufwendiges Werkzeug erforderlich.

T = Tankstelle. Auch der sparsame Mann überläßt diese Pflegemaßnahme am besten einer verläßlichen Tankstelle, wenn er sie auch selbst ausführen könnte. Er spart dabei Zeit und Mühe, denn nur der Warenpreis – in der Regel das Öl – wird von der Tankstelle berechnet, aber kein zusätzlicher Arbeitslohn.

W = Werkstatt. Diese Arbeiten erfordern spezielle Kenntnisse, teure Meß- und Arbeitsgeräte, die nur eine Fachwerkstatt besitzt. Nur in Notfällen und bei besonderer Sachkenntnis sollte man sich selber damit befassen. Trotzdem sind sie in diesem Buch beschrieben, damit Sie wissen, was die Werkstatt macht.

Natürlich könnte bei jedem Punkt auch ein »W« stehen, denn der Werkstatt-Fachmann ist ja damit bestens vertraut. Wir schlagen Ihnen aber die Reihenfolge Selbstmachen – Tankstelle – Werkstatt vor. Bei einer Tankstelle kommen Sie nämlich schneller zum Zuge als bei der oft überlasteten Werkstatt. Außerdem können Sie, wenn nicht gerade Wochenende ist, in der Regel darauf warten, bis der Tankwart mit dem Wagen fertig ist, und man kann zusehen.

Sehr praktisch für eine stabile Abstützung ist auch ein in der Höhe verstellbarer Dreibock. Hinten wird er am Mercedes unter das Einsteckrohr des Wagenhebers gesetzt. Mercedes empfiehlt statt dessen, den Dreibock mit einem zwischengelegten 6 cm breiten Brettchen direkt unter den seitlichen Rahmenboden zu schieben. Da dieser jedoch etwas gewölbt ist, kann das Fahrzeug bei einseitigem Anheben leicht vom Dreibock rutschen. Unser Abstützvorschlag ist darum besser.

Noch ein Hinweis auf den Umgang mit Werkzeug: Nur mit Grausen wird ein echter Heimwerker dieses Bild betrachten, denn jede Schraube fühlt sich zu recht schwer mißhandelt, wenn sie mit einer Zange angefaßt wird. Ihre scharfen Zähne beschädigen die Ecken und Flanken der Schraube rücksichtslos, so daß später jeder Schraubenschlüssel abgleitet. Eine Zange ist nur ein Haltewerkzeug und Schrauben werden nur mit Schraubenschlüsseln angefaßt.

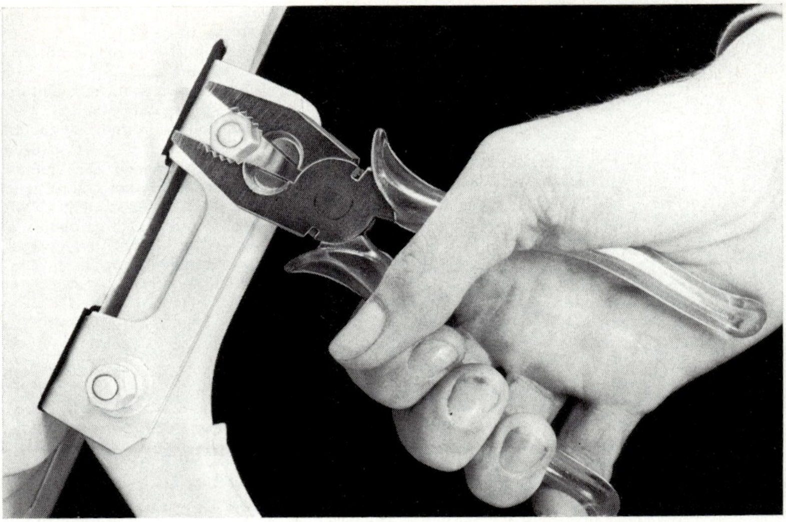

Der Pflegeplatz

Nur selten wird eine Garage so geräumig sein, daß dort der Selbstpfleger seinem Wagen zu Leibe rücken kann. Stören wird dort ferner die ungenügende Beleuchtung und die fehlende Zugänglichkeit von allen Seiten. Günstiger ist es also im Freien, wo auch die Fahrzeug-Unterseite ohne Hand- oder Taschenlampe einzusehen ist.

Aber nicht jeder Platz im Freien eignet sich für Pflege und Wartung des Wagens. Auf einer Wiese oder einem Rasenplatz bleiben nicht nur Spuren zurück, sondern auch eine versehentlich herabgefallene Schraube unauffindbar. Ebenso zieht ein in der Nähe befindlicher Wasserablauf Schrauben und Kleinteile geradezu magisch an. Gekiester Boden auf festem Untergrund empfiehlt sich schon eher, wenn man vorher den Kies mit einem Drahtbesen geglättet hat. Am besten ist natürlich ein ebener und glatter Zement- oder Asphaltboden. Vorher wird natürlich gekehrt, damit man sich nicht im Schmutz umherwälzt und ohne Gefahr für den Hosenboden auch einmal hinsetzen darf. Um sich unter das Auto zu legen, genügt schon ein Bogen Packpapier. Besser ist ein gebrauchtes Kunststoff-Tischtuch, denn es hält Feuchtigkeit ab.

Aufgebockten Wagen sichern

Wenn Sie an die Unterseite Ihres Mercedes heranwollen, dann werden Sie merken, daß zwischen Boden und Autobauch nicht viel Platz ist. Also muß das Auto hochgewunden werden. Hüten Sie sich jedoch davor, unter ein Auto zu kriechen, das nur von einem Wagenheber irgendwie und einseitig hochgehalten wird. Auch der dem Mercedes beigegebene Wagenheber ist so unstabil, daß er bei einem Rütteln am Wagen abgleiten oder umknicken kann. Deshalb müssen die auf dem Boden bleibenden Räder sicher blockiert werden (Hohlblocksteine, große Holzklötze). Es ist nicht zu empfehlen, sich aus Brettern und Backsteinen eine Auffahrtrampe zu basteln. Das ist zumeist wackelig und nützt auch nicht viel, weil zu einigen Kontroll- und Pflegearbeiten die Räder frei hängen müssen.

Schmiergelder gut anlegen

Wo bewegliche Teile aufeinander gleiten gibt es Reibung. Reibung erzeugt einerseits Widerstand, andererseits Wärme. Beides kostet Kraft und nutzt Material ab. Reibung ist also zumeist unerwünscht, von Bremse und Kupplung einmal abgesehen.
Um Kraftverschwendung und unerwünschte Hitzeentwicklung zu vermeiden, müssen demnach bewegliche metallische Teile möglichst leicht aufeinander gleiten. Dazu bringt man eine Schicht, die sich ihren Bewegungen und ihrer Oberfläche anpaßt und die Teile trennt, zwischen diese. Die Schicht besteht zumeist aus Schmierstoffen, aus Öl oder Fett. Ob man Fett oder Öl nimmt und welche spezielle Sorte es jedesmal sein muß – denn es gibt hunderterlei Sorten Fette und Öle zum Schmieren –, das hängt weitgehend ab von der Geschwindigkeit der gleitenden Teile, von den dort auftretenden Temperaturen und Drücken, sowie von den äußeren Einwirkungen, etwa Wasser oder Schmutz. Außerdem haben die Schmierstoffe an manchen Stellen noch besondere Aufgaben, zum Beispiel Kühlung heiß werdender Teile, Abdichtung gegen Gas, Wasser oder Staub, Beseitigung von Abriebteilchen und anderes mehr.
Es ist klar, daß bei diesen vielfältigen Aufgaben, die an den verschiedenen Schmierstellen ganz unterschiedlich zu bewältigen sind, mit einer x-beliebigen Schmiere nicht auszukommen ist. Motoröl im Getriebe würde dieses genauso zerstören wie Getriebeöl den Motor. Auch mit feinstem Salatöl oder bester holländischer Butter wäre, weil es kein mineralisches Öl oder Fett ist, Ihrem Mercedes kaum gedient.

Motoröl wechseln

Pflegedienst Nr. 10

Nach Pflegeplan für den Mercedes ist der Wechsel des Motoröls und der Ölfilterpatrone alle 5000 km oder spätestens nach je 6 Monaten vorgesehen. Bei früheren Mercedes-Diesel-Modellen war der Motorölwechsel entsprechend einem kürzeren allgemeinen Wartungs-Rhythmus alle 3000 km vorgeschrieben, die Ölfilterpflege alle 6000 km. Mit der Umstellung auf den leichter zu merkenden 5000-km-Rhythmus sind Ölwechsel und Ölfilterpflege auf das 5000-km-Intervall zusammengefaßt. Das gilt auch rückwirkend für ältere Diesel-Fahrzeuge, denn nicht nur die Autos, auch die Motoröle werden besser, so daß man, wenn keine ganz besonders »erschwerten Bedingungen« bestehen, mit der Umstellung auf 5000-km-Ölwechsel nichts versäumt.

Ölwechsel, wo und wie?

Man kann den Motorölwechsel in der Mercedes-Werkstatt, an der Tankstelle oder zu Hause machen. Wir ziehen die Tankstelle vor:
1. Das Motoröl soll warm gewechselt werden, damit aller Schmutz gut ausläuft. An Werkstätten muß der Wagen oft lange warten, bis er dran kommt. Inzwischen ist das Motoröl kalt geworden und schwemmt nicht allen Schmutz heraus. An Tankstellen hat man oft schon nach wenigen Minuten Zeit.
2. Beim Ölwechsel fällt Altöl an. Wohin damit? In die Kanalisation schütten

oder im Garten vergraben darf man es nicht, das kostet wegen des Grundwasserschutzes Strafen.

Wer jedoch den Ehrgeiz oder die technischen Einrichtungen hat, es selbst zu machen und eine günstige Bezugsquelle für Motoröl weiß (aber auch diese Ölsorte muß, vor allem für den Motor ab Baujahr 68, von Daimler-Benz »freigegeben« sein! Erklärung dazu Seite 38), braucht dazu:

- Motoröl: 5 Liter für 190 Dc, 200 D sowie 200 D/8 und 220 D/8 der 1. Serie; 5,5 Liter für 200 D/8 und 220 D/8 ab März 1970. Dazu 0,5 Liter bei eingebautem Ölkühler. 6,5 Liter für 240 D.
- Ölfilterpatrone vom vorgeschriebenen Typ (siehe nachfolgende Seiten),
- Gefäße zum Auffangen des Altöls,
- 1 Ringschlüssel SW 17 oder 1 Inbus-Schlüssel SW 14 zum Heraus- und Hineindrehen der Ölablaßschraube, eventuell weiterer Inbus-Steckschlüssel SW 8 für Ölfilter.

Die Arbeit läuft so ab: Wagen allseitig so aufbocken oder über Grube fahren, daß Ölwanne waagrecht steht. Die beiden Gefäße zum Auffangen des Altöls unter die Ölablaßschraube und das Ölfiltergehäuse schieben. (**Wichtig:** Beim 220 D bis Juli 1973 und beim 240 D muß eine weitere Ölablaßschraube an der Unterseite des Ölkühlers neben dem Wasserkühler herausgeschraubt werden.) Nun die Ölablaßschraube an der Unterseite der Motorölwanne (Bild unten) herausdrehen und Ölfiltergehäuse lösen.

Wenn alles Altöl ausgelaufen und das Ölfilter gereinigt bzw. die Ölfilterpatrone ausgetauscht ist, Ölablaßschraube (mit neuem Dichtring) und Filtergehäuse wieder festdrehen, aber nicht mit Gewalt, sonst werden die Gewinde beschädigt. Anschließend wird das frische Motoröl in den Einfüllstutzen oben auf dem Zylinderkopfdeckel eingefüllt. Ganz zum Schluß muß nach einem kurzen Motorlauf – damit sich das Ölfiltergehäuse wieder füllt – noch einmal der Ölpeilstab gezogen werden, um den Ölstand zu prüfen, denn sicher ist sicher. Es soll nämlich schon vorgekommen sein, daß oben das Öl eingefüllt wurde und unten die Ablaßschraube noch gar nicht drin war.

Altöl absaugen?

An manchen Tankstellen wird der Ölwechsel mit Ölabsauggeräten zur Selbstbedienung angeboten. Das hierzu zur Verfügung stehende »Öl zum Mitneh-

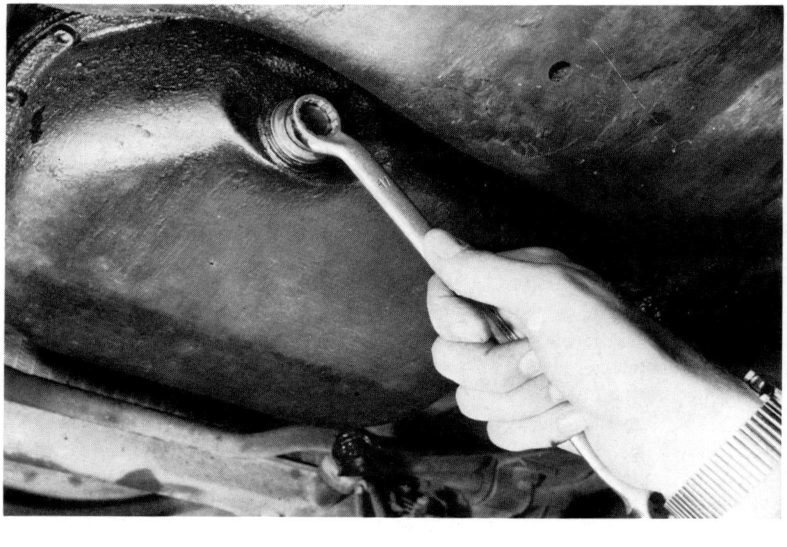

Die Öl-Ablaßschraube des Motors liegt, in Fahrtrichtung gesehen, an der Rückseite der Ölwanne. Sie wird mit einem Ringschlüssel SW 17 heraus- und hineingedreht. Beim Wiedereinsetzen darf die Ablaßschraube nicht mit Gewalt festgedreht werden, denn ihr leicht konisches Gewinde (vorne schmaler als hinten) könnte dadurch die Gewindebohrung ausreißen.
Im Oktober 1971 wurde diese Ablaßschraube gegen eine solche mit Innensechskant SW 14 ausgetauscht.

Zwar sind die Ölfilter der verschiedenen Diesel-Modelle unterschiedlich in ihrer Bauweise, doch finden sie sich immer links hinten unten am Motorblock. In den Töpfen der kombinierten Haupt- und Nebenstromfilter sitzt der Hauptstromfiltereinsatz oben und der zu wechselnde Nebenstromfiltereinsatz unten. Bei dem hier gezeigten Ölfiltertyp kann nach Lösen der unten sitzenden Sechskantschraube für SW 17 der Filtertopf abgenommen werden.

men« ist so preisgünstig wie Markenöl in Discountläden oder Kaufhäusern. Unsere Diesel-Modelle sind für diesen preiswerten Ölwechsel in Selbstbedienung technisch auch geeignet. Aber bei jedem Ölwechsel wird nach Werksempfehlung bei den Diesel-Motoren auch eine Ölfilterpflege fällig, was beim Ölabsaugen am auf dem Boden stehenden Fahrzeug nicht möglich ist. Deshalb muß der Ölwechsel, wie seither, an der Tankstelle vom Tankwart oder, falls Sie eine zuverlässige Aufbockmöglichkeit haben, von Ihnen selbst von der Wagenunterseite her gemacht werden. Ölwechsel beim Mercedes Diesel ist allenfalls zwischendurch mit dem Absauggerät möglich, etwa bei verkürztem Wechselintervall im Winter.

Fingerzeig: *Wird wegen erschwerter Betriebsbedingungen oder bei nur geringer Fahrstrecke im halben Jahr ein zwischenzeitlicher Ölwechsel in das 5000-km-Intervall eingeschoben, braucht das Ölfilter, falls nicht außergewöhnliche Verschmutzung zu vermuten ist, nicht besonders gewartet zu werden. Dann verringert sich, entsprechend dem Inhalt des Ölfiltergehäuses, die einzufüllende Motoröl-Menge um einen Liter. In diesem Falle genügen je nach Modell 4, 4,5, 5 oder 5,5 Liter Motoröl.*

Ölfilterpflege

Pflegedienst
Nr. 11

Der Motorölfilterung hat man bei Daimler-Benz schon immer ein besonderes Augenmerk gewidmet. So nimmt es nicht wunder, daß parallel zur Modell-Entwicklung auch die Filtersystem-Entwicklung läuft und man bei neuen Typen in der Regel nicht mehr mit der Ölfilterung des Vorgänger-Modells zufrieden war. Besonders bei den Diesel-Fahrzeugen ist, wegen der höheren Ölbeanspruchung im Vergleich zu den Benzin-Motoren, das Ölfilter immer besonders aufwendig gewesen. Bei den neueren Diesel-Modellen ist dies ein »kombiniertes Haupt- und Nebenstrom-Ölfilter«, während man sich bei Benzin-Motoren zumeist mit einem Hauptstrom-Ölfilter (so auch bei Daimler-Benz) oder einem Nebenstrom-Ölfilter (z. B. Porsche) begnügt. Bei der Hauptstromfilterung wird das gesamte Motoröl von der Ölpumpe durch das (gröbere) Filter gedrückt, bevor es an die Schmierstellen gelangt. Bei der Nebenstromfilterung fließt das Motoröl parallel zum Schmierkreislauf durch ein feineres Filter. Beide Verfahren sind in der Motorölfilterung der Mecerdes-Diesel vereinigt.

Das kombinierte Haupt- und Nebenstrom-Ölfilter sitzt in Fahrtrichtung links unten hinten am Motorblock und ist ebenfalls von der Wagenunterseite aus zugänglich. Der Nebenstrom-Filtereinsatz ist eine »Wegwerf-Patrone«, die also alle 5000 km durch eine neue ersetzt werden soll, während der Hauptstrom-Einsatz ein feinmaschiges Kunststoffgewebe-Doppeltellersieb ist, das in Benzin ausgewaschen wird. Als Nebenstrom-Filter ist eine der folgenden Filterpatronen verwendbar, die im Mercedes-Ersatzteile-Programm für den 190 Dc die Nr. 000 184 58 25 hat:

■ Fram C-4 DB ■ Knecht ENC 305 ■ Mann PF 1155

Für den 200 D Mercedes-Ersatzteile-Nr. 000 184 85 25:

■ Fram C – 3 DB ■ Knecht T.01.1 ■ Mann PF 925

Diese Filtereinsätze kosten in Zubehörgeschäften etwa 10 DM, sie sind, obgleich das Ölfilter am 190 Dc und 200 D im Prinzip gleich ist, doch etwas unterschiedlich in den Abmessungen.

Muß der Tellersiebeinsatz des Hauptstromfilters bei Beschädigung ersetzt werden (Preis etwa 17 DM), so hat er für den 190 Dc die Mercedes-Teile-Nr. 000 184 56 25 (oder Mann O 5002) und für den 200 D die Mercedes-Teile-Nr. 000 184 84 25 (oder Mann O 5001).

Zum Ausbau des Ölfilters unten außen am Filtergehäuse die Ablaßschraube herausdrehen (sichert sauberen Ölablauf) oder direkt oben am Filtergehäusedeckel (was sonst als 2. Schritt zu tun ist) die Filtertopf-Halteschraube mit Schraubenschlüssel SW 8 lösen, wobei das Gehäuse festgehalten und zuletzt nach unten weggezogen werden muß. Dabei darauf achten, daß der Dichtring unter dieser Halteschraube nicht verloren geht. Nach dem Abnehmen des Filtertopfes wird der Tellersiebeinsatz (Hauptstromfilter) abgenommen und die Filterpatrone (Nebenstromfilter) herausgezogen. Damit kein Schmutz in das Innere des Tellersiebeinsatzes bei der Reinigung gelangt (also nicht auf die »Gutseite« kommt), sollen die beiden Öffnungen dieses Siebeinsatzes verschlossen werden, beispielsweise durch festes Zupressen mit Daumen und Zeigefinger (noch besser: mit runden Scheiben und Schrauben verschließen; Mercedes-Werkstätten haben dazu eine Spezialzange), während das Siebteil in Benzin ausgeschwenkt oder mit einem weichen Pinsel ausgewaschen und anschließend mit Druckluft ausgeblasen wird. Die Filterpatrone wird weggeworfen. Unten im Filtertopf sitzt eine Druckfeder mit Teller, die beim Zusammenbau nach der Reinigung des Filtertopfes mit Benzin nicht vergessen werden darf, denn sie drückt die Nebenstromfilterpatrone nach oben gegen ihre Anschlußkanäle.

Zum Zusammenbau zuerst seitliche Ölablaßschraube (möglichst mit neuem Dichtring) wieder eindrehen. In die Nut an der Oberkante des Filtertopfes möglichst einen neuen Dichtring einlegen und diesen etwas mit Fett einstreichen (zur späteren Dichtheitskontrolle, deshalb nicht mit Öl benetzen). Danach Druckfeder mit Federteller und darüber neue Nebenstrom-Ölfilterpatrone vom weiter oben genannten Typ in den Filtertopf einsetzen, Hauptstrom-Tellersieb mit der großen Öffnung und der beschrifteten Seite nach oben auflegen. Die unten sitzende Druckfeder läßt den Filterinhalt über den Gehäuserand ragen. Zum Anschrauben an das Ölfilteroberteil muß der Filtertopf gegen den Federdruck nach oben angedrückt werden, bis die Halteschraube faßt. Zuletzt Filtertopf gut festschrauben und nach Einfüllen des Frischöles Motor kurz laufen lassen, wobei der obere Rand des Filtertopfes sorgfältig auf Dichtheit geprüft werden muß.

Deshalb wurde die Dichtung etwas mit Fett eingestrichen und nicht mit Öl, da letzteres Undichtheit vortäuschen könnte.

Fingerzeige: *Ging die Halteschraube des Filtergehäuses verloren, darf diese nicht durch eine normale Sechskantschraube ersetzt werden, denn die unbedingt notwendige Original-Halteschraube hat eine Durchgangsbohrung für den Öl-Nebenstrom.*
Das Ölfilter kann auch ohne Ölwechsel gewartet und gereinigt werden, denn es liegt über dem Ölspiegel im Motor. In diesem Falle ist 1 Liter des vorgeschriebenen Motoröls nachzufüllen.
Das kombinierte Haupt- und Nebenstrom-Ölfilter darf nicht ohne Nebenstrom-Filterpatrone gefahren werden, da durch den fehlenden Druck auch die Hauptstrom-Ölfilterung unwirksam wird.

200 D/8, 220 D/8, 240 D

Das kombinierte Haupt- und Nebenstrom-Ölfilter sitzt in Fahrtrichtung links unten am Motorblock. Es ist leichter zugänglich als bei den Vorgänger-Modellen, vor allem ist der Filtertopf durch eine unten sitzende Sechskantschraube (SW 17) leichter abzunehmen. Die auszuwechselnde Nebenstrom-Filterpatrone ist jedoch die gleiche wie für den 200 D und hat die Mercedes-Ersatzteile-Nr. 000 184 85 25. Dem entsprechen die Filtereinsätze

- Fram C – 3 DB
- Knecht T.01.1
- Mann PF 925

Auch das Tellersieb im Hauptstrom entspricht demjenigen des 200 D mit der Ersatzteile-Nr. 000 184 84 25 (oder Mann O 5001).
Zur Filterpflege die unten sitzende Halteschraube (SW 17) lösen und den Filtertopf abnehmen, wobei das Öl ausläuft (Gefäß bereithalten!). Die Reinigung des Filtertopfes und des Hauptstrom-Tellerfilters erfolgt genau wie beim Vorgängertyp 200 D. Ebenso wird die Nebenstrom-Ölfilterpatrone entfernt und durch eine neue ersetzt.

Fingerzeige: *In früheren Jahren warf man beim Ölwechsel verschmutzte Lappen einfach in den Mülleimer. Das Ölfilter wurde allenfalls in den Altölkanister entleert, um dann ebenfalls zwischen dem Haushaltsmüll zu verschwinden. Da Öl aber bekanntlich das Grundwasser verseucht und die Trinkwasserversorgung gefährdet, ist hier mehr Vorsicht angebracht! Ölgetränkte Lappen und Putzwolle sowie gebrauchte Ölfilter gehören zum Sondermüll, wo sie umweltfreundlich verbrannt werden.*
Bei werksneuen und grundüberholten Motoren sitzt im Filtertopf ein gemeinsames Erstbetriebsfilter. Das ist ein Papierfilter mit feiner Porengröße. Beim ersten Ölwechsel zwischen km-Stand 300 bis 1000 wird dieses Erstbetriebsfilter herausgenommen und durch die obengenannten beiden Filter im Haupt- und Nebenstrom ersetzt.
Wenn sich beim Ausbau des Ölfiltertopfes starke Schlammbildung in diesem zeigt, ist zu vermuten, daß beispielsweise durch eine beschädigte Zylinderkopfdichtung oder auf andere Weise Kühlwasser in die Motorölwanne gelangt ist. Der Motor muß untersucht und die Undichtheit beseitigt werden.

Zu geringer Öldruck?

Der Mindestöldruck soll im Leerlauf (etwa 750 U/min) bei betriebswarmem Motor (etwa 80° C Öltemperatur) mindestens 0,6 kp/cm^2 betragen. Wird dieser Mindestdruck auf dem Öldruckmesser nicht angezeigt, ist vor größeren Maßnahmen zuerst die Meßgenauigkeit des Öldruckmessers mit einem geeichten Gerät nachzuprüfen.
Stimmt die zu geringe Öldruckangabe, kann außer einem Motordefekt auch ein undichtes oder verschmutztes Ölüberdruckventil daran schuld sein. Es gibt dann schon bei geringstem Druck nach, so daß sich der normale Druck von 2 bis 6 kp/cm^2 nicht aufbauen kann.

Welches ist das richtige Motoröl?

Daimler-Benz schrieb in den Betriebsanleitungen für seine Pkw-Dieselmotoren bis 1976 einfach »HD-Motoröl« oder »Motorenöle HD-S 1 Qualität« vor, das je nach Außentemperatur die »SAE-Klasse 30 bzw. 10 W« haben soll. Auch von »entsprechenden Mehrbereichsölen, z. B. 10 W-30« war dort die Rede, aber in den Motorölbenennungen und Qualitätsbezeichnungen hat sich inzwischen einiges geändert.

Öl-»Freigabe-Liste«

Auch die in jenen alten Betriebsanleitungen zumeist am Schluß eingeklebten Öl-Freigabe-Listen, offiziell »DB-Betriebsstoff-Vorschriften« genannt, helfen heute nicht mehr weiter, denn bei den meisten Ölmarken haben sich inzwischen die Ölbezeichnungen geändert. Außerdem gibt es diese Listen in neueren Betriebsanleitungen auch nicht mehr, denn sie wurden mit der Zeit immer länger und schließlich zu lang, so daß sich später nur noch der Hinweis fand, die freigegebenen Motorenöle könne man bei den Mercedes-Vertragswerkstätten erfahren. So ist es auch heute noch und es ist inzwischen daraus eine beachtliche Lose-Blatt-Sammlung in einem blauen Hefter geworden.
Wenn Sie sich also zum eigenhändigen Ölwechsel ein preiswertes Motoröl im Discountladen oder Zubehörgeschäft kaufen wollen, aber nicht so sicher sind, ob diese oder jene Ölsorte auch das Wohlgefallen von Daimler-Benz hat, können Sie ohne weiteres bei der nächsten Mercedes-Werkstatt um Einblick in diesen blauen Schnellhefter bitten und dort auf den Blättern Nr. 226.0 (Einbereichsöle), Nr. 226.1 (Mehrbereichsöle) oder auf den Blättern der »höher legierten« Motorenöle der »Serie 3« (siehe nächste Seite) Nr. 227.0 (Einbereichsöle S 3-Qualität) und Nr. 227.1 (Mehrbereichsöle S 3-Qualität) nachsehen, ob Ihr »Wunsch-Öl« verzeichnet ist. Wenn nicht, dann lassen Sie besser die Finger davon, denn Dieselmotoren, und besonders die Motoren OM 615, OM 616 (siehe dazu Abschnitt »Kolbenringe« auf Seite 59) sind bei Motoröl anspruchsvolle Feinschmecker. Wir müssen dazu ein wenig »Ölkunde« betreiben.

HD-Motoröl

Die in den Betriebsanleitungen zu unseren Diesel-Motoren gebrauchte Ölbezeichnung »HD-Motorenöl« ist eine veraltete amerikanische Klassifizierung, die heutzutage keine wirkliche Qualitätsbezeichnung mehr ist, sondern eine Sammelbezeichnung für sogenannte »legierte Öle«, d. h. dem eigentlichen Öl sind spezielle Zusätze beigemischt, die unter anderem Schmutzteilchen, die sich aus Verbrennungsrückständen und Abrieb im Motor bilden, in der Schwebe halten, an der Ölkrustenbildung hindern und sie beim Ölwechsel mit abfließen lassen.
Die Bezeichnung »HD« gehört zwar hier noch zum geläufigen »Auto-Deutsch«, auch wenn »HD« für das englische »Heavy Duty« (= schwere Beanspruchung) steht, aber es genügt nicht für den Mercedes Diesel, wenn nur dieses »HD« auf der Öldose oder dem Ölfaß zu finden ist.

Ölqualität S 1 und S 3

Motorenöle haben es im Dieselmotor besonders schwer, denn sie müssen bei der Verbrennung die Rückstände des im Diesel-Kraftstoff mehr oder weniger enthaltenen Schwefels unschädlich machen. Auch gibt es im Dieselmotor mehr Rückstände, die sich an den Kolbenringen festsetzen können. Diese erschwerten Pflichten schaffen nicht alle HD-Öle. Welches Motoröl diese Bedingungen aber erfüllt, wurde früher in einem in Amerika entwickelten Motortest nach »Supplement 1« und für noch schwierigere Dieselmotoransprüche (z. B. Planierraupen, Baumaschinen usw.) nach »Supplement 3« geprüft. Der Test nach »Supplement 1« (»Serie-1-Öle«) ist nicht mehr aktuell, denn er ist in den Tests nach den API-Normen (nächster Abschnitt) aufgegangen. Aktuell ist aber noch der Test nach »Supplement 3« (»Serie-3-Öle«), die für Benzinmotoren (außer Mercedes) wegen ihrer verstärkten Reinigungswirkung im allgemeinen zu scharf sind, aber für die Pkw-Dieselmotoren von Mercedes freigegeben und auf den Blättern Nr. 227 der DB-Öl-Freigabe-Liste verzeichnet sind.

Heute: Öl-Qualitätsnormen API, MIL und andere

An den seit 1968 eingebauten Dieselmotoren vom Typ 615 und 616 zeigten sich in den ersten Jahren ärgerliche Schmierungsschäden an den »molybdängespritzten« Kolbenringen (Seite 59), und es war anfänglich schwer, schmierungstüchtige Motoröle zu finden, die diese Motorschäden verhinderten. Damals mußte man sich ganz genau an die nur kurze Freigabe-Liste halten. Inzwischen hat sich die Qualität der Motoröle so sehr verbessert, daß dieses Problem überwunden ist. Trotzdem hat Daimler-Benz einen eigenen Motortest zur Qualitätsprüfung entwickelt:

- Mercedes-Test »OM 616« nach »CEC L-17-A-78«.

Wenn Sie diese Bezeichnung »OM 616-Test« auf einer Öldose finden, haben Sie auf jeden Fall die Garantie, daß der Inhalt zu Ihrem Dieselmotor paßt.
Die international allgemein verbreiteten Qualitätsnormen für Motoröle sind jedoch vom »Amerikanischen Petroleum-Institut« (API) und von den amerikanischen Militärbehörden (MIL) festgelegt.
Die API-Normen der S-Reihe (»API-Service SA« bis »API-Service SF«) beziehen sich auf Motorenöle für Benzinmotoren, haben also zur Ölauswahl für unsere Dieselmotoren keine besondere Bedeutung, obwohl die von Mercedes freigegebenen Öle auch durchweg dieser API-Klassifikation (zumeist »API SE« oder »API SF«) entsprechen. Die API-Klassifikationen der C-Reihe gelten dagegen für Dieselmotoren, zumeist findet man also auch die Bezeichnungen »API CC« oder »API CD« auf den für unsere Dieselmotoren passenden Öldosen.
Mit den API-Normen hat aber Daimler-Benz nicht viel im Sinn und fordert die teilweise anspruchsvolleren Qualitätsnormen des Militärs (MIL). So müssen die von Mercedes freigegebenen Motorenöle neben dem »OM 616-Test« auch die Bedingungen des Tests »MIL-L-46152A« und für die stark reinigenden »S-3-Öle« auch den Test »MIL-L-2104 C« erfüllen.
Die von Ihnen zum Nachfüllen und zum Motorölwechsel gewählten Öldosen müssen also mindestens eine der nachfolgenden Qualitätsnormen (zumeist irgendwo ganz klein gedruckt) tragen:
OM 616 Test (Spezialtest von Daimler-Benz);
MIL-L-46 152 A bzw. **MIL-L46 152 B** (höchste Militär-Norm);
MIL-L-2104 C (höchste Norm für Serie-3-Öle). Die Normbezeichnungen MIL-L-2104 **A** oder MIL-L-2104 **B** reichen nicht aus!
Wenn daneben noch API-Bezeichnungen (z. B. API CC) oder Marken-Testbezeichnungen (z. B. Ford SSM-2 C 9001 AA) zu finden sind, dann sind diese ebenfalls durch die scharfen Mercedes-Bedingungen abgedeckt. Falls aber keine der drei oben stehenden Normbezeichnungen dabei zu finden ist oder nur MIL-L-2104 **B**, dann müssen Sie sicherheitshalber in der Mercedes-Freigabe-Liste nachprüfen, ob gerade dieses Motoröl doch freigegeben ist, was übrigens sehr oft zutrifft.

SAE-Klassen je nach Temperatur

Je nach Temperatur und Jahreszeit schreibt Daimler-Benz unterschiedliche, durch Zahlen gekennzeichnete Motoröle vor. Diese Zahlen, z. B. »10 W«, »20 W/20« oder »30«, geben die Viskosität, die Zähflüssigkeit des Öles, an,

Die Tabelle zeigt die Ölviskositätsempfehlungen von Daimler-Benz für die Dieselmotoren. Die genannten Temperaturen verstehen sich als Dauertemperaturen. Kurzzeitige Schwankungen spielen keine Rolle.

[1]) Bei anhaltenden Temperaturen über + 30° C kann die Viskositätsklasse SAE 40 verwendet werden.

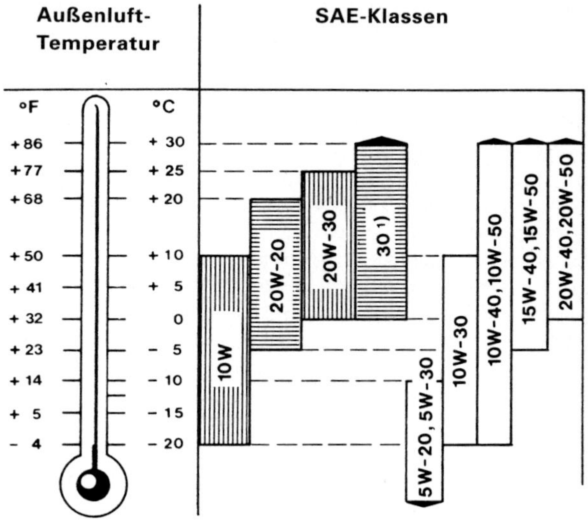

d. h. durch Zahlenwerte wird gekennzeichnet, ob ein Motoröl dick- oder dünnflüssiger ist. Diese Kennzeichnung ist international von der amerikanischen »**S**ociety of **A**utomotive **E**ngineers« (SAE) genormt, und danach werden die verschiedenen Zähflüssigkeitsklassen mit »SAE« und einer Zahlenangabe dahinter bezeichnet. Je kleiner die Zahl ist, um so dünnflüssiger ist das Öl. Dünnflüssiges Öl ist für den Winter bestimmt, z. B. »10 W«, für arktische Temperaturen sogar »5 W« (das »W« bedeutet zusätzlich »Winter«). Etwas dickflüssigeres Öl ist für den Sommer bestimmt, deshalb SAE 30 oder auch SAE 20 W/20, wobei die letztere SAE-Klassifikation mit dem »W« auch anzeigt, daß dieses Öl in manchen Motoren »wintertauglich« ist.
Mit diesen SAE-Klassen 5 W, 10 W oder 20 W/20 werden die sogenannten **»Einbereichsöle«** bezeichnet, die nur für einen verhältnismäßig schmalen Start-Temperatur-Bereich eingefüllt werden sollen und zu jahreszeitlichem Motorölwechsel zwingen. Wird das versäumt, kann bei dem dünnflüssigen »10 W« im heißen Sommer der Schmierfilm an den Laufflächen des Motors abreißen, oder bei dickflüssigem »Sommeröl« SAE 30 ist es dem Anlasser bei strenger Kälte kaum noch oder gar nicht mehr möglich, den kältestarren Motor durchzudrehen.
Diese Probleme entfallen bei den sogenannten **»Mehrbereichsölen«**, die gleichzeitig mehrere Viskositätsklassen umspannen. In der Regel handelt es sich bei den Mehrbereichsölen um dünnflüssige Grundöle der Klasse SAE 10 W oder SAE 15 W, denen spezielle Zusätze beigegeben werden. Diese »quellen« bei höheren Temperaturen, halten das Öl auf diese Weise auch im Hochsommer und im heißen Motor »dickflüssiger«. Dagegen wird der Start durch das dünnflüssige Grundöl erleichtert und die erste Schmierung gesichert. Solche Mehrbereichsöle haben beispielsweise die Bezeichnung SAE 10 W-30 oder SAE 15 W-50, wobei die Endbezeichnung »30« oder »50« nicht der Endviskosität eines Einbereichsöls »SAE 30« bzw. »SAE 50« entspricht, sondern nur bis etwa »SAE 20« bzw. »SAE 30« reicht (siehe obenstehende Zeichnung).
Weil die Mehrbereichsöle über eine weitaus größere Start-Temperaturspanne gefahren werden können, ist man von den Einbereichsölen weitgehend abgekommen und ein Einbereichsöl SAE 10 W ist selbst bei Mercedes-Werkstätten heute kaum noch zu bekommen, allenfalls das »Sommeröl« SAE 30.

Fingerzeige: *Entgegen vielfachen Meinungen wird das Motoröl nicht durch rasante Autobahnfahrt besonders stark strapaziert, sondern vor allem macht der sogenannte Kurzstreckenverkehr dem Motoröl das Leben sauer. Der tägliche kurze Weg zur Arbeitsstelle, die Benutzung des Wagens als Botenfahrzeug oder Taxi in der Großstadt, häufiger Kaltstart, winterlicher Stadtverkehr, staubige Feldwege und dergleichen, das sind die »erschwerten Bedingungen«, die das Motoröl wirklich abnutzen und den pünktlichen Ölwechsel nach einem halben Jahr erfordern, auch wenn die nächste 5000-Kilometer-Marke noch nicht auf dem Tacho erschienen ist.*

Ist auf guten Straßen und mit längeren Fahrten in flotter Bewegung im Halbjahr ebenfalls nur eine Fahrtstrecke unter 5000 km zusammengekommen, kann man mit dem nächsten Ölwechsel auch etwas länger als 6 Monate warten. Selbst 9 Monate zwischen zwei Ölwechseln sind in diesem Falle kein Grund zur Sorge, wenn nicht der inzwischen eingetretene starke Temperaturwechsel zum Ölwechsel veranlaßt, weil für die Außentemperaturen gerade das »falsche« Öl im Motor ist.

Auch ein Überschreiten des 5000-km-Intervalls um einige hundert oder gar tausend Kilometer ist »kein Beinbruch«, wenn das Fahrzeug zügig und zumeist auf längeren Strecken gefahren werden konnte. In den heutigen Motorölen stecken beträchtliche Leistungsreserven, die das ohne weiteres aushalten. Überdies kommt durch das Nachfüllen immer etwas frisches Öl mit unverbrauchten Leistungseigenschaften hinzu.

Dem Motoröl des Diesel-Motors sollen keine Zusatzmittel beigegeben werden. Die von Daimler-Benz überprüften und freigegebenen Motoröle erfüllen alle notwendigen Aufgaben im Diesel-Motor. Irgendwelche Zusatzmittel können da nichts verbessern, sondern höchstens stören und Schäden bewirken.

Mit großem Aufwand werden synthetische Motorenöle angepriesen. Sie sollen Benzin sparen helfen und werden oft als »Leichtlauföle« bezeichnet. Sie sind auch vielfach von Daimler-Benz für alle Pkw-Motoren freigegeben, z. B. »Aral Spectral« oder »Mobil 1«. Es sind zweifellos sehr gute Motorenöle, aber mit dem Literpreis von 15 DM und mehr einfach zu teuer für unsere schlichten Dieselmotoren. Billigere Öle tun's auch ganz ordentlich.

Ölstand kontrollieren und Öl nachfüllen

Mercedes-Diesel-Motoren haben einen gesunden Öldurst. Er ist mit einer gewissen Absicht in den Motor »hineinkonstruiert«, um wirklich überall die Schmierung zu sichern. Ein Ölverbrauch von 1,5 bis 2 Liter auf 1000 km, der beispielsweise einen VW-Fahrer fürchterlich erschrecken und zur nächsten VW-Werkstatt jagen würde, ist beim Mercedes-Diesel nicht außergewöhnlich.

Es hat nicht viel Sinn, den Ölpeilstab bei jeder Tankung, wenige Sekunden nach dem Abstellen des Motors zu ziehen. Dann ist das Öl noch nicht wieder in der Ölwanne zusammengelaufen und der Peilstab zeigt zu wenig an. Deshalb kontrolliert man am besten den Ölstand morgens – oder mittags –, bevor der Motor zum erstenmal gestartet wird. Die Mengendifferenz zwischen den beiden Ölpeilstabmarken beträgt 1,5 Liter. Den Ölpeilstab finden Sie an der linken Motorseite zwischen Kraftstoff-Hauptfilter und Einspritzpumpe (siehe Bild Seite 26).

Aber es hat nicht viel Sinn, den Ölpeilstab bei jeder Tankung, wenige Sekunden nach dem Abstellen des Motors, zu ziehen. Dann ist das Öl noch nicht wieder in der Ölwanne zusammengelaufen und der Peilstab zeigt zu wenig an. Deshalb kontrolliert man am besten den Ölstand selbst morgens – oder mittags –, bevor man den Motor zum erstenmal startet.
Noch einfacher notiert man sich eine Zeitlang genau den Ölverbrauch des Motors und merkt sich, nach jeweils wieviel hundert Kilometer der Ölstand der unteren Peilstabmarke nahekommt. Wenn kein besonderer Hinweis auf Ölverlust besteht (Ölflecken unter dem abgestellten Wagen, keine Öldruckanzeige, ölverschmierter Motorraum usw.), braucht man also nur alle 500 oder 750 Kilometer den Ölpeilstab zu ziehen, um bei entsprechendem Bedarf einen Liter nachzufüllen.

Fingerzeig: *Wenn Ihr Mercedes-Diesel, vielleicht nur im Winter, gar kein Öl oder auffallend wenig Öl verbraucht, sollten Sie nicht etwa Ihren sparsamen Motor loben, sondern nach der Ursache forschen (lassen), denn mangelnder Ölverbrauch ist ein schlechtes Zeichen. Möglicherweise dringt Kühlwasser (müssen Sie öfter Wasser nachfüllen?) in die Ölwanne. Stellen Sie bei einem neuen Motor während der ersten 5000 km fast keinen Ölverbrauch fest, brauchen Sie noch nicht beunruhigt zu sein. Dies ist eine Eigenart mancher neuer Dieselmotoren.*

Nicht ständig Öl nachfüllen

Im Ölpeilstab sind zwei Marken eingeschlagen. Die obere zeigt, daß der Motor mit der vorgeschriebenen Ölwechselmenge befüllt ist. Die untere weist darauf hin, daß nur noch die Mindestmenge im Motor ist. Erst wenn der Ölstand bis zu dieser Minimum-Marke abgesunken ist, muß Öl nachgefüllt werden. Die Differenz bis zur oberen Peilstabmarke beträgt 1,5 Liter. Aber diese Menge braucht man nicht nachzufüllen, es genügt 1 Liter durchaus, denn erfahrungsgemäß verbrauchen Motoren mehr Öl, wenn der Ölstand bis zur oberen Peilstabmarke reicht. Und ganz besonders steigt der Ölverbrauch an, wenn der Motor über die obere Marke hinaus befüllt wird. Dieses zu viel eingefüllte Öl wird nutzlos verbrannt, es kann sich sogar durch Ölkohleansatz schädlich auswirken.
Ist der Ölstand noch nicht ganz bis zur unteren Strichmarke abgesunken und man will gerade an seiner Stamm-Tankstelle Öl der bevorzugten Marke nachfüllen, genügt sogar ein halber Liter vollkommen. Es hat also keinen Sinn, den Ölstand ständig bis zur oberen Peilstabmarke zu ergänzen – das erhöht nur den Ölverbrauch.
Und den nächsten Ölwechsel legt man so, daß der Ölstand bis zur unteren Peilstabmarke abgesunken ist und gerade Öl nachgefüllt werden müßte.

Mischung verschiedener Ölsorten verboten?

Wenn Sie unterwegs Motoröl nachfüllen müssen, nehmen Sie am besten das Öl jener Marke, die Sie zum Ölwechsel gewählt haben. Sie haben dann das beruhigende Gefühl, bei einem überraschenden Motorschaden bei der treu beanspruchten Ölfirma anklopfen zu können, um feststellen zu lassen, ob vielleicht mit der Motorschmierung oder gar dem Öl irgend etwas nicht stimmte. Das ist allerdings nur wirklich sehr selten der Fall, und in diesen seltenen Fällen zeigen die Mineralölfirmen auch zweifellos Kulanz. Diese Vorsorge für den Ausnahmefall ist aber auch der einzige Grund, die Mischung verschiedener Ölsorten möglichst zu vermeiden. Werkstätten und Tankstellen erklären zwar gelegentlich, verschiedene Ölsorten würden sich nicht miteinander vertragen und es könne sogar Schäden geben, wenn man ihrem Öl nicht treu bleibe. An

diesem Gerede ist aber kein Wort wahr. Denn alle Motorölsorten und Ölmarken lassen sich fröhlich durcheinander mischen.
Diese Mischbarkeit ohne schädliche chemische oder sonstige Folgen ist nämlich eine Grundforderung der internationalen HD-Öl-Normen. Die innerhalb dieser Normen liegenden »Eigenschaften« können zwar durch Mischung ein bißchen hierhin oder dorthin abgewandelt werden, aber Schaden gibt es nicht. So bremst man etwa die Mehrbereichsfähigkeit eines Mehrbereichs-HD-Öles, wenn man Einbereichs-HD-Öl zufüllt, aber die überwiegende Viskosität ist immer noch gegeben. Allerdings ist es wenig sinnvoll, das teure Mehrbereichsöl durch billigeres Einbereichsöl, etwa HD-Öl SAE 20 W/20, zu »strecken«. Es sei nur als extremster Fall erwähnt. Demgegenüber ist es aber empfehlenswert, im Spätherbst das dünnere »Winteröl« SAE 10 W oder SAE 20 W/20 nachzufüllen, auch wenn noch SAE 30 vom Sommer her im Motor ist. Und im Sommer kann man umgekehrt verfahren. Mehrbereichsöl erhält man dadurch zwar nicht, aber die Ölfüllung ist doch besser den Start-Temperaturen angepaßt.
Ganz verfehlt wäre es aber, das notwendige Ölnachfüllen hinauszuzögern, weil man gerade nicht das »eigene« Motoröl erhalten kann. Das kann Motorschaden geben, der nur durch das Nachfüllen des nächstbesten Marken-HD-Öles zu vermeiden ist, selbst wenn es in diesem Notfall keines der für den OM 615 freigegebenen Motoröle ist. In der Regel muß es natürlich ebenfalls ein Motoröl sein, das von Daimler-Benz freigegeben wurde.

Getriebeölstand prüfen

Pflegedienst
Nr. 35

Im Wartungsplan von Daimler-Benz ist die Prüfung des Ölstands im Getriebe für die bis Ende 1967 gebauten Modelle nicht vorgesehen (bei ihnen soll ja alle 20 000 km das Getriebeöl gewechselt werden). Auch für die neueren Modelle heißt es in unserem Wartungspunkt Nr. 35 nur »Getriebegehäuse auf Dichtheit und Schaden prüfen«. Am einfachsten geht das beim Motorölwechsel: Wenn das Getriebegehäuse außen keine Ölspuren zeigt, dürfte es dicht und kein Ölmangel eingetreten sein. Zur Sicherheit kann man am Getriebegehäuse in der Mitte rechts (in Fahrtrichtung gesehen) oben die »hohle« Kontroll- und Öleinfüllschraube mit einem Inbus-Steckschlüssel SW 14 herausdrehen und sehen, ob ein wenig Getriebeöl herausläuft. Oder man steckt den Zeigefinger in die Öffnung und prüft mit Gefühl, ob das Öl bis zur Öffnungsunterkante steht. Dann ist alles in Ordnung. Andernfalls etwas Getriebeöl (vorgeschriebene Sorte, nächster Abschnitt) einfüllen oder bei einem außen ölverschmierten (und daher undichten) Getriebegehäuse zur Werkstatt.

Der Getriebeölstand wird an der Einfüll- und Kontrollöffnung – am Getriebegehäuse in der Mitte oben rechts, in Fahrtrichtung gesehen – mit dem Zeigefinger geprüft. Mit dem Inbus-Steckschlüssel SW 14 die »hohle« Schraube herausdrehen und mit dem Zeigefinger nachprüfen, ob das Öl bis zur Unterkante der Kontrollöffnung steht. Unten am Getriebegehäuse ist die Öl-Ablaßschraube (schwarzer Pfeil) zu sehen.

Wer das Getriebeöl selbst wechseln will, muß die Öl-Ablaßschraube an der Gehäuseunterseite mit einem Inbus-Steckschlüssel SW 14 herausdrehen. Hier ist das an Tankstellen gebräuchliche Spezialwerkzeug für den Mercedes-Getriebeölwechsel in Aktion. Es genügt aber auch ein einfacher Sechskant-Steckschlüssel, wie ihn unser Werkzeugbild Seite 20 unten zeigt.

Getriebeöl wechseln

Pflegedienst Nr. 36

Für den bis Baujahr Ende 1967 alle 20 000 km fälligen Getriebeölwechsel gilt dasselbe wie für den Motorölwechsel: Am bequemsten geht es an der Tankstelle oder in der Werkstatt. Man braucht nämlich zum Einfüllen des Getriebeöles ein gekrümmtes Rohr, welches in das kleine Einfülloch – zugleich Kontrollöffnung – paßt und noch Platz für die ausströmende Luft läßt. Man kann sich zwar mit einer Plastikflasche – zum Hineinpumpen der Flüssigkeit – und einem dünnen Schlauch behelfen, aber mit dem Spezialgerät der Tankstelle oder Werkstatt geht es doch einfacher. Wenn Sie es trotzdem selbst machen wollen, brauchen Sie:

- 1,4 Liter Flüssigkeitsgetriebeöl ATF,
- Inbus-Sechskant-Steckschlüssel zum Öffnen und Eindrehen der Ablaß- und Einfüllschrauben,
- Gefäß zum Auffangen des Altöls,
- Einfüllvorrichtung (Füllspritze oder Plastikflasche).

Es kommt nicht darauf an, daß die genau vorgeschriebene Ölmenge eingefüllt wird, sondern daß es aus der Einfüllöffnung gerade überzulaufen beginnt. Deshalb muß der Wagen genau waagrecht aufgebockt sein.

Vorgeschriebene Ölsorte beachten

Sehr genau muß beim Nachfüllen oder beim Ölwechsel darauf geachtet werden, daß auch die vorgeschriebene Flüssigkeit in das Schaltgetriebe kommt. Denn Daimler-Benz schreibt hier, entgegen allgemeinem Brauch, kein eigentliches Getriebeöl oder Hypoidgetriebeöl vor, sondern eine besondere Flüssigkeit, die bei anderen Kraftfahrzeugherstellern zumeist nur für automatische Getriebe verwendet wird. Dementsprechend ist auch die Bezeichnung Flüssigkeitsgetriebeöl ATF zu verstehen, denn ATF bedeutet »Automatic Transmission Fluid« (Automatik-Getriebe-Flüssigkeit). Die gleiche Sorte ist auch für die DB-Getriebe-Automatik im 190 Dc und 200 D vorgeschrieben, allerdings ist die Freigabeliste von Mercedes dafür wesentlich kürzer. Was aber für die Getriebe-Automatik freigegeben ist, ist auch für das mechanische Schaltgetriebe von Mercedes gut. Dieses ATF hat unter anderem den großen Vorteil, daß es bei allen Temperaturen in seiner Viskosität (Zähflüssigkeit) ziemlich gleich bleibt, also sommers und winters verwendet werden kann. Wenn unterwegs an einer Tankstelle aus irgendeinem Grund etwas ATF nachgefüllt werden muß, sollten Sie sich aus der Sortenliste der Tankstelle genau zeigen lassen, daß die vom Tankwart hergebrachte Flüssigkeit auch wirklich von Daimler-Benz freigegeben ist. Wir nennen einige Flüssigkeitsgetriebeöle, die auch für die DB-Getriebe-Automatik der Modelle 190 Dc und 200 D freigegeben sind, wobei Sie haargenau auf die Bezeichnung achten müssen, damit durch einen ähnlich lautenden Saft nichts passiert. Die folgenden ATF sind in der »Freigabe-Liste« auf Blatt Nr. 236.2 zu finden:

- Agip Rotra ATF
- Aral Getriebeöl SGF 84
- BP Autran GM-MP
- Castrol TQ
- Mobil ATF 200
- Shell Donax TM
- Total Fluide CC
- Veedol ATF A

Ölstand im automatischen Getriebe prüfen

Wartungsdienst Nr. 15

Bei jedem Wartungsdienst, alle 5000 km, soll der Ölstand im Automatik-Getriebe geprüft werden. Während bei der Motorölkontrolle der Motor bereits längere Zeit stehen soll, damit alles Öl in der Ölwanne zusammengelaufen ist, muß bei der Ölstandskontrolle im Automatik-Getriebe der Motor im Leerlauf bereits einige Minuten drehen, damit die Ölpumpe auch arbeitet. Dabei ist der Wählhebel in Parkstellung »P« zu schalten und zu aller Sicherheit die Feststellbremse anzuziehen. Dann erst wird der Ölpeilstab im Motorraum rechts hinten (in Fahrtrichtung gesehen) neben der Zylinderkopfhaube (zugleich Einfüllrohr) gezogen. Die beiden Kerbmarkierungen für den Mindest- und Höchststand sind für den betriebswarmen Motor mit einer Getriebetemperatur von 80° C geeicht. Ist der Motor jedoch nicht betriebswarm und hat das Öl nur eine Temperatur von 20–30° C, so gilt die untere Kerbmarkierung als Höchststandmarke. Denn der Ölstand ändert sich mit der Temperatur merklich. Falls bei dieser Ölstandskontrolle, die man also am besten nach einer längeren Fahrt bei betriebswarmem Motor vornimmt, Öl fehlt, kann bei Ölstand an der unteren Marke insgesamt 0,3 Liter Flüssigkeitsgetriebeöl ATF einer der freigegebenen Sorten (einige davon oben genannt) bei den Modellen 190 Dc und 200 D (Getriebe mit 2 Planeten-Radsätzen) nachgefüllt werden.
Für die Automatik-Getriebe der Modelle 200 D/8 und 220 D/8 (3 Planeten-Radsätze) werden von Daimler-Benz höhere Anforderungen an die ATF gestellt. Die entsprechenden Flüssigkeiten sind auf Blatt Nr. 236.4 der »Betriebsstoff-Vorschriften« aufgeführt. Bei dieser Einfüllarbeit, wie auch beim Abwischen des Ölpeilstabes muß auf allergrößte Sauberkeit geachtet werden, denn bereits kleine Textilfasern oder Schmutzteilchen können die empfindliche Getriebe-Automatik aus dem Gleichschritt bringen.
Wurde versehentlich zu viel Flüssigkeit eingefüllt, muß dieser Überschuß wieder abgesaugt werden, da sonst das Getriebe die Flüssigkeit aufschäumt und dadurch Schäden am Getriebe auftreten können.
Für das Automatikgetriebe der seit 1968 gebauten Modelle können u. a. folgende ATF-Flüssigkeiten verwendet werden:

- Agip ATF DB
- Aral Getriebeöl ATF 11
- BP Autran DX oder MB
- Castrol TQT
- Mobil Automatic Transmission Fluid C
- Shell ATF S 8684
- Total Dexron C
- Veedol ATF Special C

Ölwechsel am automatischen Getriebe

Wartungsdienst Nr. 36 a

Es hat keinen Sinn, diesen Ölwechsel selbst machen zu wollen, denn es muß dabei ein Spezialfilter getauscht (jedoch erst nach etwa 50 000 km Fahrstrecke) und insgesamt peinlichste Sauberkeit gewahrt werden. Das ist keine Laienarbeit mit Behelfsmitteln. Achten Sie aber darauf, daß die Werkstatt diesen Ölwechsel nur bei wirklich betriebswarmem Getriebe ausführt, sonst fließen nicht alle Rückstände einwandfrei ab. Bei Öl- und Filterwechsel werden bei den Typen 190 D und 200 D etwa 3,75 Liter; beim 200 D/8 und 220 D bis Juli 1973 4,5 Liter und bei den 200 D/220 D/240 D ab August 1973 4,8 Liter benötigt. Nach dem Ölwechsel soll der Wagen mit geringer Motordrehzahl etwa 200 m gefahren und der Ölstand nachgeprüft werden.

Den gleichen Sechskant-Steckschlüssel SW 14 braucht man auch zur Ölstandkontrolle und zum Ölwechsel an der Hinterachse. Oben sitzt die gerade betätigte Kontrollschraube, unten (unterer weißer Pfeil) die Öl-Ablaßschraube. Rechts (weißer Pfeil) ist an der hier gezeigten älteren Pendelachse des 190 Dc einer der beiden Schmiernippel der Hinterachsaufhängung zu sehen.

Ölstandprüfung und Ölwechsel der Hinterachse

Wartungsdienst Nr. 37 und 37 a

Bei den in diesem Buch besprochenen Mercedes-Diesel-Modellen haben wir es mit zwei verschiedenen Hinterachsen zu tun, die auch etwas unterschiedlich gewartet werden wollen.

- Mercedes-Diesel 190, 200 (bis Dezember 1967): Nach seinerzeitigem Pflegeplan soll in der Hinterachse der Ölstand alle 6000 km geprüft (in unserem Wartungsplan unter Nr. 37 a in das 5000-km-Intervall aufgenommen) und alle 18 000 km das Öl in der Hinterachse gewechselt werden. Das ist nicht mehr nötig, regelmäßige Ölstandskontrolle genügt.
- Mercedes-Diesel 200 D, 220 D (ab Januar 1968) und 240 D: Nur alle 20 000 km braucht der Ölstand geprüft zu werden (unser Wartungspunkt Nr. 37), ein Ölwechsel ist erst notwendig, falls die Hinterachse repariert werden muß.

Fingerzeig: *Bei der Ölstandskontrolle und beim Ölwechsel der Hinterachse muß der Mercedes unbedingt auf seinen Rädern stehen, also über einer Abschmiergrube oder auf einem Schienen-Wagenheber. Die Räder dürfen nicht frei hängen, wie das zum Abschmieren (bei älteren Modellen) empfehlenswert und auf den in vielen Tankstellen vorhandenen Kreuzhebern der Fall ist. Denn bei hängenden Rädern stehen die Achswellenrohre nicht waagrecht und ein Teil des Hinterachsöles läuft aus dem Ausgleichgetriebe dort hinein, so daß die Ölstandskontrolle nicht stimmt und beim Ölwechsel ein großer Teil des Öls im Gehäuse verbleibt. Das würde zu einer Überfüllung des Ausgleichgetriebes führen, wodurch das Öl aufgeschäumt und zur Gehäuseentlüftung (siehe Bild Seite 114) herausgedrückt würde. Es kann aber ebensogut auch die Simmerringe (Dichtringe) zu den Rädern herausdrücken und die Bremsen verölen. Dies gilt nicht für Fahrzeuge mit Schräglenker-Hinterachse (ab 1968).*

Hinterachse auf Schadensstellen prüfen

Wartungsdienst Nr. 38

Muß der Mercedes anläßlich eines Ölwechsels in Motor oder Getriebe auf die Hebebühne, so ist die beste Gelegenheit, die Hinterachse auf Dichtheit und eventuelle Schäden an den Faltenbälgen der Antriebswellen zu untersuchen. Brüchige oder rissige Manschetten sind schnellstens auswechseln zu lassen, denn Staub und Feuchtigkeit lassen die Gelenke schnell verschleißen.

Das richtige Öl für die Hinterachse

Das Ausgleichgetriebe in der Mercedes-Hinterachse benötigt wieder eine andere Ölsorte. Es ist ganzjährig Hypoidgetriebeöl SAE 90 oder SAE 85 W/90. Normales Getriebeöl und sogenanntes Mehrzweck-Getriebeöl darf nicht verwendet werden, sondern nur das für schrägverzahnte Getriebe bestimmte Hypoidgetriebeöl, das von manchen Mineralölfirmen auch als EP-Getriebeöl

bezeichnet wird (EP = extreme pressure = außergewöhnlich hoher Druck). Damit in die Hinterachse Ihres Mercedes-Diesel die richtige, von Daimler-Benz freigegebene Ölsorte des Viskositätsklasse SAE 90 oder SAE 85 W/90 eingefüllt wird, sollten Sie das Nachfüllen oder den eventuell notwendigen Wechsel von der Werkstatt besorgen lassen.
Zum Ölwechsel an der älteren Hinterachse (bis Dezember 1967) werden 2,5 Liter, bei einem eventuell notwendig gewordenen Ölwechsel an der neueren Hinterachse nur 1,15 (ab März 1973 nur noch 1) Liter benötigt.

Ölbad-Luftfilter auf Verschmutzung prüfen

Wartungsdienst Nr. 13

Damit kein Staub in den Motor gerät und dort die Zylinderwände schmirgelt, ist der angesaugten Verbrennungsluft ein besonders wirksames Ölbad-Luftfilter vorgeschaltet. Die ganze Luft muß in Bläschen durch das Öl und das mit Öl getränkte Drahtgespinst hochsteigen (was nur bei genügend hohem Ölstand wirksam ist), wobei die Staubteilchen weitgehend von den Öltropfen aufgefangen und am Boden des Filtertopfes abgelagert werden. Dadurch verschlammt das Ölbad, je nach Staubgehalt der Luft, schneller oder langsamer, so daß allein aufgrund der Sichtprobe der Ölwechsel vorgenommen werden muß. Man fährt also einmal im geöffneten Filtertopf mit Daumen und Zeigefinger auf den Topfboden und reibt den Bodensatz zwischen den Fingern. Sitzt dort dicker Schmutz, wird das verbrauchte Öl weggeleert, der Filtertopf und das Drahtgespinstfilter sorgfältig in Benzin, Dieselkraftstoff oder Petroleum ausgewaschen und frisches Motoröl nach dem Wiedereinbau eingefüllt.
An sich ist das gleiche Motoröl, wie für den Motor entsprechend der Jahreszeit, vorgeschrieben. Aber diese legierten Öle sind eigentlich dafür zu teuer und nicht notwendig. Andrerseits braucht man allerdings auch nur etwa ⅓ Liter. Es geht aber auch ohne weiteres mit dem billigeren unlegierten Öl, wie es die meisten Tankstellen in ihrem Ölkabinett führen, im Sommer mit SAE 20 W/20 und im Winter mit SAE 10 W. Bei starker Kälte unter −20° C soll dem Ölbad etwa 30 % Dieselkraftstoff beigemischt werden, damit die Ansaugluft durch das sonst zu zähe Öl nicht zu sehr gebremst wird.
Der Ölstand soll bis zu dem schrägen Steg im Filtertopf zwischen die beiden Markierungspfeile reichen. Bei zu geringem Ölstand streicht die Luft ungefiltert in das Ansaugrohr, bei zu hohem Ölstand werden Öltropfen mitgerissen, was für den Motor nicht erwünscht ist.
Für unsere mitteleuropäischen Verkehrsverhältnisse auf sauberen Straßen genügt diese Ölbadkontrolle alle 5000 Kilometer. Bei Fahrten über Landstraßen oder durch unwegsames Gelände in der Staubwolke vorherfahrender Wagen kann diese Ölbadkontrolle wöchentlich notwendig werden.

Im Unterteil (1) des Ölbad-Luftfilters zeigen zwei eingeprägte Pfeile mit den Bezeichnungen »Höchst« und »Normal« den Ölstand an. Es darf nicht zu wenig sein, sonst wird die Ansaugluft nicht gefiltert. Aber auch zu viel ist von Übel, weil dann Öl mit in die Ansaugluft gerissen wird. Der Ölfiltereinsatz (2) wird in Benzin oder Petroleum ausgewaschen. Das Oberteil (3) ist mit Spannbügeln am Unterteil befestigt.

Wenn Sie den Ölstand im Lenkgetriebe prüfen wollen, dürfen Sie auf keinen Fall die Einfüll- und Kontrollschraube (schwarzer Pfeil) mit der Einstellschraube des Lenkschneckenspiels auf der Mitte des Lenkgetriebegehäuses (durchstrichener weißer Pfeil) verwechseln. Der Ölstand ist bei geöffneter Kontrollschraube im Lenkgetriebe sichtbar.

Ölstand im Lenkgehäuse prüfen

Wartungsdienst Nr. 47

Alle 20 000 km soll im Getriebegehäuse der serienmäßigen Lenkung der Ölstand überprüft werden. Dazu ist die oben auf dem Gehäusedeckel sitzende Kontroll- und Einfüllschraube (siehe Bild oben) herauszuschrauben und nachzusehen, ob der Ölstand bis zur Unterkante der Öffnung reicht. Wenn ja, Kontrollschraube wieder festdrehen, wenn nein, muß ein wenig Hypoidgetriebeöl SAE 90 (gleiche Sorte wie für Hinterachse) eingefüllt werden. Da das Lenkgetriebe nur etwa ⅓ Liter faßt, kann es sich beim Nachfüllen nur um geringe Mengen handeln, andernfalls muß das Lenkgetriebe undicht sein (Werkstatt).

Ölstand der Servo-Lenkung prüfen

Wartungsdienst Nr. 18 und Nr. 63

Ist in Ihrem Mercedes eine Servo-Lenkung eingebaut, soll der Flüssigkeitsstand im zuständigen Ölbehälter alle 5000 km nachgeprüft werden. Zu diesem Zweck die Flügelmutter oben auf dem Ölbehälter (siehe Bild unten) abdrehen, den Deckel abnehmen, nachsehen, ob der Ölpegel bis zu der im Behälter eingepreßten Markierung reicht. Dabei soll der Motor im Leerlauf drehen (wegen der Hochdruckölpumpe dieser Anlage) und betriebswarm sein, so daß das Öl etwa 80° C warm ist. Bei abgekühltem und gerade gestartetem Fahrzeug soll der Ölpegel etwa 10 mm unter der Markierung liegen. Diese Ölstandkontrolle kann man ohne weiteres selbst machen und bei Nachfüllbedarf zur nächsten Mercedes-Werkstatt fahren, um sich das genau vorgeschriebene Flüssigkeitsgetriebeöl ATF (genau gleiche Sorte wie für das Schaltgetriebe, siehe Seite 45) einfüllen zu lassen.
Zeigt sich stärkerer Ölverlust, muß die Servo-Lenkung in der Werkstatt auf Dichtheit überprüft werden.

Bei eingebauter Servo-Lenkung muß regelmäßig (alle 5000 km) der Flüssigkeitsstand im Ölbehälter überprüft werden. Der Behälterdeckel ist mit einer Flügelmutter befestigt. Nach jeweils 50 000 km soll der im Behälter unten sitzende Filtereinsatz ausgetauscht werden. Man kann das seiner Mercedes-Werkstatt überlassen, die bei dieser Gelegenheit die sowieso fällige Überprüfung (Wartungspunkt 47 a) der gesamten Servo-Lenkung auf Verschleiß vornimmt.

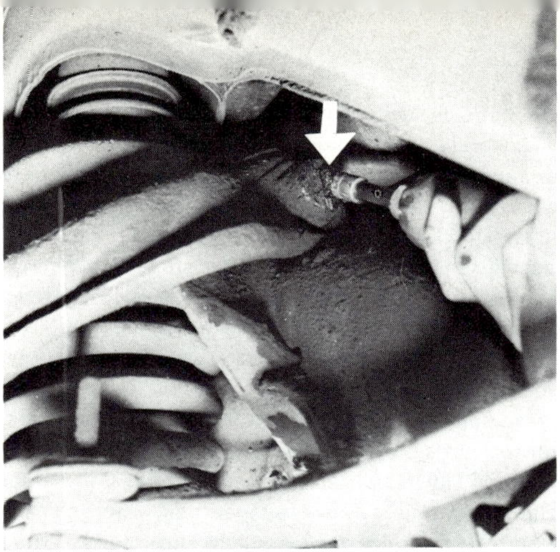

Bis einschließlich 200 D (gebaut bis Ende 67) hatten die Mercedes-Modelle eine Reihe von Schmiernippeln, die im Text auf den nächsten Seiten einzeln aufgeführt sind. Sie sind teilweise recht schwierig zu erreichen und zu finden. Deshalb hier der Schmiernippel (weißer Pfeil) am Querlenker rechts vorne oben, der gerade mit einer kleinen Handfettpresse abgeschmiert wird. Als Orientierung kann die Schraubenfeder der Vorderachse dienen. Ein weiterer Schmiernippel sitzt an der Gegenseite des oberen Querlenkerlagers.

Schmiernippel am Fahrwerk und Türscharniere abschmieren

Wartungsdienst Nr. 23 und 23 a

An Schmiernippeln hat man bei Mercedes früher nie gespart. Damit auch ja kein bewegliches Teil vergammelte, hat beispielsweise noch der Mercedes 190 Dc und 200 D bis Ende 1967 28 Schmiernippel an Fahrwerk und Türscharnieren. Da ist man mit einer eigenen kleinen Fettpresse gut beraten. Bei der »Neuen Generation« ab Januar 1968 hat man jedoch auf alle Schmiernippel am Fahrwerk verzichtet, die entsprechenden Gelenke sind wartungsfrei. Nur an den Türen der Modelle 200 D/8 und 220 D/8 findet man an jedem Scharnier noch je 1 Nippel (insgesamt also 8; siehe Bild unten).

Falls man sie jedoch für seinen älteren Mercedes-Diesel benötigt, sollte man sich nicht eines der billigen Abschmierfette, wie sie die Tankstellen und Werkstätten verwenden (und viele auch von Daimler-Benz freigegeben sind), in die Fettpresse füllen, sondern eins der modernen »lithiumverseiften« Mehrzweckfette, die vielfach auch noch mit dem Festschmierstoff Molybdändisulfid angereichert sind.

Diese ausgezeichneten Fette, wie beispielsweise Molykote BR 2 oder Molykote Longterm 2, sind zwar teurer, setzen aber den Verschleiß der geschmierten Gelenke erheblich herab, was sich an ersparten Instandsetzungen bemerkbar macht.

Beim Abschmieren soll in das zu schmierende Gelenk vor allem dort frisches Fett eindringen, wo die Teile unter Belastung stark aufeinander reiben. Deshalb müssen die Schmierstellen beim Abschmieren möglichst entlastet werden, d. h. der Mercedes muß zum Abschmieren so aufgebockt werden, daß die Räder frei herunterhängen (also ganz im Gegensatz zum Aufbocken bei der

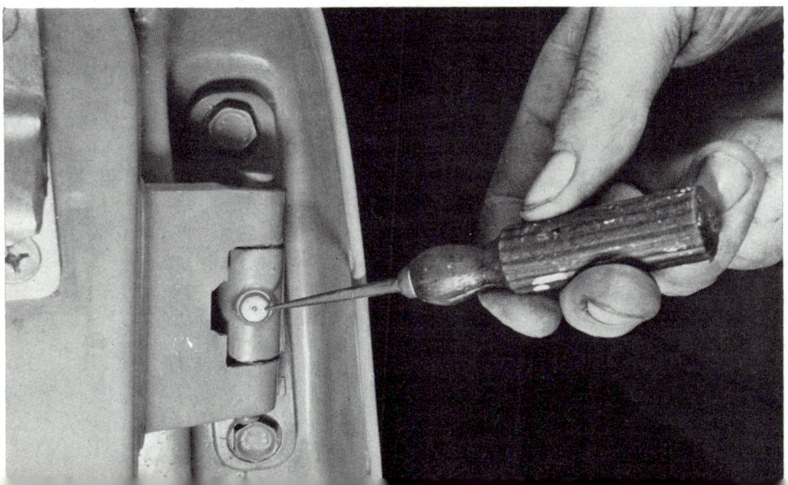

Nur die Türscharniere der neueren Mercedes-Modelle haben noch je einen Schmiernippel, zusammen also 8 Nippel. Wenn es Hohlnippel, wie der hier gezeigte, sind, hat eine eigene Fettpresse keinen Sinn, denn man braucht dazu ein spezielles Spitzmundstück auf der Fettpresse. Es werden aber auch Kugelkopfnippel an den Türscharnieren eingebaut, die man selbst mit einer kleinen Handpresse versorgen kann. Es hat aber wenig Sinn, nur für diese Nippel eine Fettpresse zu kaufen.

Hinterachsölkontrolle). Lassen Sie sich auf keinen Fall das Fahrwerk Ihres Mercedes in Werkstatt oder Tankstelle abschmieren, während die Räder auf dem Schmiergrubenrand oder auf den Laufschienen eines Schienenhebers stehen. Solches Abschmieren ist ziemlich sinnlos, weil das Fett gerade dort nicht hinkommt, wo die Teile unter Druck stehen.

Da das Fett nicht nur innen schmieren, sondern die Schmierstellen auch noch nach außen gegen Schmutz, Staub und Spritzwasser abdichten soll, ist beim Abschmieren so viel Fett einzupressen, bis das alte Fett seitlich aus dem Gelenk herausgepreßt wird und einen Fettkragen bildet. Diesen Fettkragen wischt man nicht ab, weil er eben abdichten soll, dagegen wird der Schmiernippel selbst vor dem Ansetzen der Fettpresse außen sorgsam abgewischt, damit kein Schmutz mit eingepreßt wird. Ist dies doch geschehen und will sich gar kein Fett einpressen lassen, muß der Nippel mit Gabelschlüssel SW 7 oder 8 herausgedreht, die offene Stelle mit einem Draht ausgekratzt, der Schmiernippel selbst entweder gereinigt oder, falls schlagbeschädigt, durch einen neuen (Pfennigartikel) ersetzt werden. Schauen Sie, falls es für Sie die Tankstelle macht, auch dem Wagenpfleger auf die Finger. Manche haben es da ein wenig eilig und schmieren einem undurchlässigen Nippel außen ein bißchen Fett mit dem Finger drauf, damit er wie einwandfrei abgeschmiert aussieht. Solch ein Gelenk wird bald wackeln.

Bei verschmutztem Fahrwerk sind die verschiedenen Nippel nicht leicht zu finden, eine vorhergehende Unterwagenwäsche empfiehlt sich (nach der sowieso wegen des eingedrungenen Spritzwassers abgeschmiert werden muß). Wir können sie hier nur aufzählen, damit sie auch wirklich alle 5000 km (empfehlenswert auch nach dem Winterende noch einmal zusätzlich) abgeschmiert werden können.

- **190 Dc und 200 D:**

  Insgesamt 28 Schmiernippel, davon
  1 Nippel am Lenkungszwischenhebel,
  je 4 Nippel an den Querlenkern unten und oben, rechts und links,
  je 3 Nippel an den Achsschenkeln rechts und links,
  3 Nippel an der Gelenkwelle (vorne, Mitte und hinten),
  2 Nippel an der Hinterachsaufhängung,
  zusammen 8 Nippel an den Türscharnieren.

Fingerzeig: *Damit beim Abschmieren kein Nippel vergessen wird, hierzu ein bewährter Trick: Beim Abschmieren laut die abgefertigten Nippel zählen, bis man die Gesamtzahl zusammen hat.*

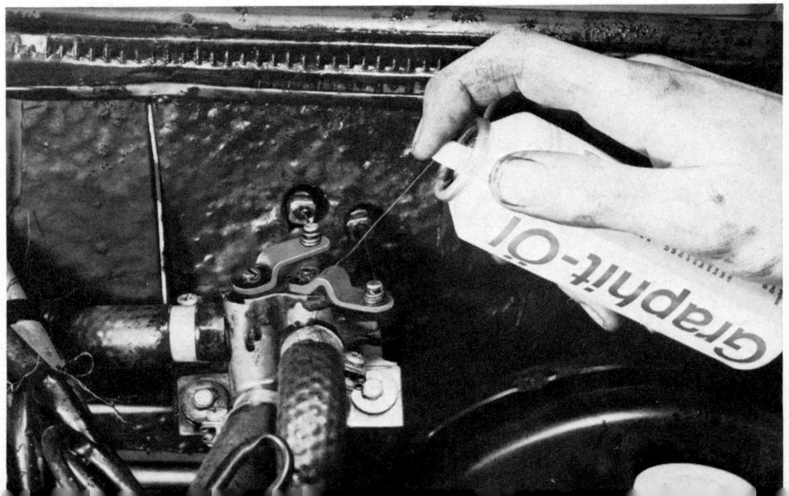

Hier werden gerade die Verstellhebel am Heizungsventil an der hinteren Motorraumwand mit einem Graphitöl geschmiert. Wir benutzen an solchen Schmierstellen besonders gerne die Graphitöl-Sprühdose von BP, denn mit deren Sprühkopf läßt sich ein nadelscharfer Sprühstrahl (keine Retusche im Bild!) auch über eine größere Distanz auf schwer zugängliche Schmierstellen zielen.

Dieser Wartungspunkt betrifft nur die Modelle bis zum Dezember 1967. Mit Einführung der Modelle der »Neuen Generation« ist die Wasserpumpe wartungsfrei, sie ist nur, zusammen mit dem Kühlsystem, auf Dichtheit (Wartungspunkt Nr. 48, Seite 75) zu prüfen.
Bei den älteren Modellen sitzt seitlich am Gehäuse der Wasserpumpe zwischen Keilriemenscheibe und Motorblock eine Sechskantschraube in einer Kontrollöffnung. Sie ist herauszudrehen und zu prüfen, ob Öl bis zur Unterkante der Kontrollöffnung steht. Falls nicht, muß auch die oben auf dem Gehäuse sitzende Einfüllschraube herausgedreht und dort etwas Hypoidgetriebeöl SAE 90 (genau wie für die Hinterachse vorgeschrieben; siehe Seite 46) eingefüllt werden, bis es an der Kontrollöffnung austritt. Die Einfüllschraube hat eine Entlüftungsbohrung zum Druckausgleich. Man muß darauf achten, daß diese Entlüftungsbohrung nicht verschmutzt und verstopft ist.

Ölstand der Wasserpumpe prüfen

Wartungsdienst Nr. 48 a

Ab Modell 200 D/8 (Januar 1968) heißt die Handbremse Feststellbremse, denn sie wird nicht mehr mit einem Handhebel neben der Lenksäule, sondern mit einem Fußpedal links unten im Fußraum des Fahrers und einem Auslöseknopf im Armaturenbrett bedient. Ebenso unterscheiden sich die Pflegevorschriften:

■ **Bis Modell 200 D** (Dezember 1967): In der Mitte unter dem Fahrzeugboden befindet sich der Handbremsausgleich, der beim Anziehen der Handbremse bewirken soll, daß die Bremsbacken der beiden Hinterrad-Bremstrommeln gleichmäßig angezogen werden. Er muß leichtgängig gehalten werden. Daimler-Benz empfiehlt dazu einige Tropfen Motoröl. Ebenso kann man die erreichbaren Teile mit etwas Fett (mit dem Zeigefinger verteilt) einstreichen. Außer dem Handbremsausgleich ist der Handbremshebel unterhalb vom Armaturenbrett mit einigen Tropfen Öl gängig zu halten.
Gleichzeitig schenkt man den Handbremsseilen Aufmerksamkeit und prüft sie auf Scheuer- oder Roststellen. Defekte Seile läßt man in der Werkstatt durch neue ersetzen.

■ **Ab Modell 200 D/8** (Januar 1968): Bei dieser Feststellbremsanlage ist außer dem Handbremsausgleich nur der Zwischenhebel zwischen dem Auslöseknopf im Armaturenbrett und dem Fußpedal in seiner Führung gängig zu halten. Es genügt, den Auslöseknopf ganz heraus zu ziehen und einige Tropfen Öl in die Führungshülse laufen zu lassen.

Teile der Handbremse (Feststellbremse) schmieren

Wartungsdienst Nr. 27 und 42

Fingerzeige: *So genau man es beim Mercedes mit der vorgeschriebenen Schmierstoffsorte beispielsweise bei Motor, Getriebe usw. nehmen muß, so anspruchslos sind beim Mercedes, wie bei anderen Fahrzeugen, jene Schmier-*

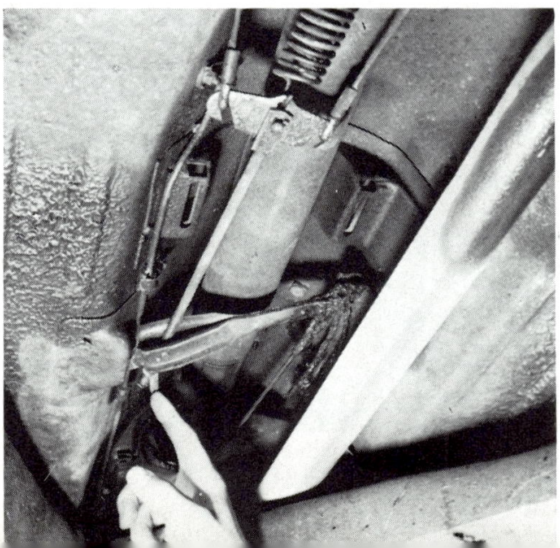

Bis zum Modell 200 D wurde in der Mitte unter dem Fahrzeugboden dieser Handbremsausgleich eingebaut, dessen Teile in ihren Lagern und Scharnieren mit etwas Fett oder Öl leichtgängig gehalten werden sollen. Fett ist, gute Verteilung vorausgesetzt, besser, da es nicht so schnell vom Spritzwasser vertrieben wird. Der Finger zeigt auf die Flügelmutter des Handbremsausgleichs, die bei zu lockeren Bremsseilen unter Umständen nachgedreht werden kann. Die Einzeleinstellung der Handbremse erfolgt aber besser an den Bremstrommeln (siehe Seite 129)

Besonders im Winter, wenn eingeschlepptes Salz-Schnee-Schmelzwasser alle Metallteile rosten läßt und schwergängig macht, muß das Gaspedal durch ein wenig Fett an den gleitenden Teilen, am Pedalhebel (linker schwarzer Pfeil) und am Gelenkstück (rechter schwarzer Pfeil), leichtgängig gehalten werden, sonst hat die auf der Gegenseite im Motorraum sitzende Rückholfeder nicht genügend Kraft, um das getretene Gaspedal wieder in Leerlaufstellung zurückzuziehen.

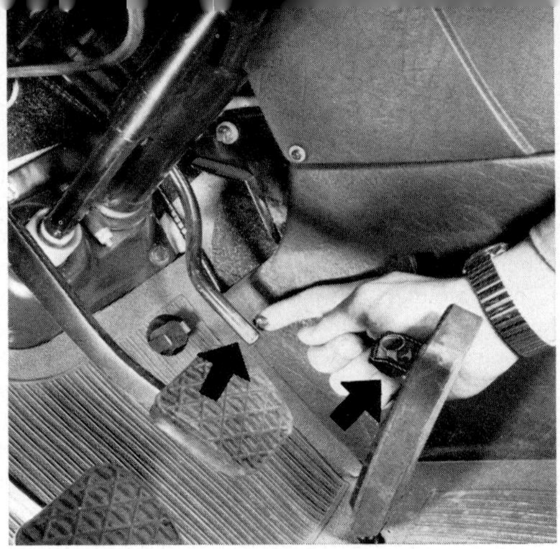

stellen, für die »einige Tropfen Motoröl« oder »einfetten« vorgeschrieben ist. Es genügt »Haushaltsöl« oder noch besser eine Spraydose Graphitöl (z. B. von Aral oder BP), wobei uns die BP-Graphitöl-Sprühdose besonders gut gefällt, denn mit ihrem Sprühkopf läßt sich ein nadelfeiner Ölstrahl fast einen Meter weit selbst auf eine versteckte und schwer zugängliche Schmierstelle spritzen. Das im Öl enthaltene Graphit ist an solchen Schmierstellen ein wirklich vorteilhafter Zusatz.

Aber ebenso kann man an solchen Schmierstellen eine Fingerspitze Fett (Abschmierfett, Mehrzweckfett, aber kein Wälzlagerfett! Letzteres nimmt Wasser auf und ist deshalb hier unbrauchbar) verteilen, nachdem man mit einem Lappen das darin sitzende verschmutzte Fett oder Öl abgewischt hat. Entscheidend ist allenfalls dabei, ob man sich bei Fett an dieser Schmierstelle (z. B. am Türschloß) gelegentlich die Kleidung verschmiert. Dann ist dort Öl, und auch das nur sparsam, selbstverständlich besser.

Schließlich gibt es noch eine Schmiermethode, die man in Schottland erfunden haben soll: Den Ölpeilstab des Motors ziehen und den jedesmal daran hängenden Tropfen auf die nächste Schmierstelle, beispielsweise das Gasgestänge, tropfen lassen. Sparsamer geht's nicht.

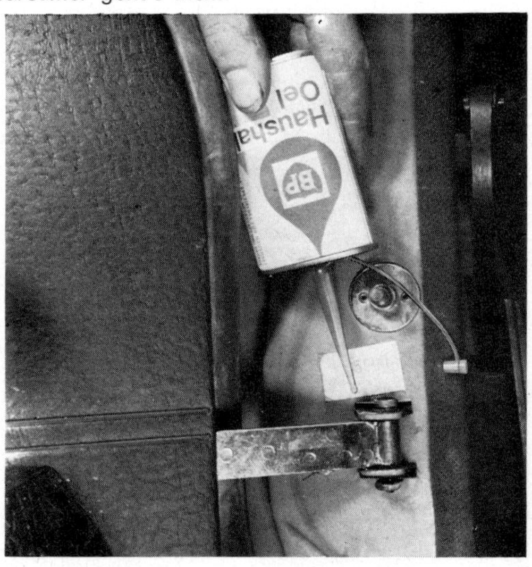

Die Türhaltebänder verhindern, daß die Türen bis über das zulässige Maß aufschlagen. Die Bolzen der Haltebänder erhalten, wie hier gezeigt, regelmäßig einige wenige Tropfen Öl beliebiger Art.

Natürlich geht es auch mit dem einfachen Sprühölkännchen, um leicht zugängliche Schmierstellen, wie hier ein Gelenk des Gestänges zum Drosselklappenstutzen, zu versorgen. Diese Kugelgelenke sind nur aufeinandergedrückt, eine Feder in der Kugelpfanne hält den Kugelkopf fest. Die beiden Teile lassen sich durch hebelnde Bewegungen mit einem breiten Schraubenzieher ohne weiteres trennen und entweder durch Fingerdruck oder mit der Rohrzange wieder zusammenpressen.

Gelenke, Scharniere und Schlösser schmieren

Wartungsdienste Nr. 28, 52, 53, 54, 55 und 56

Grundsätzlich kann man als Heimpfleger davon ausgehen, daß überall da, wo sich zwei Teile in einem Gelenk, in einem Scharnier, in einer Führungsöse oder -hülse aneinander reiben, von Zeit zu Zeit mit einigen Tropfen Öl oder einer Fingerspitze Fett geschmiert werden soll. Man sollte zwischendurch einmal nachsehen, ob da entsprechende Teile trocken reiben, schwergängig sind, quietschen oder von einer dicken Schmutzkruste eingehüllt sind. Bei den verschiedenen Mercedes-Diesel-Modellen sind diese Schmierstellen ein wenig unterschiedlich, wir nennen hier nur zusammenfassend:

- Gelenke und Lagerstellen der Rückschlag-Drosselklappe
- Gelenke und Lager des Gestänges und der Drahtzüge zur Einspritzpumpe und zum Drosselklappenstutzen
- Lager und Gelenk des Gaspedals
- Lager des Getriebeschalthebels
- Schlösser und Scharniere an Motorhaube, Kofferraumhaube und Betankungsklappe
- Bolzen der Türhaltebänder
- Scharniere und Drahtzüge an Belüftungsklappen und Heizung
- Türschlösser

Das Schmieren der Vorderradlager alle 20 000 km überläßt man am besten der Werkstatt, da hierbei auch das Radlagerspiel geprüft werden muß und der Kauf des Spezialfettes wegen der geringen Menge nicht lohnt. Die Teile:
1 – Befestigungsflansch für die Felge;
2 – Abdeckscheibe unter der auf der Achse sitzenden Klemmutter;
3 – Radnabenkontakt zur Weiterleitung statischer Elektrizität (verhütet Radiostörungen);
4 – Fettkappe, die mit kräftigem Schraubenzieher von der Radnabe abgehebelt werden kann.

Ein besonderer Hinweis zum Gängighalten der Türschlösser und des Kofferraumhaubenschlosses: Es hat natürlich keinen Sinn, Fett in die Schließzylinder zu schmieren und auch Motoröl ist dort nicht am Platz, denn diese Schmiere bleibt dann am hineingesteckten Schlüssel hängen und damit verschmiert man sich dann die Jacken- oder Hosentasche. Man gibt deshalb nur einen einzigen Tropfen ganz dünnes Nähmaschinenöl in den Schlüsselschlitz des Schließzylinders, den man an einem dünnen Draht oder einer langen Nadel dort hineinlaufen läßt oder mit einer ausgebrauchten Injektionsspritze einbringt, während ein schmaler Schraubenzieher die Schlüsselschlitzklappe beiseite drückt. Bei Aral gibt es für diesen Zweck auch ein spezielles Miniatur-Sprühfläschchen »Türschloß-Baby«, das gleichzeitig gegen Vereisen des Schlosses im Winter schützt. Gar nicht zweckmäßig ist hier auch das schwarze Graphitöl. Dagegen eignet sich auch ein Rostlöser-Isolierspray, das Feuchtigkeit verdrängt, und somit auch der Vereisung entgegenwirkt.

Vorderradlager fetten

Wartungsdienst Nr. 59

Diesen Wartungspunkt sollten Sie getrost der Werkstatt überlassen, denn diese ist sowieso dort alle 20 000 km beschäftigt, wenn an der Vorderachse Sturz und Vorspur vermessen, die Scheibenbremsen gereinigt und überprüft werden. Außerdem muß der Werkstattmann bei dieser Gelegenheit prüfen, ob das Radlager kein außergewöhnliches Spiel hat, es geht also gewissermaßen alles in einem Aufwaschen in der Mercedes-Werkstatt hin, zumal man dort auch die richtige Fettmenge (es darf nicht zu viel und nicht zu wenig sein) im Handgriff hat und es sich gar nicht lohnt, wegen dieser beiden Radlager ein Kilo spezielles Wälzlagerfett (wieder eine genau vorgeschriebene und zu beachtende Fettsorte) zu kaufen.

Herz mit gesundem Schlag

Wer einen Wagen mit Diesel-Motor erwirbt, mußte schon immer ein schönes Stück Geld auf den Tisch legen. Das war so, als der Mercedes fabrikneu beim Händler abgeholt wurde und ist heute nicht anders, wenn er gebraucht gekauft wurde. Während der höhere Preis damals beim Kauf des Neuwagens von der aufwendigeren Bauweise des Diesel-Motors herrührte, liegt das höhere Preisniveau der Gebrauchten in der Sparsamkeit des Diesel-Motors begründet. Dennoch gilt der »D« als der Wagen des kühlen Rechners, der gewisse Nachteile, wie rauhen Motorlauf und verhaltenes Fahrtemperament, in Kauf nimmt, um in den Genuß größerer Wirtschaftlichkeit zu kommen.
Dies erklärt die Beliebtheit des Diesels in großen Firmen-Fuhrparks, unter Geschäftsreisenden und bei Taxifahrern.

Das Prinzip

Rudolf Diesel, der dem Motor international seinen Namen gab, erkannte, daß höhere Leistung und zugleich günstiger Verbrauch nur durch Steigerung der Verdichtung zu gewinnen war: Er kam bei seinen Versuchen zu Drücken und Temperaturen, die deutlich über der Selbstentzündungstemperatur des Brennstoffs lagen. Ein brennbares Gemisch konnte man also nicht bis zu solchen Drücken im Arbeitszylinder hinaufverdichten. Der Ausweg war – theoretisch – einfach: Man mußte zunächst nur Luft ansaugen und hochverdichten – um erst im Augenblick der höchsten Temperaturentwicklung den Kraftstoff fein verteilt und unter hohem Druck zuzuführen, damit sich das nun entstehende Gemisch selbst entzünden konnte.

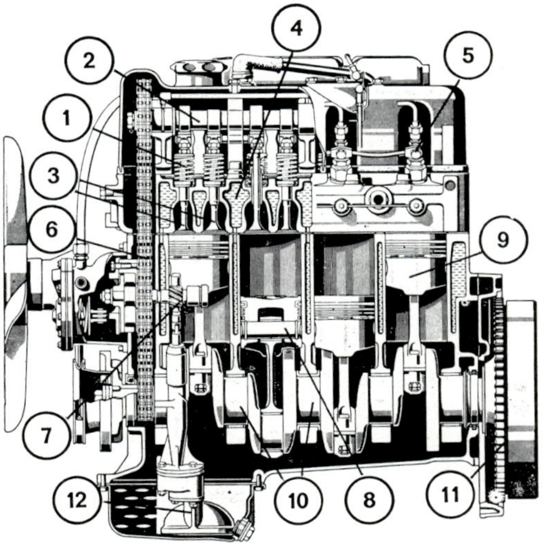

Der Längsschnitt durch den Diesel-Motor des Mercedes 200 D / 220 D zeigt die obenliegende Nockenwelle (2) mit den hängend angeordneten Ventilen (3) und den Ventilfedern (1). Der Antrieb der Nockenwelle geschieht von der fünffach gelagerten (10 zeigt zwei der fünf Lager) Kurbelwelle aus über eine lange Doppelhülsenkette (6). Die übrigen Zahlen bedeuten: 4 – Kühlwasser; 5 – Einspritzdüse des vierten Zylinders; 7 – Antrieb der Ölpumpe; 8 – Kolbenbolzen; 9 – Kolben; 11 – Zahnkranz der Schwungscheibe, in den das Anlasser-Ritzel eingreift; 12 – Ölpumpe.

Zwei Vorzüge hatten schon diese frühen Diesel-Motoren: Sie hatten keine besondere (und störungsanfällige) Zündanlage notwendig, und der Kraftstoff wurde besser ausgenutzt (man rechnet heute mit einem Wirkungsgrad um ca. 32 %). Dazu ist der Kraftstoff billiger herzustellen und billiger einzukaufen. Schließlich hat dieser Kraftstoff sogar noch eine gewisse eigene Schmierwirkung im Motor: Nicht ohne Grund spricht man vom Gasöl oder Dieselöl.
Der Fahrzeug-Diesel-Motor hat seine Wurzel in einem Patent von 1909 (Benz-Mitarbeiter L'Orange): Vom Hauptverbrennungsraum wurde eine sogenannte Vorkammer »abgeschnürt«, in die am Ende des Verdichtungstaktes der Kraftstoff eingespritzt wurde; ein Teil des Kraftstoffs verbrannte darin unter Selbstentzündung und erzeugte damit einen Druck, welcher den übrigen Kraftstoff mit in den Verbrennungsraum hineinriß und dabei zerstäubte. Dort verbrannte das Gemisch und leistete Arbeit. Diese Wirkung der Vorkammer machte Rudolf Diesels schwere Einblasepumpe überflüssig und so den Diesel-Motor erst für den Einbau in ein Straßenfahrzeug geeignet.
Das Vorkammer-Prinzip wurde weiterentwickelt und verfeinert. Seit 1936 der erste serienmäßige Diesel-Personenwagen der Welt (der Typ Mercedes 260 D) vorgestellt wurde, hat sich daran grundsätzlich bis heute nichts geändert, im Detail gab es Änderungen.

Der Werdegang des Motors

170 D, 180 D

Der Ruf der Diesel-Wirtschaftlichkeit begann mit dem Typ 170 D. Gelegentlich sieht man noch heute einige alte Exemplare dieser Typen, deren Besitzer oft wirklich nicht mehr wissen, wie oft der km-Zähler die 99 999 km schon hinter sich gelassen hat.
Der ungekrönte König aber bleibt der 180 D. Er erschien 1954 mit einem obengesteuerten (aber Nockenwelle liegt seitlich) 40-PS-Motor von 1767 ccm, dem bereits erwähnten OM 636, welcher so gut wie unverändert noch heute als Einbaumotor (für Motorboote, Stromerzeuger usw.), in Lizenzfertigung (z. B. Spanien) auch als Fahrzeug-Triebwerk produziert wird.
Laufstrecken von 300 000, ja in Einzelfällen über 500 000 km mit ein und derselben Maschine sind vom 180 D verbürgt. Ein solcher Ruf verpflichtet, meinen Taxifahrer und andere Diesel-Käufer. Aber es ist doch auf zwei Umstände hinzuweisen, die übersteigerte Hoffnungen dämpfen sollten:
Das Fahrwerk des 180 D erlaubte keineswegs einen Fahrstil, wie er heute möglich ist. Die Übersteuertendenz (Wagenheck drängt in der Kurve nach außen) beschränkte sportlichen Ehrgeiz – und half die Maschine schonen.
Zum andern waren unsere Straßen noch nicht so überfüllt. Man fuhr gleichmäßiger, mit weniger Wechsel zwischen Vollgas und Vollbremsung, mit weniger Schalten. Auch das tat der Maschine gut. Heute dagegen erlauben das verbesserte Fahrwerk und verbesserte Reifen erheblich schärferes Fahren. Wo der Verkehr dicht ist, wird ...zigmal mehr geschaltet als früher, wird flotter beschleunigt, um nur jede Lücke zu nutzen, werden die Gänge resoluter ausgefahren. Das sind Beanspruchungen, die an keinem Motor spurlos vorüberrauschen. Mit anderen Worten: Es gab und gibt zwar nach dem 180 D immer noch 300 000-km-Autos, aber sie werden unvermeidlich seltener.

190 D

1958 erschien der neue Typ 190 D mit dem Kurzhubmotor OM 621. Er trat neben den 180 D, dessen Motor ja ein ausgesprochener Langhuber war (Hub größer als Bohrung).
Der neue Motor des 190 D hatte, wie sein älterer Bruder, eine dreifach gelagerte Kurbelwelle (in Mehrstoff-Gleitlagern mit Stützschalen), zeichnete sich jedoch durch eine obenliegende Nockenwelle aus, ein Merkmal, das bei einem

Diesel nach Luxus aussehen könnte – das sich jedoch daraus erklärt, daß der parallel dazu gebaute Otto-Motor für den »190-Benziner« einen Motor mit obenliegender Nockenwelle haben sollte. Hier entschieden fabrikatorische Überlegungen: Die Blöcke waren zwar als Gußstücke nicht absolut identisch, durchliefen jedoch zahlreiche gemeinsame Bearbeitungsstationen. So waren u. a. Bohrung und Hub gleich, ebenso die Kurbelwellen.
Der OM 621/I von 1958 hatte bei den Maßen 85 x 83,6 mm einen Gesamthubraum von 1897 ccm und leistete 50 DIN-PS bei 4000 U/min.

180 Dc, 190 Dc

Im August 1961 erschienen beide Diesel neu: Der 180 D als 180 Dc, nun auch mit dem Kurzhubmotor OM 621 (Ausgabe IV), allerdings mit reduzierter Leistung von 48 PS bei 3800 U/min. Bemerkenswert daran freilich, daß der Kurzhuber um 2 mm aufgebohrt worden und mit 1988 ccm Hubraum ein Zweiliter war. Die Ingenieure des Werkes hatten den 180 D eigentlich »sterben lassen« wollen, aber die Kaufleute hatten sich durchgesetzt, sie wußten, daß sich der 180 D eine große Gemeinde geschaffen hatte. So lebte er noch weitere fünfzehn Monate: Im Oktober 1962 lief das letzte Exemplar unter der lfd. Nummer 152 983 vom Band – ein bis dahin nicht für möglich gehaltener Erfolg.
Äußerlich wirklich neu war 1961 auf der IAA der Typ 190 Dc. Er stellte sich in der neuen, jedoch kürzeren Karosserie der 1959er Sechszylinder vor. Unter der Haube hatte der 190 Dc den nun schon bekannten OM 621 in der Ausgabe III, d. h. bei gleichen Abmessungen wie im 180 D die Maschine mit höherer Leistung von 55 PS bei 4300 U/min. Die Höchstdrehzahl lag mit 4350 U/min um 550 U/min höher als beim kleineren Bruder.
Sind derartige Drehzahlen für einen Diesel-Motor an sich schon beachtlich, so gibt es noch eine weitere Überraschung: Die Datenblätter geben – was weithin unbekannt ist – noch eine andere Höchstdrehzahl an, nämlich 4300 bis 4400 U/min für den 180 D- und 5000 bis 5200 U/min für den 190 D-Motor. Nach diesen Maximal-Drehzahlen werden die Maschinen auf dem Prüfstand »abgeregelt«; die schaden ihnen also nichts, sind vielmehr absolut offiziell – solange man die Motoren dabei nicht belastet. Unter Last sind solche Werte nicht zu erreichen, es sei denn, man habe unerlaubte Manipulationen an der Einspritzpumpe vorgenommen.
Diese hohen Prüfdrehzahlen werden hier nur erwähnt, weil hin und wieder

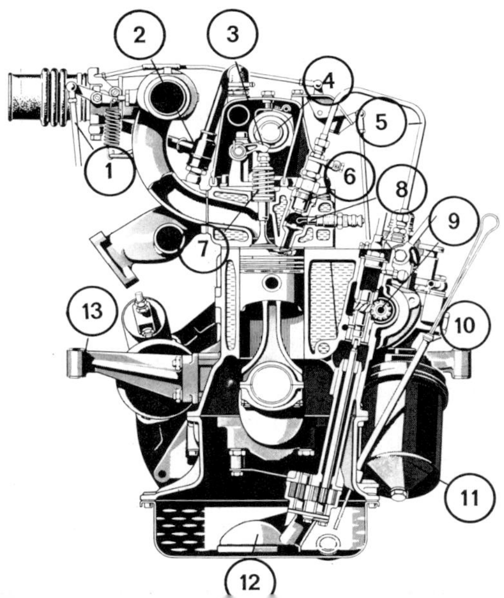

Dieses »Schnittmuster« zeigt den Motor von vorn (also gegen Fahrtrichtung) und offenbart dessen Innenleben:
1 – Regelklappenbetätigung,
2 – Zylinderkurbelgehäuse-Entlüftung,
3 – Schwinghebel,
4 – Nockenwelle,
5 – Einspritzleitung,
6 – Einspritzdüse,
7 – Ventilfeder,
8 – Glühkerze in Vorkammer,
9 – Antrieb der Schmierölpumpe,
10 – Ölpeilstab,
11 – Ölfiltergehäuse,
12 – Ölpumpe.
13 – Motoraufhängung

einmal ein Diesel-Besitzer dazukommt, während in der Werkstatt sein Motor eingestellt wird. Sein braver Motor, von dem er doch zu wissen meint, daß der nicht mehr als 4350 U/min drehen darf.
Mit dem 190 Dc gab es ab 1961 gewisse Anlaufschwierigkeiten und Motorschäden. So tat u. a. der Kettenspanner (ein feder-belastetes Zahnrad) nicht immer fehlerfrei seinen Dienst, so daß in einzelnen Fällen – außer unguten Geräuschen – die Steuerkette um ein Glied oder gar um mehrere übersprang und dadurch »Salat« in der Ventilbetätigung bewirkte.

200 D

1965 war das Geburtsjahr des 200 D mit dem Motor OM 621/VIII: Die bisher dreifach gelagerte Kurbelwelle bekam fünf Lager, die zu einem günstigeren Schwingungsverhalten und zu einer Senkung des Geräuschniveaus führten. Die Leistung erreichte die 55 PS jetzt schon bei 4200 U/min.

200 D/8, 220 D/8, 240 D

Im Januar 1968 erschienen die völlig geänderten Modelle der sogenannten »Neuen Generation« und mit ihr auch ein neuer Diesel-Typ, der 220 D. Er leistete mit 60 PS 5 PS mehr als der 200 D. Die Mehrleistung erzielte man durch eine Hubraumvergrößerung auf 2197 ccm, also nicht durch Drehzahlerhöhung. Der größere Hubraum wurde jedoch nicht durch »Aufbohren« (größerer Zylinderdurchmesser), was dem Werk sicher lieber gewesen wäre, erreicht. Zum Aufbohren stand nicht genug »Fleisch« am Motorblock zur Verfügung. Daher beschritt man den Weg des größeren Kolbenhubs, womit eine andere Kurbelwelle nötig wurde. Leider geriet man mit dem größeren Hub in eine gewisse Verlegenheit: Die Kolben müssen auf diesem längeren Weg schneller marschieren, was höhere »Kolbengeschwindigkeiten« bewirkt und damit mehr Verschleiß kostet. Um diese höheren Kolbengeschwindigkeiten zu vermeiden, hätte man aber die Drehzahl verringern müssen – und das hätte Spitzengeschwindigkeit gekostet. Das wollte man sich aber nicht leisten.
Intern werden die neuen Modelle auch mit 200 D/8 und 220 D/8 bezeichnet, um sie von den Vorgänger-Modellen unterscheiden zu können. Die »8« ist die letzte Zahl der Jahreszahl 1968. Die Motoren ab 1968 tragen die Typenbezeichnung OM 615.
Beim Motor des im August 1973 vorgestellten 240 D (OM 616) konnte der größere Hubraum aufgrund verbesserter technischer Verfahren über die Vergrößerung der Zylinderbohrung erreicht werden.

Steckbrief des Motors

Der Grauguß-Motorblock des Motors Typ 615 (ab Januar 1968) ist gegen den Vorgängerblock 621 nicht austauschbar. Wegen des größeren Kolbenhubs für den 2,2-Liter-Motor ist der Block höher. Dies, um die Fertigung und die Vorratshaltung zu vereinfachen.
Der Zylinderkopf besteht aus dem gleichen Material, was gegenüber den sonst bevorzugten Leichtmetallköpfen den Vorzug hat, daß sich bei Erwärmung Kopf und Block gleich verhalten.
Die Kurbelwelle, bei Mercedes-Benz grundsätzlich geschmiedet, ist zwischen den Varianten 200 D und 220/240 D natürlich nicht austauschbar: der größere Hub der stärkeren Motoren (92,4/83,6 mm) macht eine Kurbelwelle notwendig, deren Kröpfungen um die Hälfte der Hub-Differenz (also 4,4 mm) höher sind. Die Kurbelwelle ist, wie schon erwähnt, seit 1965 fünffach gelagert.
Die Pleuel der OM 615- und OM 616-Motoren sind gleich, sie sind geschmiedet. Die Kolben dagegen sind verschieden: der 2-Liter-Motor hat um 4,4 mm höhere Kolben, zum Ausgleich zwischen geringerem Hub und gleich hohem Block. Pleuel und Kolben der Vorgängermotoren OM 621 sind nicht austauschbar.

Ab 1968 gab es ein größeres Schwungrad zur Verbesserung der Laufruhe im unteren und mittleren Drehzahlbereich. Damit entfällt die Möglichkeit eines Austauschs, zumal das »alte« Schwungrad nur 6 Befestigungsschrauben hatte, gegenüber 12 Schrauben beim OM 615. Das Zylinderkurbelgehäuse (Motorblock) des OM 615 ist nicht identisch mit dem Gehäuse des OM 621. Im Zylinderkopf hat der OM 615 verbesserte Vorkammern, die weiter herausgesetzt sind und daher besser gekühlt werden. Durchgebrannte Vorkammern gehörten zu den wenigen Schäden, die es am alten OM 636 (180 D) gelegentlich gab.
Um eine Frage zu beantworten, die oft gestellt wird: Man kann einen 200 D später durchaus mit einem stärkeren Motor ausrüsten. Das hat allerdings nicht viel Sinn, denn TÜV-Abnahme und Ummeldung bei der zuständigen Zulassungsstelle dürften mehr Aufwand kosten als der Verkauf des einen und die Neuerwerbung des anderen Typs. Aber es ist nicht möglich, den 200 D-Motor durch irgendwelche anderen Kunstgriffe in einen 2,2- oder 2,4-Liter-Motor umzuwandeln.

Kolben und Kolbenringe

Die Kolben bestehen natürlich aus Leichtmetall, enthalten allerdings für die Typen 200 D / 220 D / 240 D im Interesse höherer Lebensdauer eine eingegossene Stahleinlage (Ringträger) für den obersten Kolbenring. Dadurch wird bei der hohen Beanspruchung im Diesel-Motor das Ausschlagen dieses (wichtigsten) Kolbenrings und damit dessen Verschleiß vermieden bzw. verringert.
Dieser erste Kolbenring ist ein Ring mit Doppeltrapez-Querschnitt – eine gute Vorsorge zur Abdichtung zwischen Kolben und Zylinder. Dennoch traten in der ersten Zeit der OM 615 unter ganz bestimmten Umständen hier und da unerfreuliche Dinge ein: Wagen, die überwiegend oder ausschließlich im Stadtverkehr bewegt wurden (Taxis z. B. mit häufigem Kaltstart), registrierten bedenkliche Ölverbräuche. Aus Kulanz getauschte Motoren, die unter gleichen Bedingungen zu laufen hatten, bekamen bald wiederum den großen Öldurst – bis zu 7 Litern pro 1000 km in Extremfällen, eine Erscheinung, die bei der ausgedehnten Erprobung im Hause Daimler-Benz nicht aufgetreten war. Man stand vor einem Rätsel.
Schließlich fand sich die Erklärung. Um Kolbenringverschleiß zu verhindern bzw. zu vermindern, hatte das Werk molybdän-beschichtete Ringe eingebaut. Molybdän ist bekanntlich ein hartes Material, das zur Vergütung von Stahl verwendet wird. Sofern nun z. B. ein sparsamer 220 D-Taxifahrer ein Schmieröl von nicht ganz einwandfreier Qualität einfüllte, welches nicht den Erfahrungen des Werkes entsprach, konnte es durch die harten Ringe zu vorzeitigem Zylinderverschleiß kommen. Aus diesem Grunde wurden ab Fahrgest.-Endnummer 045610 (200 D) bzw. 099440 (220 D) Zylinderlaufbüchsen eingeführt, die den möglichen Verschleiß auf ein normales Maß zurückführen. Einzelne Wagen wurden schon vorher damit ausgestattet, diese Motoren sind erkennbar an der Markierung »4 B« im Motorblock (neben dem Drehzahlmesser-Anschluß). Auch wenn dieser Verschleiß an sich noch nicht bedenklich war, genügte er u. U. doch schon, den Kolbenringen zuviel Platz zum »Arbeiten« zu geben. Das aber hieß bei deren Trapezform, daß die Kolbennut beim Aufwärtshub oben (Ring liegt unten an), beim Abwärtshub dagegen unten durchlässig wurde und Öl pumpen konnte – Öl, das im Verbrennungsraum mitverbrannte und in der Ölwanne fehlte. Das Rezept hiergegen waren verschärfte Ölvorschriften. Der Mercedes-Fahrer tut daher gut daran, nur solche Schmierstoffe zu verwenden, die vom Werk »freigegeben« wurden (siehe dazu Seite 38).

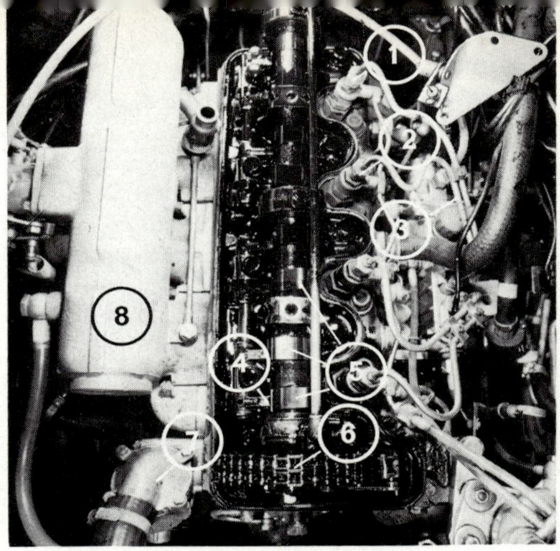

Die Ventilhaube wurde demontiert und man erkennt drei von insgesamt acht Nocken (5), die über je einen Schwinghebel (4) die Ventile öffnen. Der Antrieb der obenliegenden Nockenwelle geschieht über eine Doppelhülsenkette (6) von der Kurbelwelle aus. 1 und 2 zeigen die Einspritzdüsen des vierten bzw. dritten Zylinders, 3 die dazugehörigen Einspritzleitungen.
7 – Gehäuse des Kühlwasser-Thermostaten, 8 – Saugrohr.

Die Ventile und ihr Antrieb

Wie bei einem Hochleistungs-Benzinmotor hängen auch beim Diesel die Ventile von oben in den Zylinderkopf hinein. Sie taten dies, wie wir gesehen haben, schon beim OM 621 (ab 1961). Die ohv-Anordnung, aus dem Englischen für »overhead valves«, ergibt günstige Verbrennungsräume ohne Ecken und Taschen. Das ist natürlich auch für einen Diesel gut.

Die Ventile werden von Schraubenfedern in ihren Sitzen gehalten bzw. in ihre Sitze zurückgeholt. Damit an ihren Schäften entlang kein (überschüssiges) Öl in den Brennraum sickert, befindet sich unmittelbar auf der Ventilführung als Schaftabdeckung eine Gummikappe mit Tefloneinlage.

Die im Zylinderkopf dreifach gelagerte Nockenwelle betätigt die Ventile nicht direkt. Vielmehr stehen neben den Ventilen besondere Lagerböcke für die Schwinghebel, auf die von oben die Nocken der Nockenwelle wirken und die ihrerseits diesen Druck auf die Hutmuttern am Ende der Ventilschäfte weitergeben. Durch diesen mechanischen Umweg über die Schwinghebel erreicht man eine sehr gleichmäßige, vor allem geradlinige Belastung der Ventile in ihren Führungen (siehe dazu die Zeichnung Seite 63).

Bei den OM 621 ab Modell 190 Dc und 200 D und den OM 615/616 sind die Einlaß- und Auslaßventile mit sogenannten Rotocap-Drehvorrichtungen ausgestattet, d. h. sie werden durch einen sinnreichen Mechanismus bei jeder Ventilbewegung ein wenig in ihrem Sitz gedreht. Auf ca. 20 Betätigungen kommt eine volle Umdrehung zustande. Dadurch wird der Bildung von Rückständen im Ventilsitz vorgebeugt, die Ventile schleifen sich sozusagen dauernd automatisch ein. Normalerweise macht dies ein Einschleifen in der Werkstatt nach irgendeiner Routine-Laufstrecke überflüssig.

Die Ventile sind gegenüber dem OM 621 (Motor bis Ende 1967) vergrößert, also nicht austauschbar. Um Verschleiß zu mindern, haben sie gepanzerte Sitze, die ebenfalls vergrößert sind.

Die Nockenwelle, dreifach gelagert wie beim OM 621, hat von 16 auf 18 mm verbreiterte Nocken. Vom früheren Grauguß ist man zum Temperguß übergegangen. Die Nockenwellen vom OM 621 und 615 sind an sich austauschbar. Wegen der unterschiedlichen Nockenmaße (auch die Schwinghebel wurden auf 20 mm verbreitert) sollten aber – wenn überhaupt – nur Nockenwellen komplett mit Schwinghebeln getauscht werden.

Angetrieben wird die obenliegende Nockenwelle bei allen Motoren von einer Duplex-Kette, die bei den Modellen bis 1967 von einem Spannrad »in Form« gehalten wurde. Seit 1968 gibt es statt dessen eine gebogene Spannschiene (federbelastet mit hydraulischer Nachstellung), die für ruhigeren Lauf sorgt,

Die obenliegende Nockenwelle der Mercedes-Motoren (man sieht das Nockenwellenrad) wird durch eine Doppelhülsenkette von der Kurbelwelle aus angetrieben. Wenn je an der Kette zu arbeiten ist, etwa zur Kontrolle der Ventile, muß darauf geachtet werden, daß dieser Antrieb niemals vom hier gezeigten Sechskant der Nockenwelle her – sondern stets nur vom Kurbelwellenrad her bewegt werden darf. Sonst besteht Gefahr für die Spannschiene, die ja auch beim normalen Motorlauf nur in dieser Richtung »bearbeitet« wird.

Schwingungen unterbindet und Geräusche weitgehend unterdrückt. Aus- und Einbau der neuen Spannschiene ist möglich, ohne daß der Zylinderkopf demontiert werden müßte. Die Spannschiene hat eine Auflage aus einem ölfesten Gummimaterial.
Die Antriebskette hat zweimal eine Änderung erfahren: 1963 und 1968. Die entsprechenden Modelle sind also auf unterschiedliche Austauschteile angewiesen.

Überdrehzahlen

In Fachgesprächen hört man Vokabeln wie »Nennleistung« und »Nenndrehzahl«. Das sind zwei Begriffe, die zueinander gehören: Die Nennleistung ist die PS-Leistung, die als Kennzeichen des Motors genannt wird, genauer gesagt, dessen Maximalleistung. Also 55 PS beim 200 D und 60 PS beim 220 D. Die Nenndrehzahl ist diejenige Drehzahl, bei welcher die Maximal-

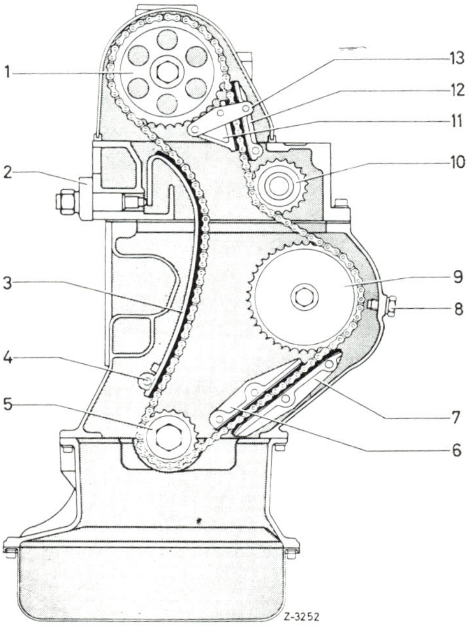

Dieser Querschnitt zeigt den Antrieb der obenliegenden Nockenwelle durch die Doppelrollenkette im Schema. Wichtig ist der Kettenspanner, der ein »Schlagen« der Kette verhindern und für ruhigen Lauf sorgen soll. Der Spanner ist als Schiene (3) ausgeführt und nicht mehr, wie früher, als Rolle. Die übrigen Zahlen bedeuten:
1 – Nockenwellenrad,
2 – Kettenspanner,
4 – Lagerbolzen,
5 – Kurbelwellenrad,
6 – Gleitschiene innen,
7 – Gleitschiene außen,
8 – Sicherungsschraube,
9 – Zwischenrad für Antrieb von Spritzversteller, Einspritzpumpe und Ölpumpe,
10 – Umlenkrad,
11 – Gleitschiene innen,
12 – Gleitschiene außen,
13 – Halter für Gleitschiene innen.

leistung erreicht wird. Zum besseren Verständnis der Zusammenhänge gibt es dafür eine Drehmoment- und Leistungskurve. Man erkennt daraus, daß das Drehmoment des Motors (seine Kraft, sein Durchzugsvermögen) über den Drehzahlbereich hin unterschiedlich groß ist. Es hängt ab vom Füllungsgrad und von der Qualität der Verbrennung. Der OM 615 und der OM 616 entwickelt seine beste Kraft schon bei 2400 U/min, was in der Fahrpraxis bedeutet, daß er bei ca. 80 bis 90 km/h im direkten Gang am wirtschaftlichsten läuft. Mehr Geschwindigkeit (bei abnehmender Zugkraft) kann man herausholen, indem man den Motor höher drehen läßt bis zur Nenndrehzahl bzw. zur Nennleistung – das ist der Kulminationspunkt der PS-Kurve. Soweit man noch höher hinaus dreht, bringt das praktisch nichts mehr.

Wenn man ganz genau sein will: die Nenndrehzahl beider Motoren liegt bei 4200 U/min. Die tatsächliche Höchstgeschwindigkeit der Wagen wird bei der »Überdrehzahl« 4350 erreicht, nämlich 130, 135 bzw. 138 km/h. Auf langen Gefällestrecken kommt es nun durchaus vor, daß ein Diesel jene sagenhaften 140 oder 145 oder (angeblich) noch mehr km/h herunterdonnert. Dabei kommt es zu Drehzahlen bis 5000 U/min – wobei der Motor jedoch nicht unter Last dreht. Drehzahlen also, wie sie auf dem Prüfstand beim Einstellen ja auch gefahren werden.

Vor Überdrehzahlen muß man sich nur hüten, wenn sie unter Last aus dem Motor herausgequält werden. Das könnte bei nicht ganz korrekt eingestelltem Regler schon einmal möglich sein. Dafür ist der Diesel nicht gebaut. Es kann dann sehr leicht dazu kommen, daß man die berühmte Langlebigkeit an diesem Exemplar – nicht erlebt!

Es empfiehlt sich also, den Diesel in seinen angestammten Bereichen zu bewegen. Dieser Rat betrifft vor allem auch das Hochdrehen in den einzelnen Gängen: mehr als 30 km/h im 1. Gang, mehr als 55 km/h im 2. Gang, mehr als 95 km/h im 3. Gang können durchaus vom Übel sein.

Das Werk gibt als maximale Drehzahl für die OM 615/616 die erwähnten 4350 U/min an. Überdrehen kann zu Schäden an den Ventilen führen (z. B. zu Federbrüchen); schlimmer noch wäre ein Abreißen des Ölfilms zwischen Kolben und Zylinderlaufbahnen mit anschließendem Kolbenklemmer usw.

Lagerschäden

Seit alters sind Lagerschäden ein Schreckgespenst für den Autofahrer, bedeuten sie doch eine sehr kostspielige Reparatur oder gar die Aufwendungen für einen Tauschmotor. Sie treten auf, wenn der Ölhaushalt nicht stimmt. Der kluge Mann beobachtet daher den Öldruckmesser mit Sorgfalt. Eine Warnlampe, wie mancher andere Wagen, oder gar eine akustische Warnung, wie man sie in modernen Omnibussen kennt, hat der Diesel nicht. Das Werk erwartet vom Fahrer einigen Motorverstand, zumindest einige Aufmerksamkeit. Das Anzeigegerät für den Öldruck reicht von 0 bis 3 kg/cm² und beginnt anzuzeigen, sobald der Motor angesprungen ist.

Besorgte Gemüter werden mißtrauisch, wenn der Öldruck einmal unter die max. 3 atü fällt. Das ist jedoch kein Grund zur Aufregung: wichtig ist allein, daß bei laufendem Motor ständig überhaupt Öldruck vorhanden ist; im Leerlauf kann der Druck durchaus um 1 atü pendeln, sollte aber bei normalen Fahrdrehzahlen bis zur »3« wandern und dort stehen bleiben.

Um einem gelegentlichen Irrtum vorzubeugen: das Ölmanometer zeigt ggf. den korrekten Druck auch noch an, wenn die Ölmenge bedenklich knapp geworden ist: Eine Mengenkontrolle hat man also nicht damit. Hierfür ist allein der gute, alte Meßstab zuständig, der tief in den Eingeweiden des Kraftwerks sitzt.

Wer's am Öl mangeln läßt, kann also einen Lagerschaden erleben. Er hört dies an einem dumpfen Klopfen. Die Möglichkeit wird hier erwähnt, obwohl Lagerschäden beim Diesel so gut wie unbekannt sind – weil das gefürchtete »Lagerklopfen« beim 200 D oder 220 D auch einen ganz anderen Grund haben kann:
Die federbelastete Nadel in der Einspritzdüse, die normalerweise vom Kraftstoffdruck gehoben wird und so die Einspritzöffnung freigibt (siehe nächstes Kapitel), kann einmal hängenbleiben. Das ist eine verhältnismäßig harmlose Geschichte, die an sich so selten vorkommt, daß mancher langjährige Dieselfahrer sie überhaupt niemals erlebt. Wer aber Bescheid weiß, läßt sich durch das schreckliche Klopfen nicht ins Bockshorn jagen, er gibt, bei getretener Kupplung, kurz und kräftig Gas, wodurch die vermehrte Zufuhr von Kraftstoff unter erhöhtem Druck die hängengebliebene Nadel wieder freispielt.

Ventile einschleifen

Von dem guten, alten Rezept, die Ventile mit Schleifpaste einzuseifen und sie dann mit einem Spezialwerkzeug solange in ihrem Sitz zu drehen, bis das langweilig wird, hält man in Mercedes-Werkstätten wenig. Statt dessen hat man die Werkstätten mit einer Spezialmaschine ausgerüstet, in der a) die Ventile und b) deren Sitz haargenau eingeschliffen werden.
Allzu häufig ist dies ohnehin nicht notwendig. Seit man eine Ventildrehvorrichtung (Rotocap) eingebaut hat, liegen die Durchschnittswerte irgendwo zwischen 70 000 und 180 000 Fahr-km. Maßgebend dafür ist die Behandlung des Motors und nicht zuletzt die Qualität des Kraftstoffs.

Warum Ventilspiel?

Nach den Kundendienst-Vorschriften soll alle 20 000 km das Ventilspiel kontrolliert werden. Warum überhaupt ein solches »Spiel«? Mit Spiel bezeichnet man in der Technik auch Abstand oder »Luft« zwischen bewegten Teilen. Warum stellt man die Ventile nicht ein für allemal richtig ein?
Bei großer Erwärmung dehnt sich der Ventilschaft, er wird länger. Das ist sein Normalzustand bei betriebswarmer Maschine. Die Differenz zur Länge des kalten Ventils ist durchaus meßbar und muß ausgeglichen werden, indem ein festgelegtes Spiel – bei noch kaltem Motor – vorgesehen und kontrolliert, ggf. korrigiert wird.
Zu geringes Ventilspiel (am kalten Motor) bedeutet, daß bei Erreichen der Betriebswärme die Ventile nicht mehr sauber schließen: Verbrennungshitze

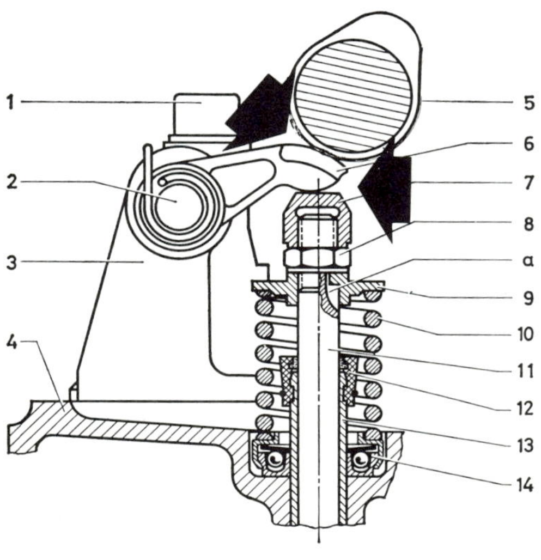

Diese Schnittzeichnung verdeutlicht den Ventiltrieb. Der Nocken der obenliegenden Nockenwelle (5) drückt auf den Schwinghebel (6), dieser auf die Hutmutter (7) und damit auf das Ventil. Die Hutmutter läßt sich zum Einstellen des Spiels nach Lösen verdrehen, bis sich die Fühlerblattlehre gerade hindurchziehen läßt. Die übrigen Zahlen bedeuten:
1 – Dehnschraube, 2 – Schwinghebelachse, 3 – Schwinghebelbock, 4 – Zylinderkopf, 8 – Sechskantmutter, 9 – Ventilfederteller, 10 – Ventilfeder, 11 – Ventilschaft, 12 – Ventilabdichtung, 13 – Ventilführung, 14 – Ventildrehvorrichtung, a – Nut im Ventilschaft.
Die Bedeutung der Pfeile ist unter »Ventilspiel prüfen« erklärt.

dringt in die Ventilführungen, verbiegt die Schäfte; oder die Ventilteller oder -sitze verbrennen; jedenfalls fällt durch abnehmende Kompression die Leistung ab.

Zu großes Ventilspiel ergibt zu geringe Ventilöffnung, schlechte Zylinderfüllung, schlechtes Anspringen, verringerte Leistung, ungleichmäßigen Motorlauf, höheren Verschleiß, größeres Geräusch.

Eine verläßliche Diagnose mit dem menschlichen Ohr ist nicht möglich, wenngleich immer wieder von Werkstattmeistern berichtet wird, die nach flüchtigem Hinhören exakt sagen können, welches Ventil um wieviel Zehntelmillimeter zu viel oder zu wenig Spiel hat. Auf solche Wundermänner sollte man nicht bauen. Ventilspiel kann man nämlich messen.

Ventilspiel prüfen und nachstellen

Pflegedienst Nr. 51

Das vorgeschriebene Ventilspiel ist für Einlaß und Auslaß verschieden. Das leuchtet ein, weil das Einlaßventil ja ständig von Frischluft gekühlt wird, die an ihm vorüber in den Zylinder gesaugt wird; während das Auslaßventil ständig der Verbrennungshitze ausgesetzt ist, a) beim Arbeitstakt und b) beim Auspuffen der heißen Restgase. Das Ventilspiel ist daher für die Einlaßventile 0,10 mm und für die Auslaßventile der älteren Motoren einheitlich 0,40 mm (anderslautende Angaben sind inzwischen ungültig) und für die Motoren OM 615 und 616 0,30 mm.

Die Kontrolle bzw. das Einstellen des Ventilspiels ist alle 15 000 bzw. 20 000 km vorgeschrieben. Empfehlenswert sind für diese Arbeit zwei Spezialschlüssel (ein gekröpfter 14-mm-Gabelschlüssel und ein Ventilfeder-Halteschlüssel SW 30). Doch mit einigen Verrenkungen kann man sich auch so behelfen: Entlüftungsleitung von Zylinderkopfhaube abziehen. Zylinderkopfhaube abschrauben (SW 13) und vorsichtig abnehmen, dabei auf Dichtung achten. Glühkerzen nicht (wie die Zündkerzen eines Benzinmotors) herausschrauben und Kurbelwelle mit einem Steckschlüssel (Stecknuß SW 27 und Ratsche) an der Befestigung der Riemenscheibe drehen, bis der Kolben des betreffenden Zylinders etwa im oberen (Zünd-) Totpunkt steht. Nun wird mit einer Fühlerblattlehre bei älteren Motoren zwischen Schwinghebel und Hutmutter (Abbildung Seite 63, rechter Pfeil), bei den Motoren OM 615/616 zwischen Nocken-Grundkreis und Schwinghebel (Seite 63, linker Pfeil; dabei muß der Nocken der Nockenwelle – wie auf der Abbildung – vom Schwinghebel wegzeigen) das vorgeschriebene Spiel kontrolliert. Es beträgt bei kaltem Motor für die Einlaßventile (E) 0,10 mm und für die Auslaßventile (A) bei älteren Motoren 0,40 mm und beim OM 615/616 0,30 mm bzw. bei warmem Motor (60 bis 80° C Wassertemperatur) bei den älteren Motoren E = 0,20 mm, A = 0,45 mm und beim OM 615/616 E = 0,15 mm und A = 0,35 mm.

Stimmt das Spiel nicht, wird es ohne Spezialwerkzeuge folgendermaßen eingestellt: Zwei Gabelschlüssel SW 14 zur Hand nehmen; einen davon möglicherweise etwa 15° abwinkeln. Mit dem einen Schlüssel die Kontermutter festhalten, mit dem anderen die Hutmutter (siehe Zeichnung auf der Vorseite) lösen. Jetzt die Kontermutter geringfügig nach oben oder unten drehen – je nachdem, ob das Ventilspiel zu klein oder zu groß ist. Beim Drehen den Ventilfederteller mit dem Finger (oder dem Spezialschlüssel) festhalten. Nun wird die Hutmutter gegen die Kontermutter festgedreht (gekontert). Ventilspiel jetzt kontrollieren und gegebenenfalls nochmals korrigieren. Auf diese Weise muß man sich an das richtige Spiel herantasten. Dann kommt das nächste Ventil an die Reihe. Eingestellt wird in der Zündfolge (1–3–4–2). Zum Schluß wird die Zylinderkopfhaube aufgesetzt und festgeschraubt sowie die Entlüftungsleitung aufgesteckt.

Zylinderkopf und Glühkerzen

Die Zylinderköpfe der beiden 615-Varianten sind untereinander gleich. Verschieden sind jedoch die Vorkammern, die für den 200 D Bohrungen von 2,6 mm ⌀ und für den 220 D Bohrungen von 3,0 mm ⌀ haben.
Zum Aus- und Einbau der Vorkammern braucht man Spezialwerkzeug, so daß auf detaillierte Beschreibung hier verzichtet werden kann. Jedenfalls ist darauf zu achten, daß vor dem Ausbau die Glühkerzen demontiert werden müssen. Eine Arbeit, die u. U. auch dann notwendig wird, wenn einmal eine Glühkerze selbst schadhaft ist: dazu wird das Anschlußkabel nach Abschrauben der Rändelmutter gelöst, zuerst an der ersten oder vierten Glühkerze, hiernach werden die übrigen Rändelmuttern abgeschraubt, die Anschlußisolatoren und die Stromschienen (von Kerze zu Kerze) abgenommen. Die Glühkerzen selbst kann man dann mit einem gekröpften Ringschlüssel SW 21 herausschrauben. Mehr darüber im Kapitel »Die Glühanlage«.
In den Glühkerzenkanälen setzt sich im Laufe der Zeit Ölkohle fest, was zu Masseschluß und zu Anlaßstörungen führen kann. Deshalb sollten die Glühkerzenkanäle, abgesehen von Reinigungen im Rahmen des Kundendienstes bzw. bei unmittelbarer Notwendigkeit, auch vorbeugend dann gereinigt werden, wenn aus irgendwelchen Anlässen der Zylinderkopf abgenommen wird.

Zylinderkopf ausbauen

Der Ausbau des Zylinderkopfs sollte – schon wegen der teilweise benötigten Spezialwerkzeuge – der Werkstatt überlassen werden. Versierteren Bastlern, denen vielleicht ein gelernter Automechaniker zur Seite steht, soll die folgende Anleitung dienen:
Motor völlig abkühlen lassen, Kühlwasser ablassen. Zylinderkopf-Haube abschrauben und nachschauen, welche Spannschienen-Version in Fahrrichtung gesehen rechts der Steuerkette eingebaut ist (siehe dazu Bild nächste Seite): Bei der linken Version Kühler und Luftleitblech ausbauen. Ferner bei Wagen mit Niveau-Regulierung die zugehörige Pumpe abschrauben und auf die Seite legen; die Schläuche bleiben dabei angeschlossen. Mitnehmer abnehmen. Auspuff am Krümmer losschrauben. Alle Anschlüsse am Zylinderkopf lösen. Kettenspanner in Fahrtrichtung rechts vorn am Zylinderkopf losschrauben. Schwinghebel nach ihrer Lage im Zylinderkopf zeichnen und nach Lösen der Inbusschraube ausbauen. Die kurze Gleitschiene in Fahrtrichtung links unterhalb des Nockenwellen-Kettenrads abbauen.
Bei Motoren mit der älteren Spannschienenversion muß die Spannschiene ausgebaut werden. Dazu die Kurbelwellen-Keilriemenscheibe so drehen, daß in Fahrtrichtung rechts oberhalb der Kurbelwelle der in den Motorblock eingesteckte Bolzen sichtbar wird. Bolzen mit DB-Schlagauszieher ausziehen oder über eine in die Gewindebohrung eingedrehte Schraube versuchen, den Bolzen herauszuziehen. Spannschiene herausnehmen.
Motor an der Kurbelwelle auf OT stellen. Nockenwellen-Kettenrad abbauen und in den Kettenkasten legen. Alle Zylinderkopfschrauben lösen. Wenn sich die neben den Einspritzdüsen liegenden Schrauben nicht ganz herausdrehen lassen, Düsen ausbauen. Zylinderkopf abnehmen.
Dichtflächen von Zylinderblock und Zylinderkopf peinlich genau von alten Dichtungsresten säubern. Weist die Dichtfläche des Zylinderkopfs Unebenheiten auf (Mit Metallineal prüfen), muß sie plangeschliffen werden.
Der Zusammenbau erfolgt in sinngemäß umgekehrter Reihenfolge, dabei müssen die folgenden Punkte beachtet werden: Bei Verwendung neuer Zylinderkopfschrauben auf die Schraubenlänge achten. Mußten die Düsen ausgebaut werden, beim Einbau neue Druckplättchen in die Vorkammern einsetzen. Zylinderkopfschrauben in der im Bild gezeigten Reihenfolge

Die verschiedenen Spannschienen-Ausführungen nebeneinander: Links die ältere Schiene, die zur Zylinderkopf-Demontage ausgebaut werden muß, rechts die neuere Version, die eingebaut bleiben kann.

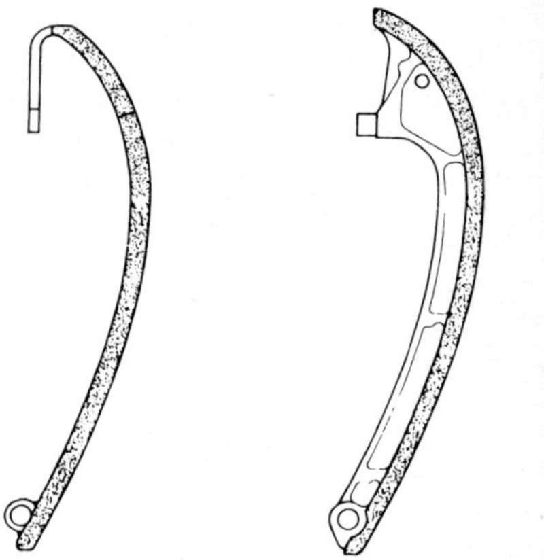

stufenweise anziehen. Nockenwellen-Kettenrad wieder montieren und Steuerkette auflegen. Dabei kontrollieren, ob Nockenwelle und Kurbelwelle im OT stehen. Die Kerbe hinten am Nockenwellenrad muß dann mit der Kerbe am Lagerbock fluchten; die OT-Markierung an der Kurbelwellen-Riemenscheibe muß der Blechnase am Motorblock gegenüberstehen. Ausgebaute Schwinghebel müssen wieder an der gleichen Stelle eingebaut werden. Ventilspiel einstellen. Kettenspanner mit O-Ring-Abdichtung erhalten neue O-Ringe; solche mit Flachdichtung werden mit neuer Flachdichtung versehen. Zylinderkopfschrauben nach 300 bis 1000 km nachziehen und Ventile einstellen.

Kompressions-druck prüfen

Bei Beanstandungen am Motor, z. B. wegen schlechter Leistung, schlechtem Anspringen, hohem Kraftstoff- und/oder hohem Ölverbrauch, bei übermäßigem Rauchen, unregelmäßigem Lauf usw. empfiehlt der Kundendienst auch immer eine Prüfung des Kompressionsdrucks. Dabei erweist sich, ob die Kolben noch gut in den Zylindern abdichten (Kolbenringe!), ob die Ventile sauber schließen und dicht sitzen, ob also die Kompression noch hoch genug ist. Bei der Prüfung muß selbstverständlich das Ventilspiel richtig eingestellt sein.

Zur Prüfung benutzt die Werkstatt einen Kompressionsdruckschreiber mit einzulegenden Meßkärtchen. Bei warmem Motor (70 bis 80° C) werden die Glühkerzen herausgeschraubt, die Einspritzleitungen abgenommen und die Anschlüsse von Einspritzpumpe und E-Düsen abgedeckt. Dann wird der Motor mit dem Anlasser einige Male durchgedreht, um etwaige Ölkohlerückstände und Rußteilchen herauszuschleudern (sie könnten sich sonst vor den Druckschreiber setzen und das Meßergebnis verfälschen).

Nun wird ein spezielles Anschlußstück (für den 2. und 3. Zylinder wegen der schlechteren Zugänglichkeit noch ein zusätzliches Winkelanschlußstück mit Überwurfmutter) in die Glühkerzenbohrung des zu messenden Zylinders ein-

In der Reihenfolge dieser Zahlen müssen die Zylinderkopfschrauben beim Mercedes nacheinander in drei Stufen angezogen werden. Der erste Durchgang erfolgt mit 4 kpm (40 Nm), der zweite mit 6 kpm (60 Nm) und der dritte mit 9 kpm (90 Nm).
Motor warmlaufen lassen und bei 80° C Kühlmitteltemperatur nochmals auf 9 kpm (90 Nm) nachziehen. Die mit »a« bezeichneten Schrauben werden ohne Drehmomentschlüssel mit Gefühl von Hand angezogen. Nach 300 bis 1000 km müssen die Schrauben dann nochmals auf 9 kpm (90 Nm) nachgezogen werden. Das Nachziehen darf nicht vergessen werden, sonst besteht Gefahr eines erneuten Dichtungsschaden.

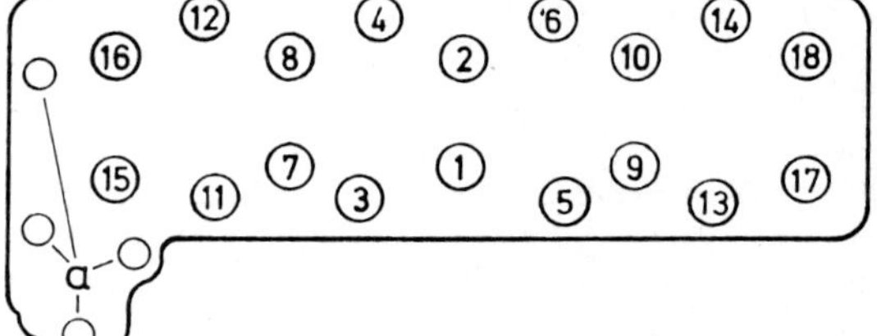

geschraubt und festgezogen, bis es einwandfrei dicht sitzt. Hieran wird der Kompressionsdruckschreiber angeschlossen.
Zur Messung selbst läßt ein Helfer den Motor mit dem Anlasser (mindestens 8 Umdrehungen) durchdrehen; dabei tritt er »Vollgas«: die ganz geöffnete Regelklappe sichert die optimale Zylinderfüllung. Dies wird nun mit allen vier Zylindern nach der Reihe durchexerziert: Viermal zeichnet der Druckschreiber (nach Weiterschalten) die charakteristischen Druckkurven auf. Deren Endpunkte markieren den höchsten Kompressionsdruck pro Zylinder.
Beim Meßergebnis ist nicht so sehr die absolute Höhe der Werte wichtig als vielmehr die Gleichmäßigkeit der Zylinder untereinander. Abweichungen bis zu 3 kg/cm^2 sind gerade noch zulässig. Mehr ist recht bedenklich – allerdings wird immer wieder auch einmal beim Ansetzen des Druckschreibers die letzte Sorgfalt vergessen. Ehe man also in Verzweiflung über einen völlig aus dem Rahmen fallenden Zylinder gerät, sollte man die Messung erst wiederholen.
Der korrekte Kompressionsdruck für alle Mercedes-Diesel, vom 180 D bis heute, liegt bei 22 bis 24 kg/cm^2, der eben noch zu duldende Minimaldruck bei 18 kg/cm^2 bei warmem Motor. (Messungen bei kalter Maschine ergeben geringere Werte, nützen aber ohnehin nichts, weil dabei die Abdichtung der Kolben durch Ringe und Öl noch nicht perfekt sein kann.)
Zu geringer Kompressionsdruck kann auf Schäden an den Ventilen hindeuten, zu knappes Spiel, schlechtes Schließen, verbrannte Ventile, »hängengebliebenes« Ventil durch Rückstände am Schaft und dessen Führung; schlimmer noch wären Schäden an Kolben oder Kolbenringen, Verschleiß, festsitzende, gebrochene, verschweißte Ringe, unrund gewordene Zylinder oder Folgen von Kolbenklemmern.
Alte Füchse träufeln Öl in das Glühkerzenloch und lassen noch einmal durchdrehen, geben damit dem Motor sozusagen eine letzte Chance, ein gutes Gesicht zu zeigen. Muß er auch hiernach noch als undicht angesehen werden, dann wird die nun als notwendig erkannte Instandsetzung teuer. Die Werkstatt hält vom Ausschleifen nicht viel; man legt dem Kunden nahe, einen Austauschmotor einbauen zu lassen, der – aus dem Herstellerwerk kommend – praktisch ein neuwertiger Motor einschließlich Werksgarantie ist.
Ist die Motorleistung unbefriedigend, obwohl der Kompressionsdruck hoch und gleichmäßig war, dann liegt der Fehler wahrscheinlich in der Einspritzanlage.

Die Auspuffanlage

Gelegentlich, wenn der eifrige Bastler ohnedies »unter dem Wagen liegt« oder wenn er ihn zum Ölwechsel über einer Grube bzw. auf einer Hebebühne stehen hat, sollte er sich davon überzeugen, ob noch alle Anschlüsse festsitzen. Soweit dies nicht der Fall ist, wird man meist nichts nachziehen können, sondern die entsprechenden Teile der Befestigung erneuern müssen, weil »da unten« trotz gutem Rost- und Korrosionsschutz nach längerer Laufzeit eben doch Schrauben, Halteschellen, Spritzwasser und Auftausalze eine innige und unlösliche Gemeinschaft eingehen. Nur Bruch vermag sie noch voneinander zu trennen, hin und wieder kommt's dazu.
Aus der Beschaffenheit der »Auspuff-Wolken« liest der Kenner ab, was etwa nicht in Ordnung ist:

- Schwarze Abgase, vor allem beim Anlassen oder Beschleunigen, zeigen zu große Einspritzmenge an. Es wird notwendig sein, die Einspritzdüsen in Ordnung zu bringen (Nadel ist hängengeblieben) oder zu erneuern; da muß die Einspritzpumpe auf dem Prüfstand wieder richtig eingestellt werden.

■ Bläuliche Abgase bedeuten, daß zuviel Öl mitverbrennt. (Etwas ist ja unvermeidlich, siehe Ölverbrauch.) Schuld sind undichte Kolben bzw. Ringe oder ausgeschlagene Ventilführungen. Womöglich auch zuviel Öl im Kurbelgehäuse, das aber relativ bald »verbraucht« sein wird. Wenn also blaue Wolken zur Gewohnheit werden, ist es Zeit, den Kompressionsdruck prüfen zu lassen und sich auf eine größere Geldausgabe einzustellen.

Auspuffanlage ausbauen

Auspuffanlagen sind Verschleißteile, die durch Hitze, Kälte, Wasser, Tausalz und aggressive Säuren strapaziert werden. Muß die ganze Anlage demontiert werden, so sind zunächst unter der Motorhaube drei Schrauben zwischen Auspuffkrümmer und vorderem Auspuffrohr zu lösen (SW 12 bzw. 13), wobei darauf zu achten ist, daß die drei Druckfedern nicht verlorengehen. Dann wird unter dem Wagen der Klemmbügel in Höhe des Kupplungsgehäuses entfernt (SW 13), sowie eine Handspanne weiter hinten ein weiterer Spannbügel (SW 12) am Auspuffhalter, der am Getriebe befestigt ist. Dieser Halter sollte nur dann gelöst werden, wenn die Auspuffanlage nach der Montage irgendwo anschlägt und Klappergeräusche verursacht; dann ist eine seitliche Verstellung möglich (SW 13). Von hier aus läuft das Auspuffrohr bis zum Hauptschalldämpfer frei unter dem Wagenboden entlang. Die Steckverbindung Rohr – Hauptschalldämpfer ist durch eine Klemmschelle gesichert, ebenso wie die Verbindung Hauptschalldämpfer – hinteres Auspuffrohr. Die hintere Aufhängung der Auspuffanlage besteht aus Gummischlaufen, von denen je zwei vor und hinter dem Nachschalldämpfer vorhanden sind und die sich relativ einfach aushängen lassen.

Bei der Montage der vorderen Auspuffleitung am Auspuffkrümmer ist unbedingt darauf zu achten, daß die Druckfedern durch die selbstsichernden Muttern so weit vorgespannt werden, daß sie (zwischen Flansch und Unterlegscheibe) eine Länge von 31 mm haben. In jedem Fall ist zu vermeiden, daß die Druckfedern bis zum Anschlag der Federwindungen vorgespannt werden.

Hinweis: Um Brumm- und Dröhngeräusche an der Auspuffanlage beim Fahren zu vermeiden, muß diese spannungsfrei montiert werden. Eine seitliche Verstellmöglichkeit befindet sich (siehe oben) in Höhe des Getriebes.

Vielleicht ist Ihnen an Ihrem 200 D oder 220 D aufgefallen, daß die linke Heckleuchte meist dunkler ist als die rechte. Daran sind die Diesel-Abgase schuld, die sich auf dem Kunststoffglas der Heckleuchte besonders hartnäckig festsetzen. Seit August 1973 werden deshalb neue Auspuff-Überrohrblenden eingebaut, die man auch nachträglich montieren kann (Ersatzteil-Nr. 115 492 06 14). Zuvor muß das alte Auspuff-Endrohr um 75 mm gekürzt werden.

Fingerzeig: *Am Auspuff verwendete Schrauben reißen beim Lösen meistens ab, man kann sie nicht mehr verwenden. Vor der Demontage des defekten Auspuffes werden die Verbindungsschrauben zweckmäßigerweise mit einem Rostlösemittel eingesprüht, das einige Zeit einwirken muß. Damit Sie bei der nächsten Auspuffmontage nicht wieder denselben Ärger haben mit festgerosteten Schrauben, sollten Sie die Schraubengewinde mit einer hitzebeständigen Spezialpaste bestreichen (»ASC-Paste« von Liqui-Moly, »Molykote 1000« oder »HSC-Paste« von Molykote).*

Muttern und Schrauben am Motor nachziehen

Das System der »Floating Power«, des schwingend aufgehängten Motors, ist heute gut vierzig Jahre alt. Man lagert Motoren elastisch in Gummi, um Vibrationen und Geräusche vom Wageninnern fernzuhalten.

Vierzylinder-Viertakt-Maschinen sind schon von Hause aus keine Muster an Laufruhe, und es bedarf allerlei Tricks, um sie zu kultivieren. Mehr noch als für Benzin-Motoren gilt diese Erkenntnis für den Diesel mit seinen höheren Lagerdrücken, mit seinem rauheren Lauf. Die Mercedes-Konstrukteure haben entsprechend großzügig dimensionierte Gummilager vorgesehen. Im Leerlauf sowie beim Gasgeben und -wegnehmen kann nun der Motor stärker schütteln, bei scharfem Beschleunigen kann er sich etwas nach hinten, bei scharfem Bremsen etwas nach vorn bewegen – wobei eine Motorausschlagbegrenzung an der Stirnseite des Motors im Bereich der Ölwanne Übertreibungen verhütet.

Dennoch ist das dauernde Schwingen und zeitweise Schütteln geeignet, alle möglichen Schraubverbindungen und Anschlüsse (Kabel!) zu lockern. Was schon beim Festziehen der Zylinderkopfschrauben erwähnt wurde, muß also auch im normalen Fahrbetrieb beachtet werden: Soweit der Diesel-Fahrer bzw. -Besitzer keine regelmäßigen Kundendienstarbeiten nach dem MB-Kundendienstheft vornehmen läßt, sollte er sich darum kümmern, daß in regelmäßigen Abständen (ca. 20 000 km) alle wesentlichen Schraubverbindungen und Kabelanschlüsse auf festen Sitz überprüft werden.

Das Schmiersystem

Die Ölfilterung, seit dem OM 621 kombinierte Haupt- und Nebenstromfilter, ist sehr wirkungsvoll, macht aber den regelmäßigen Ölwechsel natürlich nicht überflüssig.

Normalerweise genügt es bei nicht allzu hoch belasteten Motoren, wenn das umgepumpte Schmieröl unten in der Ölwanne (die ja dem Fahrtwind ausgesetzt ist) gekühlt wird. Wegen der zunehmenden Leistungsausnützung und wegen des häufigen Kolonnenverkehrs, bei dem es oft am kühlenden Fahrtwind mangelt, hielt das Werk für den 220 D (bis August 1973) und für den 240 D zusätzliche Ölkühlung für notwendig.

Wie bei den Benzin-Brüdern sitzt auch der Ölkühler des 220 D und des 240 D – ein Luft-Ölkühler – neben dem Wasserkühler. Beim Ölwechsel ist darauf zu achten, daß nicht nur die Ablaßschraube an der Wanne geöffnet werden muß; auch der Luft-Ölkühler hat eine Ablaßschraube für diesen Zweck.

Die Ölpumpe selbst bereitet kein Kopfzerbrechen. Sie wird von einer Zwischenradwelle angetrieben und ist eine Zahnradpumpe, die vollständig im Öl schwimmt, damit praktisch keinem Verschleiß ausgesetzt. Die miteinander kämmenden Zahnräder pumpen das Öl durch Kanäle und Leitungen an alle schmierbedürftigen Stellen des Motors. Ihre Tätigkeit beruht übrigens nicht darauf, daß sie das Öl durch ihre kämmenden Zähne hindurchquetscht, vielmehr fördern die außenliegenden Zähne das Öl.

Was über Ölstandkontrolle, Ölverbrauch, Nachfüllen und Ölwechsel zu sagen ist, wurde im »Schmierkapitel« ab Seite 33 beschrieben.

Kurbelgehäuse-Entlüftung

Durch halb oder schlecht verbranntes Kraftstoff-Luft-Gemisch, das an den Kolben vorbeibläst (Blow-By- oder By-Pass-Gase), und durch Öldämpfe könnte im Kurbelgehäuse ein gefährlicher Überdruck entstehen – wenn das Gehäuse nicht entlüftet würde. Die früher übliche Entlüftung ins Freie, die »offene Entlüftung«, ist nicht mehr statthaft, seit aus den USA strenge Abgasbestimmungen übernommen worden sind. Bei der heute vorgeschriebenen »geschlossenen Entlüftung« werden die in die Ventilhaube aufgestiegenen Gase in zwei Richtungen abgesaugt: die schweren Anteile gehen ins Saugrohr und von da aus in die Zylinder, die leichten Anteile tun dies auf dem Umweg über eine Leitung zur Gummimanschette am Klappenstutzen.

Motorblock auf Dichtheit prüfen

Wartungsdienst Nr. 34

Etwa alle 20 000 km überprüft man den Motorblock auf etwaige Ölspuren. Das kann beispielsweise anläßlich des nach dieser Fahrtstrecke vorgeschriebenen Ölwechsels im Getriebe geschehen, wenn das Fahrzeug an der Tankstelle aufgebockt wird. Vor allem kontrolliert man die Ölwanne und zieht gegebenenfalls sämtliche Schrauben nach. Nützt das nichts, muß diese mit einer neuen Dichtung versehen werden. Ebenso beim Ölfilter.

Umgang mit Dieseln

Die ersten 15 000 km

Wer sich über den richtigen Umgang mit seinem Diesel informieren möchte, dem gibt die Betriebsanleitung einen ausführlichen Rat, der so beginnt: »Je mehr Sie am Anfang den Motor schonen, desto zufriedener werden Sie später mit seiner Leistung sein . . .« Dieser Tip aus der guten alten Zeit wird durch einen entsprechenden Aufkleber an der Windschutzscheibe ergänzt.

Alte Diesel-Routiniers sehen durch diesen Aufkleber hindurch, als sei er gar nicht vorhanden. Sie wissen, daß man einem Auto nichts Gutes antut, wenn man es Hunderte von Kilometern lang stupide schleichen läßt – ebenso wie sie natürlich auch wissen, daß man die Einfahr-Vorschrift nicht völlig mißachten darf, indem man etwa gar vom ersten Tag an ständig Spitzenleistungen fordert. Die alten Hasen haben erprobt, daß man ein Auto mit Verstand einfahren muß und nicht nach toten Zahlen, wenn man später Freude daran haben will.

Mit Verstand einfahren, das heißt

■ Nach dem Anlassen den Motor einige Augenblicke mit erhöhter Leerlaufdrehzahl laufen lassen. Nicht etwa in der Meinung, er könne und solle sich so warm-laufen. Vielmehr um ihm die Möglichkeit zum Anwärmen und Umpumpen des Schmieröls zu geben.

■ Dann sehr bald losfahren. Auch wenn das Kühlwasser-Thermometer noch gar nicht anzuzeigen begonnen hat. Den Motor läßt man nicht im Stand warmlaufen, man fährt ihn warm. Dies freilich mit mittleren Drehzahlen, also nicht etwa die noch kalte Maschine hochjubeln.

■ Während der ersten 1500 km (nehmen wir diesen Wert einmal als gegeben hin) möglichst viel mit unterschiedlichen Drehzahlen fahren. Also möglichst nicht die Autobahn benutzen, die ja so sehr zum sturen Gleichmäßig-Fahren verleitet. Sondern auf Landstraßen gehen, auf denen man einfach wegen der Verkehrsverhältnisse mal schneller, mal langsamer fahren wird, auf denen es viel zu schalten gibt.

■ Wechselnde Drehzahlen tun dem jungen Motor gut, machen ihn geschmeidig. Natürlich nicht zu weit hinauf (Gänge nicht voll ausdrehen), und nicht zu weit herunter (in zu großen Gängen quälen), sondern anfangs in mittleren Bereichen bleiben. Dabei mit weichem Gasfuß »spielen«.

■ Bald schon zügig beschleunigen, wobei die »vorgeschriebenen« Grenzen keine Limite sind. Es gibt Leute, die lange vor dem 1500. Kilometer deutlich über 100 km/h fahren, und ihre Autos laufen später lange und vorzüglich – weil sie diese frühzeitigen Schnellzugsgeschwindigkeiten nicht am Berg erzwingen, sondern am Gefälle rollen lassen, weil sie auf langen ebenen Straßen vorsichtig immer ein bißchen munterer werden.

■ Ganz wichtig: den vorgeschriebenen ersten Ölwechsel unbedingt einhalten. Ab Werk ist nämlich ein spezielles Einfahröl im Motor, dessen Komposition darauf abgestimmt ist, metallischen Abrieb in der Schwebe zu halten – diese erste Reinigungskur muß man beachten!

■ Das Einfahren eines neuen Motors hört nicht bei einem km-Stand von 1500 plötzlich auf. Wer den Motor bis dahin mit Samthandschuhen angefaßt und die Pedale mit Filzpantoffeln getreten hat, der darf nicht etwa den 1501. Kilometer im Stil eines Renn- oder Rallyefahrers zurücklegen.

Man steigert die Forderungen vielmehr vernünftig. Manche Leute fahren frühestens nach 5000 oder 10 000 km zum erstenmal voll. Manche lassen sich noch mehr Zeit damit. Feste Regeln gibt es überhaupt nicht. Routinierte Fahrensleute haben das richtige Gefühl im Gasfuß, sie spüren es, wenn der Motor noch nicht frei ist.

■ Austauschaggregate, die zum Triebwerk gehören, muß man natürlich von neuem einfahren. Das gilt nicht nur für den Motor, sondern z. B. auch für eine neue Hinterachse, Getriebe etc.

Der normale Fahrbetrieb

Einen Diesel fährt man richtig, wenn man ihn fleißig schaltet.
Man kann den Diesel, wenn er einmal warm geworden ist, und das geht ja ziemlich schnell, unbedenklich stundenlang rennen lassen. Angenehmerweise steigt davon sein Durst bei weitem nicht in dem Maße, wie der Durst eines vollgas-gejagten Benzin-Wagens dies meistens tut.
Auch in der Stadt braucht man mit dem Diesel nicht schüchtern zu sein. Während Automobile mit Benzin-Motoren im Innerortsverkehr sehr leicht 50 Prozent und mehr Zuschlag zum Verbrauch verlangen, macht's der Diesel vergleichsweise billig. Dies erklärt nicht zuletzt seine Beliebtheit beim Taxi-Gewerbe.
Das einzige Gebiet, auf dem Diesel-Wagen höhere Ansprüche haben, ist die Ölversorgung. Nach Vorschrift soll alle 5000 km gewechselt werden, aber die Betriebsanleitung weist ausdrücklich darauf hin, daß schon der Durchschnitts-Ölverbrauch sowohl in der Anfangszeit wie später bei harter Beanspruchung höher liegen kann als die »genormten« 1,5 bis 2 Liter/1000 km.

Im Winter

Wenn das Thermometer ganz in sich zusammenrutscht, wird auch dem Diesel kalt. Er mag nicht mehr so gern aus eigenem Temperament zünden: Man muß ihn ein bißchen länger vorglühen. Aus den sonst vielleicht üblichen 10 Sekunden (bei sommerlichen 20 Grad) werden in Nähe des Gefrierpunktes leicht schon 20 Sekunden und von da aus kontinuierlich mehr. Jedoch hat ein Vorglühen über eine Minute keinen Sinn mehr. Die Glühkerzen haben dann ihren Spitzenwert, den sie nicht mehr steigern können (siehe Kapitel »Glühanlage«, Seite 176).
Sobald der ausgekühlte Motor angesprungen ist, dreht man den Leerlaufversteller gegen den Uhrzeigersinn, bis die Maschine »rund läuft«, nimmt den Versteller aber zurück, wenn die Betriebstemperatur erreicht ist.

Alterserscheinungen

Bei fortgeschrittenem Verschleiß wird der Dieselmotor bei niedrigen Außentemperaturen mit massiven Startschwierigkeiten zu kämpfen haben. Grund dafür ist vermehrter Verschleiß der Zylinderlaufbahn im Bereich des oberen Umkehrpunkts (OT) des ersten Kolbenrings (sogenannter Zwickelverschleiß). Die Laufbahn bekommt in diesem Bereich ringsum eine tiefe Nut, die es dem Kolbenring erschwert, beim Starten des Motors die nötige Kompression im Brennraum zu halten. Die Luft im Brennraum wird damit während des Kompressionstakts nicht mehr heiß genug – der eingespritzte Dieselkraftstoff kann sich selbst bei intakter Glühanlage nicht entzünden.
Angeschleppt durch ein anderes Fahrzeug kann der Motor, dem dabei zu höherer Startdrehzahl verholfen wird, genügend Kompression aufbauen, damit der Selbstzünder seinem Namen wieder Ehre macht. Längerfristig wird jedoch kaum ein Diesel-Fahrer das ständige Anschleppen an kalten Tagen akzeptieren können. Dann muß nach Ersatz für den ausgeleierten Motor gesorgt werden.

Wasserhaushalt

Die Wasserkühlung stellt den Besitzer vor keinerlei pflegetechnische Probleme, sofern man von der gelegentlichen Prüfung des Wasserstandes und der Zumischung von Frostschutz vor Einbruch der Kälteperiode absieht.

So funktioniert die Kühlung

Moderne, wassergekühlte Motoren besitzen Kühlsysteme, bei denen mit Überdruck gearbeitet wird. Das hat den Vorzug, daß kleinere Kühler verwendet werden können und der Siedepunkt des Kühlmittels auf mehr als 100 °C heraufgesetzt wird. Dadurch findet eine bessere Kraftstoffausnützung statt. Nicht die höheren Temperaturen sind für den Motor schädlich, sondern die zu niedrigen, also alles, was unter etwa 70° C liegt. Einen wesentlichen Bestandteil des Kühlsystems stellt infolgedessen der unscheinbare Kühlerverschlußdeckel dar, der nicht lediglich den Kühler verschließt, sondern der durch eingebaute Ventile für die richtigen Druck- und damit Temperaturverhältnisse im ganzen System sorgt.
Anhand der in den Deckel eingeprägten Kennzahl (100) kann man sich darüber orientieren, welche Werte ein eventueller Ersatzverschlußdeckel aufweisen muß. Keinesfalls ist jeder x-beliebige Deckel verwendbar.
Der zweite wesentliche Bestandteil ist der Thermostat, dessen Aufgabe darin besteht, den Kühlwasserdurchfluß durch den Kühler so lange zu unterbinden, bis das in Motor und Heizsystem befindliche Kühlmittel eine bestimmte Temperatur erreicht hat, die sowohl für optimale Kraftstoffausnutzung als auch für geringsten Verschleiß von größter Bedeutung ist. Eine einwandfreie Funktion des Thermostats ist dafür Voraussetzung.
Der Kreislauf des Kühlmittels im gesamten Kühlungs- und Heizungssystem wird durch die Wasserpumpe ermöglicht, die vom Keilriemen angetrieben wird. Der im Fahrtwind liegende Kühler erhält bei langsamer Fahrt durch den Ventilator, der auf der Wasserpumpenwelle sitzt, zusätzlichen Luftdurchsatz.

Deutlich ist im offenen Kühlerstutzen zu erkennen, daß die Kühlflüssigkeit nicht bis zum unteren Stutzenrand steht. Das hätte auch wenig Sinn, weil diese zu viel eingefüllte Flüssigkeit bei Erwärmung zwecklos durch den Überlaufschlauch (weißer Pfeil) abfließen würde. Der Kühlerverschluß trägt die Kennzahl 100 (schwarzer Pfeil). Sie besagt, daß das Druckventil des Kühlerverschlußdeckels erst bei 1,0 atü Überdruck öffnet. Durch diesen Überdruck wird im heißen Kühlsystem der Siedepunkt des Wassers auf etwa 120° C erhöht.

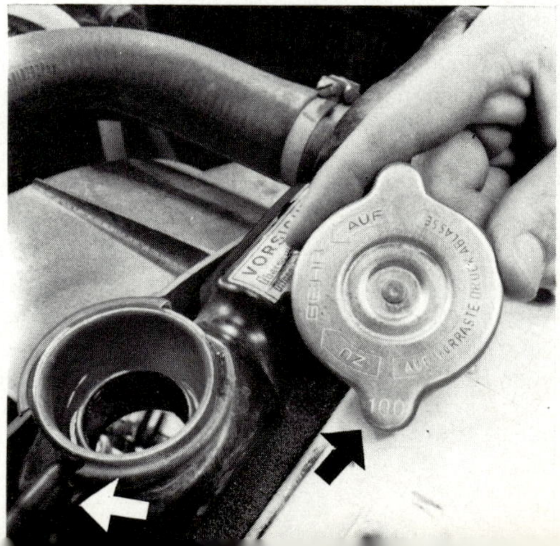

Ein Verlust an Kühlflüssigkeit wird normalerweise nicht eintreten, wenn sämtliche Verbindungsstellen, Dichtungen und Schlauchanschlüsse in Ordnung sind. Bei Fahrten mit vollbelastetem Wagen unter hochsommerlichen Temperaturverhältnissen, oder auch bei Anhängerbetrieb unter gleichen Bedingungen, kann natürlich die Kühlmittel-Temperatur soweit ansteigen, daß das Überdruckventil im Kühlerverschlußdeckel etwas öffnet und Dampf abläßt. Dieser Dampf ist ja bekanntlich nichts anderes als Wasser in anderer Form.
Mit dem Öffnen des Überdruckventils und dem Entweichen von Dampf aus dem Überlaufschlauch (vom Einfüllstutzen an der Schmalseite des Kühlers entlang nach unten ins Freie) tritt also ein Wasserverlust ein. Deswegen ist es notwendig, regelmäßig, vor allem nach Fahrten unter den oben geschilderten hochsommerlichen Verhältnissen, den Kühlmittelstand zu kontrollieren und gegebenenfalls Wasser, bzw. im Winter Frostschutzlösung, nachzufüllen. Dabei ist es falsch, den Wasserkasten des Kühlers randvoll zu gießen, denn bei der Erwärmung dehnt sich das Wasser aus und hierdurch würde wieder ein Teil durch den Überlauf verloren gehen. Das wäre vor allem in den Wintermonaten unrentabel, wenn das Kühlwasser mit dem teuren Frostschutz versetzt ist! Eine Auffüllung bis zur Markierung unterhalb des Randes genügt vollkommen.
Kaltes Wasser darf nie nachgegossen werden, wenn der Motor heiß ist. Der Zylinderblock kann dann wie Glas zerspringen. Also Motor abkühlen lassen oder warmes Wasser nachgießen.

Stand der Kühlflüssigkeit prüfen

Wartungsdienst Nr. 20

Das Kühlmittel

Im allgemeinen spricht man immer vom Kühlwasser, und Ihnen ist sicher aufgefallen, daß wir hier vom Kühlmittel sprechen. Wasser gefriert bekanntlich bei Temperaturen unter 0° C. Das würde dem Motor schlecht bekommen, weshalb man ein Frostschutzmittel zugibt. Aus diesem Grunde sprechen wir vom Kühlmittel, denn um reines Wasser handelt es sich ja nicht mehr.
Hinsichtlich des Frostschutzes stellt Ihr Mercedes-Diesel keine besonderen Ansprüche, man verwendet deshalb einen bekannten Marken-Frostschutz wie Glysantin oder Genantin, bzw. einen von den großen Mineralölfirmen unter eigenem Namen herausgebrachten, den man an seiner Stammtankstelle bekommt. Diese Mittel sind auf Glyzerin-Basis hergestellt (Äthylenglykol), denen man noch korrosionshemmende Zusätze beigefügt hat. Wie die Frostschutzmischung zubereitet wird, ist im Kapitel »Winterschutz« beschrieben.
Über die Konzentration des Frostschutzmittels im Wasser geben die Verpackungen Auskunft. Wenngleich die Kühlanlage heutzutage keine großen pflegerischen Maßnahmen erfordert, so ist es selbstverständlich, sich von Zeit zu Zeit zu vergewissern, bis zu wieviel Grad der Frostschutz noch ausreicht. Denn durch Nachfüllen von reinem Wasser wird natürlich die Mischung verdünnt, die Grenze der Frostsicherheit also herabgesetzt! Verwendet wird eine sogenannte Meßspindel, die auf dem Prinzip der Dichte einer Flüssigkeit beruht und deren kleiner Schwimmkörper im Glaskolben anzeigt, bis zu wieviel Minusgraden in Celsius der Schutz vor Frost gesichert ist.

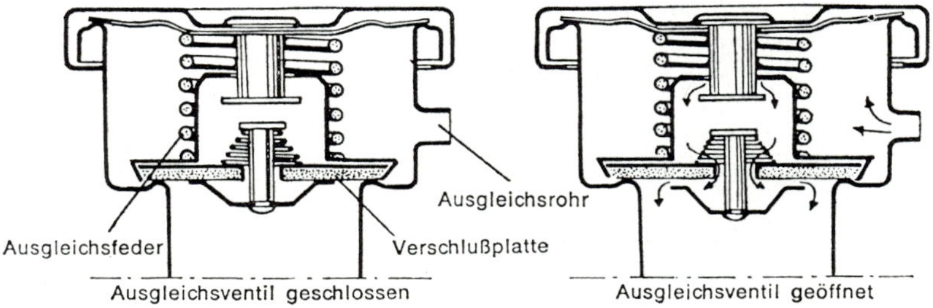

Der so einfach aussehende Kühlerverschlußdeckel hat wichtige Funktionen zu erfüllen. Seine große Feder drückt die Verschlußplatte auf den Stutzen, so daß sich im Kühlsystem ein Überdruck aufbauen kann. Wird der Druck zu hoch, so wird Dampf oder zu viel eingefülltes Wasser durch das Ausgleichsrohr »abgeblasen«. Umgekehrt strömt bei Abkühlung Luft über Ausgleichsrohr und Ausgleichsventil in den Kühler nach.

Da es bei der Nachprüfung der Frostfestigkeit des Kühlwassers nur auf das Nachmessen des spezifischen Gewichts ankommt, ist jeder Hebermesser dazu geeignet. Die Werkstatt-Prüfspindeln sind zumeist temperaturabhängig. Der hier gezeigte »Glysantester« ist temperaturunabhängig und einfach, denn er zeigt nur an, ob eine Frostfestigkeit für − 25° C gegeben ist oder nicht. Da man diese Frostfestigkeit für alle Fälle braucht, ist diese Prüfmethode völlig ausreichend.

Sollte wegen einer Motor- oder Kühlerreparatur ein Ablassen des Kühlmittels notwendig sein, so empfiehlt es sich, dieses in einem sauberen Glasgefäß aufzufangen, damit man es hinterher wieder verwenden kann, denn, wie gesagt, Frostschutzmittel kosten nicht gerade wenig Geld. Vor dem Wiedereinfüllen achte man darauf, daß eventuelle Verschmutzungen nicht wieder mit ins Kühlsystem geraten, deshalb benutzt man ein sauberes Tuch als Filter.

Erneuern der Kühlflüssigkeit

Wartungsdienst
Nr. 65

Zunächst stellt man die Heizungsbetätigungshebel am Armaturenbrett in Stellung »Auf«, die Heizung muß also eingeschaltet sein, die Warmwasserventile sind geöffnet. Dann öffnet man den Kühlerverschlußdeckel und die Ablaßhähne (am Unterteil des Kühlers, SW 19 mm, und am Motorblock rechts neben dem Anlasser, SW 22 mm). Nach völliger Entleerung des Systems schraubt man alle Verschlüsse wieder hinein und füllt durch den Einfüllstutzen des Kühlers frische Frostschutzmischung ein. Danach läßt man den Motor

Soll der Kühler entleert werden, wird nach Abnehmen des Kühler-Verschlußdeckels mit einem Schlüssel SW 19 am linken Kühlerunterteil die Sechskantschraube herausgedreht. Eine eventuell eingefüllte Frostschutzmischung fängt man – sofern sie nicht älter als 3 Jahre ist – in einem sauberen Gefäß zur Wiederverwendung auf.

Soll das ganze Kühlsystem entleert werden, so muß (bei geöffneten Heizungsventilen) außer der Ablaßschraube im Kühlerunterteil (Bild links unten) auch eine solche an der rechten Seite des Motorblocks neben dem Anlasser herausgedreht werden (SW 22). Nach völliger Entleerung darf nicht vergessen werden, beide Schrauben wieder fest hineinzudrehen. Nach dem Einfüllen der Kühlflüssigkeit muß eine Sichtkontrolle auf Dichtheit vorgenommen werden, um Flüssigkeitsverlusten vorzubeugen.

laufen, wobei der Kühlerverschluß nicht aufgesetzt wird, damit vorhandene Luftblasen im System entweichen können, und kontrolliert, ob sämtliche Ablaßhähne einwandfrei dicht sind. Hat der Motor seine Betriebstemperatur erreicht und der Thermostat deswegen den ganzen Kühlwasserumlauf freigegeben bzw. geöffnet, und steigen keine Luftblasen mehr auf, so kann der Verschlußdeckel am Kühler aufgesetzt werden.
Bevor frisches Frostschutzmittel eingefüllt wird, empfiehlt sich eine Spülung des gesamten Heizungs- und Kühlungssystems mit Wasser, wobei die Heizungsventile zu öffnen sind. Am einfachsten ist es, einen Wasserschlauch in den Einfüllstutzen zu stecken, sämtliche Ablaßhähne zu öffnen und Wasser aus dem Schlauch durchlaufen zu lassen. Nach dem Wiederauffüllen muß der Motor bei abgenommenem Kühlerverschlußdeckel eine Weile laufen, damit sämtliche Lufteinschlüsse aus dem Kühl-Heizungssystem entfernt werden.

Dichtigkeit des Kühlsystems prüfen

Wartungsdienst Nr. 48

In den Werkstätten begnügt man sich nicht mit Sichtprüfungen der Schlauchanschlüsse, der Dichtflächen am Zylinderkopf und der Verschlußstopfen am Kühler und am Motorblock. Vielmehr wird ein besonderes Prüfgerät auf den Kühlwasserstutzen gesetzt: mit einer Handpumpe wird der vorgeschriebene Druck hergestellt – und dann kontrolliert, ob dieser Druck konstant bleibt.
Auf trockener Straße oder in der Garage auf trockenem Boden kann man nach Spuren von Feuchtigkeit suchen. So läßt sich frühzeitig Flüssigkeitsverlusten begegnen, bevor sich Schwierigkeiten durch größere Verluste ergeben.

Der Thermostat

Wie wir schon sahen, liegt die Bedeutung des Thermostaten darin, den Kühlmittel-Kreislauf durch den Kühler erst dann zuzulassen, wenn die Temperatur genügend hoch (ca. 79° C), der Motor also warm ist. Dies ist für die Lebensdauer des Motors und für optimale Ausnutzung des Kraftstoffs wichtig.
Der Thermostat sitzt am vorderen rechten Ende (in Fahrtrichtung gesehen) des Motorblocks in einem Gehäuse, dessen Deckel durch vier Schrauben SW 10 gehalten wird. Diese Schrauben sind bequem von oben erreichbar. Hat man sie herausgedreht, so kann man nach Abnehmen des Gehäusedeckels den Thermostat nach oben herausziehen. Dies empfiehlt sich u. U. bei ungenügender Funktion und auch dann, wenn der Thermostat defekt ist und

Ein defekter Thermostat geht in Schließstellung, das Kühlwasser erhitzt sich zu stark oder kocht sogar. Ein Auswechseln (sofern ein neuer Thermostat zur Hand ist) bzw. ein Ausbau (man kann auch ohne ihn fahren) ist ohne weiteres möglich. Nach einer Abkühlpause demontiert man mit einem Schraubenschlüssel (SW 10) die vier Schrauben, hebt den Deckel (1) ab und zieht den Thermostat (2) nach oben aus dem Gehäuse (3) heraus. Danach Gehäusedeckel wieder aufsetzen, festschrauben und fehlendes Kühlwasser ersetzen.

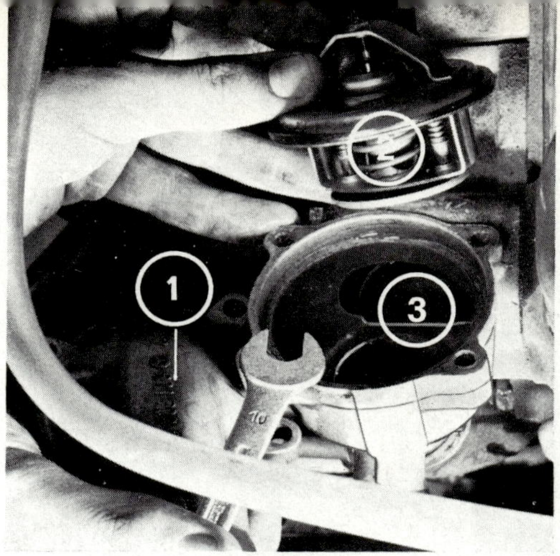

den Durchlauf des Kühlmittels durch den Kühler sperrt, die Temperaturanzeige im Kombiinstrument also stark ansteigt. Wie allgemein üblich, verwendet auch die Firma Daimler-Benz sogenannte Wachsthermostate, die den Nachteil besitzen, in defektem Zustand den Kreislauf zu schließen. Passiert das unterwegs, so kann man ohne weiteres auch ohne Thermostat fahren, nur wird der Motor seine optimale Betriebstemperatur nicht mehr erreichen. Aus diesem Grunde wird man sich in der nächsten Werkstatt einen neuen Thermostat einbauen lassen. Ausgesprochene Kurzstreckenfahrer, deren Motoren nicht auf Temperatur kommen, können sogenannte Winter-Thermostate haben, die erst bei 87° C öffnen.

Die Wasserpumpe

Sinn der Wasserpumpe ist es, das Kühlmittel im Kreislauf zu bewegen. Sie sitzt vorn im Motor und ist an sich wartungsfrei. Stellen sich an ihr Störungen ein, wird sie undicht oder erkennt man an mahlenden Geräuschen, daß ihre Lager schadhaft sind, so muß sie zur weiteren Demontage ausgebaut werden. Zur Kontrolle kann man nach Abnehmen des Keilriemens den Motor kurz laufen lassen. Sind die Geräusche verschwunden, so kommt neben der Lichtmaschine nur noch die Wasserpumpe als Störenfried in Frage.

Die Wasserpumpe auszubauen, zu zerlegen und instandzusetzen erfordert Spezialwerkzeug und entsprechende Kenntnisse. Da man bei Unkenntnis viel verderben kann, gehört diese Arbeit in die Hand einer Mercedes-Werkstatt.

Bis Ende 1967 wurden ölgeschmierte Wasserpumpen eingebaut. Der Ölstand (Hypoid-Getriebeöl SAE 90) soll alle 20 000 km geprüft werden. Wie dies geschieht, ist als Wartungspunkt Nr. 48 a auf Seite 51 beschrieben.

Kontrolle des Keilriemens

Wartungsdienst Nr. 21

Die Spannung des Keilriemens steht, da dieser Wasserpumpe und Ventilator antreibt, in einem direkten Zusammenhang mit guter Kühlung. Zur Kontrolle richtiger Spannung des Riemens drückt man diesen auf der Lichtmaschinenseite mit dem Daumen ein. Bei mäßigem Druck soll er sich um etwa 10 mm aus seiner Ebene drücken lassen.

Das unter Umständen notwendige Nachspannen, das sich beispielsweise nach der Erneuerung des Keilriemens bereits bei einer zurückgelegten Fahrtstrecke von etwa 500 km empfiehlt, ist im nebenstehenden Bild gezeigt.

Bei Anschaffung eines neuen Keilriemens achte man darauf, daß es sich um einen sogenannten dehnungsarmen Keilriemen der genau vorgeschriebenen Typenbezeichnung handelt. Die Längen sind vom 180 Dc bis zum 220 D/8 unterschiedlich.

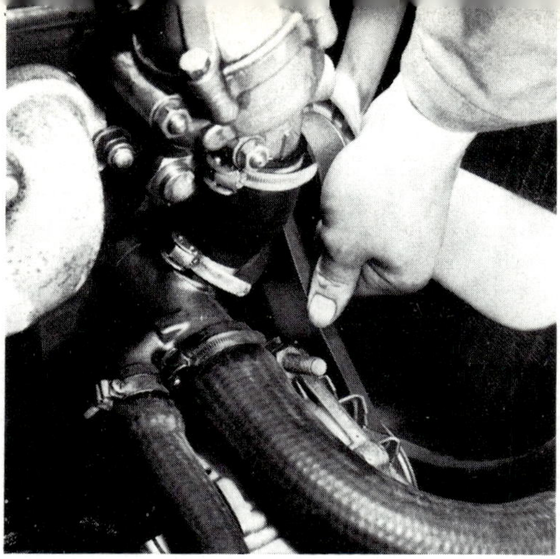

Der Keilriemen wird in der Mitte zwischen Lichtmaschine (unten) und Wasserpumpe (oben) auf die richtige Spannung geprüft. Bei mäßigem Daumendruck soll sich der Keilriemen hier etwa 10 bis 15 mm durchdrücken lassen. Sitzt der Keilriemen zu locker, kann er durchrutschen, so daß Lichtmaschine und Wasserpumpe zu wenig Leistung haben. Außerdem wird er durch dieses Rutschen zu heiß und verschleißt schnell. Bei zu strammem Sitz werden die Lager von Lichtmaschine und Wasserpumpe einseitig zu schwer belastet.

Gerissener Keilriemen

Gegen frühere Zeiten ist dieser Defekt so selten geworden, daß heute kaum ein Mercedes-Fahrer einen Ersatzkeilriemen mit sich führen wird, es sei denn auf Fahrten in Ostblockländer. Sollten Sie trotzdem das Pech haben, so können Sie sich im Notfall mit einem Paar Nylonstrümpfen behelfen (siehe Bild Seite 166). Ohne Wasserpumpenantrieb weiter zu fahren, ist wegen der Gefahr einer durchbrennenden Zylinderkopfdichtung infolge Überhitzung unter allen Umständen zu vermeiden. Eine schon durchgebrannte Zylinderkopfdichtung ist erkennbar an Luftblasen im Kühlwasser und brenzlichem Geruch aus dem Einfüllstutzen bei laufendem Motor. Bedenkliches Stadium: Fallender Kühlwasserstand, da Wasser in den Motor eindringt.

Erneuerung der Keilriemen

Wartungsdienst Nr. 62

An sich ist die Erneuerung eines gerissenen Keilriemens im allgemeinen kein Problem, denn nach dem Lockern der 13er-Schraube am Schwenklager der Lichtmaschine und der 17er-Kontermutter am Spannbolzen verdreht man die Spannschraube (SW 17) so weit nach rechts, daß sich die Lichtmaschine dem Motorblock nähert. Nun kann man den neuen Keilriemen auflegen und spannen. Nachspannen nach etwa 500 km.

Etwas problematischer geht es zu, wenn Sie beispielsweise einen Mercedes mit Servo-Aggregaten besitzen, die ja ebenfalls von der Kurbelwelle her durch Keilriemen angetrieben werden. So läuft bei den Fahrzeugen mit Servo-Lenkung ein etwas kürzerer Keilriemen von der Riemenscheibe der Kurbelwelle zu der über der linken Vorderradaufhängung sitzenden Hydraulikpumpe der Lenkung. Sollten Sie nun das Pech haben, daß Ihnen der Wasserpumpen-

Zum Nachspannen des Keilriemens mit zwei Schraubenschlüsseln SW 17 die außen sitzende Kontermutter lockern, danach die Klemmschraube (rechts unten sichtbar) am Lichtmaschinen-Schwenklager mit SW 13 etwas lockern und nun die oben sitzende Spannmutter (am hinteren Gabelschlüssel) drehen, bis Keilriemenspannung stimmt. Zuletzt Kontermutter und Schwenklager-Klemmschraube festziehen. Seit August 1973 besitzt die Spannvorrichtung 4 Schrauben und einen gezahnten Schwenkbügel, damit die Lichtmaschine beim Festziehen nicht zurückrutscht.

Keilriemen reißt, so ist vor dem Auflegen eines neuen Keilriemens zunächst der der Hydraulik abzunehmen (Spannschraube an der Pumpe, von unten zugänglich), zuerst der neue und danach der eben demontierte wieder aufzulegen. Keinesfalls dürfen Sie versuchen, einen Keilriemen mit Gewalt und unter Zuhilfenahme von Werkzeugen wie Montiereisen o. ä. aufzuziehen, das würde ihm in jedem Fall schlecht bekommen. Ebenso sollte man beim Nachspannen berücksichtigen, daß sowohl zu geringe als auch zu hohe Spannung schädlich ist. Ersteres führt zu mangelhafter Kühlung und hohem Verschleiß des durchrutschenden Riemens, letzteres zu einer Schädigung der Lichtmaschinenlager!

Ausbauen des Kühlers

Ist ein Kühlmittelverlust einwandfrei auf eine Undichtigkeit des Kühlers zurückzuführen, so baut man diesen aus, um ihn löten zu lassen. Zunächst werden sämtliche Schlauchverbindungen zwischen Motorblock und Kühler gelöst, nachdem man das Kühlmittel abgelassen hat. Die Kühlerschläuche links oben und rechts unten am Kühler lassen sich nach Aufdrehen der Spannbänder mit einem Kreuzschlitz- bzw. Schlitzschraubenzieher von den Stutzen abziehen.
Danach löst man den Überlaufschlauch des Kühlers aus den beiden Halteklammern der Ventilatorverkleidung (Zarge) und schraubt diese durch Herausdrehen von vier Schrauben (SW 8) ab. Diese Zarge besteht aus Kunststoffmaterial und soll Verletzungen durch den Ventilator bei laufendem Motor verhindern. Sie läßt sich nach dem Abschrauben über den Ventilator hinweg in Richtung Motorblock verschieben.
Nun läßt sich der Kühler senkrecht aus seiner Führung nach oben herausziehen, nachdem die beiden Gummischlaufen am linken und rechten Kühler-Oberteil ausgehängt wurden.
Der Einbau geschieht sinngemäß in umgekehrter Reihenfolge. Beim Befestigen der Verbindungsschläuche Motorblock–Kühler ist darauf zu achten, daß die Schläuche ganz auf die Rohrstutzen aufgeschoben werden und die Schlauchbinder zwischen der Sicke am Stutzen und dem Wasserkasten sitzen. Stellt man fest, daß die Kühlwasserschläuche porös, brüchig oder durch Öl gequollen sind, so muß man sie in jedem Fall durch neue ersetzen, wobei man die Original-Qualitäten verwenden sollte (Mercedes-Benz-Werkstatt oder Ersatzteillager). Nach dem Befüllen des Kühlers läßt man bei abgenommenem Verschlußdeckel den Motor laufen (Heizung geöffnet!), um die gesamte Anlage zu entlüften. Steigen nach der Erwärmung des Kühlmittels auf etwa 80° C (Thermometer im Kombiinstrument) keine Luftblasen mehr auf, so kann man den Verschlußdeckel aufsetzen. Trotzdem empfiehlt es sich, auf den ersten Kilometern Fahrt das Thermometer im Auge zu behalten. Starkes Ansteigen

An der linken Motorseite befindet sich zwischen der 1. und 2. Glühkerze der Thermofühler für die Kühlwasser-Temperaturanzeige.
Diese Temperaturanzeige erfolgt nicht elektrisch, sondern durch die Ausdehnung einer Spezialflüssigkeit im Kapillarfühler. Dieser Druckanstieg wird durch das haarfeine Kapillarrohr zum Meßinstrument im Armaturenbrett »weitergemeldet« und dort auf der Skala in Temperaturgrade »übersetzt«. Fühler, Kapillarrohr und Meßinstrument sind fest miteinander verbunden und können nur gemeinsam ausgewechselt werden.

der Kühlwasser-Temperatur deutet auf Lufteinschlüsse hin, die durch Öffnen des Kühlerverschlußdeckels entfernt werden müssen. Hierbei ist Vorsicht geboten, denn das Kühlsystem steht unter Überdruck! Deckel zunächst nur bis zur ersten Raste öffnen, Druck ablassen und erst dann Deckel ganz abnehmen. Fehlendes Kühlwasser bei laufendem Motor langsam auffüllen.
Bei älteren Mercedes-Modellen ist zwar das Kühlsystem im Prinzip gleich aufgebaut, nur fehlt hier die Lüfterverkleidung und die Kühler sind nicht einfach in eine Führungsschiene eingesetzt, sondern werden durch je drei Schrauben an jeder Seite (insgesamt also sechs) gehalten. Diese sind vor dem Ausbau des Kühlers herauszuschrauben, wobei auf die Unterlegscheiben zu achten ist. Beim Einbau müssen die Dichtstreifen oben und unten zwischen Kühler und Anschlußblech und die Gummi-Zwischenlagen an den Schmalseiten des Kühlers richtig sitzen.

Fingerzeige: *Sollte im Winter die Außentemperatur unter den jeweils eingestellten Frostschutzgrad absinken, so ist der Motor nicht gleich in Gefahr. Es bildet sich zunächst eine speiseeisähnliche Masse, die bei Standlauf und abgedecktem Kühler wieder verflüssigt wird.*
Als Mehrzweckmittel hat sich »5 in 1« (Vertrieb: Firma Munz, 745 Hechingen, Oelser Straße 17) sehr gut bewährt. Es dichtet ab, schützt vor Korrosion und schmiert außerdem noch die beweglichen Teile, wie Wasserpumpe, Thermostat und das Heizventil, das beim Mercedes gerne festgeht, wenn im Sommer nicht hin und wieder die Heizhebel bewegt wurden.
Wird das Fahrzeug stillgelegt für einen längeren Zeitraum, so ist unbedingt zu empfehlen, das Kühlsystem randvoll zu füllen, und zwar mit Korrosions- bzw. Frostschutzmischung. Korrosionserscheinungen werden so vermieden. Völlig verkehrt wäre es, das Kühlmittel abzulassen, denn durch ungehinderten Luftsauerstoff-Zutritt wäre eine völlige Verrostung des leerstehenden Kühl- und Heizsystems die Folge.

Die Heizung

Wartungsdienst
Nr. 49

Grundsätzlich sind die Heiz- und Lüftungsanlagen bei allen Mercedes-Modellen der »Neuen Generation« gleich, lediglich bei älteren Typen lag der Zutritt der Heiz- und Frischluft vorn neben dem Kühler. Bei den neueren Fahrzeugen wird dagegen die Frischluft aus der staubfreien Zone direkt unterhalb der Windschutzscheibe am Ende der Motorhaube entnommen. Unter der Haube sorgt eine Wanne dafür, daß Regen- und Spritzwasser nicht in die Lüftungsanlage eindringen kann, sondern durch Schlauchstutzen an der Spritzwand unter der Motorhaube nach unten ins Freie abgeleitet wird.
Für die Temperierung der unter der Windschutzscheibe entnommenen Frischluft sorgt ein sogenannter Wärmetauscher, der im Prinzip einem kleinen Kühler gleicht. Seine Heizlamellen sind an den Kühlwasser-Kreislauf durch Schlauch- bzw. Rohrleitungen angeschlossen, das vom Motor erwärmte Kühlwasser fließt vom Zylinderkopf durch den Wärmetauscher, an dem sich die hindurchgeführte Frischluft erwärmt. Vom Wärmetauscher fließt das Kühlwasser über Schläuche zurück zum Motor. Die erwärmte Heizungsluft wird – je nach Stellung des Luftverteilungshebels am Armaturenbrett – gegen die Windschutzscheibe oder in den Fußraum oder auch in beide Richtungen gelenkt.
Um die Funktion der Heizanlage zu prüfen, brauchen Sie nur das gute Dutzend Hebel, Knöpfe, Düsen und Jalousien probeweise zu betätigen und zu warten, ob warme oder kalte Luft dorthin strömt, wie sie strömen soll. Und den gelegentlichen Tropfen Öl auf die Hebel des Heizventils (Bild Seite 52 unten) sollten Sie auch nicht vergessen.

Ausbau der Heizungs-regulierung

Wenn sich die Heizung nicht mehr regulieren läßt, ist entweder ein Betätigungszug gerissen oder ein Übertragungsteil innerhalb der Heizungsregulierung gebrochen. Ursache für diesen Schaden ist gewöhnlich ein festgegangenes Heizventil.

Vor dem Ausbau der Heizbetätigung wird zuerst die mittlere Luftdüse ausgebaut: Drehknopf des Heizgebläses abziehen, geschlitzte Halteschraube wie auf Seite 189 für den Lichtschalter beschrieben losdrehen, Griffe der Heizregulierhebel abziehen. Rechts und links oben in der Luftdüse sitzt je eine Kreuzschlitzschraube, die losgedreht werden muß. Lautsprecherabdekkung oben im Armaturenbrett losschrauben (4 Schrauben); falls vorhanden, Lautsprecher ausbauen und zur Seite legen. Die jetzt durch die Lautsprecheröffnung sichtbare Manschette am mittleren Luftkanal vom Heizungsgehäuse abnehmen und zurückstreifen. Hebel der Frischluftklappe aus dem Kugelgelenk aushängen. Die Blende mit der mittleren Luftdüse ist nun nur noch im Armaturenbrett eingesteckt. Daimler-Benz empfiehlt nun zum Ausbau einen Holz- oder Kunststoffkeil, der zwischen Blende und Armaturenbrett gesteckt wird, wodurch sich die Blende samt Düse ausrasten läßt. Es geht aber auch mit einem flachen Schraubenzieher, womit man eine der beiden unter Federdruck stehenden Kugeln (sie dienen als Schwenkachse der Luftdüse) zurückdrücken kann. Das Hebelsystem wird nun noch rechts und links von je einer SW-10-Schraube gehalten und kann nach deren Losschrauben in Richtung Motorraum geschoben werden. Falls Sie den Fehler jetzt schon erkennen können und die Reparatur mit schlanker Hand durch die Lautsprecheröffnung schaffen, erspart das die Abnahme sämtlicher Bowdenzüge. Ansonsten Mehrfachstecker für den Gebläseschalter abziehen, Bowdenzüge lösen und Halteklammern abnehmen, Heizregulierung durch die Luftdüsenöffnung herausnehmen. Soll einer der Winkelhebel ersetzt werden, hebelt man vorsichtig die Haltescheiben ab (beim Einbau möglichst neue verwenden).

Der Zusammen- und Wiedereinbau erfolgt sinngemäß in umgekehrter Reihenfolge, wobei die Gelenke mit etwas Nähmaschinenöl geschmiert und die Kabelzüge leicht gefettet werden sollten.

Heizventile zerlegen und reinigen

Die Heizungsventile des Mercedes (im Motorraum an der Stirnwand zum Innenraum) haben die schlechte Eigenschaft, im Lauf der Zeit schwergängig zu werden oder festzugehen, vor allem, wenn man sie nicht auch einmal in der warmen Jahreszeit bewegt hat. Ein schwergängiges Heizventil läßt sich in Eigenregie demontieren und reinigen. Die Kühlflüssigkeit muß dazu nicht unbedingt abgelassen werden, denn beim Lösen der drei Schlauchschellen am Heizventil fließt nur wenig Kühlmittel aus.

Die Heizzüge sind über Hebel mit den Heizventilen verbunden. Diese Betätigungshebel sitzen auf je einem Vierkant festgeschraubt; vor Losschrauben der Hebel sollten Sie die Stellung der Hebel auf dem Vierkant mit einem deutlichen Ritzer für den Wiedereinbau markieren. Heizventilgehäuse an der Stirnwand abschrauben (SW 8). Sprengringe am Ventilgehäuse rechts und links abnehmen, Ventil zerlegen. Die Teile sollen nur mit einem Lappen gereinigt, aber nicht geschmirgelt werden, sonst wird eventuell der Ventilsitz beschädigt. Kontrollieren Sie, ob die Gummi-Abdichtringe noch einwandfrei sind. Beim Zusammenbau kann man die Teile des Heizventils mit einem ganz dünnen Hauch Mehrzweckfett schmieren.

Verpflegung - exakt zugemessen

Vom Tank zur Einspritzpumpe

Wer sich zum Diesel bekennt, tut dies nicht zuletzt, weil er davon überzeugt ist, daß dessen Mechanik einfacher und weniger störanfällig ist als das Kraftwerk eines Benzin-Autos mit pannen-freudigem Zündsystem oder komplizierter Doppel-Register-Vergaseranlage mit automatischer Vorwärmung.
Vor einer Sache freilich hat er beträchtlichen Respekt, und darum hat er sich geschworen, daß sie ihm nie passieren soll: Man hat ihn vor dem Kauf gewarnt, er dürfe keinesfalls den Tank eines Diesel-Wagens je völlig leerfahren. »Denn das Entlüften der Kraftstoffleitungen ist eine . . .« (hier folgte regelmäßig ein nicht druckreifes Kraftwort.)
Die Geschichte mit dem Nicht-leerfahren-Dürfen stammt noch aus der Zeit von Opas Diesel. Heute nimmt kein Fachmann sie mehr ernst. Dennoch sei festgestellt, daß auch die Typen 200 D/220 D noch »für alle Fälle« mit jener Handpumpe ausgestattet sind, mit der man leergefahrene Leitungen des Diesel entlüften kann. Oder anders ausgedrückt: mit der man, nachdem man wieder getankt hat, den Kraftstoff nach vorn zur Einspritzpumpe fördern kann. (Diese Handpumpe sitzt vor der Mitte der Einspritzpumpe, von der sie ja nur ein Hilfsteil ist.)

Kraftstoff-Handpumpe betätigen

Wartungsdienst
Nr. 33 und 39

Normalerweise wird man die Handpumpe kaum jemals benötigen. Trotzdem soll sie im Notfall funktionieren. Um durch Nichtgebrauch entstehender Rostbildung im Innern der Handpumpe vorzubeugen, sollte man sie etwa alle 20 000 km mehrmals von Hand durchbewegen. Hierzu den Knopf durch Linksdrehung lösen und nach dem Pumpen durch Rechtsdrehung wieder arretieren.
Mit der Handpumpe also kann man Kraftstoff fördern. Aber man muß nicht. Wenn die Wagenbatterie auch nur halbwegs in dem Zustand ist, in dem sie sein sollte – kann man getrost per Anlasser pumpen (ca. 20 Sekunden lang). Der Respekt gründete sich auf die Sorge, das Anlasser-Pumpen nähme die

Die Handpumpe wird gebraucht, um nach dem Auffüllen eines zuvor leergefahrenen Tanks Diesel-Kraftstoff vom Tank zur Pumpe zu fördern, bzw. eingedrungene Luft durch die Entlüftungsschraube aus der Leitung zu entfernen. Auch kann man hier prüfen, ob die Kraftstoff-Versorgung vom Tank zur Pumpe in Ordnung ist, wozu das Überströmventil, wie im Bild auf Seite 92 oben gezeigt, herausgedreht werden muß. Der Handpumpenknopf muß durch Drehen nach links entriegelt und nach dem Pumpen durch Eindrücken und Rechtsdrehen wieder festgestellt werden.

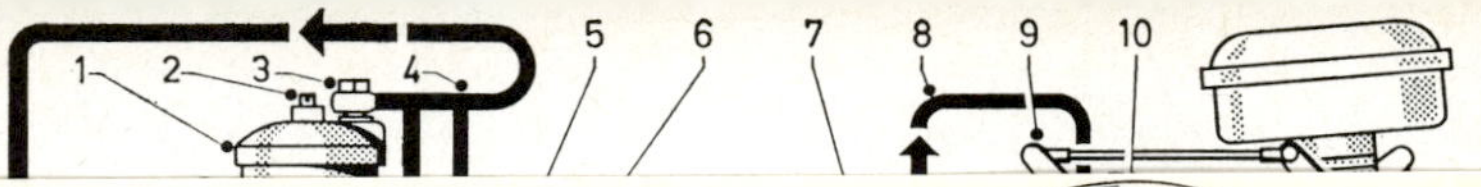

Dieses Schemabild ver-

Das »Röntgenbild« der Kraftstoff-Förderpumpe zeigt deren inneren Aufbau. Über den Zulauf (rechts im Bild) gelangt der Kraftstoff aus dem Tank durch einen Wasserabscheider in den Vorreiniger und von dort in den Saugraum. Von dort wird er über den Ablauf in Richtung Hauptfilter-Einspritzpumpe gefördert. Die Handpumpe (oben im Bild) wird benutzt, um in die Leitungen eingedrungene Luft zu entfernen.

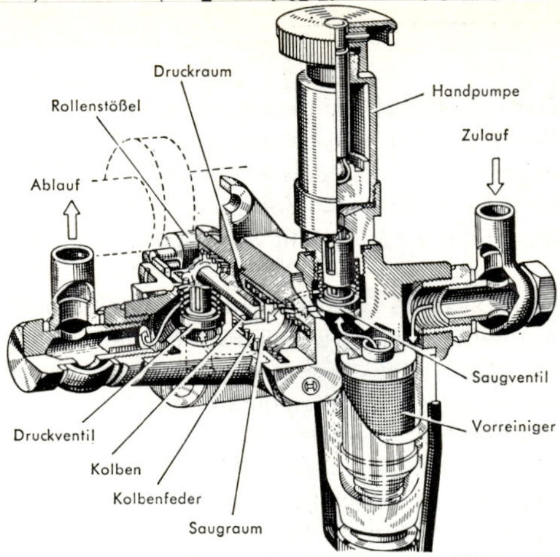

Spritze entgegen der Durchflußrichtung hinaus. Eingebaut wird das Filter so, daß der Sechskant mit der Aufschrift »Austritt« zur Förderpumpe hinzeigt.

Pflege der Förderpumpe

Mit der Kraftstoff-Förderpumpe gibt es praktisch keinen Kummer. Mehr oder weniger theoretisch könnten die Ventile verschmutzen – wenn das Vorfilter vernachlässigt wurde (siehe vorigen Absatz). Das wäre ein Grund zu abnehmender Leistung, weil der Motor zu wenig Futter bekäme. Man kontrolliert die Pumpen-Ventile, indem man die Sechskantschraube links von der Handpumpe, links von dem ovalen Bosch-Schild, losdreht; darunter sitzt das Druckventil. Dann schraubt man die Handpumpe los, die unter dem zylindrischen Pumpenkörper ebenfalls einen Sechskant hat; hier ist der Zugang zum Saugventil.
Man kann die Pumpen-Ventile in Kraftstoff säubern. An der Sitzfläche eingeschlagene Ventile können natürlich aufgearbeitet werden, das ist jedoch kostspieliger und weniger zuverlässig als der Austausch gegen Neuteile.
Die Förderpumpe selbst pflegt wenigstens so lange zu leben wie der Motor. Zum Tausch-Motor gehört eine neue Pumpe.

Das Hauptfilter

Der große Leichtmetalltopf links vorn am Motor enthält das Hauptfilter. Der Kraftstoff durchläuft es, von der Pumpe bereits gereinigt kommend: Er tritt in Dreiviertelhöhe beim »Zulauf« ein, läuft an der Innenwand herunter, steigt im Wickelfiltereinsatz hoch und geht durch die Ablaufbohrung nach unten hinaus. Der Filtereinsatz speichert den zurückgehaltenen Schmutz. Um Rückstände zu entfernen, ist von Zeit zu Zeit die Schlammablaßschraube, an der unteren Wölbung unmittelbar über dem »Ablauf«, herauszudrehen.

Der Filzeinsatz des Kraftstoff-Hauptfilters (rechts in der Hand) soll regelmäßig alle 20 000 km nach Abnehmen des Gehäusedeckels (links oben) herausgenommen und gründlich ausgewaschen werden. Dabei darf man auch das Innere des Gehäuses nicht vergessen, das gründlich mit Kraftstoff ausgespült wird, nachdem die unten seitlich am Gehäuse sitzende Schlamm-Ablaßschraube herausgedreht wurde. Rechts vorne auf weißem Tuch abgelegt die oben im Gehäusedeckel sitzende Hohlschraube für die Kraftstoff-Rücklaufleitungen

Der Filtereinsatz soll (spätestens) alle 20 000 km ausgewaschen werden. Dazu wird die Entlüftungsschraube, oben Mitte, geöffnet und die Schlammablaßschraube herausgeschraubt. Dann läßt man das Filter auslaufen, schraubt den Deckel ab und nimmt den Einsatz heraus. Nun das Gehäuse mit Kraftstoff ausspülen, die Schlammablaßschraube wieder einschrauben und den Filtereinsatz einsetzen. Deckel aufschrauben, Filter mit Kraftstoff füllen, entlüften. Fertig.
Seit November 1972 wird ein geändertes Kraftstoffilter eingebaut. Es hat statt der Entlüfterschraube eine Verschlußschraube, die bisherige Schlammablaßschraube ist entfallen.

Kraftstoff-Hauptfilter reinigen

Wartungsdienst
Nr. 46

Die Einspritzpumpe

Wartungsdienst
Nr. 45

Die Versorgung der vier Zylinder mit Kraftstoff besorgt die Einspritzpumpe mit ihren vier Pumpenelementen. Jeder Zylinder bzw. jede Einspritzdüse bekommt den Kraftstoff also individuell – untereinander natürlich gleichmäßig – zugeteilt.
Die Einspritzpumpe arbeitet mit einer Nockenwelle, die mit halber Kurbelwellen-Drehzahl umläuft. Bei zwei Kurbelwellen-Umdrehungen arbeitet ja jeder Kolben im Viertakt-Vierzylinder-Motor einmal (Einspritzung = Zündung), also genügt eine Umdrehung der Einspritz-Pumpenwelle, die mit ihren vier Nocken über die Pumpenelemente jeden Zylinder zu seiner Zeit korrekt »bedient«.
Der Antrieb der Einspritzpumpe erfolgt über den Spritzversteller (auf den wir noch zu sprechen kommen) von der Duplex-Steuerkette (für den Antrieb der Nockenwelle) her. Es muß ein zeitlich genau abgestimmter Antrieb sein. Riemenscheiben wären also nicht geeignet, weil der Riemen rutschen könnte.
Sehen wir uns den Ablauf der Ereignisse an, indem wir dem Fluß des Kraftstoffs folgen. Unter dem Druck der Förderpumpe ist der Kraftstoff aus dem Hauptfilter über die kurze Rohrleitung in den See- oder Saugraum der Einspritzpumpe, abgekürzt E-Pumpe, eingetreten. Was etwa zu viel ist, geht über das Überströmventil und eine Rücklaufleitung zurück in den Tank. Ein durchaus beabsichtigter Vorgang mit doppeltem Zweck: a) die ständige Bewegung in den Leitungen verhindert Blasenbildung bzw. unregelmäßige oder gar unzureichende Förderung, d. h. stuckerigen Motorlauf oder Absterben des Motors im Leerlauf (gerade auf der Kreuzung!); und b) sorgt der Kraftstoff-Umlauf für die Kühlung der E-Pumpe, denn der jeweils abfließende, überschüssige Kraftstoff leitet Wärme ab.
Im einzelnen Pumpenelement geht ein Kolben (auch englisch »plunger« = Taucher genannt) in einem Zylinder auf und ab. Für das Auf sorgt der Nocken der E-Pumpen-Nockenwelle, für das Ab die Kolbenfeder. Mit der Aufwärtsbewegung schiebt der Kolben Kraftstoff in die Einspritzleitung in Richtung

Die Bosch-Vierstempel Einspritzpumpe von der linken Wagenseite aus gesehen. Man erkennt die vier Einspritzleitungen (3), die von der Pumpe nach oben zu den Einspritzdüsen (1) gehen. Nicht eingespritzter Kraftstoff wird durch eine Rücklaufleitung (2) wieder zum Tank zurückgeführt.
Die übrigen Zahlen bedeuten: 4 – Thermofühler der Kühlwasser-Temperaturanzeige, 5 – Glühkerzen mit Stromschiene (6), 7 – Öleinfüllschraube der Einspritzpumpe, 8 – Unterdruckschlauch zum Saugrohr, 9 – Handpumpe.

Kraftstofförderung und -einspritzung werden von 2 Aggregaten ausgeführt: der Förder- und der Einspritzpumpe. Beide sind miteinander verschraubt und haben einen gemeinsamen Antrieb (Antriebs-Nockenwelle links in der Zeichnung). Für jeden der 4 Zylinder des Motors ist ein eigenes Pumpenelement (Kolben) vorgesehen (oben im Bild), das im genau richtigen Moment »seinen« Zylinder mit der gerade benötigten Menge Kraftstoff versorgt.

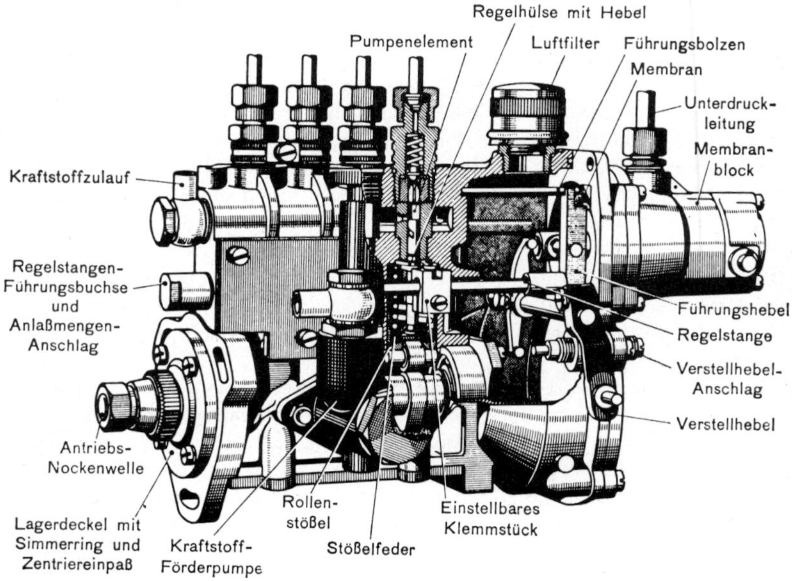

Einspritzdüse im Zylinder. Ein Druckelement (Druckventil) im Kopf der E-Pumpe verhindert das Leersaugen der Leitung beim Abwärtshub des Kolbens. Wenn dieses Druckventil einmal undicht werden sollte, würde die Leitung schlecht befüllt, müßte die Leistung des Motors wegen Futtermangels nachlassen. Die entsprechende Diagnose kann allerdings nur der Werkstattmann stellen. Und auch er muß dazu die E-Pumpe demontieren.

Das Maß der Kraftstoff-Zuteilung darf natürlich nicht immer gleich sein, obwohl die Kolben in der Pumpe einen immer gleichen Hub haben. Um vom Leerlauf bis »Vollgas« variieren zu können, ist der Kolben mit einer schrägen Steuerkante und einer Längsnut versehen: durch Verdrehen der Steuerkante wird bewirkt, daß ein mehr oder weniger großes Quantum Kraftstoff an der Längsnut in den Seeraum zurückläuft – damit ist der »wirksame Hub« veränderlich.

Der Diesel-Motor des Personenwagens hat eine Regelstange, die über Regelhülsen alle vier Plunger gleichmäßig hin und herdreht. Die Übertragung ist nachstellbar. Zu einer Korrektur ist aber nur die Fachwerkstatt (Mercedes-Benz oder Bosch) in der Lage.

Die Regelstange beim OM 615 und bei all seinen Vorgänger-Motoren wird pneumatisch gesteuert. Am rückwärtigen Ende befindet sich ein Unterdruckregler, eine Membran, die unter Federdruck steht. Bei abgestelltem Motor schiebt diese Feder die Regelstange nach vorn – das ist Vollgas!

Wird nun angelassen, so gibt der Starterzugknopf noch zusätzlich »Gas«. Dies geschieht rein mechanisch und ist durch Spielen mit dem Fahrfußhebel nicht zu beeinflussen. Sobald der Motor angesprungen ist, läßt der Fahrer den Zugknopf los, damit wird die Start-Mehrmenge ausgeschaltet – und die rein pneumatische Regelung setzt ein.

Wozu Klappenstutzen?

Der Pkw-Diesel-Motor hat, abweichend vom Lkw-Diesel, eine Art Drosselklappe, ähnlich wie der Vergaser-Motor, wenn auch die Funktion nicht recht vergleichbar ist. Die Regelklappe im Klappenstutzen (im Ansaugrohr) reagiert mechanisch auf Bewegungen des Fahrfußhebels – so weit reicht die Ähnlich-

keit noch. Im Klappenstutzen selbst aber, zeitweise in einem Ausschnitt der Regelklappe, befindet sich ein Zusatz-Venturirohr.
Ein Venturirohr ist eine Verengung eines Strömungsquerschnitts, die eine Steigerung der Strömungsgeschwindigkeit bewirkt und auch eine Steigerung des Unterdrucks, den man dort abnehmen kann.
Solange die Regelklappe geschlossen ist, muß die Ansaugluft durch dieses Zusatz-Venturirohr und durch einen schmalen Spalt in der Klappe um dieses Rohr herum, weil die Regelklappe nicht ganz dicht schließt. Der erhebliche Unterdruck zieht über eine Anschlußleitung, die zum Vakuumraum der E-Pumpe führt, die Regelmembran gegen den Federdruck – und damit die Regelstange zurück: die Kolben in den Pumpenelementen werden auf Leerlauf-Gas zurückgedreht.
Wird nun mehr Gas gegeben, d. h. wird der Fahrfußhebel (er ist ja kein »Gas«-Pedal) tiefer getreten, so öffnet die Regelklappe weiter, es baut sich der Unterdruck im Zusatz-Venturirohr ab, was zur Folge hat, daß in der E-Pumpe die Membranfeder die Regelstange nach links verschieben kann. Dies bedeutet eine höhere Kraftstoff-Zuteilung, mithin mehr Gas.
Wenn schließlich richtiges Vollgas gegeben wird, erhöht sich damit die Strömungsgeschwindigkeit im Klappenstutzen und auch im Venturirohr. Wieder wird dort Unterdruck wirksam, der nun die Membranfederkraft überwindet und die Regelstange festhält. Man sagt dazu: der Motor wird »abgeregelt«. Dies soll, wie weiter vorn festgestellt, bei einer Drehzahl von 4350 U/min unter Last, bzw. ca. 5000 U/min ohne Last der Fall sein.
Bei den Typen 200 D/8 und 220 D/8 ist ab März 1971 das Venturirohr im Klappenregler nicht mehr eingeschraubt, sondern in das Klappenreglergehäuse eingegossen. Beim 200 D/8 kann diese Ausführung bei leicht geöffneter Drosselklappe ein Pfeifgeräusch verursachen. Durch leichtes Abbiegen des oberen Teils der Drosselklappe wird dieses Geräusch unterbunden. Es gibt jedoch auch einen Klappenregler mit bereits abgekröpfter Drosselklappe.

»Sägender« Diesel

Gelegentlich produziert der Diesel-Pkw eine besondere Erscheinung, die im sogenannten Schieberuckeln des Vergaser-Motors nur eine unvollkommene Parallele hat. Der Diesel kann »sägen«. Darunter versteht man ein Auf und Ab im Leerlauf und bei wenig Gas, das weder vom Gasfuß beruhigt werden kann, noch etwa allein im Schiebebetrieb auftritt. Die Ursache ist ein leichtes

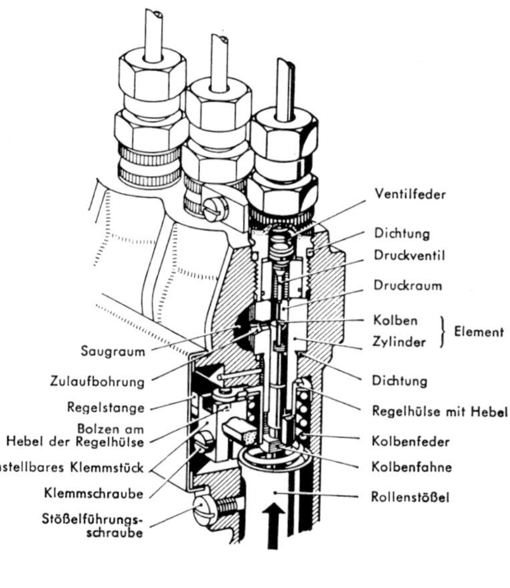

Der Querschnitt durch die Bosch-Einspritzpumpe (PES 4 M) verdeutlicht den inneren Aufbau eines der vier Pumpenelemente. Über die Zulaufbohrung gelangt der Kraftstoff in den Saugraum und wird von dort durch den betreffenden Kolben in bestimmter Menge und unter hohem Druck (110–120 atü) in die Vorkammer des Motorzylinders eingespritzt. Aus dem Bild wird auch erkennbar, wie wichtig sorgfältige Filterung des Kraftstoffs für die Lebensdauer der empfindlichen Pumpenelemente ist.

Schwingen der Regelstange, die zwischen dem leichten Druck der weichen Membranfeder und einem etwa variierenden Unterdruck aus dem Klappenstutzen pendelt. (Das Sägen kann auch eine rein mechanische Ursache haben. z. B. ein Schwingen der Regelstange, hervorgerufen durch das harte Abrollen von Gürtelreifen früherer Bauart.) Mit einer kräftigeren Membranregelfeder kommt man nicht dagegen an, schon weil sie ja nicht allzu stark sein darf und immer noch im Gleichgewicht mit dem Venturirohr-Unterdruck zu bleiben hat.
Daher hat man eine Zusatzregulierung eingeführt, um den Leerlauf zu stabilisieren. Das ist der sogenannte »Stupser« in der Vakuumkammer der E-Pumpe, ein Federelement, das schwimmend hinter der Membranfeder gelagert ist. Bei Leerlauf-Fahrpedalstellung wird der Stupser verriegelt und hindert die Feder am Schwingen. Er hat dabei eine dämpfende Wirkung, denn er ist in sich nicht etwa ein fester Körper, sondern besteht aus zwei federnden Hülsen. Sobald »Gas« gegeben wird, ist der über einen Winkelhebel vom Klappenstutzen her gesteuerte Stupser frei.

Das Schwingsaugrohr

Ein Merkmal, das man auch bei manchen, keineswegs allen Otto-Motoren trifft, kennzeichnet den Pkw-Diesel: das Schwingsaugrohr. Hier hinein tritt die Ansaugluft nach Passieren des Luftfilters, sozusagen auf Vorrat. Denn noch kommt sie nicht gleich in die Zylinder. Vielmehr schwingt sie unter dem wechselnden Sog der ansaugenden Kolben hin und her, wodurch bei jeweiliger Öffnung der einzelnen Einlaßventile ein Nachlade-Effekt erreicht wird: Ohne einen besonderen Lader kommt es so zu einer besseren Zylinderfüllung.
Da ein solches Schwingsaugrohr mit großer Sorgfalt auf den Motor abgestimmt ist, darf man daran natürlich nichts verändern. Der Gedanke, man könne die Motorleistung etwa durch Manipulation am Saugrohr aufbessern, ist also abwegig. Im Gegenteil, die Frischluftzuführung geriete in Unordnung, der Füllungsgrad würde verschlechtert, die Leistung absinken.
Wer seinen Diesel durch Überdrehzahlen unbedingt ruinieren will, kann dazu einen »erfolgreicheren« Weg einschlagen – indem er das Gestänge zum Stupser aushängt. Damit bleibt sogar der korrigierte Leerlauf in Ordnung, aber bei hoher Drehzahl wird nicht mehr abgeregelt. Da kann es zu 1000 und mehr U/min-Überdrehzahl kommen, zu einer Überlastung der Ventilfedern, zu einem Abreißen des Ölfilms an den Zylinderwandungen. Ventile können gegen die Kolben schlagen, Kolben können fressen – da kann es für den unvernünftigen Fahrer manche Überraschung geben.

Der Spritzversteller

Vom Otto-Motor her kennt man die Begriffe der Früh- und Spätzündung. Je nach Drehzahl wird die Zündung schon eingeleitet, ehe der Kolben den oberen Totpunkt (OT) und damit die höchste Kompression erreicht hat. Weil die Verbrennung eine gewisse Zeit braucht, kommen dann bei entsprechender Frühzündung die beste Kompression und die tatsächliche Verbrennungswelle im richtigen Augenblick zusammen.
Beim Diesel ist wegen der höheren Verdichtung und des damit kleineren Verbrennungsraumes dieser Vorlauf geringer, aber erwünscht bzw. notwendig ist er auch. Er wird geregelt durch den Spritzversteller, welcher den Einspritz-Zeitpunkt (Förderbeginn) beim 200 D auf 26 Grad vor OT, beim 220 D auf 24 Grad vor OT festlegt.
Der Spritzversteller des OM 615 (Motor ab Januar 1968) ist zwar gegenüber dem Spritzversteller des OM 621 geändert, jedoch austauschbar. Er ist weniger reparaturanfällig. Der frühere Versteller litt gelegentlich unter einem Verklemmen der Fliehgewichte, was zu Teillast-Nageln führen konnte (siehe

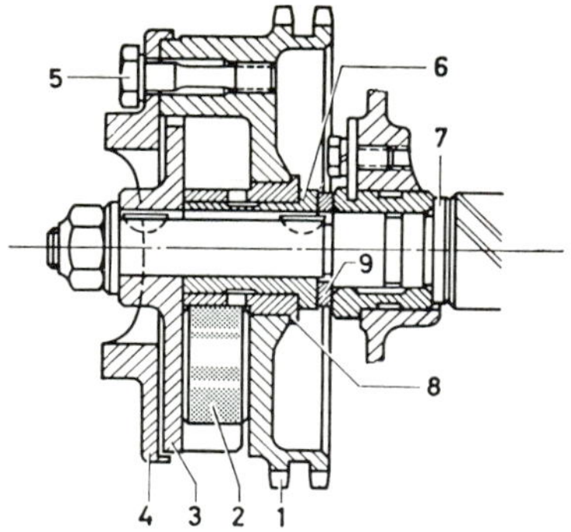

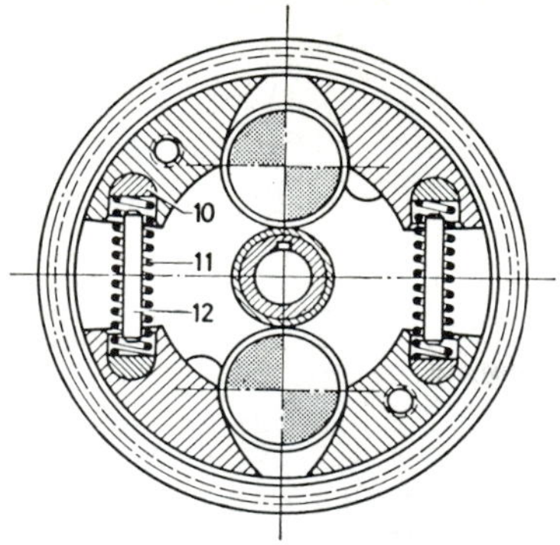

Der Spritzversteller hat die Aufgabe, den Einspritzzeitpunkt in Abhängigkeit von der Motordrehzahl so zu steuern, daß bei optimaler Kraftstoffausnutzung und -verbrennung gute Drehmoment- und Leistungswerte erzielt werden.
1 – Kettenrad mit Segmentplatte,
2 – Reglergewichte,
3 – Segmentflansch,
4 – Antriebsflansch,
5 – Dehnschraube,
6 – Büchse,
7 – Anlaufscheibe,
8 – Büchse,
9 – Anlaufring,
10 – Bolzen (Federsitz),
11 – Druckfeder,
12 – Bolzen zur Verstellbegrenzung.

Stichwort »Nageln«). Der zweiteilige Versteller neigte bei natürlichem Verschleiß zum Verkanten, weshalb man später federbelastete zweiteilige Fliehgewichte einführte, die sich automatisch anpassen konnten. Mit der Einführung des OM 615 kam auch ein neuer Spritzversteller in die Serie, der nunmehr fest verschraubt ist und keine Fliehgewicht-Unarten mehr kennt. Dem Fahrer eines 1967er- oder älteren Dieselwagens, der mit seinem Spritzversteller Ärger hat, ist zum Einbau eines OM 615-Spritzverstellers zu raten.
Die Polystopmutter auf der Zwischenradwelle am Spritzversteller kann sich unter Umständen lösen. Deshalb wird ab April 1971 eine glanzverzinkte Sechskantmutter mit einer geschliffenen Unterlegscheibe verwendet, die gegen die Polystopmutter ausgetauscht und mit 7 mkg angezogen werden muß. Folgende Beanstandungen lassen auf eine gelockerte Polystopmutter schließen: Klapper- oder Rasselgeräusche am Spritzversteller; unrunder, schüttelnder Leerlauf; schlechter Kaltstart; ungenügende Leistung. Als Unterlegscheibe darf nur die geschliffene Scheibe verwendet werden, weil nur damit ein sicherer Sitz der Mutter garantiert ist.

Ölstand in der Einspritzpumpe prüfen

Wartungsdienst Nr. 14

Im Gegensatz zur Einspritzpumpe der Benzin einspritzenden Otto-Motoren, die unmittelbar vom Ölkreislauf des Motors mitgeschmiert wird, hat die Diesel-Einspritzpumpe eine eigene Schmierung. Beruhigend ist jedoch, daß auch sie mit dem Motoröl gut bedient ist, das für die Jahreszeit jeweils vorgeschrieben ist (Seite 37).
Alle 5000 km soll man die Kontrollschraube öffnen, damit Leck-Diesel-Kraftstoff ablaufen kann. Dann soll Öl am Einfüllstutzen, rot mit Aufschrift »Öl« rechts zwischen den Pumpenelementen und dem Vakuumraum, nachgefüllt werden. Und zwar so viel, bis an der Kontrollschraube wieder Öl austritt.

Ein Blick von rechts auf den Luftansaugteil des Motors zeigt die Einstellschraube für den Leerlauf (1), den Anschluß für den Unterdruckschlauch zur Verstellung der Reglerstange in der Einspritzpumpe (2), das Gestänge (3) für die mechanische Zusatzregulierung (Stupser), die Manschette (4) zwischen Saugrohr und Schnorchel des Luftfiltergehäuses und den Anschluß für die Unterdruckleitung zur Servopumpe (5). Weiter bedeuten: 6 und 7 – Rückzugfeder und Gestänge vom Gaspedal zum Klappenstutzen, 8 – Auspufflansch.

Zur Ölstandskontrolle und zum Ablassen eventuell eingedrungenen Diesel-Kraftstoffs in die mechanischen Teile der Einspritzpumpe wird mit Ring- oder Gabelschlüssel SW 14 die in der Mitte unten sitzende Kontrollschraube (weißer Pfeil) um einige Umdrehungen gelockert (bei Modellen vor 68 ganz herausschrauben), wodurch eine Bohrung freigegeben wird. Steht das Schmieröl bis zur Unterkante der Kontrollöffnung, tritt dort etwas Öl aus. Ist dies, was man durch Fingerprobe fühlen kann, Diesel-Kraftstoff, wird oben nach Abschrauben des Entlüfterfilters (weißer Pfeil oben) etwas Motoröl nachgefüllt, bis an der Kontrollöffnung Motoröl austritt. Kontrollschraube und Entlüfterfilter wieder festschrauben.

An sich ist die Schmierung der E-Pumpe keine besonders heikle Angelegenheit. Schon gar nicht, wenn und weil sich eigentlich ständig Leck-Kraftstoff darin befindet. Diesel-Kraftstoff hat nämlich eine recht befriedigende Schmierwirkung, man spricht ja nicht umsonst auch vom »Diesel-Öl« oder, vor allem in anderen Ländern, vom »Gas-Öl«. Die empfohlene Kontrolle ist aus einem andern Grund notwendig. Wenn der Leck-Kraftstoff nicht abgelassen wird, kann er u. U. in die Vakuumkammer eindringen; dann wird womöglich die Regelstange nicht mehr ganz in ihre Leerlaufstellung (rechts) zurückgehen können. Die Folge wäre eine ständige Überfütterung des Motors, schlechte Leistung und schwarzer Rauch hinten hinaus.

Schließen wir das Kapitel von der E-Pumpe mit einem Hinweis auf die Kolbenpumpe zur Entlüftung – die wir ja eigentlich gar nicht beachten wollten. An sie sollte man alle 20 000 km doch einmal denken und sie ein wenig bewegen. Es könnte immerhin sein, daß man sie eines Tages braucht – wenn die Batterie schlapp ist und man zugleich den Tank leergefahren hat. Wer freilich so wenig Sorgfalt auf sein Auto verwendet, daß ihm zwei solche Mißgeschicke auf einen Schlag begegnen, der wird sich auch kaum an diese Empfehlung erinnern.

Die Einspritzdüsen

Der Kraftstoff, den die Einspritzleitung zum Zylinder bringt, wird durch die Einspritzdüse mit einem Druck von ca. 110 bis 120 atü eingespritzt. Die Düse sitzt unten im Düsenhalter und kann nach Losschrauben der Überwurfmutter herausgenommen werden: Zum Prüfen, zum Reinigen oder zum Austauschen.

Im Düsenhalter befindet sich vor allem die Druckfeder, welche den Öffnungs-

Das Schnittbild zeigt einen Düsenhalter mit der Einspritzdüse. Nach längerer Zeit können die Düsen verschmutzt sein, doch sollte man die Reinigung nicht etwa mit Schraubenzieher oder einem Drahtstück vornehmen, sondern sie der Werkstatt überlassen, die dazu ein spezielles Reinigungsgerät (Bosch) benutzt. Die Zahlen bedeuten: 1 – Düsennadel, 2 – Düsenkörper, 3 – Düsenhaltereinsatz, 4 – Druckbolzen, 5 – Überwurfmutter der Einspritzdüse, 6 – Druckfeder, 7 – Düsenhalter, 8 – Leckölkanal, 9 – Durchgangsstück für Leckölanschluß, 10 – Sechskantmutter, 11 – Mutter zur Befestigung der Einspritzleitung, 12 – Kraftstoffzulauf, 13 – Leckölanschluß, 14 – Druckkanal, 15 – Unterlegscheiben, 16/17 – Ringnut, 18 – Gewinde, 19 – Druckkammer im Düsenkörper.

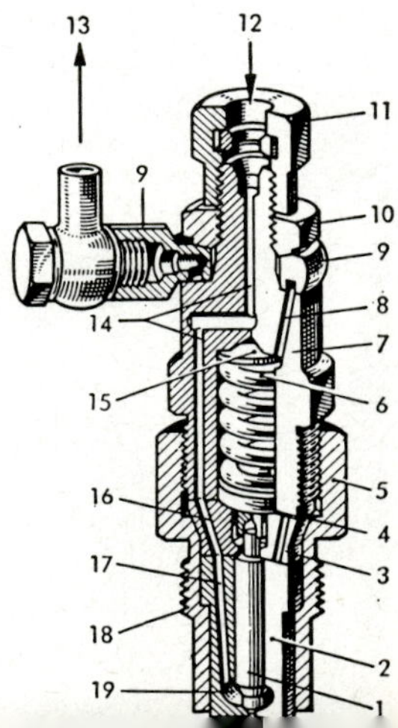

druck bestimmt und entsprechend mit einer Einstellschraube und ggf. mit Ausgleichscheiben korrigiert werden kann. Dies ist Sache der Werkstatt. Wie überhaupt Arbeiten an der Einspritzanlage nicht vom Laien, auch nicht vom versierten Amateur-Mechaniker vorgenommen werden sollten.
Zum Reinigen wird die Düsennadel aus dem Düsenkörper herausgenommen. Der Körper kann in Benzin oder Diesel-Kraftstoff ausgewaschen, die Bohrung, wenn notwendig, mit einem Holzstäbchen gereinigt werden. Die Nadel wischt man mit einem sauberen Lappen ab. Dabei darf die Nadel nur an ihrem oberen Teil, dem Druckzapfen, angefaßt werden. Der untere Teil, sozusagen das Ventil, ist nämlich auf die Öffnung des Düsenkörpers eingeläppt, d. h. die beiden Teile sind fein aufeinander eingeschliffen. Düsenkörper und Nadel gehören immer zusammen. Sie können also auch nur zusammen ausgetauscht werden.
Beim Einspritzvorgang hebt der Kraftstoffdruck auch die Nadel im Düsenkörper (gegen den Federdruck) an. Es leuchtet ein, daß hier äußerste Sauberkeit erforderlich ist. Sonst geriete der exakt abgestimmte Einspritzrhythmus durcheinander.
Die Soll-Zeit zwischen dem Einspritzbeginn und der Zündung beträgt ganze 0,002 Sekunden. Hier gibt schon die geringste Unkorrektheit Anlaß zu Ärger.
Eine etwa hängenbleibende Düsennadel ergibt unregelmäßige und übermäßige Versorgung mit Kraftstoff, schlechte Vermischung mit Luft, unkontrollierte Zündung (beim Benzin-Motor würde man von Klopfen sprechen): daraus entstehen harter Motorlauf, lagerschaden-ähnliche Geräusche und das wenig geschätzte Nageln.
Die Einspritzdüsen des OM 615 und des OM 621 sind austauschbar. Dies, obwohl die OM 615-Düsen etwas anders geworden sind: Bei ihnen wurde der Drosselspalt, zwischen Düsenkörper und Nadel, vergrößert, um das Festsetzen von Rückständen zu verhindern.

Das Nageln

Unverkennbar ist das harte Verbrennungsgeräusch, das ein Diesel-Motor unmittelbar nach dem Anspringen produziert. Man kennt es vom Lkw her, aber auch der Vorkammer-Motor des Personenwagens ist nicht ganz frei davon. In diesem Stadium ist die Verbrennung noch nicht voll befriedigend. Durch ständiges Verfeinern, vor allem von Form und Anlage der Vorkammer, wurde aber erreicht, daß im 200 D/220 D bei warmgelaufener Maschine der Unterschied zum Benzin-Motor sehr gering geworden ist. Man muß schon sehr die Ohren spitzen.
Um so ärgerlicher ist es, wenn ein moderner Diesel dennoch nagelt. Der eine mögliche Grund dafür, das Hängenbleiben einer Düsennadel, wurde schon erwähnt. Grundsätzlich liegt die Ursache für das Nageln in einer Verzögerung der Zündung, nämlich in zu großem Zeitintervall zwischen Einspritzbeginn und Selbstentzündung des Gemischs. Dazu kann es kommen

- bei kalter Maschine,
- bei schlechter Füllung der Einspritzelemente, z. B. durch Undichtwerden des Druckventils,
- bei falschem Einspritzbeginn, meist hervorgerufen durch Verklemmen des Spritzverstellers (Modelle vor 1967),
- bei zündträgem Kraftstoff, z. B. Sommer-Dieselkraftstoff, der bei Tieftemperaturen gefahren wird und dabei zum Paraffinieren neigt (Ausscheiden von Paraffin),
- bei zu geringer Belastung; der Diesel-Motor liebt es nicht, mit niedriger Drehzahl hart arbeiten zu müssen; man soll ihn schaltfreudig fahren und die

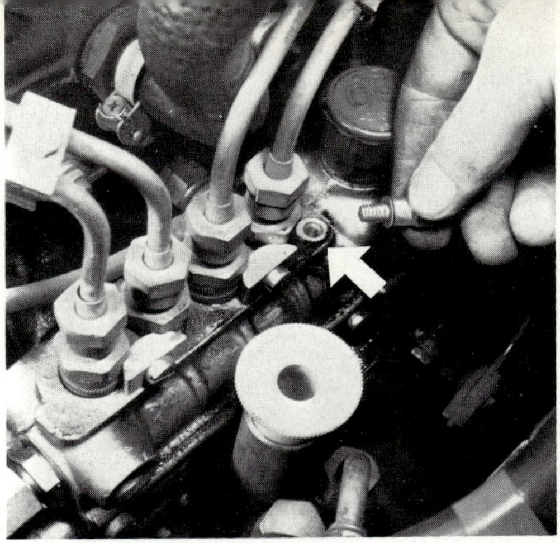

Durch Herausdrehen des Überströmventils (Entlüftungsschraube) mit einem Schraubenzieher läßt sich prüfen, ob die Einspritzpumpe aus dem Tank Kraftstoff erhält. Beim Betätigen der Handpumpe (siehe Bild Seite 81) muß aus der Ventilbohrung (weißer Pfeil) Kraftstoff austreten. Ist dies der Fall, so ist der Weg des Kraftstoffs vom Tank zur Pumpe in Ordnung.

einzelnen Gänge ruhig hochdrehen – im Rahmen dessen, was auf dem Tachometer abzulesen ist,

■ bei zu geringer Verdichtung; die notorisch nagelnde Maschine, die auf keine andere Hilfe mehr reagiert, wird man einmal durchmessen lassen müssen (Kompressionsdruck).

Es kann u. U. nützlich sein, den Motor einer ausgesprochenen Reinigungskur zu unterziehen, indem man dem Kraftstoff eine Portion Autol-Desolite oder anderen dafür bestimmten Kraftstoffsonderzusatz nach der vom Hersteller bestimmten Konzentration zusetzt und damit 20 Minuten lang den Motor bei erhöhter Leerlaufdrehzahl laufen läßt. Und dann fahren, fahren, fahren. Dabei natürlich den Diesel nicht in Überdrehzahlen hineinjagen, an langen Gefällestrecken also ein wenig den Fuß zurücknehmen.

Motorleerlauf einregulieren

Wartungsdienst Nr. 29

Wenn der Leerlauf nicht stimmt: Das korrigiert der Normalverbraucher, ohne sein Auto zu verlassen. Zu den Instrumenten in der Armaturenanlage zählt auch der Leerlaufversteller, rechts neben dem Zündanlaßschloß beim 200 D/220 D/8 bzw. links neben der Lenksäule bei den früheren Modellen. Man dreht den Knopf so lange gegen den Uhrzeigersinn, bis der Motorleerlauf befriedigt. Das ist allerdings nur ein Kurieren am Symptom – nicht an der Krankheitsursache.

Wer wirklich den Leerlauf korrigieren will, muß mehr tun. Die Werkstatt braucht dazu einen Drehzahlmesser, für den es einen besonderen Anschluß am Motorblock vor der Einspritzpumpe gibt.

Der Leerlauf wird beim Diesel-Motor so eingestellt, daß dieser einwandfrei »rund« läuft, also möglichst vibrationsarm. Das geschieht durch Drehen der Leerlauf-Einstellschraube (weißer Pfeil) am Übertragungsgestänge der Drosselklappe rechts oben am Motor. Rechtsdrehen erhöht, Linksdrehen verlangsamt den Leerlauf.

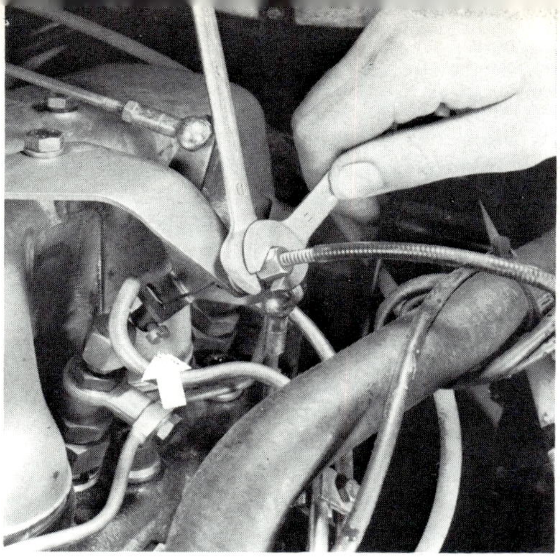

Das Neujustieren des Leerlauf-Drahtzuges ist an und für sich Werkstattsache, weil dazu ein Drehzahlmesser angeschlossen werden soll. Trotzdem kann man sich auch selbst behelfen, indem man mit zwei Maulschlüsseln (SW 10) das spiralförmige Führungsrohr im Winkelhebel entsprechend verstellt, soweit nicht eine Justierung an der Klemmschraube (Pfeil) ausreicht.

Die Voraussetzung zum Einregulieren ist eine Kühlwassertemperatur von 80° C, d. h. ein betriebswarmer Motor.

■ Der Leerlaufversteller in der Instrumententafel wird ganz nach rechts gedreht, sozusagen auf Null. Mit einem Blick unter die Haube wird kontrolliert, daß der Drahtzug am Winkelhebel (links an der Ventilhaube oberhalb des Einspritzpumpen-Vakuumraumes) nun lose ist. Wenn nötig, stellt man diesen Zustand durch Lösen, Korrigieren und Wiederfestdrehen des Stellrings am Drahtzugende her.

■ Durch Hinein- und Herausschrauben der Leerlaufanschlagschraube am Klappenstutzen (unmittelbar vor der Gummimanschette) wird nun die Leerlaufdrehzahl eingestellt.

Funktioniert dies nicht im gewünschten Sinne, dann ist entweder die Unterdruckleitung vom Zusatz-Venturirohr her undicht oder das Membrangehäuse bzw. die Membran selbst. Hier hilft nur die Werkstatt. Vorher vielleicht:

■ Die Ölstandkontrollschraube der Einspritzpumpe herausdrehen, evtl. die Befestigungsschrauben des Reglergehäuses (Vakuumkammer der Einspritzpumpe) lockern – und auf beiden Wegen etwa eingedrungenen Kraftstoff ablaufen lassen. In der Werkstatt wird, notfalls, zusätzlich das Überlaufröhrchen auf der Rückseite der Pumpe gekürzt.

Störungen beseitigen

Bei undichter Unterdruckanlage oder bei Vorhandensein von Leck-Kraftstoff darin kann das Vakuum nie ausreichen, um die Regelstange weit genug (nach rechts, also Leerlauf) zurückzuziehen.

Wenn die Höchstgeschwindigkeit nicht erreicht wird und wenn man annehmen darf, daß hierfür allein die Einspritzregelung verantwortlich ist, nicht etwa ein Leistungsabfall eines greise gewordenen Motors, dann prüft man zunächst im praktischen Fahrbetrieb, welche Geschwindigkeiten noch im 2. und 3. Gang erreichbar sind. Dies sollen beim 200 D / 220 D/8 (ab Januar 1968) maximal 56 bzw. 92 km/h sein.

Ist das nicht der Fall, so nimmt die Werkstatt einen Prüflauf vor. Die Höchstdrehzahl wird unbelastet gemessen, der Abregelbeginn kontrolliert. Der Amateur-Mechaniker dreht schlicht die Vollastanschlagschraube der Regelklappe am Klappenstutzen (schräg unterhalb der Leerlaufanschlagschraube) so weit heraus, bis er die zulässigen Höchstgeschwindigkeiten in den Gängen schafft. Tachometeranzeige genügt. Hat er damit keinen Erfolg, wird ihm die Werkstatt (die über seine Experimente nicht allzu beglückt sein wird) vielleicht die Regelfeder der Einspritzpumpe mit Unterlegringen stärker vorspannen.

Merke: Der zum Regeln notwendige Unterdruck und die zum Zurückziehen der Regelstange in Richtung STOP erforderliche Kraft wird erst bei ganz geöffneter Regelklappe und bei Vollasthöchstdrehzahl erreicht. Sobald der Motor diese Höchstdrehzahl erreicht hat, beginnt das Zurückziehen der Regelstange – und damit die Begrenzung der Drehzahl bei Belastung, der Abregelbeginn.

Qualmen beim Beschleunigen

Wenn beim Beschleunigen ein kurzer Rauchstoß kommt, dann kümmern sich, leider, viele Diesel-Fahrer darum nicht.
Abhilfe wird empfohlen durch Einstellen einer etwas niedrigeren Vollast-Höchstdrehzahl, was in der Praxis einen Verzicht auf ein paar km/h Spitze bedeutet. Dazu wird die Vollastanschlagschraube der Regelklappe am Klappenstutzen hineingedreht.
Schließlich kann die Werkstatt noch den Förderbeginn der Einspritzpumpe um 2 Grad zurücknehmen. Dazu löst sie die Einspritzpumpe am Befestigungsflansch und verdreht sie – vom Motor weg – um ein entsprechendes Maß. Hiervon sollte aber jeder die Finger lassen, der keine Mercedes-Kundendienst-Schule durchgemacht hat.
Merke zu Rauchprüfungen: Man stellt solche Prüfungen nur mit einem warmgefahrenen Motor an – das dürfte selbstverständlich sein, weil ein noch kalter Motor ja nicht unter normalen Betriebsverhältnissen arbeitet. Vor Rauchprüfungen läßt man den Motor im Stand wenigstens fünf- bis zehnmal mit Vollgas hochjubeln, um die Auspuffanlage gründlich von allen Rußablagerungen freizublasen.

Entlüften

Wenn die Kraftstoffanlage von Hand entlüftet werden muß, sind Dinge passiert, die bereits weiter vorn beschrieben wurden.
- Entlüftungsschraube am Kraftstoff-Hauptfilter um 1–2 Umdrehungen lösen. Das ist die Sechskantschraube, an die keine Leitungen angeschlossen sind.
- Handpumpe an der Einspritzpumpe betätigen: Zuerst Knopf gegen den Uhrzeigersinn drehen, dann pumpen, bis blasenfreier Kraftstoff oben am Hauptfilter austritt. Dann Entlüfterschraube schließen und weiterpumpen, bis das Überströmventil an der Einspritzpumpe (für den Kraftstoffrücklauf) öffnet. Das ist an einem schnarrenden Geräusch zu erkennen. Hiernach Betätigungsknopf der Handpumpe im Uhrzeigersinn festdrehen. (Vergißt man dies, so leckt die Förderpumpe und Luft kann in die Kraftstoffanlage gelangen.)
- Motor laufen lassen und prüfen, ob alle Anschlüsse dicht sind.

Bei Fahrzeugen ab Baujahr November 1972 wird folgendermaßen entlüftet:
- Hohlschraube (mit Leitung) oben am Filter lösen.
- Handpumpe so lange betätigen, bis an der Hohlschraube Kraftstoff austritt.
- Schraube wieder festziehen, Motor laufen lassen und Dichtheit prüfen.

Motor läuft rückwärts (starker Rauch unter Motorhaube, aus dem Luftfilter)

Der Diesel-Motor (OM 636 des 180 D und die ersten Exemplare des OM 621 im 190 D) kann etwas, was wenig bekannt ist: Er kann beim Anspringen rückwärts laufen. Das geschieht bzw. geschah äußerst selten, aber es kam vor.
Abhilfe: Motor sofort durch Eindrücken des Anlaß-Stopzuges abstellen oder durch Einlegen eines Ganges abwürgen, um mögliche schwere Schäden zu vermeiden.
Seit dem Baujahr 1959 befindet sich im Klappenstutzen des OM 621 und natürlich auch des OM 615 eine zusätzliche Rückschlagklappe, asymmetrisch drehbar gelagert, die beim »Gasgeben« automatisch mitgeöffnet wird – jedoch ebenso automatisch sich schließt, wenn je der Diesel einmal falsch herum laufen wollte. Diese Motoren laufen also nicht mehr rückwärts.

Schlechtes Anspringen des Diesel kann seine Ursache darin haben, daß der Verstellhebel an der Einspritzpumpe nicht in »Start«-Stellung geht. In diesem Fall ist eine Neujustierung des Drahtzuges notwendig, die nach Lösen der im Bild gezeigten Klemmschraube mit einem Schraubenzieher vorgenommen werden kann.

Störungs-beistand

Motor und Einspritzanlage

Die folgende Liste ist ziemlich lang. Zum Glück lernen aber die meisten Diesel-Fahrer die aufgeführten Möglichkeiten nicht kennen. Es schien dennoch richtig, hier eine einigermaßen vollständige Aufstellung zu geben. Mercedes-Benz-Werkstätten sind geneigt, anstelle möglicher Reparaturen relativ schnell Austauschteile einzubauen. Solch ein Teil ist u. U. teurer, dafür ist andererseits die Arbeitszeit geringer, die ja auch Geld kostet. Wenn ein Diesel-Motor nicht so arbeitet, wie er soll, wird die Werkstatt prüfen,

- ob das Ventilspiel stimmt,
- ob der Kompressionsdruck ausreicht,
- ob die Zylinder dicht sind,
- ob der Förderbeginn korrekt ist,
- ob der Fülldruck im Seeraum der E-Pumpe und ob Unter- und Förderdruck der Kraftstoff-Förderpumpe den Vorschriften entsprechen.

Danach wird sie den Motor einregulieren und nachsehen, ob die Batterie den richtigen Ladezustand hat, ob der Ölstand stimmt und ob der richtige Kraftstoff getankt ist. Sind alle Voraussetzungen bis zu diesem Punkt erfüllt, dann kann es immer noch Ärger geben – dem man aber abhelfen kann:

Die Störung	– ihre Ursache	– ihre Abhilfe
Motor springt nicht an	Motor bekommt zu wenig Kraftstoff. Förderpumpe fördert nicht ausreichend	Förderdruck messen, Förderenddruck der Pumpe messen, evtl. Pumpe instandsetzen
	Verstellhebel der E-Pumpe geht nicht auf Startmenge	Drahtzug vom Glühanlaß- und Stopschalter einstellen
	Motor bekommt keinen Kraftstoff, weil Regelstange der E-Pumpe in Null-Förderung hängt	Regelstange gangbar machen
	Zu niedriger Kompressionsdruck: Kolben und Zylinder verschlissen, Ventile undicht, Zylinderkopfdichtung schadhaft oder Risse im Zylinderkopf	Werkstatt: Kompressionsdruck und Druckverlust der einzelnen Zylinder messen Neue Kopfdichtung. Oder Ventile einschleifen. Oder Austauschmotor
	Keine Zündung durch Ausfall von einer Glühkerze oder mehreren	Anlaßschalter durch Helfer in Vorglühstellung festhalten lassen und prüfen, wie im Motor-Kapitel beschrieben

Die Störung	– ihre Ursache	– ihre Abhilfe
Schüttelnder, unrunder Motorlauf mit hartem, scharf klingendem Geräusch und starkem Blaurauch	Nadel der Einspritzdüse hängt oder Kugelstift in der Vorkammer gebrochen	Einspritzdüse ausbauen, prüfen, reinigen, austauschen oder Vorkammer prüfen, erneuern
Schüttelnder Motorlauf mit dumpfem Dröhnen und sehr starkem Blaurauch	Membran der Vakuumpumpe für das Bremsgerät undicht, dadurch Durchsaugen von Motoröl bis in den Ansaugkrümmer zu Zylinder 1 u. 2 (hauptsächlich im Schub). Starke Temperaturerhöhung	Vorkammern ausbauen, kontrollieren, erneuern Ansaugkrümmer und Verbindungsschlauch von der Unterdruckpumpe des Servogeräts zum Ansaugkrümmer ausbauen, Membran erneuern
Motor wird zu heiß	Kühlwasser fehlt	Bei laufendem Motor und geöffneter Heizung langsam nachfüllen
	Thermostat öffnet zu spät	Prüfen, evtl. erneuern
	Blasenbildung durch zugesetzte Entlüftungsleitung zwischen Wasserpumpe und Zylinderkopf	Bohrungen der Entlüftungsleitung und der beiden Hohlschrauben reinigen
	Wasserpumpe fördert nicht ausreichend	Wasserpumpe instandsetzen
	Kühlsystem verschmutzt	Kühlsystem reinigen
	Zylinderkopfdichtung undicht	Erneuern
	Undichte Ventile	Einschleifen
	Haarriß im Zylinderkopf	Abnehmen, prüfen, erneuern
	Förderbeginn zu spät	Korrigieren
	Im Sommer noch Frostschutz im Kühlwasser	Ablassen, Kühlsystem reinigen, Frischwasser einfüllen
Ölverbrauch zu hoch	Ölverlust	Abdichtung der Zylinderkopfhaube prüfen, Ölfilter und Ölleitungen kontrollieren. Vordere und hintere Kurbelwellenabdichtung nachsehen
	Dichtringe der Ventilschaftabdichtung beschädigt	Dichtringe erneuern
	Spiel zwischen Ventilschaft und -führung zu groß	Führungen erneuern
	Überdruck im Kurbelgehäuse durch Ansteigen der durchgeblasenen Gasmenge zu groß	Durchmesser der Absaugleitung vergrößern
	Verschleiß von Kolben und Zylinderlaufflächen zu groß, Bohrungen unrund geworden, Kolbenringe gebrochen	Motor zerlegen, vermessen, Kolbenringe erneuern, evtl. Motor austauschen
	Risse in der Membran der Unterdruckpumpe für das Bremsgerät, siehe »Schüttelnder Motorlauf«	Vorkammern ausbauen, kontrollieren, erneuern. Ansaugkrümmer und Verbindungsschlauch von der Vakuumpumpe des Bremsgeräts zum Ansaugkrümmer ausbauen – wenn diese stark innen mit Öl benetzt, Membran der Servopumpe erneuern

Die Störung	– ihre Ursache	– ihre Abhilfe
Öl im Kühlwasser	Zylinderkopfdichtung an der Übergangsbohrung des Ölkanals vom Zylinderkurbelgehäuse zum Zylinderkopf undicht	Zylinderkopfdichtung erneuern
	Poröse Stelle oder Haarriß in der Wand des Hauptölkanals im Zylinderkurbelgehäuse	Motor ausbauen, Zylindergehäuse warm abpressen; falls notwendig Zylinderkurbelgehäuse erneuern
Wasser im Schmieröl	Zylinderkopfdichtung undicht	Erneuern
	Trennfläche des Zylinderkopfs oder des Zylinderkurbelgehäuses uneben bzw. verzogen	Trennfläche planschleifen oder planfräsen
	Kernstopfen unter den Nockenwellen-Lagerböcken undicht	Kernstopfen abdichten
	Zylinderkopf undicht (Haarriß)	Zylinderkopf in warmem Zustand abpressen; falls notwendig, erneuern
Verschiedene Geräusche	Zu großes Ventilspiel. Flächenbildung und Riefen an Schwinghebeln und Nockenwelle	Nachstellen, prüfen, nacharbeiten, erneuern
	Kettenlängung	Kette erneuern
	Unzureichende Spannkraft des Kettenspanners	Entlüften, evtl. erneuern
	Schlechte Kettenflucht	Prüfen, instandsetzen, erneuern
	Defekte Gleitschiene	Erneuern
	Ausgeschlagener, schwingender Spritzversteller	Bei wechselnden Drehzahlen zwischen 1200 und 2000 U/min den Luftschlauch an der Saugseite der Vakuumpumpe abziehen, am Lufteintritt wechselweise zuhalten und wieder öffnen: Kommt das Geräusch vom Spritzversteller, so muß es bei fallender Drehzahl und geöffnetem Lufteintritt lauter sein: Spritzversteller austauschen
	Ausgeschlagene Unterdruckpumpe für Bremsgerät	Erneuern
	Vorkammer mit gebrochenem Kugelstift oder abgebrannter Brennerkuppe	Erneuern
	Hängende Einspritzdüsennadel	Vollgas geben, meistens löst sie sich. Sonst ausbauen, reinigen, evtl. erneuern

Die Kupplung

Kraft durch Reibung

Beim Fahren hat man praktisch jede Minute mit der Kupplung zu tun, weil der immer dichter werdende Verkehr zu häufigerem Schalten und damit zu häufigerem Kuppeln zwingt – die Kupplung wird stärker strapaziert als früher. Zudem erfordert die geringere Motorleistung der Diesel-Motoren für ein flottes Durchschnittstempo ohnehin mehr Schaltvorgänge.

Was die Kupplung soll

Wozu ist die Kupplung eigentlich da? Sie verbindet den Motor mit dem Getriebe, der Kardanwelle, dem Achsantrieb und den Antriebsrädern. Sie hat die Aufgabe, den beim Start laufenden Motor mit den noch ruhenden Teilen der Kraftübertragung sanft zu verbinden, zum Schalten der Gänge den Motor abzukuppeln und die unterschiedlichen Drehzahlen von Motor und Kraftübertragung wieder anzugleichen.
Die Kupplung sitzt zwischen Motor und Getriebe auf der Kurbelwelle. Sie wird durch ein Aluminiumgehäuse – die sogenannte Kupplungsglocke – vor Verschmutzung geschützt. Ihre Einzelteile sind das Motorschwungrad, das am Umfang eine Verzahnung trägt, in die das Anlasserritzel zum Starten des Motors eingreift, der am Motorschwungrad angeschraubte Kupplungsträger mit Kupplungsdruckplatte und Anpreßfeder, die Kupplungsscheibe (Mitnehmerscheibe) und der Ausrücker (Kupplungslager). Die Kraft des Motors (genauer das Drehmoment) wird durch die Reibung zwischen der Mitnehmerscheibe und den Reibflächen von Druckplatte und Schwungrad von der Nabe der Mitnehmerscheibe auf die Getriebeeingangswelle übertragen.

Die Kupplung des Mercedes

Obwohl die Wirkungsweise der Kupplung sehr einfach ist, fällt es schwer, ihren Aufbau zu durchschauen, weil auf kleinstem Raum eine große Anzahl von Bauteilen untergebracht ist. Bei den älteren Typen wird der Anpreßdruck der Kupplung durch 9 Schraubenfedern erzeugt, die ringförmig (dem Getriebe zugewandt) im Kupplungsträger sitzen. Bei den neuen Typen ab Baujahr 1968 erzeugt eine tortenförmig geschlitzte Membranfeder (Tellerfeder) den Anpreßdruck. Im eingekuppelten Zustand drückt die Federkraft die Druckplatte und die Mitnehmerscheibe gegen das Schwungrad.
Das zum Aus- und Einkuppeln notwendige Ausrücklager ist in Längsrichtung verschiebbar, es wird durch die innere Gabelung (Öffnung) des Ausrückhebels bewegt. Elegant ist das Ausrücklager der neuen Typen konstruiert: Im Gegensatz zu den vorher üblichen Konstruktionen, bei denen sich der Außenring beim Betätigen der Kupplung an die umlaufenden Teile der Kupplung anlegt, läuft bei den neuen Drucklagern der Innenring um. Hierdurch wird die Drehzahl der Kugeln im Lager beträchtlich verringert, wodurch auch die Fettfüllung der neuen Lager weniger beansprucht ist. Dadurch erhöht sich die Lebensdauer dieses Lagers und – was wir später noch sehen werden – läßt sich damit das bisher übliche Spiel in der Kupplung vermeiden. Die Ausrücklager

Der Behälter für die Kupplungshydraulik befindet sich links vorn an der Spritzwand. Auch hier ist – wie beim Bremshydraulikbehälter – regelmäßig der Stand der Flüssigkeit (Bremsflüssigkeit der Spezifikation DOT 3 oder DOT 4) zu prüfen. Markierungen (MAX und MIN) für Höchst- und Niedrigststand erleichtern am durchsichtigen Behälter die Kontrolle. Die Entlüftungslöcher im Deckel dürfen nicht verstopft sein.

sind wartungsfrei, wegen der Fettfüllung dürfen sie unter keinen Umständen in Benzin ausgewaschen werden.

Wie es funktioniert

Die Sache geht dann so: Das Kupplungspedal betätigt in einem Hydraulikzylinder einen Kolben, der einen Öldruck erzeugt. Dieser Druck wirkt auf den Kolben im Druckzylinder an der Kupplung, wodurch sich dort eine mit dem Kolben verbundene Kolbenstange herausschiebt und den Ausrückhebel betätigt. Der Ausrückhebel drückt das Ausrücklager gegen das mit der Druckplatte umlaufende Druckstück, bzw. bei den neuen Typen über einen Druckring gegen die Speichen der Tellerfeder. Dadurch übernimmt das Ausrücklager die Federkraft, die Druckplatte wird entlastet und bei ganz durchgetretenem Kupplungspedal sogar zurückgezogen, so daß die Mitnehmerscheibe (Kupplungsscheibe) nicht nur ohne Anpreßdruck ist, sondern auch ein Hohlraum entsteht, in dem die Mitnehmerscheibe frei umlaufen kann. Es wird also keine Motorkraft mehr übertragen – es ist ausgekuppelt.

Obwohl die Kupplung zu diesem Zweck ständig getreten wird, ist sie eines der anspruchslosesten Teile im Auto. Allerdings kommt es beim Kuppeln auf das Wie an. Wer das Kupplungspedal nur zum Schalten tritt, wird die Kupplung sehr lange als äußerst zuverlässiges Teil schätzen. Wer sich aber vor dem Einbiegen in eine Straße oder vor dem Passieren einer Kreuzung oder in einer Kolonne als »Kupplungsfahrer« mit schleifender Kupplung um das Schalten herummogelt, handelt grausam: Die Kupplungsflächen reiben unter starker Hitzeentwicklung aufeinander und verschleißen sehr schnell.

Bei der hydraulisch betätigten Kupplung des Mercedes wird der Ausrückhebel an den älteren Typen von einem außerhalb der Kupplungsglocke liegenden Druckzylinder (rechts neben der Hand) bewegt und von einer parallel dazu liegenden Zugfeder beim Loslassen des Fußpedals wieder zurückgeholt. Bei den neueren Typen sitzt der Druckzylinder neben dem Getriebe, die Arbeit der hier gezeigten Zugfeder wird von der Tellerfeder der Kupplung übernommen. Damit der Druck des Fußpedals einwandfrei übertragen wird, dürfen keine Luftblasen in der Hydraulikleitung sein. Nach Reparaturen oder nach Flüssigkeitsverlust muß die Leitung am Entlüftungsventil nach Abnahme der in der Hand gehaltenen Schutzkappe wie bei den Bremsleitungen (siehe Seite 129) entlüftet werden.

Kupplungs-Unarten

Rutschende Kupplung

Im Laufe der Jahre kann sich die Kupplung auch von ihrer schlechten Seite zeigen: Sie erfüllt ihre Aufgaben immer unwilliger, fängt an durchzurutschen oder trennt nicht mehr richtig.

Durchrutschen bedeutet, daß die Kupplung nicht mehr die volle Kraft (Motordrehmoment) übertragen kann, also nicht mehr einwandfrei verbindet. In schlimmen Fällen liegt die Ursache darin, daß durch Motor- oder Getriebeöl die Reibflächen des Kupplungsbelages verschmutzt sind, oder daß durch übermäßige Hitzeentwicklung – z. B. bei schleifender Kupplung – der Belag verbrannt ist. Dann vermag auch die größte Anpreßkraft nicht genügend Reibung zum Übertragen des Drehmoments zu erzeugen. Aber auch eine sorgsam behandelte Kupplung kann durch allmählichen Verschleiß so abmagern, daß die Reibpartner einfach nichts mehr zu fassen bekommen – wo keine Anpreßkraft hinkommt, kann auch keine Reibungskraft erzeugt werden. In diesen Fällen wird man die Unarten der Kupplung meist erst bemerken, wenn beim Fahren im 4. Gang (in dem die dem Motor abverlangte Leistung am größten ist) der Motor bei Belastung »durchgeht«, d. h. schneller dreht, als es der Fahrgeschwindigkeit entspricht. Beim Anfahren dagegen wird das Nachlassen der Kupplung weniger auffallen, weil man sich daran gewöhnt hat.

In diesen schlimmen Fällen muß die Werkstatt helfen, sie muß sogar schnell helfen, weil »durchgehende« Kupplungen so viel Wärme erzeugen, daß die Schwungscheibe und die Kupplungsdruckplatte an den Reibflächen Wärmerisse bekommen und dann auch erneuert werden müssen.

Kupplungsgängigkeit prüfen

Wartungsdienst Nr. 2

Weil durch die Gewöhnung an eine allmählich schlechter werdende Kupplung größerer Schaden entstehen kann, empfiehlt es sich, von Zeit zu Zeit die Kupplung zu prüfen. Eine einwandfreie Kupplung übersteht auch eine sehr rauhe Prüfmethode: Handbremse anziehen, 3. Gang einlegen, langsam einkuppeln und Gas geben. Jetzt müßte der Motor abgewürgt werden. Wenn nicht, rutscht die Kupplung. Oft ruckt der Wagen aber an, weil ihn die Handbremse nicht hält. Dieser Test sollte nur gelegentlich und höchstens zweimal hintereinander gemacht werden, weil sonst die Kupplung heiß wird – und dann ohnehin durchrutscht. Besteht die Kupplung diesen Test nicht, dann muß die Ursache nicht gleich beim schlimmsten Fall gesucht werden, bei den älteren Typen bis Baujahr 1967 kann es auch an nicht einwandfreiem Kupplungsspiel liegen. Das läßt sich selbst überprüfen.

Die Kupplung trennt nicht

Wenn die Kupplung nicht richtig trennt, dann kratzt und kracht es beim Schalten. Um festzustellen, daß es nicht am Getriebe liegt, müssen Sie die Probe mit einem nicht-synchronisierten Gang machen. Das ist bei allen Mercedes-Wagen nur der Rückwärtsgang. Lassen Sie den Motor laufen, kuppeln Sie ganz aus, warten Sie etwa 3 bis 5 Sekunden, bis die Mitnehmerscheibe stehen bleiben sollte und legen Sie dann den Rückwärtsgang ein. Kratzt es, dann trennt die Kupplung nicht sauber. Ursache ist bei den älteren Typen bis Baujahr 1967 meist nur zu großes Kupplungsspiel, in schlimmeren Fällen eine durch Hitze verzogene Mitnehmerscheibe, es kann aber auch ein an der Schwungscheibe oder Druckplatte klebender Belag oder Luft in der Kupplungshydraulik sein.

Sicherheitshalber sollten Sie aber prüfen, ob Sie das Kupplungspedal auch wirklich ganz durchgetreten haben, ob es nicht etwa durch zu dicke Fußmatten, Teppiche oder Isolierpappe am notwendigen Pedalweg gehindert wird. Sollte auch Neueinstellen des Kupplungsspieles nichts – oder nur kurzzeitig – helfen, dann ist der Belag der Mitnehmerscheibe abgerieben.

Kupplungs-hydraulik prüfen

Wartungsdienst Nr. 50 und 17

Läßt sich das Kupplungspedal einen Teil des Pedalweges leicht durchtreten, befindet sich Luft in der hydraulischen Kupplungsbetätigung. Nach der Kontrolle von Geber- und Nehmerzylinder und der Verbindungsleitung auf Dichtheit muß die Kupplungsbetätigung entlüftet werden. Das geschieht – ähnlich wie bei der Bremsanlage – am Geber- und Nehmerzylinder (Bilder Seite 99 und 102). Wegen der schlechten Zugänglichkeit ist das aber eher eine Arbeit für die Werkstatt.
Als Vorratsbehälter für die Druckflüssigkeit dienen bei den älteren Typen ein Teil des Vorratsbehälters der Bremsflüssigkeit, bei den neuen Typen der zylindrische Behälter an der Spritzwand im Motorraum, die zu etwa ¾ gefüllt sein sollen. Bei niedrigerem Stand darf nur reine Bremsflüssigkeit nachgefüllt werden. Dazu das Bild auf Seite 99 oben.

Kavalierstart

Eine recht wirksame Methode für schnellen Belagverschleiß ist das Anfahren mit zu hoher Drehzahl, landläufig als »Kavalierstart« bekannt. Tatsächlich bringt der Kavalierstart eine höhere Anfahrbeschleunigung, weil die Schwungkraft des Motors mit zur Beschleunigung ausgenützt wird. Der nicht gerade schwache Anzug der Diesel-Motoren und der ruhige Durchzug aus niederen Drehzahlen sollten aber solche Unarten vermeiden lassen. Sinnvoll ist der Kavalierstart nur bei sportlichen Veranstaltungen, denn nur da gibt es etwas zu gewinnen.
Der übermäßig starke Verschleiß rührt von der Reibungshitze her. Wärme entsteht ja in einem gewissen Maße bei jedem Einkuppeln, denn der Belag schleift ja, bevor die Kupplung fest eingerückt ist. Aber die Hitzeentwicklung ist abhängig von der Gaspedalstellung und der Einkuppelzeit. Bei Vollgas wird im Moment des Anfahrens zunächst fast die ganze Leistung des Motors in Wärme umgesetzt, bis schließlich bei fest eingerückter Kupplung keine Wärme mehr entwickelt wird.

Auskuppeln beim Halten?

Viele Fahrer haben die Angewohnheit, vor der roten Ampel mit durchgetretenem Kupplungspedal und eingelegtem 1. Gang zu warten. Der erträgliche Kupplungspedaldruck – besonders bei den neuen Typen ist er durch die Tellerfeder gering geworden – und das häufige Anfahren haben viele »guterzogene« Autofahrer zu dieser Unart verleitet. Dadurch entsteht zwar kein direkter Schaden, aber gut ist es ganz gewiß nicht. Durch das Auskuppeln wird das Ausrücklager belastet, was notwendigerweise Verschleiß mit sich bringt. Je öfter und länger das vor den vielen Ampeln geschieht, desto unnötiger wird dieses Lager belastet. Und noch mehr nutzt sich dabei ab: Das Axial-Drucklager der Kurbelwelle (nimmt den Druck in Längsrichtung auf) muß den Kupplungsdruck von mehreren Zentnern aufnehmen, wodurch sich allmählich das Axialspiel vergrößert.

Schalten ohne kuppeln

Wenn bei einer Störung der Kupplungsübertragung (ohne Öl, enthält Luft) die Kupplung nicht mehr betätigt werden kann, ist guter Rat teuer – oder Schalten ohne Kupplung nötig. Das Herausnehmen eines Ganges ist kein Problem, sofern kein Gas gegeben wird oder gerade mit dem Motor gebremst wird. Man spürt den richtigen Zeitpunkt sehr gut, weil der Schalthebel dem Druck plötzlich leicht nachgibt.
Schwieriger dagegen, aber keineswegs unmöglich ist es, ohne Kupplung einen Gang einzulegen. Nach Gaswegnehmen und stark verlangsamter Fahrt Gang herausnehmen und dann etwas Gas geben, damit die Motordrehzahl erhöht wird. Nun drückt man den Schalthebel in Richtung des neuen Ganges.

Wenn die Motordrehzahl richtig dosiert ist, rutscht nun mit sanftem Druck der neue Gang hinein. Man darf dabei aber nicht zu schnell sein. Am besten: Bei etwa 15 km/h in den 2. Gang, bei etwa 20 km/h in den 3. Gang und bei 30 km/h in den 4. Gang schalten.

Will man ohne Kupplung anfahren, muß man den 1. Gang einlegen und darf erst dann den Anlasser betätigen. Der Wagen ruckt an und setzt sich in Bewegung (der Motor muß natürlich warmgelaufen sein). Will man während der Fahrt nicht schalten, fährt man auf diese Weise im 2. Gang an. Das ist eine ziemlich rohe Methode, aber es liegt ja ein Notfall vor und es ist billiger, als sich abschleppen zu lassen.

Kupplungs-pedal-Spiel

Bevor wir das Nachstellen der Kupplung der Typen bis Baujahr 1967 beschreiben, sei kurz das »Kupplungs-Spiel« erläutert. Spiel bedeutet in diesem Zusammenhang Abstand innerhalb der Teile der Kupplungsübertragung bei nicht niedergedrücktem Pedal. Dieses Spiel ist notwendig, weil sonst das Ausrücklager der Kupplung ständig unter einem gewissen Druck steht, der den Verschleiß beschleunigt. Im selben Maß, in dem das Ausrücklager belastet wird, wird aber der Anpreßdruck der Kupplung vermindert, so daß die Gefahr besteht, daß die Kupplung durchrutscht. Andererseits geht etwas vom normalen Kupplungsweg verloren, wenn das Spiel zu groß ist, d. h. die Kupplung wird beim Niederdrücken des Pedals nicht ganz getrennt. Dann besteht Gefahr für das Getriebe, weil dessen Synchronringe (die ja im Prinzip auch kleine Kupplungen sind) nun zusätzlich zum Synchronisieren der Zahnräder auch die viel schwerere Kupplungsscheibe von der Schwungscheibe »losbrechen« müssen.

Die Kupplung ist so gebaut, daß mit fortschreitender Abnutzung des Kupplungsbelags das Spiel kleiner wird – es geht also gerade umgekehrt wie bei der Bremse. Durch die verschleißende und dünner werdende Kupplungsscheibe wandert auch die federbelastete Druckplatte nach, was bedeutet, daß sie sich allmählich dem Ausrücklager nähert, bis schließlich die Kupplung durch Rutschen ihre Arbeitsunfähigkeit offenbart.

Das geänderte Ausrücklager der neuen Typen ab Baujahr 1968 liegt ständig am Druckring der Kupplung an, weil es unter dem geringen Druck einer ein-

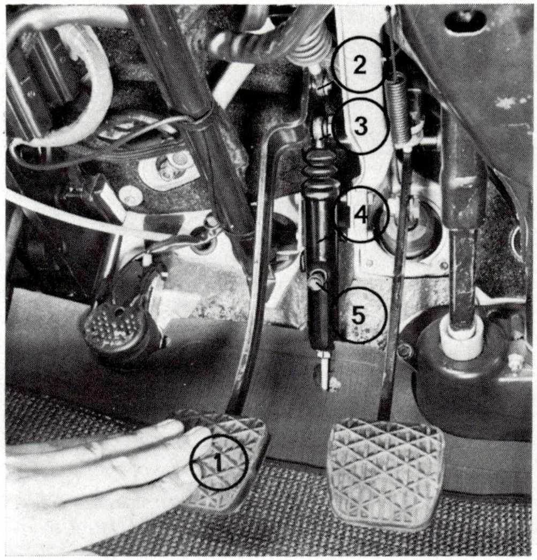

Der Tritt auf das Kupplungspedal (1), das oben unter der Spritzwand gelagert ist (2), wird bei 3 auf die Druckstange und einen Kolben im Hydraulikzylinder (4) übertragen. Durch eine Leitung pflanzt sich dieser Druck in einen zweiten Zylinder an der Kupplung fort, betätigt dort den Ausrückhebel, es ist also ausgekuppelt.
5 – Entlüftungsventil. Tritt Hydraulikflüssigkeit an einem Zylinder aus, so kann eine Manschette undicht sein und die Werkstatt ist aufzusuchen.

gebauten Druckfeder steht. Es ist so dimensioniert, daß es diesen – höheren – Belastungen standhält. Dadurch ist die Kupplungsübertragung der neuen Typen spielfrei. Sie stellt sich außerdem (wie eine Scheibenbremse) entsprechend dem Verschleiß der Mitnehmerscheibe automatisch nach.

Kupplungsspiel prüfen und einstellen

Wartungsdienst Nr. 30

Das exakte Einstellen des Kupplungsspiels erfolgt bei der hydraulischen Kupplungsübertragung der Diesel-Typen bis Baujahr 1967 an zwei verschiedenen Stellen, am Geberzylinder am Fußpedal und am Nehmerzylinder an der Kupplungsglocke. Im allgemeinen genügt es völlig, das Spiel am Nehmerzylinder (an der Kupplungsglocke) einzustellen. Dazu sind Gabelschlüssel SW 10 und zweimal SW 12, bei der geänderten 2. Ausführung SW 6 und zweimal SW 12 erforderlich, das Längenmaß wird mit einem Zentimetermaß festgehalten.
Zuerst wird das Pedalspiel überprüft, indem die Trittplatte der Kupplung von Hand niedergedrückt wird. Erst nach einem Leerweg von 25 mm darf ein stärkerer Widerstand spürbar werden, wenn das Ausrücklager gegen die Federkraft der Kupplung andrückt. Ist das Spiel größer oder kleiner, muß es auf das richtige Maß nachgestellt werden.
Das erfolgt am besten bei hochgebocktem Wagen oder auf einer Abschmiergrube. Der Nehmerzylinder befindet sich gut sichtbar und zugänglich in Fahrtrichtung links unten an der Kupplungsglocke, er ist mit zwei Schrauben daran angeschraubt (siehe Bild Seite 99). Vom Fußhebelwerk des Fahrers führt der Druckschlauch zu ihm herunter, er mündet links in den Nehmerzylinder. Die Einstellmutter und Kontermutter SW 12 sitzen direkt an der Staubschutzkappe, die Nachstellmutter SW 10 bzw. neuerdings SW 6 (angeschliffene Kolbenstange) sitzt näher am Kupplungshebel.
Gewöhnlich verringert sich das Spiel der Kupplungsübertragung durch den Belagverschleiß. Zum Nachstellen wird die Kontermutter SW 12 zwischen Druckstange und Druckbolzen gelöst. Zu kleines Spiel bedeutet, daß die Kolbenstange zu lang ist, es muß also der Druckbolzen weiter in die Druckstange hineingedreht werden. Dazu wird mit dem Gabelschlüssel SW 10 (bzw. neue Ausführung SW 6) der Druckbolzen rechtsherum (»Wasserhahn zu«) in die Druckstange hineingedreht, bis das Spiel am Kupplungspedal das richtige Maß von 25 mm erreicht hat. Das muß natürlich auf einige Male erfolgen oder, noch besser, von zwei Personen erledigt werden. Wenn die Kolbenstange auf die passende Länge gekürzt ist, wird die Kontermutter wieder gegen die Druckstange gekontert, wobei der Druckbolzen nicht mehr verdreht werden darf.
Bei den bis Ende 1967 eingebauten Schraubenfeder-Kupplungen können die Kupplungsbeläge verbrennen, wenn das Kupplungsspiel nicht regelmäßig kontrolliert und – wenn nötig – nachgestellt wird.

Neue Kupplungsbeläge

Wie der Bremsbelag unterliegt auch der Kupplungsbelag dem »natürlichen« Verschleiß. Je nach Fahrweise (»Kupplungsfahrer«) kommt früher oder später der Zeitpunkt, an dem die Kupplung wegen Abnützung nicht mehr nachgestellt werden kann. Dann helfen nur neue Beläge.
Als Faustregel gilt: Kraftstoffverbrauch und Kupplungsverschleiß hängen eng zusammen. Wer im Stadtverkehr durch Ausdrehen der Gänge viel verbraucht, wird auch früher die Kupplung erneuern müssen. Wenn ein neuer Belag fällig ist, lassen Sie sich von der Werkstatt den alten Belag zeigen (auf Reparaturauftrag vermerken). Ist er riefig, rissig, verbrannt oder bis nahe an die Nieten abgenutzt, dann war die Erneuerung wirklich notwendig.
Eine Kupplungsscheibe kann belegt werden, wozu nur der Belag erneuert

wird. Im allgemeinen wird aber gleich die ganze Mitnehmerscheibe ausgetauscht. Das empfiehlt sich ohnehin, weil die sechs Dämpfungsfedern, die die Schwingungen des Motors von der Kraftübertragung fernhalten sollen, ermüdet sein können. Diese Federn müssen bei zu heftigem Einkuppeln starke Stöße aufnehmen, wobei sie nach zu langer Betriebszeit brechen können.
Der Ausbau der Kupplung ist Werkstattsache, weil dazu das Getriebe ausgebaut werden muß.

Fingerzeige: *Man sollte niemals mit eingelegtem niedrigem Gang und getretener Kupplung zu schnell ein Gefälle hinunterfahren. Durch die hohe Übersetzung drehen Getriebeeingangswelle und Kupplung sehr schnell, so daß Gefahr besteht, daß die Kupplung durch Fliehkräfte zerrissen wird.*
Umsteiger, die von den älteren Modellen auf ein neues wechseln, haben unter Umständen anfangs Schwierigkeiten mit dem veränderten Kupplungs-»Gefühl«. Der Pedaldruck ist bei den neuen Modellen infolge der Tellerfeder über einen größeren Weg nahezu konstant und daher nicht so fein abzuschätzen. Dafür ist die Scheibenfeder aber unempfindlicher gegen eine Veränderung des Kupplungsspieles durch Verschleiß.
Weil bei der automatisch nachstellenden neuen Kupplungsbetätigung der Verschleiß nicht mehr am Kupplungspedal feststellbar ist, muß in den regelmäßigen Wartungsabständen (gilt für Selbstpfleger) der Kupplungsverschleiß gemessen werden. Das erfolgt auf einfache Weise durch eine Fühlerlehre, die aus dem Durchmesser des Druckbolzens auf zulässiges oder unzulässiges Maß schließen läßt. Diese Arbeit kann in einer Werkstatt in wenigen Sekunden erledigt werden, es ist daher unzweckmäßig, sich diese Fühlerlehre zu beschaffen.

Störungsbeistand
Kupplung

Die Störung	– ihre Ursache	– ihre Abhilfe
A Kupplung rupft	1 Druckplatte oder Schwungscheibe zu stark abgenutzt (Riefenbildung) oder angerissen	Nachschleifen oder auswechseln
	2 Kupplungsscheibe hat Schlag	Korrigieren, besser auswechseln
	3 Verschmierte Kupplungsscheibe	Auswechseln, Dichtungen überprüfen
B Kupplung trennt nicht	1 Zu großes Kupplungsspiel	Korrigieren
	2 Kupplungsscheibe hat Schlag	Richten oder auswechseln
	3 Hydraulik ohne Öl (Geber- oder Nehmerzylinder defekt)	Vorratsbehälter nachsehen Dichtungen und Leitungen prüfen
	4 Beläge gerissen	Scheibe auswechseln
C Kupplung rutscht	1 Kupplungsspiel zu gering (Beläge zu stark abgenutzt)	Korrigieren, evtl. Scheibe auswechseln
	2 Kupplungsscheibe verschmiert	Scheibe auswechseln Dichtungen prüfen

Zahnradversammlung

Alle Bauteile der Kraftübertragung – also Getriebe, Kardanwelle, Achsantrieb (Differential) und Antriebswellen – sind mit sehr genauen Toleranzen hergestellt und zusammengebaut. Daher sind alle Arbeiten an diesen Teilen der Werkstatt zu überlassen. Die Pflege beschränkt sich auf Kontrolle des Ölstandes und Wechsel des Schmieröls sowie Abschmierarbeiten an Kardanwelle und Hinterachse (siehe Kapitel »Schmieren aller Teile«).

Das Schaltgetriebe

Im Aufbau sind alle Getriebe gleich, obwohl bei den neuen Typen der Achsabstand, die Übersetzungen und die Schaltung verändert wurden. Die älteren Typen erfuhren einige Änderungen der Übersetzungen im Februar 1963 und im August 1965, wobei der 2. und der 3. Gang länger wurden – die erreichbaren Geschwindigkeiten stiegen also an. Alle Daimler-Benz-Getriebe sind vollsynchronisierte Vierganggetriebe. In den unteren Gängen wird die Kraft des Motors über das Zahnrad der Eingangswelle auf die darunterliegende Vorgelegewelle übertragen, die dadurch immer proportional zur Motordrehzahl mitläuft. Je nach dem geschalteten Gang wird nun über eines der drei weiteren Zahnräder auf der Vorgelegewelle die Motorkraft auf das zugehörige Zahnrad auf der Hauptwelle übersetzt und zur Kardanwelle weitergeleitet. Im 4. Gang – dem direkten Gang – wird die Eingangswelle direkt mit der Hauptwelle gekuppelt, wodurch die Kardanwelle mit derselben Drehzahl läuft wie der Motor. Die Vorgelegewelle läuft zwar mit, überträgt aber keine Leistung mehr. Wegen der besseren Geräuschdämpfung wird das Getriebegehäuse aus Grauguß hergestellt, nur die seitlichen Deckel für das Schaltgestänge und die vorne und hinten anschließenden Deckel sind aus Gewichtsgründen aus Leichtmetall.

Getriebegehäuse auf Dichtheit prüfen

Wartungsdienst Nr. 35

Durch die unterschiedliche Ausdehnung bei Erwärmung von Getriebegehäuse und Deckeln kann die Abdichtung durchlässig werden. Ölspuren lassen sich am Getriebe durch die Dunkelfärbung der Schmutzkruste erkennen. In manchen Fällen reicht das Überstreichen mit einem Dichtungsmittel als Abhilfe aus, nachdem vorher von der Werkstatt (Werkstattarbeit wegen der vorgeschriebenen Drehmomente) die entsprechenden Gehäuseschrauben nachgezogen wurden. Umständlicher und teurer wird es, wenn an den Wellen der Schalthebel Öl austritt. Das erfordert Instandsetzung am Getriebeschaltdeckel.

Die Synchronisierung

Die Gangräder in Synchrongetrieben werden zum Schalten über kleine Kupplungen mit der Welle verbunden oder gelöst. Dies besorgt die Sperrsynchronisierung, mit der nur ein Gang geschaltet werden kann, wenn Gleichlauf – gleiche Drehzahlen – zwischen der Hauptwelle und dem zu schaltenden Zahnrad erreicht ist.
Die Synchronisation – das Angleichen der Drehzahl – erfolgt mit kleinen Reibungskupplungen (Konus und Gegenkonus). Je unterschiedlicher die Dreh-

Längsschnitt durch das Kupplungsgehäuse und das Schaltgetriebe. Der Zapfen links gehört zur Kurbelwelle, die mit der Schwungscheibe verschraubt ist. Im Schnitt sieht man an letzterer die Kupplung, in deren Mitte die Getriebe-Eingangswelle dreht. Rechts das aufgeschnittene Getriebe. Der Deckel des Gehäuses ist seitlich angeordnet und enthält drei Schaltschwingen mit Drehführung für die wahlweise Anordnung von Lenkrad- oder Knüppelschaltung.

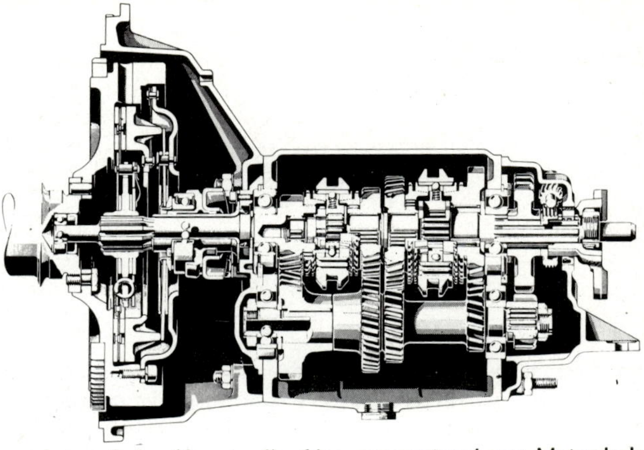

zahlen des Zahnrades auf der Hauptwelle (das proportional zur Motordrehzahl und zur Vorgelegedrehzahl umläuft) und der Hauptwelle (die proportional zur Drehzahl der Hinterräder umläuft) sind, desto mehr Reibungsarbeit müssen die Synchronisierkupplungen leisten. Und das braucht seine Zeit. Das gewaltsame Durchreißen des Schalthebels beansprucht die Synchronisierung über Gebühr und schadet dadurch dem Getriebe. Defekte Synchronringe können ihre Aufgabe nicht mehr erfüllen, die »vernachlässigten« Zahnräder melden das Versagen ihrer Synchronisierung durch Kratzgeräusche.

Die Gelenkwelle

Die Gelenkwelle muß viel leisten. Sie überträgt beim Beschleunigen oder beim Befahren von Steigungen das durch das Getriebe vervielfachte Moment (im 1. Gang etwa das vierfache Motordrehmoment), andererseits muß sie aber auch im direkten 4. Gang die volle Motordrehzahl aushalten. Nebenbei erträgt sie noch Schwingungen, die durch den unrunden Lauf des Motors, durch die Motoraufhängung, durch ihre eigene Durchbiegung und nicht zuletzt durch unwuchtige Schmutzablagerungen verursacht werden.

Gelenkwelle prüfen

Wartungsdienst
Nr. 43

Unrund laufende Gelenkwellen beschädigen die Lagerung des Getriebes und des Ausgleichgetriebes. Ein Brummen der Gelenkwelle kann von Schmutzkrusten herrühren, kann aber auch erstes Anzeichen einer Unwucht infolge zu großer Durchbiegung (bei Überlastung oder Spiel in den Lagern) sein. Beschädigte oder laut laufende Gelenkwellen werden wegen der zwangsläufig auftretenden Folgeschäden zweckmäßigerweise ausgetauscht. Die Kreuzgelenke der Gelenkwellen bis zum 200 D (Ende 67) müssen abgeschmiert werden, im Winter auch gelegentlich zwischen den Intervallen (siehe Seite 50).

Der Hinterachsantrieb

Der Hinterachsantrieb erfüllt drei Aufgaben. Er lenkt die Antriebskraft über Kegel- und Tellerrad »rechtwinklig um die Ecke« und über die Achswellen zu den Antriebsrädern. Durch die Übersetzung vom kleinen Kegelrad auf das größere Tellerrad paßt er die Getriebeausgangsdrehzahl der erforderlichen Raddrehzahl an und gleicht durch das Differential bei Kurvenfahrt die unterschiedlichen Radwege des inneren und äußeren Rades aus.

Bei den älteren Typen ist das Gehäuse des Achsantriebes mit dem linken Achsrohr verschraubt – es ist also genaugenommen auch ein Teil der tragenden Hinterachskonstruktion. Mit einem langen Sporn ist es am Wagenboden befestigt, zwei Schubstreben stützen die Längskräfte zum Wagenboden ab. Um eine tiefliegende Welle rechts unten am Achsantriebsgehäuse pendelt das rechte Achsrohr, wobei eine Schiebemuffe den Längenausgleich bewirkt. Bei

den neuen Typen ist das Gehäuse des Achsantriebes am Hinterachsträger montiert, über zwei Halbwellen mit Gleichlaufgelenken wird die Antriebskraft zu den Rädern übertragen, wobei Längenunterschiede beim Ein- und Ausfedern der Räder mit ausgeglichen werden. Pro Gelenk enthielten die Hinterachswellen früher 250 ccm Molykote-Abschmierfett, das seit Juli 1968 durch ein Spezialschmiermittel aus einem Teil Molykotepaste und drei Teilen Hypoidgetriebeöl (über DB-Niederlassungen erhältlich) ersetzt wurde.
Bei Sichtkontrollen (zusammen mit der Ölstandskontrolle alle 20 000 km; Wartungspunkte 37 und 38, Seite 56) müssen die Stulpenbälge über den Gelenken auf Dichtheit oder Risse kontrolliert werden. Tritt Schmiermittel aus, besteht die Gefahr, daß die – sehr teuren – Hinterachswellen ausgewechselt werden müssen.

Schaltung einstellen

Wegen der vielen Richtmaße und Markierungen des Schaltgestänges ist das Einstellen der Schaltung Werkstattsache, zumal einige Abänderungen an der Knüppel- und Lenkradschaltung weitere Schwierigkeiten aufwerfen.

Fingerzeige: *Man schont die Synchronisation des Getriebes, wenn man bei kaltem Öl (nach dem Start und ganz besonders in der kalten Jahreszeit) den Schalthebel nicht durchreißt. Das Getriebeöl, das ja auch zwischen den Teilen der Synchronisation zirkuliert, ist noch zu dickflüssig.*
Schont man mit Zwischengas das Getriebe? Es ist nur sinnvoll, wenn bei hohen Drehzahlen heruntergeschaltet wird (Notfälle, sportliches Fahren) oder wenn bei kaltem und steifem Getriebeöl heruntergeschaltet werden muß.
Weil das Synchronisieren auf Reibung beruht, sind schmierungsfördernde Ölzusätze für das Getriebeöl nicht angebracht. Zudem können die Synchronringe durch Zusätze verkleben, wodurch ebenfalls das Schalten erschwert wird.
Falls das Schaltgestänge infolge ausgeleierter oder verlorener Buchsen ausgehängt wird, kann zur Not auch von außen am Getriebe ein Gang eingelegt werden. Bei den älteren Typen kann mit dem höher am Tragarm im Motorraum liegenden Winkelhebel ein Gang (je nach Stellung des Wählhebels) eingeschaltet werden. Bei den neuen Typen kann durch Verdrehen des hinteren Schalthebels links außen am Getriebe der 1. oder 2. Gang, durch Verdrehen des vorderen Schalthebels links außen am Getriebe der 3. oder 4. Gang geschaltet werden. Es darf aber nur ein Schalthebel bewegt werden, der andere muß sich in Mittellage befinden, weil sonst das Getriebe blockiert ist.

Automatisches Getriebe

Auf Wunsch wird seit Januar 1964 auch in die Diesel-Fahrzeuge das automatische Daimler-Benz-Vierganggetriebe eingebaut, bei dem sich das Kuppeln und Schalten erübrigt. Dieser Wunsch wird aber nur von etwa 7 % der Diesel-Fahrer geäußert. In Abhängigkeit von der Gaspedalstellung und der Geschwin-

Aus dieser Darstellung eines aufgeschnittenen automatischen Getriebes (Konstruktion bis 1968) lassen sich deren Einzelteile erkennen.
Es bedeuten: 1 – Kurbelwelle, 2 – Mitnehmerblech, 3 – Pumpenrad der hydraulischen Kupplung (wird von der Schwungscheibe mitgenommen), 4 – Turbinenrad (vom Pumpenrad »hydraulisch« durch Öl mitgenommen), 5 – Primärölpumpe, 6 – Vorderer Gehäusedeckel, 7, 8 – Bremsband, 9, 10 – Kupplung, 11 – Hintere Planetenräder, 12 – Parksperrenrad, 13 – Abtriebswelle, 14 – Antriebsrad für Regler und Sekundärpumpe, 15 – Bremsbandtrommel, 16 – Schaltplatte.

digkeit schaltet das Getriebe die Gänge auf- oder abwärts, wobei der Fahrer zudem die Möglichkeit hat, die Schaltautomatik zu beeinflussen.
Außer der Ölstandsprüfung, die als Wartungspunkt Nr. 15 auf Seite 45 beschrieben ist, kann der Eigenpfleger an der Automatik nichts arbeiten. Bei zu niedrigem Ölstand saugt die Ölpumpe Luft an, wodurch das Öl verschäumt wird. Bei zu hohem Ölstand laufen die Getrieberadsätze im Ölbad, wodurch die Öltemperatur zu hoch wird.
Obwohl die Automatik dem Fahrer viel Arbeit abnimmt, sollte man sie nicht völlig vernachlässigen und gelegentlich etwas mitdenken. Beim Herunterschalten müssen die Geschwindigkeitsbegrenzungen eingehalten werden, weil sonst der Motor überdreht wird und ein zu starker Stoß auf die Kraftübertragung erfolgt. Die Parksperre blockiert als mechanische Verbindung die Abtriebswelle. Sie besteht aus einer Sperrklinke und einem Gegenrad, sie sperrt beide Bewegungsrichtungen. Beim Einrasten der Sperrklinke wird die Drehung des Gegenrades sofort gestoppt, also nicht wie bei einer Bremse allmählich verzögert. Daher darf die Parksperre nur bei stehendem Fahrzeug eingelegt werden (obwohl auch die »eingebaute« Sicherung ein Einrasten bei rollendem Fahrzeug über 5–10 km/h durch Abweisen der Sperrklinke verhindert).

Automatik auf Gängigkeit prüfen

Wartungsdienst Nr. 5

Durch Verunreinigungen im Getriebeöl und Verschleiß von Steuerungsteilen können sich die Druckverhältnisse im Steuerteil des automatischen Getriebes so ändern, daß die für den Gangwechsel fest eingestellten Schaltpunkte abweichen. In einem Fahrprogramm, das die Gaspedalstellung und den Fahrwiderstand berücksichtigt, können von der Werkstatt die Schaltpunkte überprüft werden.
Sollte Ihre Automatik in der kalten Jahreszeit nach dem Starten sehr hart schalten oder haben Sie Mühe, aus einer steilen Garagenausfahrt zu kommen, liegt das an zu dickflüssigem Getriebeöl. Mit einem einfachen Trick können Sie Ihre Automatik etwas schneller anwärmen: Sie halten den Wagen mit der Fußbremse und geben Gas – aber kein Vollgas. Nun wird die vom Motor abgegebene Leistung in der hydraulischen Kupplung in Wärme umgesetzt, wodurch sich das Öl schnell erwärmt. 10 bis 20 Sekunden Gasgeben dürften meistens schon genügen. Natürlich muß dabei der Wählhebel in Stellung 4 stehen.
Zum automatischen Schalten wird Drucköl benötigt, das von zwei getrennt angetriebenen Pumpen (durch Motor und Antriebsräder) erzeugt wird. Bei laufendem Motor erzeugt die Primärpumpe den erforderlichen Arbeitsdruck. Wird der Motor nicht benützt, z. B. bei Startschwierigkeiten, so kann das Fahrzeug trotzdem abgeschleppt werden, wie im Kapitel »Schleppen und Abschleppen« beschrieben.
Während die Daimler-Benz-Getriebeautomatik bis zum Baujahr 1967 nur zwei Planetenradsätze enthielt und daher in der Größe der Übersetzungen beengt war, erhielt die neue Getriebeautomatik ab Baujahr 1968 einen weiteren Planetensatz (die beiden vorderen haben aber gleiche Zähnezahlen). Damit war es möglich, bei der Automatik fast dieselben Übersetzungen wie beim mechanischen Schaltgetriebe zu erreichen. Gleichzeitig wurde auch die Schaltsteuerung so geändert, daß der Wagen nunmehr immer im 1. Gang anfährt.

Fingerzeig: *Gelegentlich auftretendes Brummen der Schaltstange (Mittelschaltung) kann in der Werkstatt durch Montage von Federscheiben an den Schaltstangenverbindungen behoben werden.*

Führung und Federung

Schwäbische Gründlichkeit und die Artverwandtschaft mit den leistungsstärkeren »Benziner-Typen« bescherten den Diesel-Wagen ein Fahrwerk, das in allen Situationen Reserven bietet. Mit den guten Fahreigenschaften und der ausgezeichneten Federung trägt es wesentlich zum guten Ruf der Marke bei. Allerdings verlangt diese Perfektion auch ihren Tribut: Wie kaum ein anderes Fahrzeug schätzt Ihr Mercedes eine sorgfältige Pflege und Wartung.

Die Vorderachse

Der Aufbau der Vorderachse ist bei allen Modellen im Prinzip gleichgeblieben. An Doppelquerlenkern sind die Vorderräder unabhängig voneinander am Vorderachsträger aufgehängt. Bei den älteren Modellen sind die Achsschenkel durch einen Achsschenkelträger mit den Querlenkern verbunden, bei den neuen Modellen ab Baujahr 1968 ist der Achsschenkel über zwei wartungsfreie Kugelgelenke an den Querlenkern montiert. Die früheren Modelle hatten Trommelbremsen, beim 190 Dc wurden ab Fahrgestellnummer 099 642 Scheibenbremsen eingebaut. Zwischen dem unteren Querlenker und dem Vorderachsträger übernimmt eine Schraubenfeder die Abfederung der Achse, etwas nach außen versetzt, etwa parallel zur Schraubenfeder steht der Stoßdämpfer. Die Querneigung beim Kurvenfahren verringert ein Stabilisator, der vor der Achse quer zum Fahrzeug eingebaut ist und über kurze Druckstangen mit dem unteren Querlenker verbunden ist.
Eine Änderung der Einbaulage der Querlenker bei den neuen Modellen ab Baujahr 1968 verringert das Tauchen des Fahrzeugs beim Bremsen. Während der Wagen vorne stark einfederte, kam das Heck hoch. Dadurch verringerte sich die Seitenführung der Hinterachse und das Heck wurde unruhig. Die Verschränkung der Querlenkerachsen bei den neuen Modellen vermindert dagegen die zusätzliche Belastung der Vorderachsfederung beim Bremsen.

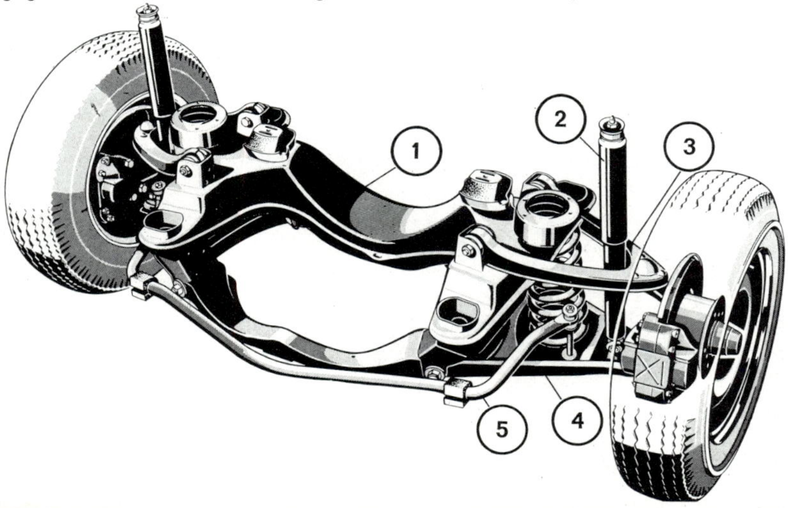

Den Aufbau der Vorderachse verdeutlicht diese Zeichnung. Der Vorderachsträger (1) ist mit vier wartungsfreien Gummilagern geräuschdämpfend an der Karosserie befestigt und trägt an Doppelquerlenkern (3 und 4) die Räder. Weiter bedeuten: 2 – Stoßdämpfer, 5 – Querstabilisator. Die Drehachsen der Querlenker sind gegeneinander verschränkt und wirken dem »Eintauchen« des Wagens beim Bremsen entgegen.

Das Rückgrat der Vorderachse ist der Vorderachsträger, ein quer eingebauter Hohlträger, der aus Blechprofilteilen zusammengeschweißt ist. An seinen beiden Enden trägt er die Querlenker und die Lager für die Schraubenfedern und Stoßdämpfer. An seiner Oberseite befinden sich die Lagerstellen für die Motorträger. Bei den älteren Modellen gibt es zwei Ausführungen des Vorderachsträgers für Fahrzeuge mit und ohne Servolenkung.
Eine große Anzahl von Federn steht für Normal- und Sonderausführungen zur Verfügung, das unterschiedliche Eigengewicht kann zudem durch Gummilager verschiedener Höhe ausgeglichen werden. Die guten Fahreigenschaften bedingen gleiche Verhältnisse für die Federung, unabhängig vom Gewicht des Fahrzeugs, das sich durch Zubehör wie Schiebedach, Servolenkung, automatisches Getriebe usw. erhöht. Darüber hinaus gibt es noch eine Auswahl verstärkter Federn für härtere Einsatzbedingungen.
Auch bei den Gasdruck-Stoßdämpfern steht eine größere Anzahl für jeden Typ und jeden Einsatzzweck zur Verfügung, so daß es nicht ratsam ist, Einzelteile der Achse bei Verschleiß selbst auszutauschen. Die Qualität des Fahrwerks bedingt eben eine sorgfältige Anpassung aller Einzelteile an die geforderten Maßstäbe, so daß im Reparaturfall nicht nur das Fabrikat wichtig ist, sondern auch die Farbkennzeichnung (Striche oder Punkte) für die Dimensionierung des Bauteils. Aus diesen Gründen ist auch die sorgfältige Wartung des Fahrzeugs wichtiger als bei Konkurrenzmodellen einfacherer Konstruktion.

Der Stabilisator

Der Stabilisator ist mit Haltebügeln in Gummilagern an den beiden Rahmenlängsträgern vor der Achse befestigt. An seinen abgekröpften Enden sind in je zwei Gummilagern kurze Verbindungsstreben eingespannt, die wiederum mit je zwei Gummilagern am unteren Querlenker befestigt sind. Die Funktion des Stabilisators ist denkbar einfach:
Federn beide Räder ein, dann macht die Stabilisatorwelle die Bewegung mit, ohne sich dagegen zu sperren. Die Achsfederung spricht also weich auf Unebenheiten an. Federt dagegen bei scharfer Kurvenfahrt das innere Rad aus und das kurvenäußere Rad ein, dann verdrillen die abgekröpften Enden des Stabilisators die Welle zwischen den Rahmenträgern. Je nach Stärke (19,5 mm bei den früheren Typen, 25 mm bei den Typen ab 1968) setzt der Stabilisator dieser Torsion eine Kraft entgegen, die einen Teil der Federkraft des unbelasteten inneren Rades auf das hochbelastete äußere Rad überträgt, er verhärtet also die Radfederung und wirkt dadurch der Seitenneigung entgegen. Bei hohen Kurvengeschwindigkeiten kann das innere Rad ganz abheben und durchdrehen.

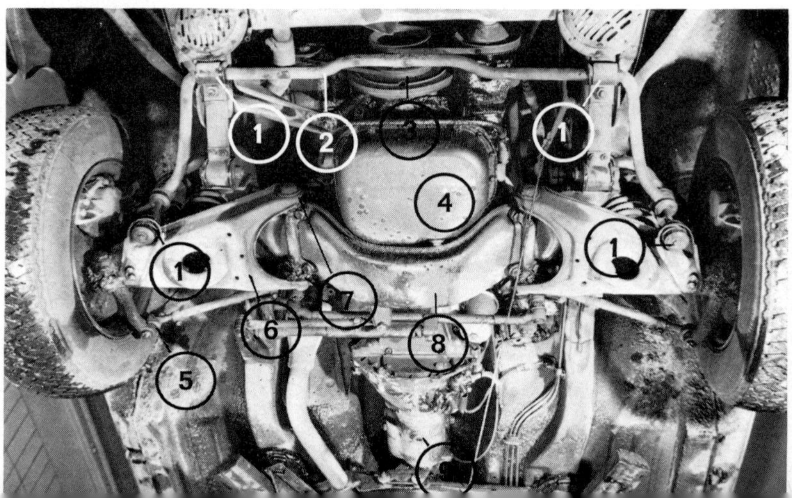

Der Blick aus der Froschperspektive zeigt die Vorderachse des Mercedes 190 Dc/200 D mit den Befestigungspunkten (1) des Stabilisators (2) und der Lagerung (7) der unteren Querlenker (6). Die übrigen Zahlen bedeuten: 3 – Keilriemenscheibe der Kurbelwelle, 4 – Ölwanne des Motors, 5 – Gelenk zwischen Spurstange und Lenkhebel rechts, 8 – Quertraverse, 9 – Ölablaßschraube am Schaltgetriebe.

Der Radlagerzapfen des Achsschenkels trägt zwei verschieden große Kegelrollenlager, auf denen die Nabe des Vorderrades läuft. Diese Lager müssen immer paarweise gegeneinandergerichtet eingebaut werden, durch Verändern des Abstandes können sie spielfrei eingestellt werden. Die früher in Radlagerungen üblichen Kugellager sind durch Kegelrollenlager ersetzt worden, die bei kleineren Abmessungen größere Belastungen ertragen. Bei hochgebocktem Wagen läßt sich das Radlagerspiel prüfen, wie im Bild unten gezeigt. Bei den Typen bis Baujahr 1967 kann durch Verschleiß (z. B. bei ungenügender Schmierung) zwischen dem Achsschenkelbolzen und den Lagerbüchsen im Achsschenkel Spiel auftreten, das beim Kippen des Rades spürbar wird. Zur genauen Messung soll das Fahrzeug an den unteren Querlenkern hochgebockt werden, damit die Federn belastet bleiben. Das Spiel wird mit einer Meßuhr am Felgenhorn gemessen, dabei wird das Bremspedal betätigt, damit das Radlagerspiel ausgeschaltet ist. Das höchstzulässige Maß von 1 mm entspricht einem Verschleiß in den Büchsen von 0,4 mm. Bei größerem Spiel erhöht sich die Reifenabnützung und die Unruhe in der Lenkung, wodurch auch die Lenkungsteile in Mitleidenschaft gezogen werden. Der Austausch der Lagerbüchsen ist Werkstattsache, er sollte nicht hinausgeschoben werden, weil weitere – sehr teure – Teile der Achse und der Lenkung mitgeschädigt werden. Bei den Typen ab Baujahr 1968 ist die Konstruktion der Achsschenkellagerung so geändert, daß wartungsfreie Kugelgelenke den Achsschenkelbolzen ersetzen. Diese Kugelgelenke haben kaum Spiel, solange die Dauerschmierung wirksam ist. Bei beschädigter Manschette (Sichtkontrolle) kommt Wasser und Staub in das Gelenk, wodurch die Fettfüllung herausgespült wird. Dann ist das Kugelgelenk nach kurzer Zeit verschlissen und zerstört. Auch der Austausch der Kugelgelenke (es soll immer der komplette Querlenker erneuert werden) ist Werkstattsache, weil zum Ausbauen Abzieher nötig sind.

Spiel in der Radlagerung prüfen

Die Einstellung des Radlagers erfolgt bei allen Typen gleich, weil sich die Abmessungen der Radlager nicht geändert haben. Zum genauen Einstellen sind allerdings Meßgeräte (Meßuhr mit Stativ) und Spezialwerkzeuge erforderlich, der Wagen wird hochgebockt und das Rad abgenommen. Mit einem Flachmeißel oder einem Schraubenzieher wird die Fettkappe vorsichtig herausgehebelt, damit die Dichtflächen unbeschädigt bleiben (in der Werkstatt gibt es dafür einen speziellen Abzieher). Unter dem Radlagerfett auf dem Achsschenkelzapfen versteckt sich eine Klemmutter, die mit einer Innensechskantschraube SW 5 zusammengespannt ist (siehe Bild Seite 54).
Die Innensechskantschraube wird soweit gelöst, daß sich die Klemmutter

Radlagerspiel einstellen

Prüfung des Radlagerspiels der Vorderräder. Das freihängende Rad oben und unten fassen und quer zum Wagen zu bewegen versuchen. Bei einwandfreien Lagern darf hier kein Spiel vorhanden sein, das Rad darf also nicht wackeln, nicht »locker« sitzen. Wenn Spiel vorhanden ist, prüfen, ob es wirklich am Radlager und nicht etwa an den Spurstangengelenken oder den Schwenklagern liegt. Dazu Fußbremse treten lassen, wodurch das Radlager in seiner Lage blockiert wird. Ist auch dann Spiel vorhanden, so ist nicht (nur) das Radlager schuld daran.

gerade anziehen läßt, bis sich die Nabe stramm durchdreht. Dann wird die Klemmutter wieder etwas zurückgedreht und die Spannung durch einen Schlag mit dem Gummihammer auf den Achsschenkelzapfen gelöst. Ein Magnetstativ auf der Radnabe hält die Meßuhr auf dem Achsschenkelzapfen. Bei kräftigem Ziehen und Drücken am Flansch darf das Spiel zwischen beiden Endlagen nur 0,01 bis 0,02 mm betragen. Nach dem Festziehen der Innensechskantschraube wird das Spiel nochmals kontrolliert: Die Scheibe zwischen äußerem Kugelrollenlager und Klemmutter muß sich mit dem Finger gerade noch drehen lassen.
Vor dem Zusammenbau muß die Fettfüllung ergänzt werden, wobei die vorgeschriebene Fettmenge (Gesamtfüllmenge 65 bis 80 g, in der Fettkappe 20 bis 25 g) eingehalten werden soll, damit die Schmierung der Radlager richtig erfolgt (Wartungspunkt Nr. 59, Seite 54). Weiter muß noch der Sitz des Steckkerbstiftes im Achsschenkelzapfen und der Kontaktfeder in der Fettkappe geprüft werden, damit die Leitfähigkeit dieser Kurzschlußverbindung gesichert ist. Wegen der minimalen Einstelltoleranz des Radlagerspiels wird auch diese Arbeit zweckmäßigerweise der Werkstatt überlassen.

Sturz und Vorspur prüfen

Wartungsdienst
Nr. 58 und 60

Der Fahrwiderstand und der Radsturz lassen die Vorderräder auseinanderlaufen. Damit das Fahrzeug nicht in eine Kurve hineingezogen wird, werden die Räder mit Vorspur – sie stehen vorne näher zusammen als hinten – eingestellt. Die Vorspur wird als Differenz der Abstände der Felgenhörner (wo der Reifen auf der Felge sitzt) in Achsmutterhöhe gemessen.
Verschleiß an Lagerstellen und Setzen der Federn verändern die Einstellmaße weniger als Gewaltbeanspruchungen beim Überfahren von Randsteinen oder Verkehrsinseln. Trotzdem muß auch bei vorsichtiger Fahrweise die Vorspur der Vorderräder und Hinterräder regelmäßig (alle 20 000 km) überprüft werden, weil eine falsche Einstellung der Räder die Fahreigenschaften verändert und den Reifenverschleiß erhöht.
Die Vorspur läßt sich auf einfache Weise korrigieren: Die Klemmschrauben (SW 13) an den beiden äußeren Spurstangen werden mit einem Ringschlüssel gelöst und die Spurstangen verdreht. Drehen in Fahrtrichtung verringert, Drehen entgegen der Fahrtrichtung (also rückwärts) vergrößert die Vorspur.
Der Sturz der Vorderräder wird bei den Modellen bis Baujahr 1967 durch Verdrehen des Exzenterbolzens am oberen Querlenker (außen), ab Baujahr 1968 durch Verdrehen des Exzenterbolzen am unteren Querlenker (innen) eingestellt. Der insgesamt mögliche Verstellbereich von etwa 14 mm entspricht einer Veränderung des Radsturzes um 3,25°. Der Sturz der Hinterräder wird durch Veränderungen der Einbauhöhen der Hinterfedern korrigiert.

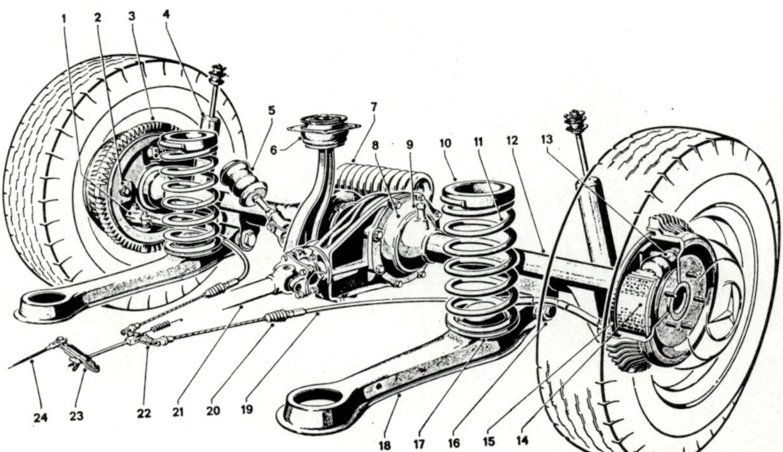

Bis Ende 1967 wurde bei den kleinen Mercedes-Modellen die sogenannte Eingelenk-Pendelhinterachse verwendet, die wegen ihrer Spur- und Sturzänderung beim Durchfedern ab 1968 von der Schräglenker-Hinterachse abgelöst wurde. Hier die Teile der alten Pendelachse:
1 – Seilrollengehäuse,
2 – Bremsbacken-Nachstellung,
3 – Bremstrommel,
4 – Teleskopstoßdämpfer,
5 – Querstrebe,
6 – Träger,
7 – Ausgleichfeder,
8 – Hinterachsgehäuse,
9 – Entlüfter (für gesamte Achse),
10 – Gummilager,
11 – Schraubenfeder,
12 – Tragrohr,
13 – Radbremszylinder,
14 – Bremsbacke,
15 – Bremsträgerplatte,
16 – Schubstrebenlagerung,
17 – Federteller unten,
18 – Schubstrebe,
19 – Bremsseil,
20 – Gummimanschette,
21 – Gelenkwelle,
22 – Ausgleichhebel,
23 – Zwischenhebel,
24 – Handbremsseil.

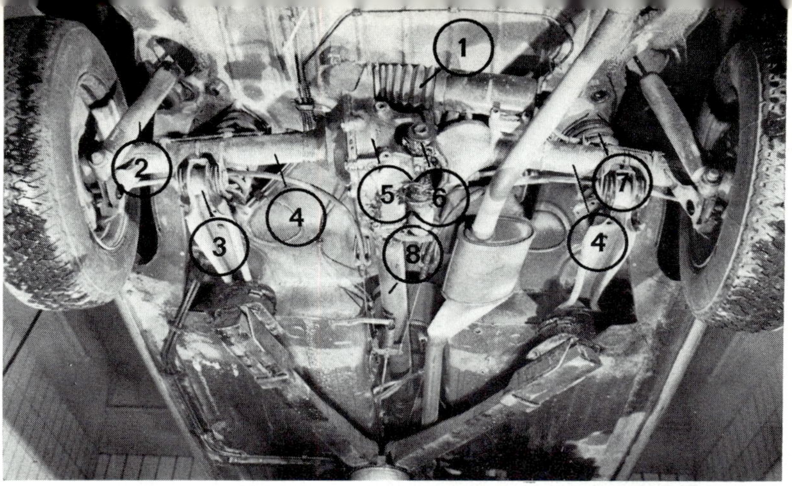

Die Eingelenk-Pendelachse des Mercedes 190 D/200 D (bis Dez. 1967) besteht aus zwei Achsrohren (4), in denen die Antriebswellen laufen; beide Rohre sind am Ausgleichsgetriebe (5) durch ein Gelenk (6) miteinander verbunden. Die übrigen Zahlen bedeuten: 1 – Hydropneumatische Ausgleichfeder (Sonderausstattung), 2 – Teleskopstoßdämpfer, 3 – gelenkige Verbindung Achsrohr-Längslenker (Schubstrebe), 7 – Schraubenfeder des rechten Hinterrades, 8 – Kardanwelle.

Das Einstellen der Radgeometrie erfolgt bei betriebsfertigem Fahrzeug mit Öl, Wasser, vollem Kraftstofftank, Ersatzrad und Bordwerkzeug. Zusätzlich ist das Fahrzeug mit 2 x 65 kg auf den Vordersitzen und 1 x 60 kg auf den Rücksitzen zu beladen. Das Vermessen und Einstellen ist jedoch unbedingt Sache der Werkstatt, weil das Fahrzeug mit Spezialgeräten vermessen wird.

Die Hinterachse

In der Konstruktion der Hinterachse unterscheiden sich nicht nur die Modelle ab Baujahr 1968 von den früheren Modellen, sondern auch die Auffassungen der Ingenieure. Während die früheren Modelle die hartnäckig verteidigte, bis ins letzte perfektionierte Pendelachse besaßen, die auch im Formelrennwagen W 196 und im 300 SL ausreichte, erhielten die neuen Modelle eine Schräglenkerachse, wie sie von BMW und Fiat propagiert wurde.

Pendelachse bis Ende 1967

Die Pendelachse hat ihren Namen von den Pendelbewegungen der Achsen und Räder um das Gehäuse des Achsantriebes. Diese Pendelbewegungen verändern beim Ein- und Ausfedern den Sturz der Räder und die Spurweite der Achse, wodurch sich auch die Seitenführungskraft der Reifen ändert. Die Pendelachse ist komfortfreundlich, sie ermöglicht eine weichere Radfederung, die Radführung wird aber bei den immer höheren Geschwindigkeiten unserer Fahrzeuge immer weniger befriedigend. Obwohl diese systembedingten Nachteile bei der Eingelenk-Pendelachse der Mercedes-Wagen nur schwach zu spüren waren, erwies sich auch jetzt das Bessere als des Guten Feind.

Bei der Pendelachse ist das Differential fest mit dem Wagenboden verbunden, nur die Antriebswellen und die Räder werden von den Fahrbahnstößen bewegt. Die Eingelenk-Pendelachse läßt das Differential an der linken Achshälfte mitschwingen, hält es aber trotzdem mit seiner Aufhängung am Wagenboden fest. Mit diesem Kunstgriff gelang es, den Drehpunkt des Gelenks tiefer zu legen und die Hebelverhältnisse zu verbessern und zugleich die Spur- und Sturzänderungen zu verringern. Aber auch in der weiterentwickelten Form mit Stabilisierungsfeder war die Kurssicherheit dieser Achse bei schlechten Fahrbahnbedingungen nicht so recht befriedigend.

Die Längsabstützung der Pendelachse erfolgt mit zwei Schubstreben, die links und rechts außen am Wagenboden mit Gummilagern aufgehängt sind. Auf diesen Schubstreben stützen sich nahe an den Achsrohren die Schraubenfedern ab. Eine Querfeder über dem Gehäuse des Achsantriebes ermöglicht eine weiche Radfederung bei ausreichend harter Achsfederung.

Anstelle der querliegenden Schraubenfeder kann auch eine hydropneumatische

Bei den Mercedes-Modellen mit Eingelenk-Pendelachse (bis Dez. 1967) befindet sich links oben am Ausgleichsgetriebe ein Entlüftungsventil, durch das etwa zuviel eingefülltes Öl nach außen entweichen kann. Der richtige Ölstand im Hinterachsgetriebe läßt sich nur ermitteln, wenn das Fahrzeug auf einem Schienenwagenheber oder einer Abschmiergrube steht, wenn also die Räder nicht frei durchhängen. Oben rechts am Ausgleichsgetriebe erkennt man den Faltenbalg der Ausgleichsfeder.

Ausgleichsfeder (Boge-Hydromat) eingebaut werden, die sich durch die Federbewegungen der Achse selbsttätig aufpumpt. Durch eine Begrenzung der Pumphöhe wird ein maximales Niveau der Feder und damit des Wagenhecks eingehalten. Die Ausgleichsfeder wirkt also gleichzeitig als Niveauregulierung bei unterschiedlicher Belastung des Fahrzeugs, allerdings ist sie erst nach einer kurzen Fahrstrecke wirksam. Ein Sicherheitsventil begrenzt die maximale Kraft, so daß das Fahrzeug nicht überlastet werden kann – in diesem Fall wird die Wirkung der Ausgleichfeder begrenzt. Der Einbau einer Querfeder an der Hinterachse ist ein Kunstgriff, mit dem die Seitenführung der Hinterachse verbessert wird, wodurch das Fahrverhalten des Fahrzeugs in einem weiten Bereich neutral und gutmütig bleibt.
Wird ein Wagen mit dieser hydropneumatischen Ausgleichsfeder in einer Garage beladen und möchte man, daß das Niveau schon im Stand angehoben wird, um z. B. beim Herausfahren nicht aufzusitzen, schaukelt man den Wagen hinten im Stand etwa 15mal auf und ab, wodurch die Niveauregulierung der Ausgleichfeder anspricht.

Schräglenkerachse ab Anfang 1968

Bei der neuen Schräglenkerachse der Modelle ab Baujahr 1968 ist die Radführung und der Radantrieb vollkommen getrennt. An einem Hinterachsträger, der an drei Punkten in weichen Gummilagern am Fahrzeugboden aufgehängt ist, sind die beiden Schräglenker und das Gehäuse des Achsantriebes montiert. Die Schräglenker tragen außen die Nabe für die Radlagerung und vor der Achse in einer Mulde die Schraubenfeder mit innenliegendem Stoßdämpfer. Eine Doppelgelenkwelle überträgt den Antrieb vom Hinterachsgehäuse auf das Rad. Die Seitenneigung des Fahrzeugs wird durch einen Stabilisator mit 16 mm Durchmesser verringert. Die Lage der Schräglenker-Drehachsen ist so bemessen, daß die Pendellänge der Hinterräder fast so groß ist wie die Spurweite. Beim Ein- und Ausfedern und beim Kurvenfahren ergeben sich dadurch nur geringe Änderungen von Sturz und Spur.
Die Seitenführung dieser Schräglenkerachse ist um so viel besser geworden, daß ein Stabilisator – der die Gesamtseitenführung einer Achse verringern würde – angebracht werden konnte, während die frühere Pendelachse mit einer Ausgleichsquerfeder versehen wurde, die die Seitenführung der Hinterachse auf Kosten der Vorderachse erhöhen mußte.
Auf Wunsch wird die Hinterachse der neuen Typen mit einer Niveauregulierung durch sogenannte Federbeine geliefert. Die Federbeine sind im Prinzip Stoßdämpfer, bei denen ein so hoher Öldruck auf die Kolbenstange wirkt, daß auf

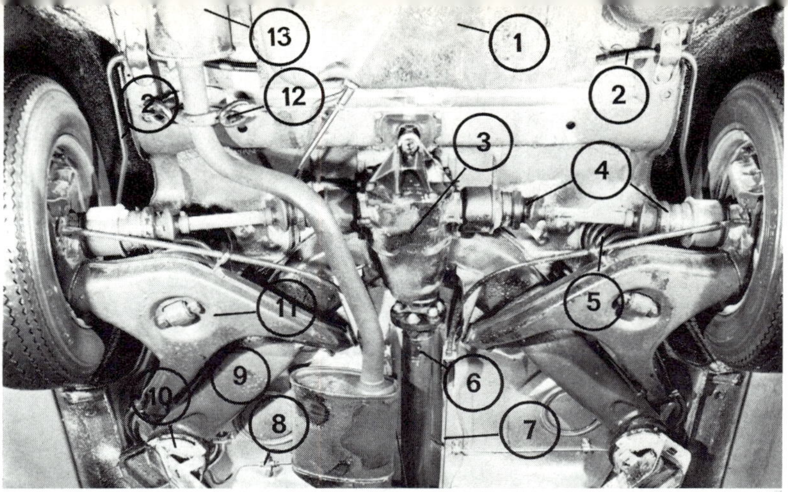

Ein Blick auf die Hinterachse des Mercedes der Neuen Generation (hier ein 200 D) aus der Froschperspektive.
1 – Kraftstofftank,
2 – Stabilisator, 3 – Differentialgehäuse,
4 – homokinetische Gelenke der Antriebs-Halbwellen, 5 – Schraubenfeder des rechten Hinterrades, 6 – Kardanwelle, 7 – Handbremsseilzug, 8 – Bremsleitung zu den Hinterrädern, 9 – Hilfsrahmen, 10 – Elastische Aufhängung des Hilfsrahmens, 11 – Schräglenker mit unterer Stoßdämpferlagerung,
12 – Elastische Aufhängung des Auspuffs,
13 – Nachschalldämpfer.

die Stahlfeder verzichtet werden kann. Eine vom Motor angetriebene Ölpumpe erzeugt (nur bei laufendem Motor) den Druck, ein Höhenregler an der Hinterachse steuert je nach Belastung des Fahrzeugs den Zufluß des Drucköls zu den Federspeichern und den Federbeinen. Diese Anlage ist nicht besonders aufwendig, wegen der Einstellung des Niveauregulierventils müssen aber Wartungsarbeiten in der Werkstatt durchgeführt werden. Nachträglicher Einbau ist aber sehr teuer, kann also nur in Sonderfällen empfohlen werden.

Stoßdämpfer prüfen

Wartungsdienst Nr. 40

Wird eine Veränderung der Fahreigenschaften festgestellt und eine mangelhafte Wirkung der Stoßdämpfer vermutet, müssen die Stoßdämpfer geprüft werden. Es gehört allerdings einige Erfahrung dazu, die Wirksamkeit der Stoßdämpfer während der Fahrt festzustellen, weil das Nachlassen der Wirkung nicht plötzlich erfolgt. Eine schlechtere Straßenlage auf unebener Bahn und das Nachschwingen nach Federbewegungen sind die deutlichsten Anzeichen schlechter Stoßdämpfer. Im Stand kann die Kontrolle auf einfache Art erfolgen, wie im Bild auf der nächsten Seite gezeigt.
Ausgebaute Dämpfer können von Hand nur notdürftig geprüft werden, ihre Wirksamkeit läßt sich daraus kaum ersehen, bestenfalls kann ein Totalausfall festgestellt werden. Eine gründliche Prüfung kann nur auf der speziellen Stoßdämpfer-Prüfmaschine erfolgen
Schnelles Fahren auf schlechter Schlaglochstrecke beansprucht die Dämpfer sehr, weil sie viel Pumparbeit leisten müssen. Überbeanspruchte Dämpfer werden heiß und lassen damit noch schneller in der Wirksamkeit nach, bis sie

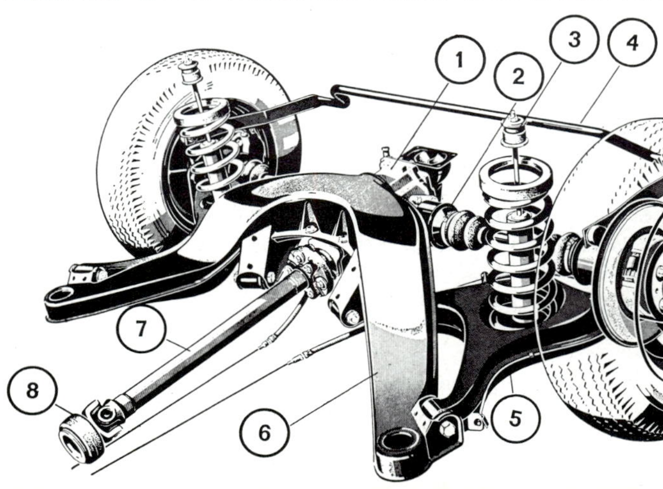

Hier der Aufbau der ab Anfang 1968 eingeführten Schräglenker-Hinterachse. Ihr Hauptvorzug besteht in den nur sehr geringen Änderungen von Sturz und Spur beim Ein- und Ausfedern. Die Zahlen bedeuten: 1 – Differentialgehäuse, 2 – linkes inneres Gleichlaufgelenk, 3 – obere Stoßdämpferbefestigung,
4 – Querstabilisator,
5 – Schräglenker,
6 – Hinterachsträger,
7 – Kardanwelle,
8 – Zwischenlager der Kardanwelle.

Defekte Stoßdämpfer verschlechtern die Fahreigenschaften erheblich. Eine Funktionskontrolle geschieht am einfachsten am stehenden Fahrzeug durch Auf- und Abwippen. Die Federbewegung muß nach dem Loslassen sofort aufhören, wenn der betreffende Stoßdämpfer einwandfrei arbeitet. Schwingt das Fahrzeug nach, so liegt mit Sicherheit ein Schaden vor. Meist sind die hinteren Stoßdämpfer früher defekt als die vorderen. Eine exaktere Prüfung ermöglicht ein sogenannter Shock-Tester (z. B. von Boge oder Fichtel & Sachs). Die Stoßdämpfer brauchen dazu nicht ausgebaut zu werden.

vollends defekt sind. Dann können sie die Räder nicht mehr auf dem Boden halten, das Rad springt, es kann den Wagen nicht mehr exakt führen, auch wenn es nur kurz hüpft. Weil die Wirkung der Stoßdämpfer langsam nachläßt, gewöhnt man sich als Fahrer daran, daß der Wagen schlechter liegt. Deshalb ist die erwähnte Kontrolle bei stehendem Wagen von einiger Wichtigkeit.

Werden beim Fahren Klappergeräusche an Vorder- oder Hinterachse festgestellt, so sind zuerst die Aufhängeteile des Stabilisators und der Stoßdämpfer zu kontrollieren: Am vorderen Stabilisator Kontermuttern SW 13 der Verbindungsstrebe zum unteren Querlenker nachziehen und die Gummizwischenlagen prüfen. An den vorderen und hinteren Dämpfern die oberen Kontermuttern SW 17 nachziehen, die Gummizwischenlagen prüfen, unten vorne die beiden Muttern SW 13 (bei neuen Typen selbstsichernde Stoppmuttern) und hinten unten die beiden Muttern SW 17 nachziehen.

Ist beim Schaukeln des Wagens im Stand, beim Einsteigen oder bei langsamer Fahrt ein Grunzen hörbar, dann laufen die Kolbenstangen der Stoßdämpfer trocken. Nach der Reinigung werden sie eingeölt, nach einigen Bewegungen der Radaufhängung verschwindet das Geräusch.

Bei ausgebautem Stoßdämpfer kann in der Werkstatt die Ölreserve aus der Längendifferenz der Kolbenstange ermittelt werden. Auch wenn der Dämpfer ölfeucht ist, braucht er bei ausreichender Reserve nicht ausgetauscht werden. Ist beim Eindrücken der Kolbenstange ein zischendes oder ein klickendes Geräusch hörbar, ist der Stoßdämpfer defekt. Dasselbe Geräusch tritt auch bei mangelnder Ölreserve auf. Ist die Richtungshaltung bei schnellerer Autobahnfahrt unbefriedigend, hilft die Erhöhung des Luftdrucks an beiden Hinterrädern bis auf ca. 2,5 atü (warm 2,8 atü). Dieser höhere Druck soll aber nicht dauernd gefahren werden: Abnutzung der Reifen nur in der Mitte.

Die Stoßdämpfer können nur in der Werkstatt ausgewechselt werden, weil zum Aus- und Einbau Spezialwerkzeuge notwendig sind, da die Stoßdämpfer die Federwege der Vorder- und Hinterachse begrenzen.

Fingerzeige: *In den Stoßdämpfern entsteht bei der Vernichtung der Schwingungen Wärme, die normalerweise durch den Fahrtwind nach außen abgeführt wird. Dicke Schmutzkrusten an den Dämpfern behindern die Abführung der Wärme, es kann im Laufe der Zeit zu Schäden an den Kolbenstangendichtungen kommen, die die Lebensdauer der Dämpfer verkürzen. Daher empfiehlt es sich für den Eigenpfleger, sie von Zeit zu Zeit von der anhaftenden Schmutzkruste zu befreien.*

Arbeiten an der Lenkung überläßt man am besten der Werkstatt. Aber natürlich prüft man gelegentlich, ob »Spiel« oder »Luft« in den Übertragungsorganen vorhanden ist. Man stellt also fest, ob sich die Bewegung des Lenkrades unmittelbar auf die Vorderräder überträgt (siehe Kapitel »Die Lenkung«).

Die wahlweise mit Stoßdämpfern der Fabrikate Bilstein oder Fichtel & Sachs ausgerüsteten Typen können ohne weiteres an einer Achse mit Stoßdämpfern beider Fabrikate kombiniert betrieben werden.

Schrauben und Muttern nachziehen

Wartungsdienst Nr. 44

Am Fahrwerk und am Aufbau sind spätestens alle 20 000 km die Schrauben und Muttern am Lenkgehäuse, an den Querlenkerbefestigungen, an den Stoßdämpfern, an der Hinterachse, an der Gelenkwelle, an der Motor-Getriebe-Aufhängung und an einigen anderen wichtigen Teilen nachzuziehen. Diese Arbeiten sollten der Werkstatt überlassen werden, weil für alle Schrauben und Muttern genau angegebene Drehmomentwerte eingehalten werden müssen.

Die Lenkung

Eine Drehbewegung am Lenkrad wird im Lenkgetriebe in eine Hin- und Herbewegung am Lenkstockhebel übersetzt und über die drei Spurstangen und die Lenkhebel der Achsschenkel an die Räder weitergeleitet. In der Verlängerung der Lenksäule sitzt das Lenkgetriebe, es befindet sich mit dem gesamten Lenkgestänge einigermaßen geschützt hinter der Vorderachse.
Der umständliche Weg zu den Rädern ist notwendig, weil bei den Federungsbewegungen eines Rades keine Lenkbewegungen auftreten dürfen. Außerdem wird durch die Geometrie des Lenkgestänges erreicht, daß das kurveninnere Rad schneller einschlägt, weil es ja auf einem kleineren Kreisbogen fährt. Diese Vorzüge werden durch einige Nachteile geschmälert: An jeder Gelenkstelle und im Lenkgetriebe gibt es Verschleiß, das entstehende Spiel beeinträchtigt die Lenkung.
Die kritische Stelle ist das Lenkgetriebe, das aus einer Spindel und einer Mutter besteht, die bei den alten Typen direkt, bei den neuen über eine Verzahnung die Lenkwelle bewegt. Schnecke und Mutter ermöglichen eine Übersetzung der Drehbewegung in eine Hin- und Herbewegung am Lenkstockhebel. Obwohl das Lenkgetriebe eine Ölfüllung enthält, würde die Schnecke und die Mutter an den Gewindegängen allmählich verschleißen. Zur Verminderung der Reibung sind die Gewindegänge so groß angefertigt, daß zwischen Spindel und Mutter ein Gang für Kugeln entstanden ist – die Lenkung ist also im Prinzip zum Kugellager geworden, das mit geringer Reibung und fast unbedeutendem Verschleiß arbeitet. Eine Rückförderschnecke bringt einen geschlossenen Kugelkreislauf (zur Sicherheit sind es sogar zwei) in der Mutter zustande. Diese Daimler-Benz-Kugelumlauf-Lenkung ist in allen in diesem Buch behandelten Diesel-Fahrzeugen eingebaut; ihre Wartung ist als Pflegepunkt Nr. 47 auf Seite 48 beschrieben.

Die Spurstangengelenke an der Vorderachse sind wartungsfrei, sie besitzen statt der früheren Schmiernippel eine Fett-Dauerfüllung in Gummibälgen. Diese sollen regelmäßig daraufhin überprüft werden, ob sie rißfrei, elastisch und dicht sind. Dringt Staub und Feuchtigkeit durch poröse oder beschädigte Gummibälge in die Gelenke ein, so verschleißen sie schnell und müssen erneuert werden. Man erkennt ihre Schadhaftigkeit an schwergängiger Lenkung und knarrenden Geräuschen beim Einschlagen.

Wegen der laufend ansteigenden Fahrzeuggewichte wurde die Gesamtübersetzung der Lenkung erhöht, damit die Lenkkräfte klein bleiben, allerdings ist die Lenkung indirekter geworden. Die Übersetzung in Mittellage beträgt beim 190 Dc noch 21,9, beim 200 D wurde sie auf 22,8 erhöht. Bei den neuen Typen wurde auch das Lenkgetriebe geändert, die Übersetzung beträgt bei ihnen 22,7, sie ist also fast gleichgeblieben.
Die einzige Schmierstelle am Lenkgestänge befindet sich bei den Modellen vor Baujahr 68 am karosserieseitigen Lager des Lenkungszwischenhebels. Das übrige Lenkgestänge hat wartungsfreie Gelenke, wie sie das Bild oben zeigt. Da die Kugelgelenke nicht abgeschmiert werden können, müssen sie im Reparaturfall ausgewechselt werden. Die Flatterneigung des Lenkgestänges wird durch einen Lenkungsstoßdämpfer unterdrückt.

Lenkungsspiel prüfen

Wartungsdienst Nr. 41

Man beobachtet bei geradeausgestellten Rädern und waagrecht liegenden Speichen die Bewegung der Felge des linken Vorderrades, wenn das Lenkrad von außen bewegt wird. Die Reifen können beim Drehen im Stand durch ihre Elastizität zunächst einen Teil des Einschlages »schlucken«, ehe sie sich bewegen. Die Lenkung sollte in Mittelstellung spielfrei sein, äußerstenfalls darf am Lenkrad ein toter Gang von ca. 20 mm sein.

Die Servo-Lenkung

Bei steigendem Fahrzeuggewicht wird die Leichtgängigkeit der Lenkung erhalten, indem das Übersetzungsverhältnis vergrößert wird. Die Lenkung geht dann zwar leicht, aber man muß viel kurbeln, was letzten Endes wieder auf

Das Bild zeigt (von unten gesehen) die Riemenscheibe der Servo-Pumpe für die mit einer Lenkhilfe ausgerüsteten Fahrzeuge. Auch hier ist die Spannung des Keilriemens gelegentlich zu prüfen. Das Nachspannen geschieht – wie beim Keilriemen für Wasserpumpe und Lichtmaschine – durch Schwenken der Pumpe bei gelockerten Spannschrauben. Diese Arbeit ist von unten auszuführen.

dasselbe hinausläuft: Die Arbeit bleibt einem nicht erspart. Zudem geben indirekte Lenkungen bei höheren Geschwindigkeiten mehr das Gefühl der Unsicherheit. Die Servo-Lenkung löst das Problem auf angenehme Art: Wie bei der Servo-Bremse wird die vom Fahrer geleistete Arbeit in einem maßvollen Verhältnis von einem Servo-Motor unterstützt.
Von der normalen Lenkung unterscheidet sich die Servo-Lenkung durch ein anderes Lenkgetriebe mit Steuereinheit und Arbeitskolben, sie benötigt zudem eine vom Motor angetriebene Ölpumpe. Das Lenkgetriebe, die Steuereinheit und der Arbeitskolben sind in einem Gehäuse vereinigt, das ohne weiteres gegen die mechanische Lenkung ausgetauscht werden kann. Von der mechanischen Lenkung wurden alle bewährten Teile übernommen.
Die Daimler-Benz-Servo-Lenkung wurde so ausgelegt, daß das Fahrzeug beim Parkieren leicht zu lenken ist, daß aber bei schneller Fahrt auf kurvenreichen Straßen auch noch der notwendige Kontakt zur Straße – das Lenkgefühl – vorhanden ist. Die Gesamtübersetzung der Servo-Lenkung konnte bei den älteren Typen bis 1967 auf 17,2, bei den neueren Typen sogar auf 15,66 reduziert werden. Bei der Servo-Lenkung kommt man also mit einem geringeren Lenkeinschlag aus.

Servo-Lenkungsteile prüfen

Wartungsdienst Nr. 47 a

Der gute Geist der Servo-Lenkung ist die Flügelzellenpumpe, die links unten am Motor von einem Keilriemen angetrieben wird. Beim Ausfall des Keilriemens oder bei abgestelltem Motor fördert die Pumpe kein Drucköl, der gute Geist hat sich urplötzlich weggestohlen. Jetzt zeigt sich die Kehrseite der direkten Lenkung.
Es sind gewaltige Lenkkräfte nötig, um das Fahrzeug in Kurven hineinzulenken, der Unterschied zum vorherigen mühelosen Fahren ist erschreckend. Daher sollten Sie – wenn Sie eine Servo-Lenkung haben – unbedingt einmal bewußt den Motor ausschalten, damit sie eine Vorstellung vom Verhalten der Lenkung ohne Servo-Wirkung haben. Aber aufgepaßt: Nach wenigen Bremsungen ist auch der Unterdruck der Servo-Bremse aufgebraucht, auch die Fußbremse erfordert jetzt Bärenkräfte. Diese kleine Übung bewahrt Sie vor dem Erschrecken beim unerwarteten Ausfall der Servo-Aggregate.
Zum Überprüfen der Teile der Servo-Lenkung gehören vor allem die Schlauchanschlüsse der Flügelzellenpumpe, die einwandfrei sitzen und dicht sein müssen; hinzu kommt der Keilriemen des Pumpenantriebs, der nicht verschlissen sein darf und die notwendige Spannung besitzen muß.

Nachstellen der Lenkung

Alle Arbeiten am Lenkgetriebe können nur bei ausgebauter Lenkung erfolgen. Bei der älteren und bei der neuen Lenkung kann das Axialspiel der Lenkspindel korrigiert werden, das Spiel an der Lenkwelle wird bei der älteren Lenkung durch eine Federvorspannung ausgeglichen, bei der neuen Lenkung durch eine mechanische Vorspannung (Einstellschraube). Wegen der engen Toleranzen und der notwendigen Präzision ist das Nachstellen der Lenkung der Werkstatt zu überlassen.

Fingerzeige: *Die Räder sollen möglichst nicht im Stand eingeschlagen werden. Die großvolumigen Reifen erfordern so hohe Drehmomente beim Einschlagen, daß das Lenkungsspiel vorzeitig vergrößert wird.*
Vibrationen in der Lenkung können verschiedene Ursachen haben: Räder sind nicht (oder nicht mehr richtig) ausgewuchtet, Stoßdämpfer defekt, Spurstangengelenke haben Spiel oder das Radlagerspiel ist zu groß. In jedem Fall auch den Lenkungsdämpfer prüfen lassen.

Anhaltende Wirkung

Wer keine ausgeprägte technische Ader und wenig Erfahrung hat, sollte die Aufmerksamkeit gegenüber seiner Bremsanlage auf einige Sichtkontrollen und gelegentliches Prüfen der Bremsen während der Fahrt beschränken. Alle Arbeiten an der hydraulischen Anlage gehören aus Sicherheitsgründen ohnehin in die Werkstatt. Die nachfolgenden, einfachen Prüfungen kann jeder Autofahrer selbst durchführen.

Bremsen prüfen

Wartungsdienst
Nr. 3

Die Bremsen Ihres Wagens sollen so gleichmäßig wirken, daß das Fahrzeug bei leichten und starken Abbremsungen ohne Lenkbewegungen in der Spur bleibt. Dazu müssen sie – ebenso wie ein neuer Motor – anfangs eingefahren werden. Bremsbelag und Bremstrommel oder Bremsscheibe müssen sich allmählich aneinander gewöhnen, sie müssen eine möglichst große Oberfläche gemeinsam haben. Wenn der Belag nicht »voll trägt«, ist die Bremswirkung des Fahrzeugs ungleichmäßig und im Gesamten schlechter. Deshalb empfiehlt es sich, gelegentlich eine scharfe Bremsung einzulegen und dabei den Wagen genau zu beobachten. Die Bremsprobe muß in der Straßenmitte einer vollkommen ebenen Straße stattfinden, daher sollten Sie dazu allein auf der Straße sein.

Zunächst bremsen Sie aus mäßiger Geschwindigkeit leicht ab. Wenn Sie sicher sind, daß Ihr Wagen in der Spur bleibt, können Sie diese Bremsung mit losgelassenem Lenkrad wiederholen, weil Sie so eher sehen, ob der Wagen doch schwach einseitig auslenkt. Dann versuchen Sie aus höherer Geschwindigkeit (etwa 60 bis 80 km/h) kurzzeitig voll zu bremsen. Mit dieser Notbremsung sollten Sie aber den Wagen nicht bis zum Stand bringen, weil sie die Reifen abnützt (Bremsplatten). Es genügt, wenn Sie bei ausgekuppeltem Motor kurz ruckartig auf die Bremse treten. Auch bei dieser Bremsprobe darf Ihr Wagen nicht aus der Spur laufen oder gar schleudern, auch wenn Sie das Lenkrad bei diesem Versuch losgelassen haben.

Das Bremspedal darf einen Leerweg von ein bis zwei Fingerbreiten haben, ehe die Bremswirkung richtig einsetzt. Ist das Pedalspiel auffallend größer geworden, muß die Fußbremse wegen abgenützter Beläge (bei allen Trommelbremsen) nachgestellt werden.

Bremsflüssigkeitsstand prüfen

Wartungsdienst
Nr. 16

Sicher haben Sie schon den trübweißen, durchsichtigen Behälter an der Spritzwand des Motorraumes entdeckt, der die Bremsflüssigkeit enthält. Mit der Verbesserung der Bremsanlage hat sich seine Form gewandelt: Bei den älteren Typen ist es ein zylindrischer Behälter mit geriffeltem Schraubdeckel, bei den schwerer gewordenen 190 Dc (ab Fahrgestellnummer 099 642) mit Scheibenbremsen ist es ein quaderförmiger Behälter mit zwei Kammern, der zwischen Batterie und dem Bremshilfgerät sitzt. Bei den neuen Typen erhielt der Behälter noch elektrische Anschlüsse für die Anzeige von leck geworde-

Neben dem Behälter für die Hydraulikflüssigkeit der Kupplung (rechts hinten im Bild) befindet sich links neben dem Motor vor dem Servo-Aggregat der Bremsflüssigkeitsbehälter. Er ist bei neueren Modellen wegen der 2 Kreise der Bremsanlage geteilt, besitzt aber eine gemeinsame Einfüllöffnung. Elektrische Anschlüsse (rechts an den Behältern) geben optische Warnsignale zur Kontrolleuchte am Armaturenbrett (Seite 201).
Die 4 Löcher im Innern des Deckels (bzw. das eine Loch außen) müssen frei durchgängig sein, damit Luft in die leerer werdenden Behälter nachströmen kann.

nen Bremskreisen. Die Fahrzeuge mit dem quaderförmigen Bremsflüssigkeitsbehälter haben daneben weiterhin einen kleinen zylindrischen Behälter, der ebenfalls mit Bremsflüssigkeit gefüllt ist: Das ist der Vorratsbehälter für die hydraulische Kupplungsbetätigung. Verwechseln Sie beide Behälter nicht.
Beim Tritt auf das Bremspedal wird die Bremsflüssigkeit im Hauptbremszylinder gepreßt. Dieser Druck pflanzt sich durch die Bremsleitungen zu den einzelnen Radbremsen weiter, wodurch dort über die Radbremszylinder (bzw. Bremskolben bei den Scheibenbremsen) die Bremsbeläge gegen die Bremstrommeln bzw. Scheibenbremsen gepreßt werden.
Bei den Typen mit quaderförmigem, doppeltem Behälter ist das Bremssystem geteilt: Der Hauptbremszylinder besteht aus zwei Kammern, von denen jede einen Bremskreis (für Vorderachse und Hinterachse) steuert. Damit ist das Fahrzeug auch bei Ausfall eines Kreises – es genügt ja eine kleine Leckstelle bei den hohen Drücken – mit dem anderen Kreis bremsfähig. Jeder Kreis hat einen eigenen Vorrat, der als Reserve dient, wenn eine Undichtigkeit auftritt. Auch wenn der Bremsflüssigkeitsspiegel in Abständen ergänzt werden muß, ist Gefahr im Verzug. Um eine undichte Stelle muß sich die Werkstatt kümmern, die dazu das Bremssystem unter Druck setzt und den Abfall des Innendrucks über eine bestimmte Zeit kontrolliert.
Ihre Fürsorge kann sich auf das Überprüfen des Bremsflüssigkeitsstandes beschränken, der bei den durchscheinenden Behältern von außen zu erkennen ist. Die Behälter sollen etwa zu ¾ gefüllt sein. Wenn Sie diese Kontrolle schon routinemäßig erledigen, wird Ihnen beim Wagenwechsel aufgefallen sein, daß der Flüssigkeitsstand bei Wagen mit Scheibenbremsen schneller absinkt. Die Bremsflüssigkeit muß ja bei dünner werdenden Bremsbelägen in den Radbremszylindern ein größeres Volumen auffüllen – wodurch sich der Vorratsbehälter langsam leert. Die im Durchmesser relativ großen Kolben der Scheibenbremszylinder (57 mm gegenüber 28,6 mm bei den Trommelbremsen) »saugen« schon wegen der schneller verschleißenden Bremsklötze ein deutlich größeres Volumen als die Trommelbremsen an. Ein allmähliches Absinken des Flüssigkeitsspiegels ist daher noch kein Alarmzeichen.
Grundsätzlich darf nur Bremsflüssigkeit mit der Spezifikation DOT 4 verwendet werden. Die Spezifikation ist wichtig, da Bremsflüssigkeit nicht mehr wie früher blau, sondern hell bis bernsteinfarben ist. Die Bremsflüssigkeit ist ein synthetischer Stoff, der bei Kälte und Hitze gleichmäßig dünn bleibt. Beim Nachfüllen ist Vorsicht geboten: Bremsflüssigkeit ist giftig, außerdem greift sie den Lack an. Da Bremsflüssigkeit auch stark wasseranziehend ist,

sinkt im Laufe der Zeit ihr Siedepunkt. Bei starker Beanspruchung der Scheibenbremsen kann es zu Dampfblasenbildung in den Leitungen kommen – die Bremse fällt dann ganz aus. Bei Fahrzeugen mit Scheibenbremsen soll die Bremsflüssigkeit deshalb jedes Jahr erneuert werden.

Bremsflüssigkeit wechseln

Wartungsdienst Nr. 64

Diese Arbeit soll in der Werkstatt mit einem Entlüftungsgerät durchgeführt werden. Ohne dieses Gerät geht man ähnlich wie beim Entlüften (siehe Seite 129) vor. Der Ausgleichsbehälter wird bis zur Maximalmarke mit Bremsflüssigkeit (Spezifikation DOT 4) befüllt. Jedes Entlüfterventil öffnen und Bremspedal zum Herauspumpen der alten Bremsflüssigkeit zehnmal treten. Ventil schließen und Ausgleichsbehälter wieder auffüllen.

Bremsleitungen prüfen

Wartungsdienst Nr. 12

Auf der Hebebühne einer Tankstelle können Sie den Verlauf und Zustand der Bremsleitungen gut überprüfen. Sie müssen trocken sein und dürfen keine Scheuerstellen haben. Dunkle Flecken können von Undichtigkeiten herrühren. Bremsschläuche vertragen kein Benzin, Petroleum, Dieselkraftstoff, Absprühöl oder Abschmierfett. Sie dürfen auch nicht lackiert werden.

Die Trommelbremse

Bis zur Einführung der Scheibenbremse galt sie als ausgereifte und gute Konstruktion – heute muß sie in der Nähe der hinteren Scheibenbremse als unbedeutende Feststellbremse (Topfbremse) verkümmern. Ihre wesentlichen Bestandteile sind die außen verrippte Graugußtrommel, die Bremsbacken und die Betätigungszylinder. Weil sich beim Bremsen des Fahrzeugs das Gewicht mehr auf die Vorderachse verlagert – bei scharfen Bremsungen sind es fast 70 % des Gesamtgewichtes –, müssen die vorderen Bremsen eine größere Bremskraft erzeugen und dementsprechend mehr Wärme aufnehmen. Daher wurden die vorderen Bremsen oft mit einem größeren Durchmesser hergestellt oder zumindest mit einer günstigeren Anordnung der Bremsbacken versehen. Bei den Diesel-Fahrzeugen sind die vorderen Trommelbremsen als Duplex-Bremsen mit zwei Bremszylindern ausgestattet. Dabei wird jeder Bremsbacken so angedrückt, daß die umlaufende Trommel den Backen durch die Reibungskraft zusätzlich anpreßt. Diese »Selbstverstärkung« erspart einen Teil der Fußkraft, allerdings wirkt dieses System nur in der Vorwärtsfahrt, beim rückwärtsrollenden Fahrzeug müssen Sie deutlich stärker bremsen. Die hinteren Bremsen sind weniger belastet, daher reicht bei ihnen ein Bremszylinder pro Bremse aus, sie haben also nur einen selbstverstärkenden (auflaufenden) Backen, der andere, nur von der Kolbenkraft angepreßte, nützt sich im Betrieb demzufolge weniger ab.

Die Trommelbremsen sind schon bei geringer Pedalkraft sehr wirksam, wenn die Bremsbacken überall gut anliegen. Das ist meistens erst nach einer gewissen Einfahrzeit der Fall. Durch die Elastizität des Belages bleibt die Bremswirkung auch bei geringer Verformung der Trommel (durch den Innendruck und Wärme) erhalten. Bei lang anhaltender starker Abbremsung (z. B. bei Paßfahrt) kann sich die Trommel allerdings so sehr erwärmen, daß sie den Bremsbacken geradezu »davonwächst«. Weil sich bei der Erwärmung nur der offene Teil der zylinderförmigen Bremsfläche ungehindert ausdehnen kann, wird die Bremsfläche zudem kegelförmig, die Bremstrommel hat also an der Nabenseite einen kleineren Durchmesser als auf der offenen (nach innen gerichteten) Seite. Auf diese neue Situation können sich die 65 mm breiten Bremsbacken kaum mehr einstellen. Sie übertragen nur noch »auf einer Schulter« Reibungskräfte – die Bremse zeigt jetzt das sogenannte »Fading«, ein Nachlassen der Bremswirkung bei überhitzter Bremse.

Das ist eine verhältnismäßig leichte Angelegenheit. Zuerst wird das betreffende Rad abgenommen. Da die Bremstrommel nur von den Radbolzen gehalten wird, kann sie schon abgezogen werden. Notfalls hilft man mit ein paar Schlägen mit dem Hammerstiel nach. Es empfiehlt sich, die Stellung der Bremstrommel auf der Nabe durch einen Kratzer auf der Trommel und einem Bolzen zu markieren, damit sie wieder in der alten Lage aufgesetzt werden kann. Wenn sie nicht leicht auf die Nabe geht, müssen die beiden Bremsbacken vorsichtig zentriert werden. Durch leichtes Drehen läßt sich die Trommel eher wieder aufsetzen. Auf keinen Fall darf bei abgenommener Trommel die Fußbremse angetippt werden, weil sonst die Kolben der Radbremszylinder herausspringen, wobei Bremsflüssigkeit verspritzt wird und Luft in das hydraulische System kommt. Meist versetzen sich auch die Bremsbacken dabei so sehr, daß die Trommel nur noch mit Mühe wieder aufgesetzt werden kann.

Bremstrommeln abnehmen

Bei abgenommener Bremstrommel können die Beläge auf ihren Zustand untersucht werden. Die Stärke des Bremsbelages soll an keiner Stelle unter 1,5 mm absinken (die »auflaufenden« Backen sind meistens an der auflaufenden Seite am dünnsten, bei den Vorderradbremsen ist das die Seite, an der die Stempel der Bremszylinder andrücken, an der Hinterradbremse ist es der in Fahrtrichtung vorne liegende Backen). Gefährlich sind heruntergebremste Backen: Wenn Metall auf Metall bremst, kann die Bremse blockieren, zumindest wird aber die Reibfläche der Bremstrommel beschädigt.

Bremsbelagstärke prüfen
Wartungsdienst Nr. 61 a

Wenn die Bremstrommel schon entfernt ist, empfiehlt es sich, den Staub (Abrieb des Belages) auszublasen. Keinesfalls soll die Trommel mit Benzin oder einem fettigen Lappen ausgewaschen werden. Die Trommel darf auf der Bremsfläche keine Riefen haben, weil sich dadurch die Beläge schnell zerbremsen. Notfalls kann sie um fast einen Millimeter im Radius ausgedreht werden. Die Beläge dürfen nicht verölt sein und sollen keine Schmutzriefen haben. Neue Beläge können aufgenietet werden (Vorderachse: Johns Manville. Hinterachse: 50 mm breit Textar V 643 L, 65 mm breit Textar TE 14). Einfacher ist es jedoch, im Tausch Backen zu nehmen, auf denen die Beläge wie beim Neufahrzeug aufgeklebt sind, bei den zeitweise ausschließlich verwendeten Leichtmetallbacken können die Beläge ohnehin nur aufgeklebt werden.

Bremsbeläge werden nach verschiedenen Rezepten aus Asbest, Metallpulver, Kunststoffen und anderen Bestandteilen gemixt, wobei je nach Wagengewicht, Geschwindigkeit und Art der Bremse andere Zusammensetzungen notwendig sind. Man kann also nicht jeden beliebigen Belag als Ersatz verwenden. Die Beläge zeigen auch Unterschiede im Bremsverhalten, sie haben eine harte oder weiche Bremswirkung, erfordern hohe oder geringere Pedalkraft. Die Beläge auf Bremsbacken halten viel länger als die Bremsklötze der Scheibenbremsen. Im Durchschnitt kann man gut 40 000 km rechnen.

In jedem Fall sollen die Beläge aller Bremsbacken gleich sein, es ist also nicht möglich, nur einzelne Bremsbacken auszutauschen.

Bei vergrößertem Weg am Bremspedal (das Pedal läßt sich mehr als zwei Fingerbreiten eindrücken, ohne daß ein stärkerer Widerstand spürbar ist) müssen die Trommelbremsen nachgestellt werden. Zum Einstellen der Bremsen wird der Wagen hochgebockt. An der Innenseite der jeweiligen Vorder- und Hinterräder finden Sie die Sechskant-Köpfe (SW 19) sehr leicht, weil sie zudem geschlitzt sind, also auch mit einem Schraubenzieher angezogen werden können. An der vorderen Bremse sind die Nachstellexzenter unter etwa 45° zur Waagerechten angeordnet, der vordere sitzt über der Mitte, der hin-

Trommelbremsen nachstellen
Wartungsdienst Nr. 31 a

tere unter der Mittenachse. An der hinteren Bremse liegen die Nachstellexzenter etwas über der Waagerechten. Bei den Blechbremsbacken besteht der Nachstellexzenter aus einer Scheibe, bei den Leichtmetallbacken ist es ein exzentrisch auf einer Scheibe angeordneter Stift. In der Wirkungsweise sind aber beide Formen gleich: Es gibt bei einer vollen Umdrehung der Einstellschraube ein Minimum und ein Maximum. Für das Nachstellen genügt also schon eine kleine Winkeldrehung am (Ring)-Schraubenschlüssel, der – wenn nur Fachleute daran gearbeitet haben – jeweils nach außen zu drehen ist. Natürlich könnte man den Exzenter auch über das Minimum nach innen zurückdrehen, bis er auf seiner anderen Seite wieder anliegt, das würde aber späteren Reparaturwerkern verraten, daß Laien daran gearbeitet haben. Beim vorsichtigen Drehen des Schraubenschlüssels wird das Rad gedreht, bis der Belag hörbar schleift. Nun wird die Einstellung wieder etwas zurückgenommen, bis das Rad vollkommen frei umlaufen kann. In dieser Stellung hält den Exzenter die Reibungskraft, die durch eine starke Feder zwischen Bremsträgerplatte und Einstellschraube erzeugt wird.
Gleich nach diesen Nachstellarbeiten sollte eine Probefahrt unternommen werden, um die Bremswirkung – besonders die Gleichmäßigkeit – zu überprüfen. Ist die Wirkung der Fußbremse nach dem Einstellen nicht besser geworden, sind entweder die Beläge schon zu weit abgewetzt oder befindet sich Luft im hydraulischen System (siehe Abschnitt »Entlüften«).

Die Scheibenbremse

Ihr Prinzip ist einfach: Parallel mit dem Rad dreht sich eine Stahlscheibe, gegen die von beiden Seiten Bremsklötze gepreßt werden. Wegen der oben genannten Nachteile der Trommelbremse bekamen auch die Diesel-Fahrzeuge schon beim 190 Dc ab Fahrgestell-Nummer 099 642 Scheibenbremsen an der Vorderachse. Die neuen Typen haben sogar an allen 4 Rädern Scheibenbremsen – nicht nur weil sie besser sind, sondern auch deshalb, weil sie seit dem Ablaufen einiger wichtiger Patente billiger geworden sind, Fachleute behaupten, daß sie sogar billiger sind als Trommelbremsen! Für uns ist allerdings wichtiger, daß sich die Scheibenbremse besser kühlen läßt und bei Erwärmung eine viel bessere Bremswirkung hat, weil sich die vorne 12,7 mm dicke und bei den neuen Typen hinten 10 mm dicke Scheibe bei Erwärmung kaum verändert. Zudem ist die Bremswirkung auf einer Achse gleichmäßiger, d. h. die linke und die rechte Bremse haben praktisch die gleiche Wirksamkeit, was bei Trommelbremsen seltener der Fall ist. Weiterhin ist sie selbstnachstellend und selbstreinigend, weil der abgeriebene Belag einfach weggeblasen wird.
Andererseits hat die Scheibenbremse auch ihre Minuspunkte: Weil die sogenannte Selbstverstärkung – bei den Trommelbremsen erzeugt die Betätigungskraft eine Reibungskraft, die sich bei den »auflaufenden« Bremsbacken zusätzlich erhöht – wegfällt, ist die erforderliche Betätigungskraft größer.

Scheibenbremse reinigen

Wartungsdienst Nr. 61

Scheibenbremsen neigen gern zum Quietschen. Meist entstehen Quietschgeräusche durch Schwingungen, die beim Bremsen von der Reibung zwischen der rotierenden Bremsscheibe und den feststehenden Belägen ausgelöst werden. Zur Reduzierung der Quietschneigung liegen zwischen Belag und Kolben Abschirmbleche, die auch die Kolben in der richtigen Lage halten.
Gehört Ihr Mercedes zu den besonders lästigen Quietschern, hilft die hitzebeständige Spezialpaste »Plastilube PL Brems« (im Ersatzteillager erhältlich). Bremsbeläge ausbauen, alle Teile säubern, Kanten der Belagträger mit Schmirgelleinen abziehen. Dick mit Plastilube eingestrichen werden die Stirnseiten der Bremskolben, etwas dünner die Belagträger (Rückseiten der Beläge). Nur

dünn einzustreichen sind folgende Teile: Schächte im Bremssattel, Bohrungen für die Haltestifte, die kompletten Haltestifte, die Spreizfeder an den Berührungsstellen mit den Haltestiften und den Belagträgern, außerdem die Belagträger an den Kanten und den Bohrungen für die Haltestifte. Falls trotz Sorgfalt etwas von der Paste auf die Bremsbelagfläche gelangt, genügt Abreiben mit einem Lappen.
Beim 190 Dc wurden Teves-Bremszangen (Bremssattel) S 2/57 eingebaut, der 200 D hatte Bremszangen von Teves oder von Girling (Typ 17/2 und Typ 17/3). Zu unterscheiden sind die beiden Fabrikate schon bei bloßem Hinsehen: Die Teves-Bremszange ist mehr verrippt, die Girling-Bremszange hat einen blokkigeren Aufbau. Seit März 1973 werden auch Bremszangen der Firma Bendix eingebaut; sie sind an dem runden Bremskolbengehäuse erkennbar. Die Normalstärke der Bremsscheiben beträgt 12,7 mm, sie können bei Riefenbildung auf jeder Seite vorne um maximal 0,5 mm, hinten (bei den neuen Typen) maximal 0,3 mm abgeschliffen werden. Obwohl die Bremsscheibe einheitlich ist, können Teile der Bremszangen nicht vom Fremdfabrikat verwendet werden.
Wird die Wagenunterseite mit einem Korrosionsschutzmittel behandelt, müssen die Scheibenbremsen unbedingt abgedeckt werden. Während die Bremsscheiben zur Not noch mit Spiritus gereinigt werden können, sind verschmierte Beläge nicht mehr zu gebrauchen, weil sonst die Bremswirkung gefährdet ist.

Stärke der Scheibenbremsbeläge prüfen

Wartungsdienst Nr. 24 und 31

Wegen der kleineren Belagfläche nützen sich die Bremsklötze der Scheibenbremsen schneller ab, als man es von den Belägen der Trommelbremse gewohnt ist. Bei scharfer Fahrweise können sie schon nach 8000 bis 15 000 km bis auf eine Belagstärke von ca. 2 mm abgeschliffen und damit erneuerungsbedürftig sein, bei normaler Fahrweise halten sie gut 20 000 bis 30 000 km aus. Bei Wagen mit Getriebeautomatik werden sich die Beläge etwas früher abnützen, weil der Motor weniger mitbremst.
Von außen läßt sich die Belagstärke (im Neuzustand ca. 10 mm auf 5 mm starkem Belagträger) am besten nach Abnehmen eines Rades – beim Vorderrad ist die Beanspruchung größer – erkennen. Da die Nuttiefe im Belag auch die Abnutzungsgrenze markiert, kann man also schon durch einen Blick erfahren, ob ein Belagwechsel nötig ist oder nicht. Dazu muß man die Radnabe etwas drehen, damit der Belag besser von der Bremsscheibe zu unterscheiden ist. Bei der Girling-Bremse Typ 17/2, der neueren Teves- und der Bendix-Bremse muß allerdings noch das kleine Abdeckblech, das die vorderen Beläge vor Verschmutzung schützt, abgehebelt werden. Wenn bei der Teves-Bremse die sogenannte Kreuzfeder die Sicht auf die Beläge versperrt, hilft auch ein kleiner Maßstab: Im Neuzustand beträgt der innere Abstand der Ösen auf den Sicherungsstiften (siehe umseitige Bilder) ziemlich genau 33 mm, bei halb abgenützten Belägen hat er sich reduziert auf 25 mm, bei 17 mm Abstand sind die Klötze verbraucht und müssen gewechselt werden. Aus diesen Maßen, die auch für die anderen Bremsen gelten, läßt sich etwa abschätzen, ob noch ein Kundendienstintervall bis zum Wechsel gewartet werden kann.
Woran merkt man auch ohne Eigenprüfung, daß die Beläge reif sind für einen Wechsel? Um es gleich zu sagen, man merkt es meistens sehr spät, weil durch die Bremshilfe das Gefühl für die gesteigerte Bremskraft verloren geht. Wenn aber erst Metall (der Trägerplatte) auf der Bremsscheibe schleift, wird die Schadensregulierung teuer, weil die Bremsscheiben zumindest abgeschliffen, eventuell sogar ersetzt werden müssen. Zudem kann bei einer schärferen Bremsung (bei hoher Anpreßkraft) ein Verschweißen eintreten und das Rad blockieren. Am ehesten spürt man den »fehlenden« Bremsbelag am

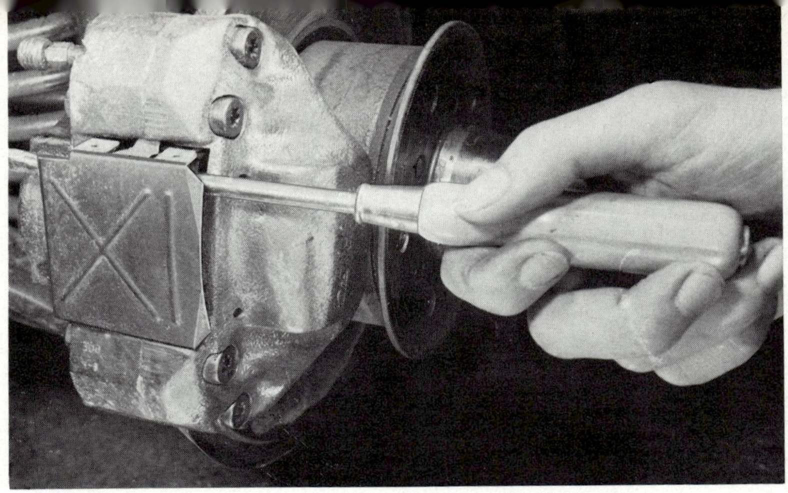

Zur Abdeckung gegen Schmutz und Nässe sind die Bremsscheiben und -beläge der Vorderräder durch ein Blech geschützt. Zur Kontrolle des Belagverschleißes muß dieses mit einem Schraubenzieher abgehebelt werden. Läßt sich danach noch keine gute Sichtkontrolle durchführen, muß, wie hier im Bild, das Rad abgenommen werden. Sind die Ösen der Bremsklötze (in den Bildern unten und rechts gut erkennbar) schon sehr dicht an die in der Mitte sitzende kreuzförmige Spreizfeder herangerückt, besteht der Verdacht, daß der Bremsbelag verschlissen ist.

allmählich länger werdenden Bremspedalweg. Wenn nur ein Belag stark abgenützt ist (einseitige Verschmutzung), müssen trotzdem alle Beläge einer Achse gewechselt werden. Als kleine Erinnerungsstütze dient der Kilometerstand beim ersten Wechsel.

Bremsbelagwechsel

Diese Arbeit kann man eigentlich selbst machen, zumindest an den besser zugänglichen vorderen Scheibenbremsen, eine gewisse praktische Veranlagung reicht für diese Selbsthilfe aus. Folgende Punkte sind zu erledigen:

1. Wagen auf der betreffenden Seite hochbocken, Rad abnehmen. Die Lenkung sollte so eingeschlagen sein, daß der Bremssattel aus dem Radkasten herausschaut. Die Bremsen müssen natürlich abgekühlt sein.
2. Mit einem Durchschlag (oder einem abgekniffenen Nagel, möglichst aber keinem Schraubenzieher) von 4 bis 5 mm Stärke wird der obere Haltestift von außen nach innen herausgeschlagen. Zuvor müssen die eventuell vorhandenen Sicherungsösen herausgezogen werden und bei den Bremsen der Modelle ab 1968 das Schmutzabdeckblech entfernt werden.
3. Jetzt kann bei den Teves- und Bendix-Bremsen die Belaghaltefeder herausgenommen werden, nachdem ihre Lage zuvor mit einem Kratzer markiert wurde. Diese Feder soll das Klappern der Beläge verhindern.
4. Der zweite Haltestift wird auf dieselbe Weise herausgetrieben.
5. An einer (oder besser an beiden) Öse der Trägerplatte Bremsklotz herausziehen. Wenn der Belag festgeklemmt ist, kann durch beide Ösen ein Draht gezogen werden, mit dem er sich eher herausziehen läßt.

Je nach Typ und Marke des Bremssattels sind die Haltestifte der Bremsklötze durch eine Sicherungsklammer (mit Kombizange abnehmen) oder, wie hier, durch eine selbstsichernde Manschette (im Bild rechts oben am Haltestift [2] links erkennbar) gesichert. Nach Abnahme der eventuell vorhandenen Sicherungsklammern wird zuerst der oben sitzende Haltestift von der Wagenaußenseite her mit einem Durchschlag oder abgestumpften passenden Nagel herausgetrieben. Danach die kreuzförmige Spreizfeder (rechts oben im Bild Nr. 3) herausnehmen und zuletzt auch den unteren Haltestift heraustreiben.

Nach der auf den nebenstehenden Bildern gezeigten Vorarbeit lassen sich nun die Bremsklötze (1) an den Ösen entweder mit einem kleineren Schraubenzieher oder einem Drahthaken herausziehen. Achten Sie beim Zusammenbau sorgfältig darauf, daß die kreuzförmige Spreizfeder (3) und die Haltestifte (2, der untere ist bereits abgelegt) wieder in der richtigen Lage einmontiert werden. In der Mitte zwischen den beiden Bremsklötzen (1) ist die dicke Bremsscheibe (4) zu sehen. Mit Hilfe des Entlüftungsventils (5) wird, wie im Bild auf Seite 129 unten gezeigt, die Scheibenbremse entlüftet.

6. Vor dem Einsetzen neuer Beläge müssen zuerst die Kolben in die Zylinder zurückgedrückt werden, weil ja die neuen Beläge dicker sind. In der Werkstatt gibt es dafür eine spezielle Zange. Mit einem großen »Engländer« oder einer Wasserrohrzange kann diese Arbeit auch erledigt werden. Vorsicht, Wärmeabschirmblech und Staubdichtung nicht beschädigen! Auch das Zurückdrücken muß vorsichtig erfolgten, damit sich der Kolben nicht verkantet. Wurde der Spalt zwischen Scheibe und dem neuen Belag zu groß, schadet das nichts, da die Beläge – jeweils nach Beendigung der Arbeit an einer Achse – durch mehrmaliges Treten der Fußbremse wieder angepreßt werden. Die Fußbremse darf aber erst betätigt werden, nachdem alle Bremsklötze eingebaut sind, weil sonst die leeren Kolben ganz aus den Zylindern herausgepreßt würden. Sie neu einzusetzen wäre ohne Ausbau der Bremszangen nicht möglich.

7. Beim Zurückdrücken der Kolben wird Bremsflüssigkeit in den Vorratsbehälter zurückgepumpt. Wenn Sie während der Betriebszeit Bremsflüssigkeit nachgefüllt hatten oder nach Beendigung des Bremsklotzaustausches an einer Achse nicht die Bremsbeläge durch Betätigung des Bremspedals angepreßt haben, kann der Bremsflüssigkeitsbehälter überlaufen. Das gibt Ärger, denn die Bremsflüssigkeit ätzt und schädigt den Lack. Nach dem Abschrauben des Deckels läßt sich der Stand im Vorratsbehälter leichter überprüfen.

8. Die Beläge müssen sich in den Führungen leicht bewegen lassen. Eventuell muß vor dem Einsetzen der Führungsschacht mit Spiritus gesäubert werden. Festgebackene Belagstaubkrusten mit einem flachen Schraubenzieher wegkratzen (Kolbenmanschette nicht beschädigen!).

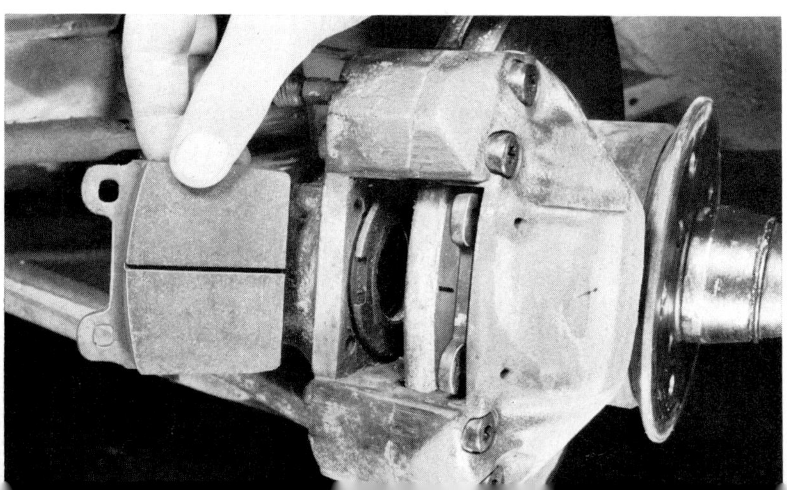

Am herausgezogenen inneren Bremsklotz erkennt man in der Mitte die Nut, die die Nässeempfindlichkeit des Belages vermindern soll. Der im Innern des Bremssattels sichtbare Ring gehört zum Druckzylinder, der beim Bremsen den Belag gegen die Scheibe preßt. In neuem Zustand beträgt die Dicke des Belages 10 mm ohne und 15 mm mit Trägerplatte. Die Nuttiefe im Bremsbelag kennzeichnet die Abnutzungsgrenze. Wenn sie nicht mehr über die ganze Belagbreite vorhanden ist, wird es höchste Zeit für neue Bremsklötze. Die Bremsbeläge sind vom Herstellerwerk auf die Bremsbelagträger aufgeklebt.

Die Bendix-Vorderrad-Bremszange bis Ende 1974 besitzt für die Belaghaltestifte (17) Sicherungsösen (21) für die rechte und linke Seite. Die runden Einbuchtungen der Sicherungsösen müssen beim Einbau zangenauswärts zeigen. Bei der Bremszange für die Hinterräder sind die Sicherungsösen gleich. Die Bendix-Bremse unterscheidet sich auch durch die Belaghaltefeder (16) aus Draht.

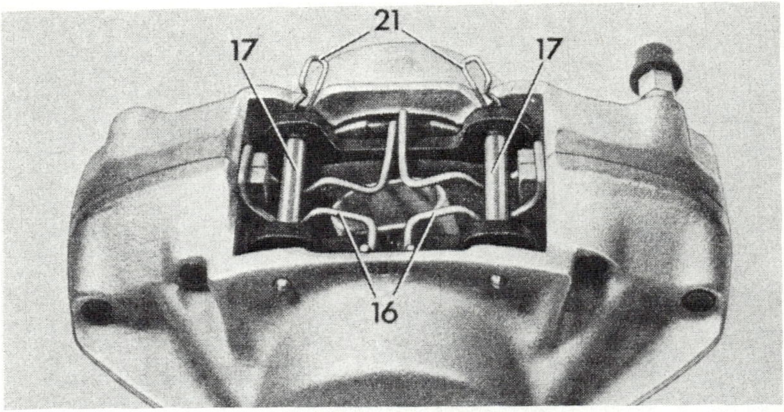

9. Nach den Belägen werden Haltestift, Spreizfeder und anderer Haltestift nebst Sicherungen und Abdeckplättchen wieder eingesetzt. Die Haltestifte werden mit dem Hammer vorsichtig in die Bohrung getrieben.

10. Bei noch stehendem Wagen wird jetzt so lange das Bremspedal niedergedrückt, bis das ganze hydraulische System wieder vollgepumpt ist. Erst dann darf der Wagen abgebockt werden!

11. Die neuen Beläge müssen eingefahren werden. Auf den ersten 500 km sollen keine Gewaltbremsungen durchgeführt werden, weil die Beläge sonst an der Oberfläche verbrennen, wodurch die Lebensdauer stark vermindert wird.

Feststellbremse bzw. Handbremse prüfen

Wartungsdienst Nr. 4

Weil die Stockhandbremse bei den neuen Typen durch eine Fußfeststellbremse ersetzt wurde, wollen wir allgemein von der Feststellbremse sprechen. Diese wirkt bei allen Typen auf die Hinterräder und ist auch bei allen Typen im Prinzip gleich: Als Feststellbremse wird auch bei den Wagen mit 4 Scheibenbremsen eine nur 25 mm breite, in der Bremsscheibe liegende Trommelbremse verwendet (Bild unten).

Weil die Feststellbremse nur auf die Hinterräder wirkt, ist das Abbremsen nicht ungefährlich: Bei blockierten Hinterrädern stellt sich der Wagen meistens quer, was bei höheren Geschwindigkeiten bedenklich ist. Gewöhnlich ist aber die Gefahr des Blockierens deshalb nicht vorhanden, weil die Feststellbremse ohnehin zu schwach ist. Wenn der Stockhandbremshebel erst in der letzten Raste wirksam bremst, bzw. die Fußfeststellbremse mehr als vier Rasten durchgetreten werden kann, dann ist es Zeit, sie nachzustellen.

Das Nachstellen der Feststellbremse (bei den Typen 200 D/8 und 220 D/8): Zuerst wird eine der fünf Radschrauben herausgedreht und diese Öffnung so gestellt, daß sie sich in der Winkelhalbierenden zwischen horizontaler und vertikaler Achse befindet. Dann ertastet man mit einem Schraubenzieher den Einstell-»Stern« und hebelt ihn soweit nach unten (beim linken Rad) bzw. nach oben (beim rechten Rad), bis sich das Rad nicht mehr drehen läßt. Danach wird das Stellrad soweit zurückgedreht (um etwa 2 bis 3 Zähne), daß sich das Rad gerade frei drehen kann, ohne zu schleifen.

Feststellbremse bzw. Handbremse nachstellen

Wartungsdienst Nr. 32

Das soll nun gerade nicht an der griffgünstig im Motorraum liegenden Flügelmutter auf dem Umlenkhebel bzw. an der Einstellschraube am Zwischenhebel (Bild Seite 51) geschehen, weil damit nur die Längung des Seiles nachgestellt wird. Das Nachstellen erfolgt an den hinteren Bremstrommeln. Bei den neuen Typen muß an der Hinterachse rechts und links nach Abnehmen der Radkappen eine der fünf Radschrauben herausgeschraubt werden. Bei den älteren Typen befindet sich im Hinterachsflansch ein Einstelloch.
Durch das Schraubenloch bzw. das Einstelloch wird nun mit einem Schraubenzieher (mit 4 bis 5 mm Breite) in das Stellrad der Nachstellvorrichtung eingegriffen und, wie im Bild links unten gezeigt, nachgestellt.
Die Feststellbremse wird bei den älteren Typen durch den Belagverschleiß der Hinterradbacken auch dann unwirksam, wenn sie selbst nie benützt wurde – nur bei den neuen Typen, wo Fußbremse und Feststellbremse vollkommen unabhängig sind, kann man »sparen«.
Wegen des geringeren Trommeldurchmessers (nur 160 mm gegenüber 230 mm) der neuen Typen und des verringerten Übersetzungsverhältnisses ist die Betätigungskraft größer geworden. Weil mit der Beinkraft bei gleicher Anstrengung gut das Doppelte an Kraft aufgebracht wird, wurde für die neuen Typen das vierte Pedal als neue Lösung vorgestellt.

Bremsseile auf Verschleiß prüfen

Wartungsdienst Nr. 42

Mangelnder Fettschutz, Scheuerkanten und Umlenkradien beanspruchen Seilzüge mehr als die Bremskraft. Verschleißende Seile zeigen als erstes Anzeichen Rostansätze. In diesem Fall empfiehlt sich ein baldiger Austausch, weil die Sicherheit des Bremssystems vorrangig ist. Aus diesem guten Grunde schaut der TÜV-Prüfer auch ganz besonders kritisch auf den Zustand der Bremsleitungen und Bremsseilzüge.

Bremsanlage entlüften

Läßt sich das Bremspedal federnd tief durchtreten, dann befindet sich Luft in den Leitungen oder Bremszylindern. Ebenso wie nach allen Arbeiten an der Bremsanlage muß daraufhin das System entlüftet werden. Wegen dem Umgang mit der Bremsflüssigkeit ist dies eher eine Arbeit für die Werkstatt.
Vor größeren Arbeiten wird zunächst der Flüssigkeitsspiegel im Vorratsbehälter überprüft, beim Entlüften muß er immer ganz gefüllt sein. Durch Pumpen mit dem Bremspedal kann die Luft aus den Leitungen entfernt werden, wenn der Bremskreis nach außen geöffnet wird. Das geschieht an den Entlüftungsnippeln der Bremszylinder bzw. der Scheibenbremszangen. Weil ein Mann für das Betätigen des Bremspedals benötigt wird, muß ein zweiter Mann die Entlüftungsnippel öffnen.

Zum Entlüften der Bremse wird die Schutzkappe vom Entlüftungsventil gezogen, nachdem deren Umgebung sorgfältig gereinigt wurde. Dann Entlüftungsschlauch über das Ventil streifen, Schlauchende in ein Gefäß mit Bremsflüssigkeit hängen, mit einem Gabelschlüssel das Ventil etwas öffnen. Dabei tritt ein Helfer das Bremspedal so lange, bis keine Luftblasen mehr aus dem Schlauch aufsteigen. Nun wird das Ventil wieder geschlossen, während der Helfer das Bremspedal in seiner tiefsten Stellung hält. Die Schutzkappe wird wieder aufgesteckt.

Wichtig ist die Reihenfolge für das Entlüften: Bei Fahrzeugen mit vier Trommelbremsen wird – maßgebend für die Reihenfolge ist die Länge der Bremsleitungen – zuerst das rechte Hinterrad, dann das linke, darauf das rechte Vorderrad und zuletzt das linke mit der kürzesten Zuleitung entlüftet.
Bei den Wagen mit zwei Scheibenbremsen, die zwei getrennte Bremskreise haben, werden zuerst die Leitungen zu den Bremszangen entlüftet, es beginnt also an der rechten Zange, dann folgt die linke, darauf die rechte hintere Bremse und zuletzt die linke hintere Bremse. Die Wagen mit vier Scheibenbremsen (2 Bremskreise) werden wie die Wagen mit vier Trommelbremsen entlüftet, hier ist wieder die Länge der Bremsleitungen maßgebend.
Das Entlüften selbst erfolgt so: Von den Entlüftungsventilen an dem Bremsträgerblech oder an den Zangen der Scheibenbremsen werden die Schutzkappen abgenommen. Ein Plastikschlauch wird an der ersten Bremse über das Ventil gestülpt und in ein etwa halbvoll mit Bremsflüssigkeit gefülltes Glas gehalten (in durchsichtigen Schläuchen und Behältern ist unter dem dunklen Wagen der Stand der Bremsflüssigkeit besser zu erkennen), wobei darauf zu achten ist, daß der Schlauch immer in der Flüssigkeit liegt, damit keine Luft in die Leitung zurückgesaugt wird. Mit einem vorher übergestreiften Ringschlüssel (je nach Ventilausführung SW 7, 10 oder 11) wird das Entlüfter-Ventil etwa eine halbe Umdrehung gelöst. Jetzt tritt der im Wagen befindliche Mann das Bremspedal zügig ganz durch und hält es unten, bis der andere Mann das Entlüftungsventil wieder zugedreht hat. Wenn jetzt das Bremspedal losgelassen wird, saugt der Kolben im Hauptzylinder aus dem Vorratsbehälter nur Bremsflüssigkeit nach, während mit der in das Glas gedrückten Bremsflüssigkeit auch Luftblasen herausgedrückt worden sind. Dieser Pumpvorgang mit nachfolgendem Schließen der Entlüftungsventile wird so lange wiederholt, bis aus dem Schlauch keine Luftperlen mehr herausgedrückt werden. Weil der Vorratsbehälter nur eine begrenzte Flüssigkeitsmenge enthält (etwa 0,5 Liter Bremsflüssigkeit), muß nach jeder entlüfteten Bremse frische (keine herausgepumpte aus dem Entlüftungsglas!) Bremsflüssigkeit in den Vorratsbehälter nachgefüllt werden. Dazu wird etwas Original-Bremsflüssigkeit der Spezifikation DOT 4 benötigt. Nachdem alle Bremsen entlüftet sind, wird zuerst im Stand eine Bremsprobe gemacht, wenn das Pedal immer noch federt, muß die Arbeit wiederholt werden.

Der Bremskraftverstärker

Bei der Trommelbremse zieht die umlaufende Trommel den angepreßten Belag mit, wodurch die Anpreßkraft erhöht wird. Diese »Selbstverstärkung« entsteht bei der Scheibenbremse nicht, die erforderliche Bremskraft muß also allein

Ein Blick auf wichtige Teile der Bremsanlage zeigt neben dem Servo-Aggregat (1), das durch einen Unterdruckschlauch (6) mit der Unterdruckpumpe verbunden ist, den wegen der im August 1963 eingeführten 2-Kreis-Bremsanlage geteilten Behälter (2) für die Bremsflüssigkeit mit dem gemeinsamen Verschlußdeckel (3) und den elektrischen Anschlüssen (4) für die Warnlampe am Armaturenbrett. 5 ist eine der drei Bremsleitungen vom Behälter zu den Rädern.

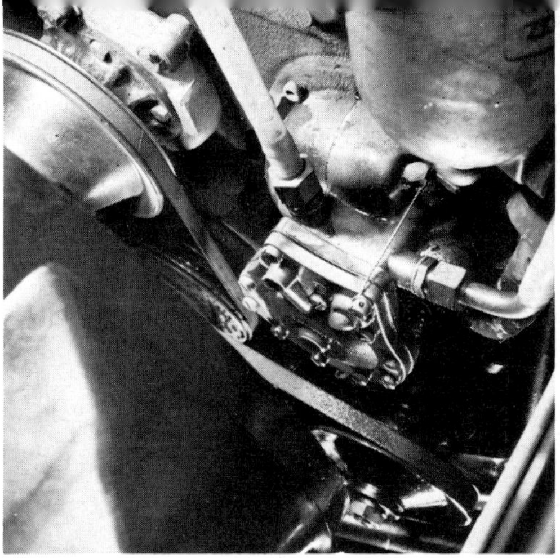

Arbeiten an der Unterdruckpumpe für den Bremskraftverstärker sind dem Eigenpfleger nicht möglich, allenfalls kann man die Schlauchverbindungen (links zum Saugrohr, rechts zum Servo-Gerät der Bremse) auf festen Sitz prüfen. Ist der (links) zum Saugrohr führende Schlauch innen stark verölt, dann sollte dies der Werkstatt baldigst vorgeführt werden. Der unten im Bild sichtbare Keilriemen treibt von der Kurbelwelle aus die Hochdruckpumpe für die Servo-Lenkung an.

vom Fahrer aufgebracht werden, so daß bei schwereren Wagen ein zusätzlicher Bremskraftverstärker (Bremsgerät) erforderlich wird.
Mit der Einführung der vorderen Scheibenbremsen erhielten auch die Diesel-Fahrzeuge dieses Zusatzgerät (T 51/100 bzw. T 51/909 bei den neuen Typen) von der Firma Teves (Ate) in Frankfurt. Woher stammt nun diese Hilfskraft? Bei Wagen mit Vergaser-Motor nutzt das Bremsgerät die Druckdifferenz zwischen dem Unterdruck im Ansaugrohr des Motors und dem atmosphärischen Druck aus. Bei den Wagen mit Diesel-Motor genügt der geringe, im Ansaugrohr erzeugte Unterdruck nicht.

Unterdruck für das Bremsgerät

Um dieses Manko auszugleichen, hat man dem Diesel (seit 1963, als die Zweikreisbremse für das gesamte Programm eingeführt wurde) eine zusätzliche Unterdruckpumpe gegeben: Sie sitzt vorn am Spritzversteller, der eine ringförmige Nockenbahn hat; auf ihr läuft der Stößel einer Membranpumpe, welche das Vakuum im Ansaugsystem auf das notwendige Maß verstärkt. Von hier führt die Unterdruckleitung zum Servo-Gerät.
Achtung: Wenn je einmal diese Pumpenmembran entzweigeht, was selten ist, aber vorkommen kann, fällt natürlich das Servo-Gerät aus, d. h. die Bremse wird nicht mehr unterstützt, man muß für eine gute Bremswirkung sehr viel kräftiger treten. Sofern der Fahrer sich durch das plötzliche **»Schwergehen«** der Bremse nicht irritieren läßt, könnte man dies leicht nehmen – aber das soll man nicht tun. Denn der Ausfall der Unterdruckpumpe hat noch eine zweite Folge: Es könnte nun Motoröl durch die Membran hindurch angesaugt und in Richtung Saugrohr gedrückt werden; dies würde zu erhöhtem Ölverbrauch führen, zu Überhitzungserscheinungen und, womöglich, zu Vorkammerschäden. Das heißt, zu Leistungsverlust und endlich zum Ausfall des Motors. Wenn also einmal die Servo-Wirkung der Bremse vermißt werden sollte, tut der Fahrer gut daran, den hellen Plastikschlauch zu kontrollieren, der von der Unterdruckpumpe hinauf zum Ansaugrohr führt: dieser Schlauch ist meistens ein wenig »verschmutzt« durch Gase aus dem Kurbelgehäuse; wenn er jedoch stark innen mit Öl benetzt zu sein scheint, wenn er fast schwarz aussieht (durchgehend, wohlgemerkt), dann ist Gefahr im Verzuge. Dann sollte schleunigst die nächstgelegene Werkstatt aufgesucht werden.
Wissen muß man natürlich, daß der Bremsverstärker nur mitarbeitet, wenn der Motor läuft. Beim Abschleppen muß man also daran denken, daß die Fußkraft wesentlich größer wird – auch der Fahrer des schleppenden Fahrzeuges muß das berücksichtigen und vorsichtiger bremsen. Fällt der Motor plötzlich aus,

dann hat man durch den Unterdruck-Speicher noch eine Reserve für einige kurze Bremsungen – erst dann muß der volle Druck von 60 bis 90 atü allein über das Pedal aufgebracht werden. Auch bei einem Defekt am Bremskraftverstärker bleibt die Bremsanlage voll funktionsfähig, nur muß auch dann die Bremskraft ausschließlich über das Pedal erzeugt werden.
Weil es gut ist, solche Änderungen des Verhaltens lebenswichtiger Anlagen im Fahrzeug zu kennen, sollten Sie einmal bewußt an einem übersichtlichen und nicht zu starken Gefälle den Motor ausschalten und durch mehrmaliges Antippen (4 bis 8 Pedalbewegungen genügen) der Fußbremse den Unterdruck-Speicher leeren. Sie erleben dann, wie die Bremse mit der gewohnten Fußkraft nahezu wirkungslos ist. Für mittlere Verzögerungen müssen Sie ziemlich kräftig auf das Pedal treten, eine Vollbremsung ist kaum mehr möglich, weil die Bremsanlage eben auf die Funktion des Bremskraftverstärkers abgestimmt ist, der Ihre Fußkraft gut verdoppelt. Mit vollbeladenem Fahrzeug ist der Bremskraftverstärker geradezu notwendig. Falls Sie auf einer Urlaubsfahrt abgeschleppt werden müssen, sollte Ihr Fahrzeug vorher entleert oder an einer Schleppstange geschleppt werden. Und Mitfahrer sollten aus Gründen der Fahrzeuggewichterleichterung möglichst in den Schleppwagen umsteigen.
Das Bremsgerät ist wartungsfrei, da die Filterpackung nur bei den älteren Modellen erst nach einer Laufstrecke von 100 000 km erneuert werden muß, wozu das Bremsgerät ausgebaut wird.
Das Bremsgerät läßt sich auf Wirksamkeit prüfen, wenn bei abgestelltem Motor durch mehrmaliges Antippen der Unterdruck abgebaut wird. Dann wird das Pedal in der tiefsten Stellung gehalten und der Motor angelassen. Wenn sich jetzt das Pedal durch die erzeugte Hilfskraft noch weiter senkt, ist die Anlage in Ordnung. Ist dies nicht der Fall, kann zunächst auf ein Leck im Schlauch geschlossen werden. Reparaturen am Bremsgerät sind Werkstattsache. Der Bremsverstärker muß ausgebaut werden und anschließend muß die ganze Bremsanlage entlüftet werden. Normalerweise wird das Bremsgerät im Reparaturfall ausgetauscht.

Fingerzeige: *Nach einer scharfen Bremsung oder einer längeren Gefällefahrt sollte man nicht beim Anhalten sofort die Hand(Feststell-)-Bremse anziehen. Wenn die Bremstrommeln sehr heiß geworden sind, entstehen beim Abkühlen (und dem dabei erfolgenden Schrumpfen der Trommeln) Spannungen. Bei angelegter Handbremse können sich die Trommeln verziehen, was später ungleichmäßige Bremswirkung (»rubbeln«) hervorruft.*
Wenn die Bremswirkung bei längeren Abfahrten im Gebirge nachläßt, hat es keinen Sinn, durch verstärkte Bremskraft das »Fading« zu kompensieren. Damit werden nur die Bremsbeläge verdorben. Besser ist eine Abkühlungspause und die häufigere Benutzung des 2. oder gar 1. Ganges zur Verstärkung der Motorbremskraft.
Wird der Wagen im Freien abgestellt, empfiehlt es sich, gleich nach dem Starten durch sanftes Bremsen die Rostspuren durch Kondenswasser »wegzubremsen«, weil die Bremsen sonst bei einer plötzlichen Betätigung sehr »giftig« ansprechen.
Unter Umständen bekommt man Lufteinschlüsse über die Entlüftung im Vorratsbehälter heraus, wenn bei leicht »federndem« Pedal mehrmals im Stand die Bremse kräftig durchgedrückt wird.
Schlägt der Fußhebel beim Lösen der Feststellbremse hart gegen das Lagerrohr, braucht seit Dezember 1971 nicht mehr das gesamte Fußhebelwerk, sondern nur noch der Anschlaggummiring ausgewechselt zu werden.

Die Störung	– ihre Ursache	– ihre Abhilfe
A Wagen zieht beim Bremsen einseitig nach links oder rechts	Reifendruck ungleichmäßig	Bei kalten Reifen Luftdruck korrigieren
	Bereifung ungleichmäßig abgenützt	Reifen so wechseln, daß auf jede Achse gleichmäßig abgenutzte Reifen kommen
	Bremsbeläge verölt oder verfettet	Vorderradnabe abdichten oder Hinterachswellendichtung erneuern, Bremsbeläge erneuern
	Bremsbeläle ungleichmäßig abgenutzt	Beläge erneuern auf beiden Bremsen einer Achse
	Reibwertunterschied der Bremsbeläge	Beläge auf beiden Bremsen einer Achse erneuern
	Zu geringes Lüftspiel in einer Bremszange	Kolben in den Bremszangen auf Leichtgängigkeit prüfen
	Verschmutzte Schächte im Bremssattel	Reinigen
	Korrosion in Bremssattelzylindern	Sättel erneuern
	Unrunde Bremstrommeln	Trommeln ausdrehen
	Gummilager in der Vorderachslagerung einseitig defekt	Erneuern
B Bremsen quietschen	Resonanzgeräusch zwischen den Belägen im Bremssattel und Scheibe	Bremssattel und Belagträger mit »Plastilube PL Brems« bestreichen
	Falscher Belagtyp	Auswechseln
	Bremsscheibe hat Schlag	Scheibe austauschen
	Kolben hat sich im Bremssattelzylinder verdreht	Kolbenstellung berichtigen
	Staub und Schmutz in der Trommel	Trommeln mit Preßluft ausblasen
	Beläge liegen nicht gleichmäßig an der Trommel an	Bremsträgerplatte auf Verzug, Federn auf Spannung prüfen, evtl. Trommeln ausdrehen und Beläge erneuern
C Bremspedal läßt sich weich und federnd durchtreten	Luft im Bremssystem	Entlüften, evtl. Bremsflüssigkeit auffüllen
	Bremsflüssigkeit überhitzt nach langen Paßabfahrten oder starker Beanspruchung der Bremse	Bremsen abkühlen lassen, wenn notwendig entlüften
	Primärmanschette im Hauptzylinder beschädigt	Erneuern
	Dichtung im Bremssattel defekt	Erneuern
	Undichtigkeit	Gesamtes Bremssystem kontrollieren
	Bremsklötze abgenützt, Rückenplatte liegt an der Kreuzfeder an	Bremsklötze erneuern
D Bremsen erhitzen sich während der Fahrt, Bremsen lösen sich nicht	Ausgleichbohrung im Hauptbremszylinder verstopft	In der Werkstatt zerlegen und reinigen
	Spreizfeder defekt	Auswechseln
	Erlahmte Rückholfedern in den Trommelbremsen	Auswechseln

Die Störung	– ihre Ursache	– ihre Abhilfe
D Bremsen erhitzen sich während der Fahrt, Bremsen lösen sich nicht	Spiel zwischen Bremspedal und Hauptzylinderkolben zu gering	Einstellen
	Gummidichtungen gequollen durch ungeeignete Flüssigkeiten	Bremsanlage entleeren und demontieren, alle Gummiteile und Schläuche erneuern
	Kolben eines Druck- oder Radzylinders sitzen fest,	Druck- bzw. Radzylinder instandsetzen
	Bremsseilzug sitzt fest	Seilzug erneuern
E Schlechte Bremswirkung trotz sehr hohem Fußdruck bei normalem Pedalweg	Bremsbeläge verölt	Vorderradnabe abdichten oder Hinterachswellendichtung erneuern, Bremsen reinigen, Beläge erneuern
	Bremsbeläge verbrannt	Erneuern
	Bremsbeläge abgenutzt	Erneuern
	Bremsen stark verunreinigt	Reinigen
	Bremsverstärker defekt	Erneuern
	Unterdruckschlauch oder Anschlüsse undicht	Überwurfmuttern SW 19 nachziehen, gegebenenfalls Werkstatt überprüfen lassen
	Dichtung zwischen Hauptzylinder und Bremsgerät beschädigt	Erneuern
	Plattenventile der Unterdruckpumpe kleben	Unterdruckpumpe überprüfen
F Schlechte Bremswirkung trotz sehr hohem Fußdruck bei langem Pedalweg	Beläge abgenutzt	Erneuern
	Bremsscheibe hat Schlag	Erneuern
	Radlagerspiel zu groß	Einstellen
	Durch Leck ein Bremskreis ausgefallen	Leckstelle beseitigen
G Bremsen rattern und schütteln	Belag abgenutzt	Erneuern
	Bremstrommeln unrund	Ausdrehen oder auswechseln
	Scheiben- und Sattelbefestigung fluchten nicht	Richten
	Radlagerspiel zu groß	Korrigieren
	Schlechtes Tragbild der Bremsklötze oder falscher Belagtyp	Bremsklötze erneuern
	Bremsscheibe hat Dickenfehler oder Schlag	Erneuern
	Verschmutzte Schächte im Bremssattel oder Belagauftragung auf der Bremsscheibe	Gründlich reinigen, Scheibe mit Schmirgelpapier glätten
	Sattel am Achsschenkel lose	Sicherungsbleche erneuern und Schrauben festziehen
	Stoßdämpfer in der Wirkung ungleich	Stoßdämpfer prüfen
H Bremsflüssigkeit muß häufig nachgefüllt werden	Leitungssystem undicht	Sämtliche Anschlüsse und Leitungen auf Dichtheit prüfen
	Bremszange undicht	Schrauben an Bremszange nachziehen, Kolbendichtung überprüfen

Beachtenswerte Rundungen

Falls Sie sich einmal für die Größe der Reifen an Ihrem Mercedes-Diesel interessieren, dann finden Sie die entsprechenden Angaben im Kraftfahrzeugbrief und im Kraftfahrzeugschein Ihres Wagens. Dort ist sie ganz verbindlich und speziell für Ihren Wagen notiert, denn nicht jeder Mercedes-Diesel trägt die gleichen Reifen. Und überdies gibt es noch einige andere Reifengrößen, die ebenfalls montiert werden dürfen.

Modell	Reifen serienmäßig	Reifen wahlweise	Felgen
190 Dc, 200 D	7.00–13	6.40/7.00 SR 13	5 JK x 13
200 D/8, 220 D, 240 D	6.95/175–14 bzw. 175 SR 14 (ab Juni 74)	175 SR 14	5½ J x 14

Anstelle dieser serienmäßigen und wahlweisen Reifenausstattung sind für Sonderfahrzeuge und besondere Straßenverhältnisse auch größere Reifen vorgesehen, zu denen entsprechend größere Felgen bis zur 15-Zoll-Größe gehören.
Mehr darüber im Kapitel »Die Reifenwahl« auf Seite 144.

Die Bedeutung der Reifenbezeichnung

Die Reifengröße

Nach international gültigen Regeln wird die Reifengröße in Millimetern oder, wie in unserem Fall, gemischt in Millimetern und englischen Zoll angegeben. Die erste Zahl in der Größenangabe nennt die Reifenbreite in mm; entsprechend ist der Reifen 175 SR 14 in unbelastetem Zustand 175 mm breit. Doch keine Regel darf ohne Ausnahme bleiben und deshalb wird bei der Radialreifengröße für die Heckflossenmodelle 190 Dc und 200 D die Reifenbreite in Zoll angegeben. Das haben die Werke nicht mehr abgeändert, da dieser Reifen sowieso bald »stirbt« (schon heute ist er oft schwer zu besorgen), weil er an keinem aktuellen Wagen mehr Verwendung findet. Wie schon aus der Tabelle zu ersehen, handelt es sich bei diesem Reifen um eine Doppelgröße, die sowohl für die Reifenbreite 6.40 wie auch für die Breite 7.00 eingesetzt werden kann.
Die letzte Zahl in der Größenangabe nennt den Innendurchmesser des Reifens und zugleich den Durchmesser der dazu passenden Felge. Demnach hat der Reifen 175 SR 14 einen Innendurchmesser von 14 Zoll oder 355,6 mm, und die ndazugehörige Felge hat an der Auflage für den Reifenwulst ebenfalls 355,6 mm Durchmesser.
Bei den sogenannten 70er-Reifen (für unseren Mercedes nicht zugelassen) besagt die Zahl 70, daß das Verhältnis von Reifenhöhe zu Breite 70 : 100 beträgt. Im Gegensatz dazu haben normale Gürtelreifen ein Höhen/Breiten-Verhältnis von 80 : 100.

Was so alles an Zahlen und Buchstaben auf eine Reifenflanke paßt, ist hier in diesem Bild zusammengefaßt. Die genaue Erklärung der Reifenbeschriftung finden Sie aber außerdem noch im Text.

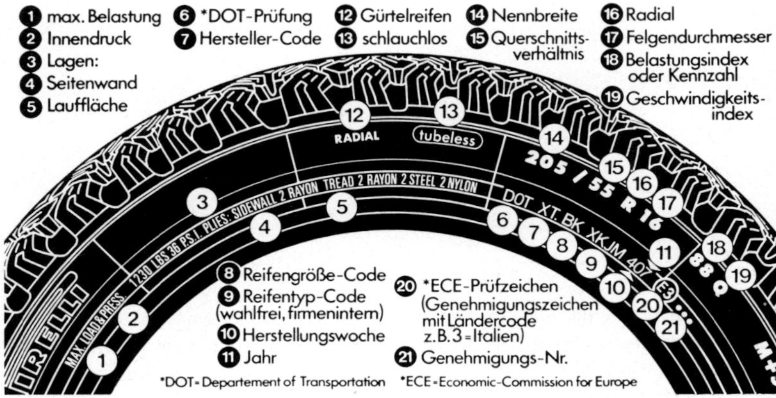

Die Reifenbauart

Gürtel- oder Radialreifen erkennen Sie am »R« (= Radial) zwischen den Größenbezeichnungen, das bei Diagonalreifen nicht vorhanden ist (z. B. 6.95/175 S 14 gegenüber 175 **SR** 14). Bei den Gürtelreifen verlaufen gummierte Cordgewebelagen quer zur Laufrichtung. Die Gewebefäden sind an zwei Stahlringen verankert und bilden das Kernstück des Reifens, die sogenannte Karkasse.

Durch diese Bauweise erhält man eine hohe Flexibilität der Reifenflanken, was für die Eigenfederung des Reifens von Bedeutung ist. Die Lauffläche muß dagegen steif und formbeständig sein. Um den Reifen wird daher ein starker Gürtel aus schräg verlaufenden Gewebefäden gelegt. Die Gewebefäden bestehen entweder aus Textil- oder Stahlcord, man unterscheidet daher Textil- und Stahlgürtelreifen. Stahlgürtelreifen sind bekannt für hohe Laufleistungen; die durch den Stahlcordgürtel versteifte Lauffläche walkt und arbeitet nur wenig, wodurch sich die Reifen nur wenig erwärmt, und die Abnutzung bleibt gering.

Die zulässige Geschwindigkeit

In den bislang gebräuchlichen Reifenbezeichnungen 175 SR 14, 195/70 HR 14 oder etwa 205/60 VR 14 kennzeichnen die Buchstaben S, H und V die zulässige Höchstgeschwindigkeit für den entsprechenden Reifen. Mit der Regelung Nr. 30 des E. C. E. (**E**conomic **C**ommission for **E**urope) wurde die Reifenbeschriftung geändert. Der Geschwindigkeitsbereich steht jetzt nach der neu eingeführten Kennzahl für die Reifentragkraft (siehe nächsten Absatz), z. B. 175 R 14 88 S.

Außerdem wurden zusätzliche Kennbuchstaben festgelegt für weitere Geschwindigkeitsbereiche. Neben den bekannten Buchstaben S – bis 180 km/h, H – bis 210 km/h und V – über 210 km/h kommen neue hinzu; Q – bis 160 km/h (vorwiegend M+S-Reifen), R – bis 170 km/h, T – bis 190 km/h und U – bis 200 km/h.

Die Reifentragfähigkeit

Die Tragfähigkeit eines Reifens hängt von den Reifenabmessungen und vom Luftdruck ab. Je nach Fahrzeuggewicht ist eine bestimmte Reifentragfähigkeit erforderlich. Diese war früher durch die sogenannte Ply-Rating-Zahl angegeben (z. B. 6.95/175 S 14 4 PR für Personenwagen und 6 PR oder 8 PR für Kombiwagen). Bei Gürtelreifen ist die Ply-Rating-Zahl allenfalls noch bei verstärkten Reifen für Kombifahrzeuge zu finden. Mit der E.C.E.-Regelung Nr. 30 wird grundsätzlich für alle Gürtelreifen die Angabe der höchstzulässigen Tragfähigkeit gefordert. In der Reifenbezeichnung 175 R 14 88 S besagt die

Kennziffer 88, daß dieser Reifen bei vorgeschriebenem Luftdruck eine maximale Tragfähigkeit von 560 kg besitzt.

Die Reifenprüfnummer

Im Anschluß an die neue E.C.E.-Reifenbezeichnung finden Sie noch z. B. E 3 und eine nachfolgende vierstellige Nummer. 16 europäische Länder sind gleichermaßen berechtigt, Fahrzeugreifen zu prüfen und ein Prüfzeichen und eine Prüfnummer zu vergeben. So steht der Buchstabe »E« für »Europa« und eine Zahl von 1 bis 16 für das entsprechende Land.

Das Herstellungsdatum

Das Produktionsdatum eines Reifens interessiert vor allem dann, wenn eine Serie Reifen wegen eines Fabrikationsfehlers vom betreffenden Hersteller »zurückgerufen« wird, also gegen einwandfreie getauscht werden soll. An der Reifenflanke finden Sie irgendwo eine dreistellige Zahlenkombination. Sie kann z. B. 121 lauten – dies ist das verschlüsselte Herstellungsdatum und besagt, daß der Reifen in der 12. Produktionswoche 1981 hergestellt wurde.

Die Felgenabmessungen

Entsprechend den Reifengrößen findet man an den verschiedenen Diesel-Modellen 13- oder 14-Zoll-Felgen. Die Größenbezeichnungen der Felgen bedeuten:

5, 5½ = Felgenmaulweite in Zoll, an der Felgenhorn-Basis quer zur Laufrichtung des Rades gemessen

J, JK = Formung des Felgenhornes nach Norm-Vorschrift

x = Zeichen für Tiefbett-Felge

13, 14 = Felgendurchmesser von Wulst zu Wulst, in Zoll gemessen.

Diese Größenbezeichnungen sind ebenfalls Normbezeichnungen, allerdings betrifft diese Normung nur die für die Reifengröße wichtigen Felgenabmessungen, jedoch nicht die Art der Felgenbefestigung, die Zahl der Radmuttern, die sogenannte »Schüsseltiefe« der Felge usw. Deshalb lassen sich auch Felgen mit gleicher Normbezeichnung, aber von anderer Automarke (z. B. vom BMW 2000 C, der auch eine Felge 5½ J × 14 wie der 200 D/8 hat) nicht an den Mercedes-Modellen montieren. Dagegen lassen sich Mercedes-Felgen, die es auch für Sonderzwecke in 15-Zoll-Größen gibt, untereinander austauschen, da sie die gleiche Radbefestigung haben. Aber für die Praxis der erlaubten Reifengrößen hat das wenig Sinn.

Sehr oft findet man bei den für Mercedes-Fahrzeuge bestimmten Felgen noch den Buchstaben **»B«** am Ende der Felgenbezeichnung, also beispielsweise 5 JK × 13 – B. Dieser Buchstabe »B« bedeutet »asymmetrisches Tiefbett«, d. h. die Vertiefung im Felgenquerschnitt, das »Tiefbett«, liegt nicht in der Mitte, sondern ist seitlich versetzt.

Steht der Buchstabe **»H«** am Ende der Felgenbezeichnung, wie beispielsweise 5½ J × 14 – H, dann ist dies eine sogenannte Doppel-Hump-Felge, d. h. beidseitig hat die Auflagefläche der Reifenwulste je einen umlaufenden Steg, der das Abgleiten der Wulste schlauchloser Reifen verhindern soll, wenn diese nahezu luftleer durch eine Kurve gezogen werden.

Reifendruck-Vorschriften

Pflegedienst Nr. 1

Die Tragfähigkeit eines Reifens ist durch seine Größe, seine Festigkeit, vor allem durch den Luftdruck bestimmt. Bei geringer werdendem Luftdruck sinkt die Tragfähigkeit. Auch wenn man dadurch nicht gleich auf den Felgenkanten fährt, liegt doch der Wagen bei zu niedrigem Luftdruck »schwammig« und unsicher auf der Straße, und außerdem geht zu geringer Luftdruck erheblich zu Lasten der Lebensdauer eines Reifens. Etwas erhöhter Luftdruck schadet

Richtiger Reifendruck ist für die lange Lebensdauer der Reifen von entscheidender Bedeutung. Trotzdem sollte man den Reifendruck nicht bei jedem Tankstellenbesuch messen lassen, sondern mit dem eigenen Luftdruckprüfer alle 1 bis 2 Wochen selbst kontrollieren. Luftdruckprüfer der hier gezeigten Art sind genügend meßgenau.

dagegen weniger, es geht allerdings durch die größere Abrollhärte ein Teil des Fahrkomforts verloren. Unter bestimmten Fahrbedingungen (Autobahn und Schnee) ist sogar ein gering erhöhter Luftdruck um 0,2 bis 0,3 atü vorteilhaft.

Normalbetrieb Diagonal-Reifen (Druck in atü)	190 Dc, 200 D vorne	190 Dc, 200 D hinten	200 D/8, 220 D, 240 D vorne	200 D/8, 220 D, 240 D hinten
Teilbelastung	1,5	1,9	1,8	2,0
Vollbelastung	1,7	2,1	2,0	2,2
Schnelle Fahrweise				
Teilbelastung	1,5	1,9	2,0	2,2
Vollbelastung	1,7	2,1	2,2	2,4
Radial-Reifen unabhängig von Fahrweise und Belastung	1,9	2,3	2,0	2,3
Winter-Reifen unabhängig von Belastung	1,7	2,2	2,0	2,4

Unter Teilbelastung ist nach Mercedes-Benz-Erläuterung eine Besetzung des Wagens mit 1 bis 4 Personen und Kofferraumbelastung unter 40 kg zu verstehen. Vollbelastung ist zusätzliche Belastung des Kofferraumes oder 1 bis 2 weitere Personen im Wagen oder beides zusammen.

Diese unterschiedlichen Luftdruckempfehlungen bedeuten nun nicht, daß man stets bei anderer Belastung oder anderer Fahrweise zur nächsten Tankstelle fährt und sich den Luftdruck herauf- oder heruntersetzen läßt, sondern der Luftdruck wird nach der hauptsächlichsten Inanspruchnahme gewählt, wobei es kein Fehler ist, wenn stets der höhere Luftdruck gefahren wird. Das hilft, die Lebensdauer der Reifen zu verlängern, auch wenn man damit etwas unkomfortabler als mit »weichem« Reifen fährt. Und außerdem verbessert der etwas höhere Luftdruck die Straßenlage des Wagens, er macht ihn richtungsstabiler.

Kalte Luft ist maßgebend

Der Reifendruck wird stets am kalten Reifen gemessen. Da der Druck schon nach wenigen Kilometern zügiger Fahrt um 0,2 oder sogar 0,4 atü ansteigen kann (was Mercedes-Benz in umfangreichen Tabellen erfaßt hat, die wir hier aber gar nicht alle wiedergeben können), wäre es falsch, beim nächsten Halt an einer Tankstelle den Luftdruck entsprechend zu erniedrigen. Denn diese Druckerhöhung durch Erwärmung ist von den Reifenkonstrukteuren bereits einkalkuliert. Um den Reifendruck am kalten Reifen messen zu können, ist deshalb der Erwerb eines eigenen Luftdruckmessers überaus empfehlenswert. Wenn kein besonderer Verdacht auf mangelnden Luftdruck besteht, ist es keinesfalls notwendig, täglich den Luftdruck zu prüfen. Alle 1 oder 2 Wochen genügt es, denn ein moderner Reifen darf in 6 bis 8 Wochen nur etwa 0,1 atü verlieren. Schnellerer Druckverlust bedeutet einen Defekt. Das zu häufige Luftdruckprüfen an den Tankstellen hat sogar auf die Dauer einen Nachteil. Bei dieser Tankstellenprüfung wird jedesmal zuerst ein kleiner Luftstoß in den Reifen gegeben. Dadurch wird zwangsläufig Kondenswasserdunst, Schmutznebel und Öldunst aus dem Gerät in das Reifenventil gepreßt, wodurch auf die Dauer die Ventilnadel eine Schmutzkruste erhält und ihre Dichtfähigkeit nachläßt. Ein zu oft kontrollierter Reifen wird schließlich dauernd etwas Luft verlieren, ohne schadhaft zu sein.

Reifenzustand prüfen

Pflegedienst Nr. 26

Es kann nicht schaden, öfters als im Pflegeplan vorgeschrieben nach dem Zustand der Reifen zu sehen. Die beste Möglichkeit ergibt sich, wenn der Wagen in der Tankstelle zum Ölwechsel oder zu einer Unterwagen-Wäsche hochgebockt wird. Bei dieser Gelegenheit bohrt man mit einem kleinen Schraubenzieher Fremdkörper aus der Reifendecke und prüft nach, ob sie ernsthaften Schaden gestiftet haben. Im Vordergrund der Reifenprüfung steht natürlich die Beobachtung der Reifenabnutzung. Sie können sehr zufrieden sein, wenn alle Reifen über den gesamten Reifenumfang und über die gesamte Profilbreite gleichmäßig abgenutzt sind. Zeigt sich jedoch eine einseitige Abnutzung oder hat das Profil wellige Vertiefungen in regelmäßigen Abständen, dann ist am Fahrgestell oder am Rad selbst etwas faul.

Nur der wirkliche Fachmann kann an der ungleichen Reifenabnutzung sehen, ob es sich um zuviel oder zuwenig Luftdruck, um unausgewuchtete Räder, um unwirksame Stoßdämpfer, um ausgeschlagene Gelenke, um Fehler in Vorspur oder Radsturz handelt. Alle diese zahlreichen Fehlerquellen hinterlassen nämlich ihre individuellen Spuren auf dem Reifenprofil. Der Weg sollte dann bald zur Vertragswerkstatt führen. Unter Umständen muß die betreffende Achse vermessen werden, und das ist mit eigenen Hilfsmitteln ja nicht möglich.

Räder nicht austauschen

Vom regelmäßigen Austauschen der Räder, wie es Daimler-Benz alle 5000 km empfiehlt, halten wir nichts und wir haben diesen werksoffiziellen Wartungspunkt nicht in unsere Wartungsliste aufgenommen. Dabei muß man dem Austauschschema von Mercedes noch zugestehen, daß das jeweilige Austauschen der Räder auf der gleichen Fahrzeugseite unter Auslassung des Reserverades noch einigermaßen vernünftig ist, im Gegensatz zu Rundum-Austauschemp-

Hier wird der Wert des richtigen Luftdrucks durch den »Abdruck« demonstriert. Links fehlt es beachtlich an Luft: Die Reifenmitte wölbt sich nach innen, walkt zu stark und die Reifenschultern werden vorzeitig verschlissen. In der Mitte stimmt der Luftdruck: Gleichmäßige Abnutzung über die ganze Reifenbreite. Rechts zu hoher Luftdruck: Der stark gewölbte Reifen berührt nur in der Mitte die Fahrbahn, das bewirkt vorzeitigen Verschleiß der Profilmitte.

fehlungen anderer Werke, wodurch völlig unterschiedlich abgefahrene Reifen auf die gleiche Achse kommen und die Straßenlage des Wagens nur ungünstig beeinflussen. Die Mercedes-Austauschempfehlung halten wir nur dann für wirklich vernünftig, wenn man seinen Wagen sehr einseitig fast nur zu Autobahnfahrten (vorwiegend Profilmitten-Verschleiß an den Hinterrädern) oder fast nur zu kurvenreicher Stadt- oder Überlandfahrt (vorwiegend Außen- und Innenschulterverschleiß des Reifenprofils an den Vorderrädern) benutzt. Dann gleicht sich durch Austausch der Vorder- gegen die Hinterräder der unterschiedliche Profilverschleiß wieder aus.
Ansonst haben wir aber etwas gegen den Austausch schon nach 5000 km, weil diese Laufzeit zu kurz ist, um eventuelle Fehler der Lenkung, Stoßdämpfer, Gelenke usw. augenscheinlich werden zu lassen. Bestimmte Fehlerquellen haben dann nicht genügend Zeit, ihre typischen Kennmarken auf dem Reifenprofil zu hinterlassen. Lassen sich solche Kennmarken feststellen, muß natürlich baldmöglichst für Abhilfe gesorgt werden. Nach der Instandsetzung wird der einseitig abgelaufene Reifen auf die andere Achse montiert, um am »Nachfolgereifen« prüfen zu können, ob der Fehler auch tatsächlich behoben ist.

Radschrauben auf festen Sitz prüfen

Kontrolldienst Nr. 25

In der Regel besteht zwar kein Anlaß, daß sich die Radschrauben lockern, wenn sie bei der letzten Radmontage einwandfrei angezogen worden waren, aber sicher ist sicher. Die Felgen der Mercedes werden von 5 Radschrauben gehalten. Das Ganze liegt versteckt unter der verchromten Radzierkappe. Nun soll man aber nicht nur prüfen, ob sich die Radschrauben noch fester »anknallen« lassen. Stattdessen sollten Sie die Radschrauben erst etwas lockern und dann wieder festziehen. Das richtige Drehmoment für die Radschrauben beträgt 17 kpm (170 Nm).

Der Radwechsel

Die Statistiker behaupten, daß den Autofahrer nur noch alle vier Jahre eine Reifenpanne trifft. Deshalb wissen auch gar viele Autofahrer mit ihrem Wagenheber nicht Bescheid und bekommen unterwegs die festgerosteten Radschrauben nicht auf. Man muß es trotzdem versuchen, denn wenige hundert Meter Fahrt ruinieren einen vielleicht noch guten Reifen vollständig, wenn mit dem Plattfuß weiter gefahren wird. Er ist dann im Gewebe so verwalkt, daß er sich nicht mehr reparieren läßt. Sie müssen also, wenn es Sie trifft, in den sauren Apfel beißen und das Rad sofort wechseln. Auch wenn es in Strömen regnet. Am besten geht es so:

- Wagen möglichst auf ebenem und festem Boden anhalten
- Feststellbremse anziehen

Der Zierring ist aus sehr dünnem Blech und verbiegt sich leicht, wenn man ihn mit ungeeignetem Werkzeug abzuhebeln versucht. Darum muß man einen möglichst flachen, breiten Hebel, wie den Kombi-Ringschlüssel des Bordwerkzeugs, zum Abdrücken des Zierringes und des Raddeckels benutzen. Mit der linken Hand hält man unten den Zierring fest, damit er nicht auf den Boden fällt. Noch einfacher geht es mit der neueren Radmutterkurbel, die einen kleinen Steg neben dem Sechskant hat und der von außen unter den Rand der Radzierscheibe geschoben wird.

Da Reifenpannen in der Regel sehr selten sind, sitzen die Radschrauben oft (vielleicht festgerostet) bombenfest. Wollen sich die Radschrauben mit dem Bordwerkzeug gar nicht lösen lassen und ist auch kein wirksamer Radschraubenschlüssel, wie im Werkzeug-Bild auf Seite 20 gezeigt, zur Hand, kann man sich mit dem Wagenheber unter der Radschraubenkurbel vielleicht helfen. Das betreffende Rad muß aber mit einem dicken Stein gegen Wegrollen gesichert sein.

- Räder der anderen Wagenseite mit Steinen oder Holz blockieren
- Radkappe abnehmen (Bild links unten)
- Radschrauben (SW 17) um eine Umdrehung lockern
- Einstecknase des Wagenhebers in das Einsteckrohr unter dem Wagenboden einsetzen (Bild auf Seite 28) und Ersatzrad bereitlegen
- Fahrzeug hochkurbeln
- Die fünf Radschrauben ganz abschrauben, in der Radkappe ablegen
- Rad abnehmen und Ersatzrad aufstecken (bei 190 Dc und 200 D erleichtert durch Zentrierbolzen im Bordwerkzeug)
- Radschrauben eindrehen und über Kreuz gleichmäßig leicht anziehen
- Wagen ablassen, Wagenheber herausziehen
- Radschrauben über Kreuz fest anziehen und Radkappe mit Handballenschlag andrücken, defektes Rad und Wagenheber verstauen

Hoffentlich hatte Ihr Reserverad genug Luft. Zu aller Sicherheit geben Sie ihm immer 2,2 atü!

Die Reifenreparatur

Der defekte Reifen sollte schon an der nächsten Tankstelle repariert werden. Sonst hat man, wenn es der Teufel will, einen zweiten Platten und kein Ersatzrad. Die Reparatur eines schlauchlosen Diagonal- oder Textil-Gürtel-Reifens, an dem sich der Anlaß der Plattheit erkennen läßt – ein eingedrungener Nagel etwa –, ist eine Arbeit von nur wenigen Minuten: Das Einstichloch wird aufgebohrt, gereinigt, mit Vulkanisierlösung eingerieben und ein Gummi-Pilz eingeführt, der sich im Reifen spreizt und das Loch dicht verschließt. Man kann eine solche Reparatur auch selbst machen. Den entsprechenden Reparatursatz gibt es beispielsweise von Tip-Top. Die eigenhändige Reparatur hat allerdings nur dann Sinn, wenn man eine Luftpumpe zur Hand hat.

Bei einem schlauchlosen Stahl-Gürtel-Reifen kann man leider keinen Reparaturstopfen einsetzen, denn die Cordfäden des Stahlgürtels würden den Stopfen anschließend beim Fahren zerscheuern.

Ist das Loch in der Lauffläche (Reparaturen der Seitenwand sind nicht zu empfehlen) nicht größer als 5 bis 6 mm, kann man sich mit einem einfachen Flickzeug zur Reparatur von Autoschläuchen behelfen (vor allem bei Auslandsreisen). Den beschädigten Reifen von der Felge abnehmen, eingedrungenen Fremdkörper entfernen und innen in den Reifen an der Schadensstelle einen Schlauchflicken einsetzen. Diese Reparatur hält tausende von Kilometern. Zu Hause muß man dann den Reifen vom Fachmann vulkanisieren lassen; entsprechende Reparatursätze zum Selbermachen gibt es leider nicht.

Schläuche in schlauchlose Reifen?

Manche Autofahrer trauen dem schlauchlosen Reifen auch heute noch nicht und befürchten, daß er ihnen einmal plötzlich von der Felge springen würde. Es gibt aber keine Beweise, daß der schlauchlose Reifen unsicherer sei als jener mit Schlauch.
Bei den schlauchlosen Reifen kann dagegen der Einbau eines nicht notwendigen Schlauches gefährlich werden. Der schlauchlose Reifen ist nämlich so dicht, daß sich beim Aufpumpen zwischen diesem und der Decke Luftblasen bilden, die beim Fahren zum Scheuern des Schlauches in der Decke führen, den Reifen übermäßig überhitzen und ihn zum Platzen bringen können.
Muß aber aus echtem Grund ein Schlauch eingelegt werden, weil eine sonst noch gute Reifendecke nicht dicht geflickt wurde oder weil ein rostnarbiges Felgenhorn nicht mehr ganz luftdicht abschließt (größere Felgenschäden kann auch ein Schlauch nicht aufheben), ist zuerst das »schlauchlose Ventil« aus der Felge auszubauen und dann beim Aufpumpen das Schlauchventil öfter in die Felge zu drücken, damit die eingesperrte Luft zwischen Reifendecke und Schlauch entweicht.

Fingerzeig: *Die bekannte Streitfrage, ob die besseren Reifen auf die Vorder- oder auf die Hinterachse montiert werden sollen, beantwortet Mercedes-Benz für seine Wagen mit der Empfehlung, die besseren Reifen vorne zu montieren. Beitrag zu diesem immergrünen Diskussionsthema: Es gibt keine für alle Autos gültige Antwort, es kommt auf die Antriebsart und die speziellen Fahreigenschaften der einzelnen Modelle an.*

Reifen- und Felgenpflege

Zur pfleglichen Behandlung der Reifen gehört es, daß deren Ventile stets durch Kappen verschlossen sind. Sonst setzt sich dort Schmutz an, der beim nächsten Luftgeben zwischen Ventilnadel und Ventilwand geklemmt wird und zur Undichtigkeit führt.
Auch die Felgen erwarten gelegentlich einen prüfenden Blick. Anfahren an große Steine oder Bordsteinkanten kann zu Beschädigungen am Felgenhorn führen. Der schlauchlose Reifen kann undicht werden. Nach Unfällen müssen Felgen genau überprüft werden, ob alle Schweißnähte in Ordnung sind und die Felge in sich nicht verbogen ist.

Was ist Unwucht?

Gelegentlich überholt man andere Fahrzeuge, an denen ein Rad oder mehrere ständig wackeln oder springen, obgleich die Fahrbahn eben ist. Das kann seine Ursache an einem defekten Stoßdämpfer haben, der nicht mehr in der Lage ist, das Springen des federnden Rades zu verhindern. Sehr oft liegt es jedoch an ungleicher Gewichtsverteilung bei dem betreffenden Rad. Diese ungleichmäßige Gewichtsverteilung nennt man Unwucht, von der es zwei Arten gibt: die statische und die dynamische. Die obenstehende Skizze gibt die Erklärung.

Auswuchten ist zu empfehlen

Die Kräfte, die an unausgewuchteten Rädern auftreten, sind recht beachtlich. Eine ungleiche Gewichtsverteilung von 100 Gramm bringt bei hoher Geschwindigkeit leicht eine einseitige Zugkraft von 20 Kilogramm zustande. Die Kosten für das Auswuchten der Räder lohnen sich wegen der dadurch verhinderten einseitigen Reifenabnutzung auf jeden Fall. Dazu müssen die Räder einzeln abgenommen und auf einer besonderen Auswuchtmaschine ausgewuchtet werden. Diese Maschinensysteme sind sehr unterschiedlich. Trotzdem erkennt man schnell, wie sie eine Unwucht anzeigen und kann durch Zuschauen die Qualität der Auswuchtarbeit unterstützen. In manchen Werkstätten stellt man nämlich die jüngsten Lehrlinge, denen es auf 20 Gramm mehr oder weniger

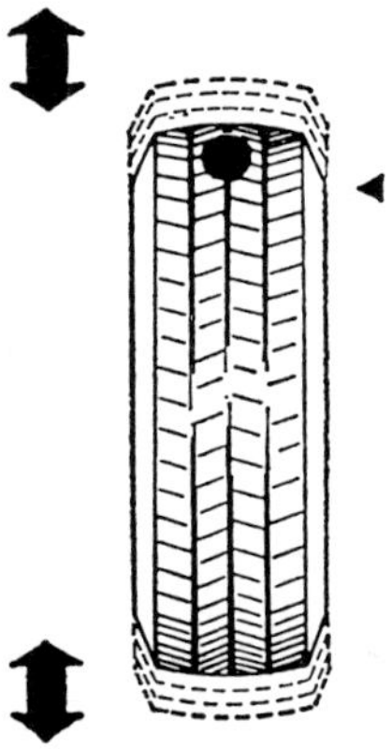

Unsere Skizze erläutert die Auswirkungen der Unwucht:
Die **statische** Unwucht erkennt man, wenn ein freihängendes, drehendes Rad immer mit der gleichen Stelle zu Boden sinkt und sich allmählich auspendelt. Folge: Das Rad hüpft während der Fahrt.

Die **dynamische** Unwucht ist durch Auspendeln des Rades nicht zu erkennen, denn sie liegt irgendwie schräg zur Radachse, so daß das schnellaufende Rad flattert und wackelt. Unausgewuchtete Räder führen zu schnellem Reifenverschleiß, unruhiger Lenkung und vorzeitiger Abnutzung der Radlager.

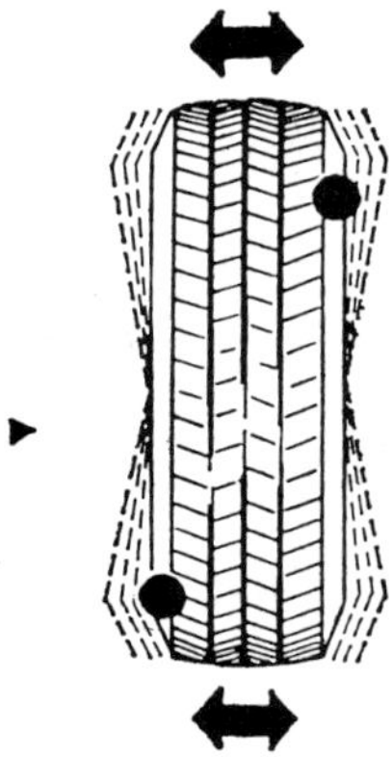

nicht ankommt, an diese Maschinen. Achten Sie auch beim Aufspannen des Rades auf die Maschine genau darauf, daß das Rad einwandfrei zentriert ist und mit allen 5 Radbolzen – und nicht nur mit 2, 3 oder 4 – angeschraubt wird, sonst ergibt sich von vornherein eine Unwucht.
Wenn die Räder nachgewuchtet werden sollen, reißen manche Mechaniker gerne zuerst die angebrachten Ausgleichsgewichte ab und fangen dann von vorne an. Sie müssen verlangen, daß das Rad erst einmal zur Probe läuft. Vielleicht ist die Auswuchtung noch einwandfrei und Sie können sich einen Teil des Geldes für das Auswuchten sparen.
Auch nach jeder Reifenreparatur sollte das betreffende Rad neu ausgewuchtet werden. Ein Flicken auf dem Reifen verändert bereits die Unwucht. Eine Unsitte mancher Werkstatt ist es übrigens, die Ausgleichsgewichte auf der Felge zu belassen, wenn der Reifen regelrecht ab- und wieder aufmontiert werden muß. Dann können die Gewichte nicht mehr stimmen, und es ist besser, sie bis zum Auswuchten ganz abzumachen, denn bei veränderter Reifenmontage können die falsch gesetzten Gewichte zu verdoppelter Unwucht führen.
Besonders wichtig ist das Auswuchten runderneuerter Reifen. Sie lassen sich noch weniger als Neureifen gleichgewichtig herstellen. Da Unwucht an Hinterrädern weniger unangenehm als an den gelenkten Vorderrädern ist, sollen Reifen, die starke Ausgleichsgewichte brauchen, möglichst auf der Hinterachse montiert werden.

Reifliche Überlegungen

Es kommt nicht von heute auf morgen, daß die Beine Ihres Wagens neues Schuhwerk brauchen. Es sei denn, ein Reifen ist plötzlich geplatzt oder durch ein sonstiges außergewöhnliches Ereignis unbrauchbar geworden. Normalerweise bemerkt man nur von Monat zu Monat, wie sich die Profiltiefe des Reifens der amtlich noch zugelassenen 1-mm-Mindestgrenze nähert.
Sie haben also Zeit, sich die Wahl des neuen Schuhwerks für Ihre Räder sorgsam zu überlegen und die notwendigen Moneten bereitzulegen. Es gibt nämlich eine Reihe verschiedener Reifentypen, abgesehen von den unterschiedlichen Reifenmarken, die für diese oder jene Beanspruchung Ihres Wagens besonders geeignet sind. Es sind dies:

- Diagonal-Reifen
- Radial-Reifen
- M + S-Reifen
- Runderneuerte Reifen

Wie lange müssen Reifen halten?

Bei dieser Gelegenheit wollen Sie sicher gerne wissen, ob Ihre letzte Reifengarnitur eigentlich lange genug gehalten hat. Diese Frage ist jedoch nicht so ohne weiteres mit einer Kilometerstrecke zu beantworten, denn zu viele Einzelheiten wirken dabei mit. Bei Reifen gleichen Typs spielen dabei die Unterschiede von Marke zu Marke übrigens keine so große Rolle wie die Einwirkungen des Fahrwerks und vor allem die Sorgfalt des Fahrers. Wer mit allem Dampf um die Kurven fegt, Gas- und Bremspedal stets bis zum Bodenbrett durchtritt, braucht sich nicht zu wundern, wenn abgeriebene Gummikrümel seine Fahrspur markieren. Noch stärker wirkt sich erhöhter Reifenverschleiß durch zu niedrigen Luftdruck aus. Auch die Außentemperatur macht sich beim Reifenabrieb bemerkbar: Im Hochsommer können sich durch scharfe Fahrt heißgefahrene Reifen dreimal so schnell verschleißen als in gemächlicher Fahrt bei Frostwetter. Schließlich müssen Lenkung, Stoßdämpfer, Sturz, Spur und Nachlauf der Räder in Ordnung sein. Fehler in dieser Beziehung sind am außergewöhnlichen und einseitigen Reifenverschleiß vom Fachmann zu erkennen. Unterschiedliche Kilometerleistungen erbringen natürlich auch die verschiedenen Reifentypen. Am schnellsten verschlissen sind die winterlichen M + S-Reifen, deren dicke und grobe Stollen verhältnismäßig bald abgerutscht sind, trotz der abriebgünstigen Jahreszeit, in der sie gefahren werden. Die durchschnittlichen Kilometerleistungen zeigen die Diagonal-Reifen, wobei sich hier der gemütvolle Charakter der Diesel-Wagen im Vergleich zu ihren wesentlich temperamentvolleren Benzin-Brüdern sehr stark bemerkbar machen kann, denn die Kilometerleistung gleichartiger Reifen ist auf den Mercedes-Diesel oft um 50 Prozent höher als auf den vergleichbaren Benzin-Mercedes, wenn man nicht gerade einen bei vielen Dieselfahrern beobachteten, reifenverschleißenden Fahrstil pflegt: Mit allem Dampf um die Kurven, weil im Kurvenausgang beim Diesel zum Beschleunigen nicht viel Pfeffer zur Verfügung steht.
Nach unseren Erfahrungen halten Diagonal-Reifen auf den Mercedes-Diesel

etwa 20 000 bis 30 000 km, wobei natürlich die spurtstärkeren Typen der »Neuen Generation« stärker am Reifen nagen als die älteren Modelle. Wir haben aber auch schon von notwendigem Reifenwechsel nach 12 000 km gehört, während andere es dagegen auf 40 000 km brachten. Das ist also eine weite Spanne.
An dieser Stelle muß aber unmißverständlich darauf hingewiesen werden, daß sich die Qualität eines Reifens nicht nur durch seine Kilometerleistung bemerkbar macht, denn ein abriebfester Reifengummi ist oftmals »hart« und dadurch in seiner Straßenhaftfähigkeit geringer. Diese ist jedoch beim Kurvenfahren und beim Bremsen vor allem auf nasser Fahrbahn, von ganz besonderer Bedeutung. Da ist ein »weicher« Gummi besser, der aber andererseits nicht so abriebfest ist. Aus diesen Gegensätzen suchen die Reifenproduzenten den besten Kompromiß herauszuknobeln.
Die längste Haltbarkeit zeigen die Radial-Reifen. Man erreicht damit teilweise die doppelte Kilometerstrecke der Diagonal-Reifen. So bringt es mancher routinierte Taxifahrer mit den langlebigen Michelin-Reifen auf 60 000 und mehr Kilometer mit einem Reifensatz. Das liegt in diesem Falle aber nicht an der Gummimischung, sondern vor allem an dem grundsätzlich anderen Aufbau der Radial-Reifen. Ob an den Mercedes-Diesel die Reifen der Vorderachse oder der Hinterachse schneller verschleißen, kommt auf die Fahrweise (siehe Seite 140, 1. Absatz) an.

Fingerzeig: *Auch neue Reifen müssen eingefahren werden! Sie sind nämlich erst nach etwa 100 km wirklich rutschfest, wenn die vom Vulkanisieren sehr glatte Reifenoberfläche etwas angerauht ist. Auch können die bei neuen Reifen noch hohen Profilstollen zum »umkippen« neigen, so daß auch hierdurch die Rutschfestigkeit geringer ist. Nicht zuletzt muß sich der anfangs wenig verformungsfreudige Pneu erst einmal geschmeidig walken und vor den ersten harten Bremsmanövern sollte überdies das beim Reifenaufziehen verwendete Montagefett ausgetrocknet sein.*
Es sind also eine ganze Menge Punkte, die für das vorsichtige »Einfahren« der Reifen sprechen. Man braucht aber deshalb keineswegs die ersten Kilometer im Schneckentempo zurückzulegen. Verhaltenes Fahren auf einer kurvenreichen Landstraße und Vermeiden von Vollbremsungen reicht da schon aus.

Sonderreifen für Sonderzwecke

Anstelle der serienmäßigen und wahlweisen Reifenausstattung (siehe Tabelle Seite 135) sind für Sonderfahrzeuge, z. B. Polizeifunkwagen, Limousinen mit verlängertem Radstand, Krankenwagen und Kombiwagen, auch größere Reifen vorgesehen, zu denen entsprechend größere Felgen bis zur 15-Zoll-Größe gehören. Da es sich hierbei aber um Sonderfälle handelt, würde es den Rahmen dieses Buches sprengen, wenn wir in der notwendigen Ausführlichkeit darauf eingehen wollten. Zumeist wird ein solches Sonderfahrzeug ja auch bereits mit der speziellen Bereifung geliefert, ein nachträgliches Interesse besteht in der Regel also nur beim Umbau eines vorhandenen Wagens. Für diesen Fall sind die Mercedes-Benz-Niederlassungen mit umfangreichem Informationsmaterial vom Werk versehen.
Größeres Interesse kann dagegen für die Umrüstung der normalen Diesel-Limousinen auf Felgen und Reifen in der 15-Zoll-Größe bestehen, die für außergewöhnlich schlechte Wegeverhältnisse vorgesehen ist. Das interessiert beispielsweise Landwirte, Tierärzte, Straßenbaufirmen und Forstbeamte. Denn der 15-Zoll-Reifen verleiht zusammen mit den dazu erforderlichen härteren Federn dem Mercedes einige Zentimeter mehr Bodenfreiheit, die in unwegsamem Gelände oft entscheiden, ob man noch durchkommt oder steckenbleibt.

Während in der Diagonalkarkasse (links) die Fäden der einzelnen Gewebelagen (zumeist sind es heute nur noch zwei statt der hier gezeigten vier!) diagonal zueinander liegen, ist beim Radial-Reifen (rechts) über die Unterkarkasse mit quer zur Fahrtrichtung liegendem, also radialem Fadenlauf ein Gürtel montiert, dessen Stahl- oder Textilfäden leicht gekreuzt etwa in Laufrichtung des Reifens liegen. Es gibt seit Anfang 1968 eine Zwischenkonstruktion, sogenannte »Fiberglas«-Gürtelreifen, bei denen ein Gürtel über Diagonal-Unterkarkasse montiert ist. Dazu können wir beim Mercedes nicht raten, denn diese Zwitterkonstruktion erreicht nicht die Leistungen echter Radial-Reifen und ist mehr für Fahrzeuge gedacht, die im Fahrwerk nicht auf Radial-Reifen abgestimmt sind.

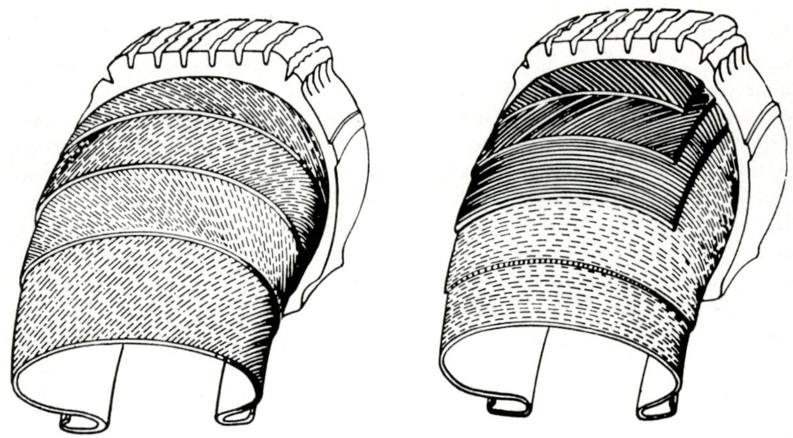

Damit wird aber auch zugleich der Schwerpunkt des Wagens höher gelegt, weshalb ein 15-Zoll-Reifen bei einwandfreien und schnellen Straßen für die Straßenlage des Mercedes nachteilig wäre, zumal der größere und schwerere Reifen den Wagen auch noch temperamentloser macht.

Vorgesehen sind für schlechte Straßenverhältnisse an allen Modellen vom 190 Dc bis zum 220 D/8 zusammen mit härteren Federn und härteren Stoßdämpfern: ■ Reifen 7.00–15 L 6 PR ■ Felge 5½ J × 15 – H

In der Reifenbezeichnung (grundsätzlich auf Seite 135 erläutert) bedeutet das »L«, daß es sich um einen »Low section«, also einen Niederquerschnitt-Reifen handelt. Die Bezeichnung »6 PR« ist die Kennzeichnung für einen Reifen mit erhöhter Tragfähigkeit, die serienmäßigen Diagonal-Reifen der Mercedes-Diesel tragen dementsprechend die Bezeichnung »4 PR«. Der Reifen 7.00–15 L hat einen Abrollumfang von 2047 mm (entspricht dem zurückgelegten Weg bei einer Radumdrehung und einer Geschwindigkeit von 60 km/h), der serienmäßige Reifen 7.00–13 hat dagegen nur 1915 mm Abrollumfang (Reifen 6.95/175–14 hat 1897 mm Abrollumfang). Der 15-Zoll-Reifen legt also pro Radumdrehung einen um 5 % (bzw. 6 %) längeren Weg zurück. Da das Tachometer nicht die echte zurückgelegte Wegstrecke, sondern genau genommen die Umdrehungen der Abgangswelle am Getriebe mißt, verändert ein anderer Reifen auch entsprechend die Tachometeranzeige, d. h. mit dem größeren Reifen zeigt das Tachometer 5 % (bzw. 6 %) weniger als vorher an. Man muß nach dieser Umrüstung also sein Tachometer neu eichen lassen, um beim TÜV mit der Umrüstung durchzukommen.

Diagonal- oder Radial-Reifen

Die Preise der Diagonal-Reifen sind aufgrund der sinkenden Nachfrage heimlich, still und leise in die Höhe geklettert, so daß die fahrsicheren Gürtel-Reifen heute schon billiger sind als die Normal-Reifen.

Die Entscheidung fällt also leicht: Der Gürtel-Reifen wartet nicht nur mit einer höheren Laufleistung auf, er hat außerdem noch eine erheblich bessere Straßenlage als der Diagonal-Reifen, der als Vorzug lediglich seine größere Laufruhe auf Kopfsteinpflaster in die Waagschale werfen kann.

Bestärkt durch die Preisentwicklung auf dem Reifensektor sollte man im Interesse einer zeitgemäßen Bereifung bei der Ersatzbeschaffung auch dann zu Gürtel-Reifen greifen, wenn zuvor noch ein Satz veralteter Diagonal-Reifen montiert war.

Nun gab es in der zurückliegenden Zeit oftmals ein großes Rätselraten, welche Radial-Reifen-Größe anstelle des serienmäßigen Diagonal-Reifens montiert werden sollten, zumal es anfänglich nur Gürtel-Reifen in »Millimeter-Größen« gab. Bei diesen stimmte aber oft der Abrollumfang nicht mit dem der auszutauschenden Reifen überein, was schließlich durch die Einführung von »Zoll-Größen« mit anderen Abmessungen vereinfacht wurde. Die Unsicherheit wurde schließlich Anfang 1969 beseitigt, als sich Reifenhersteller und Kraftfahrzeugproduzenten einigten, welche Radial-Reifen-Größen jeweils an den verschiedenen Kraftfahrzeugmodellen problemlos gefahren werden können. Auch der TÜV hält sich bei der regelmäßigen Fahrzeugüberprüfung an diese Vereinbarung und beanstandet keine Fahrzeuge, die mit den in der Liste aufgeführten Radialreifen ausgestattet sind, wie dies vorher sehr oft geschah. Durch diese Liste wurde der früher oft anstelle der Diagonal-Reifen-Größe 6.40–13 gewählte Radial-Reifen 175 SR 13 ausgeschieden. Doch besteht auch bei den Radial-Reifen der zugelassenen Größe 7.00 SR 13 eine gewisse Unsicherheit, denn verschiedene Reifenproduzenten stellen ihn als eine Art Größenkombination her, die entweder die Bezeichnung 6.40/7.00 SR 13 (zugelassen bis zum 200 D) oder 6.40/6.50 SR 13 (zugelassen bis zum 190 Db) tragen können. Ebenso gibt es aber auch Reifen, die lediglich die Bezeichnung 6.40 SR 13 oder 7.00 SR 13 tragen. Alle diese Reifen sind dann ohne weiteres zulässig, wenn die Originalausstattung mit Diagonal-Reifen die gleiche Größenbezeichnung trägt.

»Mitbestimmung« des TÜV

Mit dieser Vereinbarung sind andere Radial-Reifen aber noch nicht verboten. Sie müssen jedoch vom TÜV abgenommen sein, wobei dieser zu prüfen hat, ob die Tragfähigkeit der Originalausstattung entspricht, der Abrollumfang nicht so groß ist, daß das Tachometer außerhalb der amtlich zugelassenen Anzeigetoleranz anzeigt, und daß die gewählten Reifen in die Radkästen des Fahrzeugs passen, ohne in diesen oder an Teilen der Bremsanlage oder des Fahrwerks zu scheuern. Aber diese Zulassungsprozedur ist umständlich, kostet Zeit und Geld und hat wenig Sinn (ausgenommen die Umstellung auf 15-Zoll-Reifen bei schlechten Straßenverhältnissen; siehe Seite 145).

Schlauchlose Gürtelreifen

Daimler-Benz hat eine in der Fachwelt außerordentlich respektierte – oftmals auch gefürchtete – Reifenversuchsabteilung. Bis man in Untertürkheim eine neue Reifenkonstruktion werksoffiziell »freigibt«, schwitzen die Reifenhersteller Blut und Wasser. So hat man beispielsweise durchgesetzt, daß alle Reifen in den für Mercedes passenden Größen, wenn sie bei Daimler-Benz zur Erstausstattung zugelassen werden sollen, eine seitliche Scheuerleiste rund um die nach außen zeigende Reifenflanke haben müssen. Diese vernünftige Zugabe, die vor allem den in der Flanke weichen Radial-Reifen vor Beschädigungen beim Anfahren an Bordsteinkanten schützt, können nämlich die Besitzer anderer Kraftfahrzeuge nicht so ohne weiteres erwarten. Auf diese Scheuerleiste sollten Sie auch beim Ersatzreifenkauf für Ihren Mercedes stets achten.
Bei dieser reifenkritischen Einstellung ist es nicht weiter verwunderlich, daß man sich bei Daimler-Benz in früherer Zeit kaum mit schlauchlosen Radial-Reifen anfreunden konnte. Schlauchlose Radial-Reifen könnten nämlich unter extremen Bedingungen (erheblich zu geringer Luftdruck) bei scharfer Kurvenfahrt (oder beim Schleudern durch einen plötzlich Luft verlierenden Reifen!) von einer normalen Felge heruntergewalkt werden. Diese Gefahr wird jedoch durch die »Hump«-Felgen (erkenntlich am »H« hinter der Größenangabe; siehe Seite 137) vermieden, und Mercedes-Wagen haben solche Hump-Felgen mit dem Sicherheitswulst bereits, so lange es überhaupt schlauchlose Reifen gibt.

Winter-Reifen

In Gegenden, wo mit Schnee und Eis zu rechnen ist, läßt sich die Anschaffung besonderer Winterreifen durch die nur gering belastete Hinterachse des Mercedes nur selten umgehen. Mit zwei M+S- (= Matsch und Schnee-)Reifen auf der Antriebsachse fühlte man sich früher für den Winter gut gerüstet. Aber diese Kombination ist gefährlich, wenn Sie auf Matsch oder Eis bremsen müssen, können die sommerbereiften Vorderräder den Wagen nicht in der Spur halten und den richtigen Bodenkontakt herstellen.
Die richtige Lösung für Winterbereifung sind M+S-Radialreifen, die heute viel feiner profiliert sind als früher und dadurch leiser und komfortabler abrollen. Die Entwicklung, die in den heutigen Winterreifen steckt, hat aber auch ihren Preis. Wer ein wenig sparen will, kann Wintergürtelreifen in runderneuerter Ausführung kaufen. Renommierte Runderneuerer liefern ihre Reifen ebenfalls mit neuen Profilen und für den Winter abgestimmter Gummimischung.
Früher wurden die Wintergürtelreifen oft in herkömmliche und solche in Haftausführung unterschieden. Der Begriff Haftreifen taucht heute aber kaum mehr auf.

Fingerzeig: *Bei Temperaturen um den Gefrierpunkt bildet sich auf dem Eis beim Darüberrollen ein feiner Wasserfilm, der die Haftfähigkeit auch von Winterreifen gefährlich verringert:*

Winter-Reifen im Sommer fahren?

Die recht guten Fahreigenschaften der modernen Winterreifen auf feuchter Fahrbahn können dazu verleiten, die Anschaffung fällig gewordener Sommerreifen hinauszuschieben und auch in der warmen Jahreszeit noch mit den Winter-Reifen zu fahren.
Wenn Sie nicht Ihr Auto in der nächsten Zeit verkaufen wollen, wäre das am falschen Ende gespart, denn Winter-Reifen werden bei höheren Außentemperaturen und Fahrgeschwindigkeiten wesentlich schneller abgenutzt. Auch die Fahrsicherheit leidet, da die grobstolligen Winter-Reifen schlechtere Seitenführung in Kurven bieten und im allgemeinen stärker zum Aquaplaning (Aufschwimmen auf Wasserlachen) neigen als Sommer-Gürtel-Reifen.

Luftdruck und Profiltiefe

Wenn Winter-Reifen mit einem um 0,2 bis 0,3 atü erhöhten Luftdruck gefahren werden, können die Profilstollen und Kanten besser greifen.
Die Profiltiefe sollte 4 mm möglichst nicht unterschreiten, um bei winterlichen Verhältnissen gutes Vorankommen zu gewährleisten. Dasselbe gilt für Sommer-Gürtel-Reifen, die im Winter gefahren werden.

Zusätzliche Felgen für Winter-Reifen

Wenn Sie sich zusätzliche Felgen für die Winterbereifung anschaffen, sparen Sie die Kosten für das Ummontieren der Reifen vor und nach dem Winter. Und ohne große Schwierigkeiten können Sie die Sommer-Reifen montieren, wenn im Winter wochenlang trockenes Wetter herrscht.

Runderneuerte Reifen

Neu besohlte Reifen stehen bei vielen Autofahrern in schlechtem Ansehen, obwohl sie den Beweis ihrer Tauglichkeit in verschiedenen Tests erbracht haben. Solche Reifen sind wesentlich billiger als fabrikneue, allerdings erreichen sie dafür auch nur eine geringere Lebensdauer. Reifen mit »RAL-Gütesiegel« erfüllen eine Reihe von Qualitäts- und Ausführungskriterien, außerdem haben sie Schnellauftests bestanden. Doch müssen Sie normalerweise mit größeren Unwuchten rechnen, und trotz gleich aussehendem Reifenprofil können sich die Fahreigenschaften vom entsprechenden Markenreifen erheblich unterscheiden.

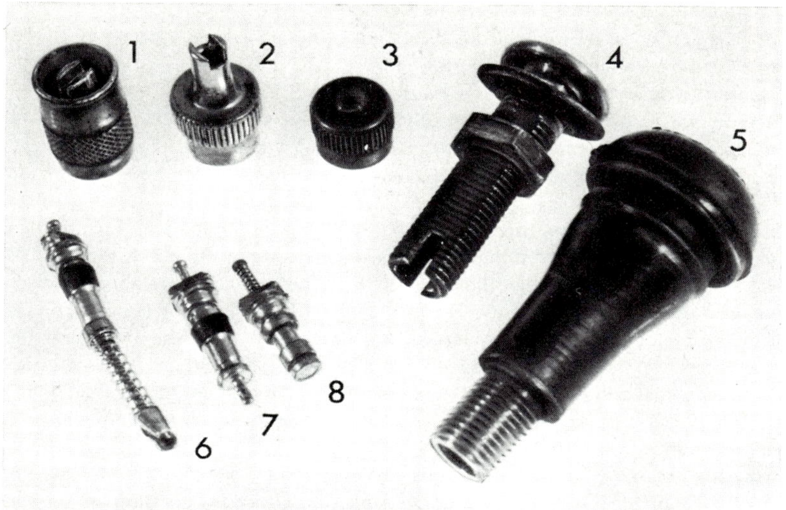

Es gibt unterschiedliches Reifenzubehör: 1 bis 3 – Ventilkappen, von denen man mit den ersten beiden auch das Ventil herausdrehen kann. Beim Wagenwaschen bleibt allerdings der Schwamm an Nr. 2 hängen, solche Kappen führt man besser im Handschuhfach mit. 4 – Ventil für Luftschlauch und 5 – Ventil für schlauchlose Reifen. 6 bis 8 – Ventileinsätze, wobei Nr. 6 die konventionelle Art darstellt. Die kleineren französischen Einsätze, z. B. von Michelin, sind besser, da sie keine Feder haben, die sich verbiegen kann.

Sie tun gut daran, den Luftdruck an runderneuerten Reifen sorgfältig zu überwachen, denn viele Defekte an solchen Pneus haben ihre Ursache in zu niedrigem Luftdruck. Neu besohlte Reifen sind in diesem Punkt empfindlicher.
Wenn Sie alle genannten Punkte beachten, können Sie mit Runderneuerten einiges Geld sparen, vor allem bei der Winterbereifung, die es mit Haftgummimischung preisgünstig zu kaufen gibt.

Gebrauchtreifen

Wird ein Wagen wegen Altersschwäche aus dem Verkehr gezogen, muß deshalb seine Bereifung durchaus nicht auf den letzten Millimeter abgefahren sein. Möglicherweise wurden sogar vor einem Motorschaden noch nagelneue Pneus aufgezogen.
Autoverwerter, Reifenhändler und Gebrauchtreifenverkäufer machen sich diesen Umstand zu Nutze und verkaufen deshalb die gebrauchten Reifen oft zu einem äußerst attraktiven Preis. Bevor Sie zugreifen, sollten Sie allerdings einige Punkte abklären:

- Stammen die Reifen möglicherweise von einem Unfallwagen? Schnitte in den Reifenflanken oder in der Lauffläche können darauf hindeuten. Bei solchen Beschädigungen lieber einen Reifenfachmann zu Rate ziehen. Im Zweifelsfall: Finger weg! Auch unregelmäßige Verdickungen an Reifenflanke oder Lauffläche verheißen nichts Gutes; ebenso lassen ausgebrochene Gummistücke auf harte Bordsteinkontakte schließen.
- Der Preis für den Gebrauchtreifen muß stimmen! Wenn er nicht schon auf der für Ihren Mercedes richtigen Felge sitzt, muß er ummontiert und ausgewuchtet werden. Rechnen Sie also diese Kosten zum Kaufpreis dazu. Andererseits muß möglicherweise die oft gar nicht nötige Felge mitbezahlt werden.

Erkundigen Sie sich also vor dem Gebrauchtreifenkauf nach dem Preis neuer oder runderneuerter Reifen, und setzen Sie dann Preis und Profiltiefe der gebrauchten ins Verhältnis. Kenntnis der Kosten gibt auch eine bessere Position bei den Preisverhandlungen.

Nicht gemischt montieren!

Seit 1980 dürfen Reifen verschiedener Bauarten nicht mehr gemischt an einem Fahrzeug montiert werden. Da diese Regelung mehr Verwirrung als Klarheit brachte, sei hier noch einmal ausgezählt, was möglich ist, und was nicht.

Nicht kombiniert werden dürfen:

- Gürtelreifen und Diagonalreifen; auch nicht bei achsweiser Montage.
- Stahlgürtelreifen und Textilgürtelreifen.

Montiert werden dürfen (und das ist oft unbekannt):

- Sommer- und Winter-Diagonalreifen bei achsweiser Montage.
- Sommer- und Winter-Textilgürtelreifen bei achsweiser Montage.
- Sommer- und Winter-Stahlgürtelreifen bei achsweiser Montage.

Reifenpreise

Für Auto-Reifen gelten, wie heute überall üblich, »empfohlene Richtpreise«, an die sich aber niemand halten muß. So gibt vielleicht ein Händler 10 % Rabatt auf den empfohlenen Richtpreis und außerdem sind Montage, Auswuchten und die dazu notwendigen Bleigewichte im Preis inbegriffen. Ein anderer Händler bietet dagegen 30 % Rabatt an, dafür muß man aber Montage und Auswuchten extra bezahlen. Lassen Sie sich von hohen Rabattprozenten nicht täuschen, das billigste Angebot kann hinterher teurer als gedacht ausfallen. Es lohnt sich also in jedem Fall, erst einige Angebote einzuholen, ehe man Reifen kauft.

Auf dem Markt gibt es neben den bekannten Marken-Reifen welche von großen Kaufhauskonzernen und sogenannte Import-Reifen. Import-Reifen sind meist die billigsten. Bevor Sie aber bei völlig unbekannten Reifen zugreifen, sollten Sie erst das Urteil eines Fahrers (nicht des Verkäufers) hören, der schon längere Zeit diese Reifen aufgezogen hat oder, noch besser, Sie besorgen sich einen Reifentestbericht einer unabhängigen Fachzeitschrift.

Altreifenbeseitigung

Altreifen dürfen nicht einfach auf den Müll geworfen werden; auch die Müllabfuhr nimmt sie nicht mit. Denn je nach Methode werden abgefahrene Reifen entweder zerschnitten, weiterverwendet oder in speziellen Anlagen verbrannt. Aber wie wird man die Altreifen nun los? Da gibt es verschiedene Möglichkeiten. Je nach Gemeinde fungiert der städtische Bauhof oder der Müllplatz als Annahmestelle. In jedem Fall nimmt jedoch der Reifenhändler die alten Pneus ab. Eine geringe Gebühr für das Loswerden der Reifen müssen Sie jedoch überall entrichten.

Spannungsvolle Darbietungen

Hier, auf dieser Seite, beginnen wir mit der Auto-Elektrik, vor der die meisten Fahrer so einen schrecklichen Respekt haben. Selbst versierten Autobesitzern scheint sie unheimlich und kaum durchschaubar.
Gewiß, Dieselöl sieht man aus der Kraftstoffleitung tröpfeln – oder auch nicht –, wenn man diese abmontiert, wohingegen Elektrizität nicht so ohne weiteres zu sehen ist. Aber man kann sie sichtbar machen. Und wenn Sie die nachfolgenden Seiten gelegentlich einmal ein wenig aufmerksam studieren, dabei von Fall zu Fall den Schaltplan in der hinteren Buchklappe zu Rate ziehen und zwischendurch auch einen Blick auf die jeweils beschriebenen Teile unter Motorhaube und Armaturenbrett Ihres Mercedes werfen, so werden Sie auf einmal feststellen – jedenfalls ist dies unser ganzes Bemühen –, daß das mit der Elektrik am Auto gar nicht so schwierig und eigentlich immer vollkommen logisch und gut durchdacht ist. Man muß es nur einmal mitgedacht haben und merkt dann, daß gar keine Geheimnisse dort sind, wo man sie haufenweise vermutete. Und wer noch mehr über Auto-Elektrik wissen will, sollte den Sonderband »Elektrik am Auto« dieser Buchreihe als Weihnachts- oder Geburtstagsgeschenk seinen Lieben für sich empfehlen.

Was die Batterie leistet

Die Batterie im Motorraum Ihres Mercedes besteht aus 6 Zellen. Da jede Zelle ungefähr 2 Volt Spannung hat, ergibt dies eine Batteriespannung von 12 Volt. Darauf sind alle Stromverbraucher, vom Scheibenwischermotor bis zum Schlußlicht, ausgelegt.
Irgendwo auf einer Batterieseite finden Sie außer dem Markennamen und der fabriksinternen Typ-Kennzeichnung die Bezeichnung 12 V/66 Ah (bei den Batterien in Sonderfahrzeugen und den Modellen 190 D/190 Db 12 V/84 Ah bzw. im 200 D/8 und 220 D/8 wahlweise 12 V/88 Ah). Der erste Teil gibt die bereits erwähnte Stromspannung von 12 Volt an. Hinter dem Schrägstrich ist die Stromstärke, die in Ampere gemessen wird, in ihrer »Menge« angegeben. Es ist die Batteriekapazität. Man bezeichnet sie in Ampere-Stunden, abgekürzt »Ah«. Unsere Batterie hat also eine Kapazität von 66 Ampere-Stunden. Sie kann theoretisch 66 Stunden lang 1 Ampere, oder umgekehrt 1 Stunde lang 66 Ampere abgeben. Das setzt eine vollgeladene Batterie in einwandfreiem Zustand voraus. Selten ist jedoch eine Batterie ganz geladen – das kommt eigentlich nur bei sommerlicher Temperatur nach einer ausgesprochenen Autobahn-Langstreckenfahrt am Tage vor, so daß man in der Praxis vorsichtshalber nur mit etwa zwei Drittel oder sogar nur der Hälfte der angegebenen Kapazität rechnen kann. Es stehen also in Wirklichkeit zumeist nur rund 40 Ah zur Verfügung. Wie lange sich die einzelnen Stromverbraucher aus der Batterie »ernähren« können, haben wir in der umseitigen Tabelle für die 66-Ah-Batterie des 200 D/8 zusammengefaßt. Entsprechend größer ist natürlich die Kraftreserve, die eine 84-Ah- oder 88-Ah-Batterie speichern kann.

Batteriebelastung durch Stromverbraucher
Batterie 12 V/ 66 Ah des 200 D/8

Verbraucher	Leistungsbedarf (Watt)	Stromstärke (Ampere) bei 12 Volt	Brenndauer volle Kapazität (theoretisch)	Brenndauer ⅔ Kapazität = 40 Ah (praktisch)
Fernlicht, Standlicht, Schlußlicht, Kennzeichenleuchten, Instrumentenbeleuchtung zusammen	130 W	10,8 A	6 std	3 std 45 min
Abblendlicht und übrige Beleuchtung wie oben	118 W	9,8 A	6 std 45 min	4 std
Standlicht, Kennzeichenleuchten, Schlußlichter zusammen	28 W	2,3 A	28 std 45 min	17 std 30 min
Parklicht	9 W	0,8 A	82 std 30 min	50 std
Transistor-Radio	10–20 W	0,8–1,7 A	27–54 std	18–36 std
Scheibenwischermotor	65–75 W	5,4–6,3 A	7–8 std	4–5 std
Glühkerzen, Glühkerzenwiderstand, Glühüberwacher zusammen	650 W	50–55 A	50 min	—
Anlasser	960–7200 W	80–1200 A	—	—

Durch das Vorglühen und den Anlasser wird die Batterie ganz enorm strapaziert. Nur etwa eine Minute darf im Höchstfall vorgeglüht werden, sonst fehlt der Batterie bereits zu viel Strom – man kann es am Trüberwerden der Ladestrom-Kontrolleuchte beobachten –, um den Anlasser noch wirkungsvoll durchzudrehen, der ebenfalls in kürzester Zeit eine Menge Strom aufsaugt. Der Anlasser leistet zwar nur 2,5 PS (bei den Vormodellen nur 1,8 PS), aber durch Reibungsverluste frißt er über 700 Watt beim Durchdrehen des warmen Motors und sogar das Zehnfache im Augenblick des Einschaltens, im sogenannten »Losbrechmoment«. Beim Starten des Motors sinkt die Batteriespannung sehr schnell auf etwa 8 Volt oder im Winter sogar bis auf 6 Volt ab, zumal gleichzeitig auch die Glühkerzen noch Strom brauchen. Auf solch eine niedrige Spannung ist aber der Anlasser schon von Hause aus eingerichtet. Je tiefer die Außentemperatur sinkt und je zäher demgemäß die Schmierstoffe sind (darum im Winter nicht mit »Sommeröl« fahren! Siehe Seite 39), um so höher wird der Strombedarf des Anlassers, weil er ja mehr Widerstand zu überwinden hat. Das ist sehr ungünstig, denn bei kalter Temperatur verringert sich die Leistungskraft der Batterie an sich schon (siehe nächster Abschnitt).

Die obige Tabelle zeigt auch, daß die Batterie keinesfalls eine lange Winternacht hindurch die Kraft hat, für die Beleuchtung des geparkten Wagens mit vollem Licht zu sorgen. Nach spätestens 4 Stunden – in kalten Winternächten wahrscheinlich schon innerhalb von knapp 3 Stunden – ist kein Lampenschimmer mehr zu sehen. Deshalb verbrauchen die Parkleuchten auch nur sparsame 9 Watt. Damit können sie gut und gerne einige Tage hintereinander brennen.

Aber an einem Nebeltag muß der Wagen mit vollem Licht geparkt werden, denn im Nebel reicht eine kleine Parkleuchte nicht aus. Dann sollte man sich bei längerer Parkdauer einen Abstellplatz suchen, auf dem Beleuchtung nicht erforderlich ist. An der elektrischen Uhr kann man übrigens ablesen, wie lange die Batterie durchgehalten hat, wenn man versehentlich das Licht brennen ließ.

Die Temperatur hat erheblichen Einfluß auf die Leistungskraft einer Batterie. Selbst eine tadellos geladene Autobatterie hat bei – 20° C nicht einmal mehr die Hälfte ihrer Leistungskraft! Bei schlecht geladener oder alter Batterie kann es aber nicht einmal mehr dazu reichen, und der Anlasser vermag den kältesteifen Motor nicht mehr durchzudrehen. Es ist also sehr vorteilhaft, selbst wenn es reichlich altmodisch klingt, vor kalten Nächten die Batterie auszubauen, das ist beim Mercedes ja nicht allzuschwer, und sie in der Wohnung in die Nähe der Heizung – aber nicht darauf! – zu stellen. Wer einmal festgestellt hat, wie leicht sein Wagen daraufhin am nächsten Morgen anspringt, wird sich diese Mühe vor wirklich kalten Nächten gerne machen.

Temperatur beeinflußt die Batterie

Der Ausbau der Batterie bei scharfem Frost hat einen weiteren Grund: Eine tief entladene Batterie (z. B. durch versehentlich eingeschaltete Scheinwerfer beim Aussteigen) kann schon bei – 10° C gefrieren; bei einer aufgeladenen Batterie reicht es allerdings für – 27° C Frost. Eine gefrorene Batterie kann unter ungünstigen Umständen platzen.

Unter »Experten« grassiert ein Geheimtip, man solle im Winter bei tiefen Temperaturen vor dem Starten für kurze Zeit das Standlicht einschalten. Die Batterie beginne dann zu arbeiten, bringe sich damit gewissermaßen selbst in Trab und werde daraufhin mit dem Anlasser viel leichter fertig. Das ist natürlich Unsinn, denn selbstverständlich verbraucht das Standlicht erst einmal von dem wenigen Strom, anstatt die Batterie zur Stromerzeugung anzuspornen. Theoretisch wäre das durch Batterieerwärmung möglich, aber die holt man sich für seine Batterie wirklich erfolgreich nur hinter dem Ofen oder neben der Zentralheizung in der Wohnung, aber nicht mit solchen Scherzen. Auf der gleichen Ebene rangieren Wärme-Isolierungen für Batterien und Batterie-Heizkissen, die angeblich der kalten Batterie durch von ihr selbst entnommenem Strom so erfolgreich warmmachen sollen, daß sie etliche Prozente mehr leistet. Man wird da ein wenig an den Herrn von Münchhausen erinnert, welcher sich selbst am Zopfe aus dem Sumpfe zog.

Batterie sauberhalten

Mit der Zeit setzt sich auf der Batterieoberfläche Schmutz an und die Batteriekabelanschlüsse zeigen bei mangelhafter Pflege weiß-grünliche Oxydkristalle. Das schadet der Batterie, denn über die zumeist feuchte Schmutzkruste kann sich der Strom der Batterie entladen. Den Schmutz und die Oxydkristalle bürstet man mit einem Waschpinsel und warmem Wasser (am besten eine gut warme Sodalösung) ab, reibt die Pole und Kabelschuhe mit einem Lappen sorgfältig trocken und fettet zum Schluß die Polköpfe und Anschlußklemmen mit besonderem Polfett (z. B. Bosch-Säureschutzfett Ft 40 v 1) dick ein. Dabei müssen jedoch die eigentlichen Kontaktflächen frei von Fett bleiben, da dort sonst Übergangswiderstände entstehen können.

Die weiß-grünlichen Oxydkristalle deuten übrigens an, daß die Batterie gelegentlich »übergekocht« ist. Entweder wurde zu viel destilliertes Wasser bei entladener Batterie nachgefüllt (der Säurespiegel steigt beim Laden der Batterie), oder der Regler der Lichtmaschine, der dafür zu sorgen hat, daß die Batterie von der Lichtmaschine nicht zu heftig aufgeladen wird, ist defekt.

Batterie ausbauen

Soll die Batterie ausgebaut werden (das ist regelmäßig zum Reinigen des Batteriestandbleches angebracht), ist zuerst das Minuskabel (Zeichen auf oder neben dem betreffenden Polkopf: —) mit dem Gabelschlüssel SW 13 zu lösen. Merke **M**inus an **M**asse! Das Minuskabel ist außerdem daran erkennbar, daß es am anderen Ende mit der Karosserie verschraubt ist. Durch das Lösen des Minuskabels wird verhindert, daß es beim weiteren Hantieren mit der Batterie

Bei allen Arbeiten an der Auto-Elektrik (natürlich nicht bei Stromprüfungen) soll das Massekabel (Minuskabel), wie hier gezeigt, an der Batterie gelöst werden. Auch wenn das Pluskabel an der Batterie bleibt, ist damit das Fahrzeug stromlos. Batterieklemme mit Schlüssel SW 13 lockern, aber Klemme nicht mit Gewalt abziehen, sondern bei Bedarf durch zwischengesteckten Schraubenzieher aufspreizen, auf dem Polkopf drehen und dann abheben.

Kurzschlüsse gibt. Erst dann wird das Pluskabel (Zeichen auf oder neben dem Polkopf: +) gelöst. Nach der Demontage des Halterahmens oben an der Batterie bzw. der Bodenbefestigungsleiste läßt sich die Batterie herausheben.
Das nun freiliegende Standblech der Batterie wird ebenfalls mit warmem Wasser und einem dicken Waschpinsel sorgfältig gesäubert, getrocknet und zum Schutz gegen Rost behandelt, wobei man nach Belieben Graphitöl, Vaseline oder Unterbodenschutzwachs benutzen kann. Zeigen sich auf dem Batterie-Standblech bereits Rostspuren, so sollte man diese mit einem Rostumwandler (siehe Seite 24) behandeln und die Batteriestandfläche anschließend mit Unterbodenschutz streichen (Rostumwandler allein genügt nicht).
Der Einbau der Batterie erfolgt in umgekehrter Reihenfolge, wobei sinngemäß zuletzt das Minuskabel angeschlossen wird.

Säurestand der Batterie prüfen

Wartungsdienst Nr. 22

Die Batterieflüssigkeit besteht aus Schwefelsäure, die mit destilliertem Wasser verdünnt ist. Ein Teil dieses Wassers kann verdunsten oder wird beim Ladevorgang in Wasserstoff und Sauerstoff zersetzt.
Bei herkömmlichen Autobatterien muß der Flüssigkeitsstand regelmäßig ergänzt werden. Oft zeigt sich bei zu seltener Säurestandskontrolle, daß bereits ein erheblicher Teil Wasser aus der Batteriesäure verdunstet ist. Solch ein Verdacht auf Säuremangel besteht auch, wenn der Anlasser eines Morgens den Motor nur noch ganz müde durchdreht, oder wenn die Scheinwerfer beim Gasgeben deutlich heller werden. Dann fehlt es meist der Batterie an Kraft, weil die Batterieplatten trocken stehen.
Wartungsfreie Batterien nach DIN 72 311 besitzen ein größeres Flüssigkeitsvolumen; unter normalen Bedingungen sollen sie ihr ganzes Leben ohne Nachfüllen von destilliertem Wasser auskommen. Erhöhten Wasserverlust verursachen bei ihnen höhere Umgebungstemperaturen, längere Aufenthalte in heißen Regionen (Urlaub), defekter Spannungsregler der Lichtmaschine, Selbstentladung bei langen Standzeiten des Fahrzeugs oder Tiefentladung, etwa durch eingeschaltetes Standlicht über Nacht.
Völlig wartungsfreie Akkus sind die teuerste Version. Da man bei ihnen von keinerlei Flüssigkeitsverlusten ausgeht, haben sie auch keine Verschlußstopfen mehr.

Nur destilliertes Wasser nachfüllen

Bei den weißlich transparenten Batterien ist schon von außen zu sehen, ob und welche Zellen »trockengefallen« sind, bei welchen also die Plattenoberkante aus dem Flüssigkeitsspiegel herausschaut. Reicht der Säurestand bis zur Plattenoberkante und handelt es sich nur um eine routinemäßige Säurestandprüfung, ohne daß die Batterie irgendwelche Müdigkeitserscheinungen zeigte, kann man nun mit destilliertem Wasser bis zum vorschriftsmäßigen Säurestand auffüllen. Er beträgt (bei vielen Batterien an einem besonderen »Füllsteg« erkennbar) 5–10 mm über den Plattenoberkanten.

Zeigt sich durch müdes Anlasser-Drehen oder durch trübes Blinzeln der Scheinwerfer, daß die Batterie stark entladen ist, darf auf keinen Fall destilliertes Wasser gleich bis zur Füllstandsmarke aufgefüllt werden, sondern man darf bei Batterien, deren Plattenoberkanten vollkommen trocken sind, zuerst nur destilliertes Wasser bis zu diesen Plattenkanten und auf keinen Fall darüber hinaus auffüllen. Denn beim Wiederaufladen der Batterie durch die Lichtmaschine steigt der Säurestand ganz erheblich und die Batterie »kocht über«, d. h. die Batteriesäure drückt sich zu dem kleinen Entlüftungsloch im Zellenverschlußstopfen heraus. Abgesehen von der Verschmutzung der Batterieoberfläche durch Oxydkristalle und dem Verrosten des Batteriestandbleches wird auf diese Weise die Batteriesäure auch unkontrolliert verdünnt, was ihre Lebensdauer beeinträchtigt. Erst wenn eine »trockengefallene« Batterie wieder von der Lichtmaschine (oder vom Garagenlader, siehe Abschnitt »Laden der Batterie«) aufgeladen wurde, darf der Batteriesäurestand mit destilliertem Wasser bis zur vorgeschriebenen Höhe aufgefüllt werden.

Fingerzeige: *Das destillierte Wasser – am billigsten in der Apotheke oder Drogerie – hebt man sich am besten in einer Glas- oder Plastikflasche auf, die vorher gründlich mit destilliertem Wasser ausgeschwenkt wurde. Auf keinen Fall darf dazu eine Blechbüchse genommen werden, denn auch hierdurch würden unvermeidbar Metallteilchen in die Batterie gelangen und sie schwer schädigen.*

Leitungswasser darf man auch nicht im Notfall zum Auffüllen der Batteriesäure benutzen. Es enthält immer leitfähige Salze und andere mineralische Stoffe, die der Batterie schwer schaden.

Ladezustand der Batterie prüfen

Solange die Batterie den Anlasser flott durchdreht und die Scheinwerfer beim plötzlichen Gasgeben nicht wesentlich heller aufstrahlen – das ist ein Zeichen, daß die Batterie irgendwie »müde« ist –, braucht man außer dem Säurestand den Ladezustand der Batterie nicht unbedingt zu prüfen. Es regelmäßig mit dem auf unserem Bild gezeigten Hebe-Säuremesser bei der 5000-km-Wartung zu tun, ist jedoch kein Fehler. Wenn sich aber Müdigkeit bei der Batterie zeigt, obgleich der Säurestand mit destilliertem Wasser auf vorgeschriebene

Nur der fehlende Wasseranteil der Batteriesäure darf ersetzt werden. Auf keinen Fall dürfen Sie Batteriesäure nachfüllen, denn nur der Wasseranteil kann verdunsten. Weil die 6 Zellen der Batterie flüssigkeitsdicht voneinander getrennt sind, alle 6 Zellenverschlußstopfen herausdrehen und bei Bedarf destilliertes Wasser nachfüllen, jedoch nicht überfüllen!

Zum Messen der Säuredichte in der Batterie dient ein Hebesäuremesser, mit dem man etwas Batteriesäure aus jeder Zelle absaugt und an der Skala des Schwimmers die Dichte, also das spezifische Gewicht der Säure, abliest. Dazu muß der Schwimmer, das Aräometer, im senkrecht gehaltenen Kolben frei schwimmen. Durch diese Messung wird der Ladezustand jeder einzelnen Batteriezelle geprüft. Das Meßergebnis soll in allen Zellen nahezu gleich sein. Werden starke Unterschiede in einzelnen Zellen festgestellt, ist die Batterie »krank«.

Höhe aufgefüllt wurde und sich die Batterie gar nicht erholen will, auch ihr Dienstalter von 2–3 Jahren schon überschritten ist, muß die Säuredichte jeder einzelnen Batteriezelle zur Kontrolle des Ladezustandes nachgemessen werden. Da in diesem Falle zumeist ein Nachladen der Batterie in der Werkstatt oder bei einem Auto-Elektrik-Dienst notwendig ist (wenn dies wegen des Batteriealters überhaupt noch Zweck hat), kann man den Ladezustand gleich dort prüfen lassen und sich die eigene Anschaffung eines Hebe-Säuremessers ersparen. Wer es aber doch selbst machen will (siehe Bild oben): Das spezifische Gewicht der zur Prüfung angesaugten Batteriesäure läßt sich auf dem Schwimmer, dem Aräometer, ablesen. Es bedeuten:

Batterie voll geladen	spez. Gewicht 1,285 kg/l	Anm.: Die Messung ist auf +20° C bezogen. Je 14° C Temperaturunterschied ändern das spez. Gewicht um 0,01 kg/l.
Batterie halb geladen	spez. Gewicht 1,21 kg/l	
Batterie entladen	spez. Gewicht 1,14 kg/l	

Es muß noch kein schlimmes Zeichen sein, wenn alle 6 Zellen eine gleichmäßig niedere Säuredichte zeigen, dann kann es, wenn die Batterie noch nicht zu alt ist, mit Nachladen getan sein. Bedenklich wird es jedoch, wenn eine einzelne Zelle entladen ist: In der Fachwerkstatt nachprüfen lassen, ob die Batterie noch brauchbar ist oder ersetzt werden muß. Zumeist wird in diesem Falle Kurzschluß in einer oder mehreren Batteriezellen (durch eingedrungene Fremdstoffe) festgestellt werden.

Fingerzeig: *Batteriesäure ist ein Teufelszeug. Selbst in ziemlicher Verdünnung, also etwa beim Abwaschen von Oxydkristallen von der Batterie oder ihrem Standblech, frißt sie erstaunlich große Löcher in Hose oder Jacke, wenn sie beim Hantieren dorthin spritzte. Besonders gemein ist, daß man erst nach Tagen diese Wirkung sieht. Deshalb muß jeder Spritzer auf der Bekleidung sofort mit einer überschwemmenden Sodalösung behandelt werden. Wasser allein tut's nicht! Empfehlenswerte Vorsorge: Beim Hantieren an oder mit der Batterie eine Kunststoff-Folie, die bis zu den Schuhen reicht, vorbinden.*

Anleitung zum Laden

Die Batterie besitzt die unschöne Angewohnheit, sich auch im unbenutzten Zustand zu entladen. Im Winter geht die Selbstentladung etwas langsamer als im Sommer vor sich. Sie beträgt pro Tag ein halbes bis ein Prozent ihrer Nennkapazität. Eine vollgeladene Batterie kann also in 100 Tagen leer sein. Da eine Batterie im entladenen Zustand Schaden leidet, müssen Batterien stillgelegter Fahrzeuge ausgebaut und etwa jeden Monat nachgeladen werden.

Oder man gibt sie bei einer Elektrikwerkstatt in »Pension«, wo sie dauernd an ein Frischhaltegerät mit schwachem Ladestrom angehängt wird.
Der Ladestrom für eine schwach gewordene Batterie wird dem normalen Stromnetz entnommen, aber natürlich nicht direkt, sondern über ein besonderes Ladegerät, das den Wechselstrom des Lichtnetzes auf Gleichstrom und die passende Voltzahl umformt. Bei tiefer Entladung muß die Batterie an ein leistungsstarkes Ladegerät angeschlossen werden, wie es nur die Werkstätten zur Verfügung haben. Die Zeit dazu beträgt etwa 10 bis 15 Stunden.
Die Batterie ist geladen, wenn eine Zellenspannung von 2,6 bis 2,7 Volt bei noch fließendem Ladestrom erreicht ist und innerhalb von 2 Stunden die Säuredichte nicht mehr ansteigt.

Schadet die Schnelladung?

Zehn bis fünfzehn Stunden, bis die Batterie wieder ganz geladen ist, hat man nicht immer Zeit. Es geht durch Schnelladen auch schneller. Allerdings ist dies eine Roßkur, die nur ganz gesunde Batterien ohne weiteres überstehen, denn es wird mit über 50 Ampere dabei geladen. Wenn sich eine einwandfreie Batterie beispielsweise über Nacht durch einen versehentlich eingeschalteten Stromverbraucher entladen hat, darf man sie ohne weiteres an einem Schnellladegerät wieder aufputschen lassen, damit man mit seinem Auto wieder davonfahren kann. Aber zur Regel soll man das nicht machen. Bei älteren Batterien heben sich beispielsweise die Plattenblöcke, und die Batterie ist hinüber. Fabrikneue Batterien dürfen auf gar keinen Fall an ein Schnelladegerät gehängt werden.
Übrigens muß die Batterie beim Schnelladen vom Stromkreislauf des Wagens unbedingt abgehängt, also das Minuskabel gelöst werden, damit der hohe Ladestrom keine elektrischen Teile schädigt! Vor allem die Drehstrom-Lichtmaschine ist gegen die dabei auftretenden Stromstöße empfindlich.

Starten mit leerer Batterie

Eines Tages passiert es dann doch: Man dreht den Zündschlüssel herum – nichts rührt sich und die rote Ladekontrolleuchte brennt auch nur noch ganz schwach oder gar nicht. Wahrscheinlich wird sich schnell herausstellen, daß irgendein Stromverbraucher eingeschaltet war, der die Batterie leer »gesaugt« hat. Das ist aber noch kein Grund, restlos zu verzweifeln. Unwahrscheinlich, daß eine an sich gesunde Batterie durch diese Dauerstromabgabe Schaden gelitten hat, es sei denn, sie war tage- oder wochenlang eingeschaltet. Wenn nicht gerade bei der nächsten Fahrt mehrere Stromverbraucher in Aktion treten müssen, kann man die leere Batterie vom eigenen Motor zum guten Teil wieder aufladen lassen.

Zum Aufladen der Batterie gibt es einfache Garagengeräte, die für 12 Volt etwa ab 55 DM kosten. Beim Laden sollen, da auch gleichzeitig die Säuredichte und der Säurestand (er steigt beim Laden!) kontrolliert werden müssen, die Verschlußstopfen der Batteriezellen geöffnet sein. Die Batterie kann über Nacht am Garagenladegerät unbesorgt angehängt bleiben, auch die vorschriftsmäßige Werkstattladung dauert (außer bei Schnelladegeräten) 10 bis 15 Stunden.

Am einfachsten geht der Start bei leerer Batterie mit einem Satz Starthilfekabel, die aber einen genügend starken Querschnitt und kräftige Anschlußklemmen haben müssen, um die notwendige Stromstärke für die Vorglühanlage und den Anlasser durchzulassen. Der Kabelquerschnitt sollte möglichst 16 mm^2 (ohne Isolierung) betragen. Zu dünne Kabel werden während des Startvorgangs so heiß, daß die Isolierung schmilzt und Sie sich beim Abnehmen der Klemmen die Hände verbrennen.
Bitten Sie einen Autofahrer, dessen Motor läuft, so dicht an Ihren Mercedes heranzufahren, daß mit den etwa 2,5 m langen Starthilfekabeln eine direkte Verbindung von Batterie zu Batterie zwischen den Wagen hergestellt werden kann. Dabei sollten Sie sich an folgende Reihenfolge halten: Erst die Pluspole beider Batterien mit dem einen Kabel verbinden. Sodann das zweite Kabel am Minus-Pol der ungeladenen Batterie befestigen und erst dann am Minus-Pol der Fremdbatterie. Dann gibt der hilfsbereite Autofahrer bei seinem Wagen Gas, damit seine Lichtmaschine kräftig Strom spendet, während Sie Ihren müden Dieselmotor wieder zu munterem Leben erwecken.

Starten durch Anschleppen

Beim Anschleppen bei völlig leerer Batterie muß der Motor durch fleißiges Drehen so viel Kompressionswärme sammeln, bis er von selbst anspringt. Ist noch etwas Batteriespannung vorhanden, sollten Sie wenigstens versuchen, den Motor vorzuglühen; damit wird die Abschleppstrecke kürzer. Je nach Außentemperatur und Motoralter (schlechte Kompression) kann sich die Schlepperei über 2 km hinziehen oder gar mehr. Man darf also nicht zu schnell aufgeben und braucht eine Strecke, auf der man zügig schleppen kann.
Das Anschleppen mit defekter Batterie – also bei Kurzschluß, der durch warmes bis heißes Batteriegehäuse oder völlig übergekochte Batterie erkennbar ist, oder bei mechanischem Bruch und ausgelaufener Batterie – ist bei eingebauter Drehstrom-Lichtmaschine nicht möglich, denn der Kurzschlußstrom über die Batterie würde die Drehstrom-Lichtmaschine sofort schwer beschädigen. In diesem Falle muß zuerst eine intakte Batterie – auch wenn sie leer ist – herbeigeschafft werden.
Das Anschleppen geht folgendermaßen: Abschleppseil von genügender Länge an den beiden Fahrzeugen gut befestigen, da starkes Rucken leicht möglich ist. Abschleppseil straff ziehen, 2. Gang einlegen, Kupplung treten, anfahren lassen und bei genügender Fahrt Kupplung langsam kommen lassen. Nun wird der Schleppzug erst eine Weile rollen, bis der kalte Motor Wärme gesammelt hat. Wenn der Motor anspringt, sofort Kupplung treten und Gas geben, wobei man auch noch darauf achten muß, daß der jetzt leicht rollende Wagen nicht auf den Vordermann auffährt. Bei den älteren Mercedes-Diesel mit gut erreichbarem Handbremshebel ist es einfacher, man kann den Wagen mit der Handbremse sanft abbremsen, bis der Schleppzug auf ein vorher vereinbartes Zeichen (Hupsignal) zum Stehen kommt. Bei der neuen Feststellbremse, die mit dem linken Fuß und der linken Hand (Auslöseknopf) bedient werden muß, wird es eine Hand- und Fußakrobatik, denn nach dem Treten der Kupplung muß blitzschnell der Gang (mit der rechten Hand) herausgenommen werden und der linke Fuß das Bremspedal bedienen. Das ist aber auch nicht einfach, weil der linke Fuß das Bremspedal nicht gewohnt ist, was zu harten Bremsrucken führen kann. Oder man bedient das Bremspedal und das Gaspedal gleichzeitig mit dem rechten Fuß (Spitze–Ferse).

Anschieben oder Anrollenlassen

Voraussetzung zum Anschieben oder Anrollenlassen (falls Sie das Glück haben, an einer abschüssigen Straße zu stehen) ist noch eine gewisse Batteriespannung, so daß Sie den Dieselmotor wenigstens vorglühen können. Unter Umständen genügt sogar kürzeres Glühen, als dies die Kontrolleuchte anzeigt. Mit Hilfe von zwei bis drei Leuten läßt sich der Mercedes anschieben. 2. Gang einlegen, vorglühen und gleichzeitig den Wagen anschieben lassen, bis er in Schwung ist, dann die Kupplung schnell kommen lassen. Springt der Motor an, sofort Kupplung treten und Gas geben.

Batterie-Lebensdauer

Wenn der Akku im Auto alt werden soll, muß er absolut fest im Mercedes eingebaut sein (Rütteln verursacht Schäden an den Bleiplatten), der Säurestand darf nicht so weit absinken, daß die Platten oben im Trockenen stehen, und die Batterie sollte immer voll geladen sein, aber nicht überladen werden.
Beim Entladen und Laden verändern vor allem die Plus-Bleiplatten ihr Volumen. Dabei wird jedesmal das Blei in den Plattengittern weiter gelockert, so daß irgendwann einmal dieses Blei ausbröckelt und sich unten im Akkugehäuse als Schlamm ablagert. Je weniger der Ladezustand schwankt, desto geringer fallen die Bleiplatten-Veränderungen aus. Eine überladene Batterie erkennen Sie am Gasen der Akkuflüssigkeit und am warmen Gehäuse nach einer längeren Fahrt. Da hierdurch die Plusplatten verstärkt korrodieren, muß umgehend die Ladespannung nachgemessen werden. Als Mittelwert gilt ein Batterieleben von 3 bis 4 Jahren. Wenn Sie das eben Gesagte beherzigen, kann die Leistungsbereitschaft aber noch verlängert werden. Mit zunehmendem Alter vergrößert sich die Selbstentladung des Akkus. Wenn trotz Nachladen die Spannung kaum noch zum nächsten Motorstart ausreicht, ist die Batterie chemisch gealtert (sulfatiert), oder der unten stehende Bleischlamm reicht bis an die Platten heran und verursacht einen Kurzschluß. Dann muß eine neue her.
Gegen das Sulfatieren der Batterie haben wir mit dem Zusatzmittel »Cobalt-MG« – vom Hersteller Krynen-Neuber, Jahnstraße 13, 5810 Witten, oder im Fachhandel erhältlich – recht gute Erfahrungen gemacht. Die Zugabe sollten Sie jedoch nicht vor Ablauf der Batterie-Garantiefrist einfüllen.

Kauf einer neuen Batterie

Die Batterien deutscher Hersteller tragen zur Kennzeichnung eine einheitliche fünfstellige Typnummer, z. B. 566 13 bzw. 588 12 für die Modelle mit Halterahmen oder 566 18 bzw. 588 15 für die neueren Modelle mit Haltesteg am Batteriefuß. Die auf die 5 nachfolgende Zahl 66 oder 88 gibt die Batterie-Kapazität an, die letzten beiden Ziffern kennzeichnen Konstruktionsmerkmale sowie die Ausführung. Die Typnummer ist eine gute Hilfe beim Neukauf. Anhand der Nummer können Sie auch aus einem Sonderangebot oder beim Autoverwerter den für Ihren Mercedes Diesel passenden Akku heraussuchen.

Das Elektrizitätswerk

In unseren Mercedes-Diesel sind zwei verschiedene Lichtmaschinen-Typen eingebaut: In den älteren Modellen bis zum 190 Dc Gleichstrom-Nebenschluß-Generatoren, in den Modellen ab 200 D Drehstrom-Generatoren mit Gleichrichtern. Davon haben Sie natürlich nichts, wenn man Ihnen solche Fachausdrücke an den Kopf wirft, wir wollen Sie auch gar nicht mit allzuvielen technischen Erläuterungen hierüber langweilen (wen es doch interessiert: Im Sonderband dieser Buchreihe »Elektrik am Auto« ist es genau erläutert), aber Sie müssen wissen, welche Vor- und Nachteile der eine und der andere Lichtmaschinentyp für Sie in der Fahrpraxis hat.

Unterschiedliche Lichtmaschinen

Die althergebrachte Gleichstrom-Lichtmaschine muß sich schon flott drehen, bis sie der Batterie Strom zum Wiederaufladen liefern kann. Bei der Drehstrom-Lichtmaschine genügt dazu bereits der Leerlauf des Motors. Sie erreicht auch wesentlich früher ihre höchste Stromabgabe, so daß insgesamt die Batterie nicht nur wieder schneller aufgeladen ist, sondern auch mehr Stromverbraucher ohne Sorge angeschlossen werden können, selbst wenn das Fahrzeug im städtischen Berufsverkehr selten zu hohen Motordrehzahlen kommt. Darüber hinaus kommt die Drehstrom-Lichtmaschine wesentlich länger mit einem Satz Schleifkohlen aus als die Gleichstrom-Lichtmaschine.

Aber die leistungsstärkere Drehstrom-Lichtmaschine hat durch ihren technischen Aufbau auch Nachteile. So darf beispielsweise bei laufender Drehstrom-Lichtmaschine niemals ein Kabelanschluß im Verbund der Kombination Batterie–Lichtmaschine–Reglerschalter gelöst oder angeschlossen werden (auch nicht das Minuskabel der Batterie), weil die dabei auftretenden Stromstöße von den Dioden der Drehstrom-Lichtmaschine nicht vertragen werden. In der Praxis bedeutet dies, daß man nicht, wie bei einer Gleichstrom-Lichtmaschine, bei eigener leerer Batterie eine geladene Batterie zum Starten des Motors einsetzen und dann bei laufendem Motor durch die leere Batterie (die dann wieder aufgeladen würde) ersetzen darf. In diesem Falle muß der Mercedes mit Drehstrom-Lichtmaschine bei leerer angeschlossener Batterie angeschleppt werden (siehe Seite 158).

Diese große Empfindlichkeit gegen das Ab- und Anhängen eines Kabels bei laufendem Motor (was der Gleichstrom-Lichtmaschine garnichts ausmacht) bedeutet auch, daß die Batteriekabel stets einwandfrei festsitzen müssen. Schon ein Wackelkontakt irgendwo im Kabelverbund kann bereits den Effekt des Ab- und Anhängens bewirken und zu Lichtmaschinenschaden führen. Auch das Berühren von Kontakten des »Verbundnetzes« mit Schraubenzieher oder Schraubenschlüssel kann die laufende Drehstrom-Lichtmaschine durch Spannungsspitzen schädigen. Deshalb beim Prüfen der Anlage auch keine behelfsmäßigen Kabelverbindungen mit Draht herstellen, sie sitzen nicht fest und sind nicht kurzschlußsicher genug.

Die Gleichstrom-Lichtmaschine

Die Mercedes-Diesel-Modelle 180 Dc, 190 D und 190 Db haben die Bosch-Gleichstrom-Lichtmaschine vom Typ EG 14 V 20 A 29, der 190 Dc ist mit dem Bosch-Typ G 14 V 30 A ausgestattet.
Diese Typenbezeichnung besagt nach der mit EG bzw. G gegebenen Bauartkennzeichnung, daß diese Lichtmaschinen bei einer Betriebsspannung von 14 Volt 20 (bzw. 30) Ampere Stromstärke liefern und bei 2900 (bzw. 2500) Umdrehungen pro Minute bereits zwei Drittel ihrer Höchstleistung abgeben können. Diese Typenbezeichnungen sind in die Gehäuse der Lichtmaschinen eingeschlagen. Bei älteren Lichtmaschinen findet man dort die früheren Typbezeichnungen, und zwar statt

- G 14 V 30 A 25 die Bezeichnung LJ/GG 240/12/2400 AR 8.

In Sonderfahrzeugen, z. B. Taxis oder Polizeifunkwagen, sind gelegentlich stärkere Lichtmaschinen mit anderen Typbezeichnungen eingebaut.
Bei der Betriebsspannung von 14 Volt handelt es sich übrigens keineswegs um einen Druckfehler, sondern dies ist eine erhöhte Spannung für die Nenn-Spannung von 12 Volt der ganzen Elektroanlage im Mercedes, um den sogenannten Spannungsverlust auszugleichen. Auch die 12-Volt-Batterie hat, ist sie frisch geladen, pro Zelle etwa 2,6 Volt, also insgesamt über 15 Volt Spannung.
Ihren Platz hat die Lichtmaschine vorne unten rechts – in Fahrtrichtung gesehen – am Motor. Dort wird sie durch einen Keilriemen von der Kurbelwelle des Motors im Drehzahl-Verhältnis 1 : 2 (beim 190 Dc 1 : 1,8) angetrieben. Die Lichtmaschine dreht sich also etwa doppelt so schnell wie der Motor.

Der Reglerschalter

Weil ein Generator, wie ihn die Lichtmaschine darstellt, um so mehr Strom liefert, je schneller er sich dreht (man weiß das ja vom Fahrrad-Dynamo), dagegen die Batterie und die übrigen Stromverbraucher solche schwankenden Leistungen nicht unbeschadet vertragen, ist ein Reglerschalter an die Lichtmaschine angeschlossen. Er sitzt gegenüber der Lichtmaschine auf der rechtsseitigen (in Fahrtrichtung gesehen) Motorraumwand. Der Regler trägt

- für Lichtmaschine EG 14 V 20 A 29 die Bezeichnung UA 14 V 20 A (oder alte Bosch-Bezeichnung RS/UA 160/12/15),
- für Lichtmaschine G 14 V 30 A 25 die Bosch-Bezeichnung UA 14 V 30 A (oder alte Bezeichnung RS/UAA 240/12/38).

Sind in Sonderfahrzeugen oder für Sonderzwecke andere Lichtmaschinen eingebaut, ist bei Ersatzbedarf auch ein anderer Reglerschalter notwendig, den man sich in der Mercedes-Vertretung oder beim Bosch-Dienst erfragen kann.
Gibt die Lichtmaschine 12,5 bis 13,2 Volt Spannung ab, schaltet der Reglerschalter ein, worauf die Spannung je nach Belastung zwischen 12,5 und 14,5 Volt einreguliert wird.
Die Tätigkeit des Reglerschalters bewirkt insgesamt,

- daß die Spannung unabhängig von der Drehzahl der Lichtmaschine annähernd gleich bleibt;
- daß die Lichtmaschine erst dann mit der Batterie zusammengeschaltet wird, wenn ihre Spannung mit der Batteriespannung übereinstimmt oder darüber liegt. So wird verhindert, daß sich eine gut geladene Batterie über die zu schwach laufende Lichtmaschine entladen kann;
- daß die Lichtmaschine von der Batterie abgeschaltet wird, wenn ihre Spannung unter die der Batterie absinkt;
- daß die Batterie von der Lichtmaschine nur mit so viel Strom »gefüttert« wird, wie diese bei zunehmender eigener Spannung noch aufnehmen kann. Dadurch wird das schädliche Überladen der Batterie verhindert (erkennbar am »Überkochen« der Batterie).

Reglerschalter nachprüfen

Ist der Reglerschalter defekt, was sich in krassen Fällen an überkochender oder ständig entladener Batterie, am Nicht-Erlöschen der Ladekontrollampe bei höherer Motordrehzahl erkennbar machen kann (auch andere Folgen sind möglich), sind Reparaturversuche an ihm zwecklos und können zu Schäden in der Lichtanlage führen. Schon das Öffnen des Schaltergehäuses, das Abschleifen der Kontakte und das Beiseitedrücken der beweglichen Teile können zu Veränderungen der Einstellung führen, so daß der Regler ganz anders schaltet, als er soll. Eine Überprüfung ist demnach Sache einer Mercedes- oder Bosch-Werkstatt. Selbstverständlich kann man vorher die Anschlußklemmen des Reglerschalters überprüfen und nachsehen, ob kein daran angeschlossenes Kabel wackelt oder gebrochen ist. Aber das ist auch ziemlich alles, was ohne Werkstatthilfe zu tun ist. Ein ähnlich aussehender, jedoch anders bezeichneter Reglerschalter kann übrigens nicht als Vergleich zur Probe eingeschaltet werden, denn seine Abstimmung kann zu Schäden führen, da seine Meßwerte anders sind.

Wartung der Gleichstrom-Lichtmaschine

Ältere Lichtmaschinen haben über dem hinteren Lager eine kleine Ölkappe, in die etwa alle 3000 km einige Tropfen Öl zur Schmierung der Ankerwelle gegeben werden sollen, an neueren Lichtmaschinen sind diese Lager dauergeschmiert und praktisch wartungsfrei.

Wenn die Lichtmaschinenleistung unbefriedigend ist, also die Ladekontrolle zu lange bei hoher Drehzahl brennt und die Batterie nicht genügend nachgeladen wird (der Fehler kann allerdings auch am Reglerschalter liegen), wird es Zeit, einmal nach der Lichtmaschine zu sehen. Ob dies gerade bei km-Stand 50 000 notwendig wird oder noch 10 000 km zugelegt werden können, kommt auf die hauptsächlichen Betriebsverhältnisse an. Hohe Stromforderungen durch zahlreiche Verbraucher und Zusatzlampen lassen nämlich die Kohlebürsten der Lichtmaschine schneller verschleißen. Da kann die Nachschau schon nach 30 000 km fällig werden. Diese Kohlebürsten sind kleine Kohlestückchen mit einem angelöteten kurzen Drahtendchen, die den in der Lichtmaschine entwickelten Strom vom Kollektor – das ist das geriffelte Teil am Ende der Lichtmaschine – »abzufegen« und in das Stromnetz weiter zu leiten haben.

Die eigene Nachschau rentiert sich gerade bei der Gleichstrom-Lichtmaschine durchaus, wenn man keine grundsätzliche Furcht vor der Elektrik hat. Denn gar zu gerne bauen Werkstätten, Gott sei's geklagt, eine Austausch-Lichtmaschine ein, wo es noch eine ganze Zeitlang mit einem Satz neuer Kohlebürsten gegangen wäre.

Wartet man allerdings mit der Kontrolle zu lange, dann können sich die Kohlebürsten bis auf ihren Metallsockel abgerieben haben, und diese reißen natürlich in den Kollektor böse Rillen, die tatsächlich ein Abdrehen des Kollektors unausweichlich machen.

Zum Nachprüfen muß die Lichtmaschine ausgebaut werden, nachdem das Minuskabel der Batterie gelöst (um Kurzschlüsse zu vermeiden) und die Kabelanschlüsse an der Lichtmaschine abgenommen sind. Danach ist der Keilriemen abzunehmen (siehe Abschnitt auf Seite 77) und zuletzt sind die beiden Halteschrauben am Lichtmaschinen-Haltebügel zu lösen.

An der ausgebauten Lichtmaschine kann man durch die Schau- und Belüftungslöcher im hinteren Lagerschild – das ist der Deckel hinten auf dem Gehäuseende – die beiden Kohlebürsten besichtigen und mit einem feinen Schraubenzieher in ihrer Führungshülse nach außen drücken. Ist eine Kohlebürste gebrochen, der Anschlußdraht abgerissen oder so weit abgenutzt, daß die Spiralfeder (die die Kohlebürste auf den Kollektor drückt) bereits auf der

Führungshülse aufliegt, so müssen beide Kohlebürsten ersetzt werden. Die vorgeschriebenen Kohlebürsten bekommt man beim Bosch-Dienst, wobei man die Typbezeichnung seiner Lichtmaschine wissen muß.
Zum Auswechseln der Kohlebürsten die Lichtmaschine auseinandernehmen, indem zuerst die der Länge nach durch das Lichtmaschinengehäuse gehenden langen Polgehäuseschrauben herausgedreht werden. Danach läßt sich das vordere Lagerschild mit dem Anker (der dicke, drahtgewickelte Teil in der Mitte) aus dem Gehäuse ziehen und das hintere Lagerschild abnehmen. Zum Austausch der Kohlebürsten die Spiralfeder vorsichtig zurückbiegen, um die Bürsten aus ihren Führungshülsen zu ziehen. Die Spiralfedern sind empfindlich. Wird ihre Spannung durch grobes Hantieren verändert, drücken sie später die neuen Kohlebürsten zu schwach oder zu stark an den Kollektor, was entweder hohen Verschleiß oder schwache Lichtmaschinenleistung ergibt. Nun die Halteschrauben der Kohlebürstenkabel lösen und die unbrauchbaren Kohlebürsten wegwerfen. Bevor die neuen angeschraubt und eingesetzt werden (es müssen immer alle beide ersetzt werden, auch wenn nur eine Kohlebürste beschädigt war), Führungshülsen sorgfältig mit benzinfeuchtem Läppchen (um Holzspan wickeln) reinigen. Diese Reinigung ist auch bei noch intakten Kohlebürsten vorzunehmen. Ebenso wird der Kollektor mit einem benzinfeuchten, sauberen Läppchen abgewischt. Dabei zeigt sich, ob in den Kollektor Riefen eingerissen sind oder dieser verschmort ist.

Nicht am Kollektor feilen!

Versuchen Sie auf keinen Fall, Schmorstellen mit Schmirgelleinen oder Feile blank zu reiben! Das geht auf jeden Fall schief, denn auch die dem Auge nicht sichtbaren, dabei unvermeidbar entstehenden Unebenheiten bringen bei den sehr hohen Drehzahlen der Lichtmaschine später die Kohlebürsten zum Springen, zum »Feuern«, sagt der Autoelektriker, weil zwischen Kollektor und abspringenden Kohlebürsten ständig starke Funken überspringen. Das ergibt baldigen Totalschaden der Lichtmaschine und bis dahin dürftige Stromabgabe.
Ist der Kollektor stark verschmort oder sind Rillen darin eingezogen, ist zwar auch noch keine Austausch-Lichtmaschine notwendig, aber der Kollektor muß von der Fachwerkstatt auf der Drehbank sorgsam abgedreht werden. Das ist also keine Heimwerkerarbeit und man muß einen oder zwei Tage auf seine Lichtmaschine (und sein Auto) verzichten.
Beim Zusammenbau der Lichtmaschine müssen Sie darauf achten, daß die Kohlebürsten nicht gegen den Kollektor schlagen, denn sie sind bruchempfindlich, deshalb die Bürstenfedern vorsichtig auf die Kohlebürsten aufsetzen. Bei dieser Gelegenheit müssen die beiden Kugellager der Ankerwelle mit Spezialfett (hitzefestes Wälzlagerfett, z. B. Bosch Ft 1 v 23, Tube mit 50 Gramm) geschmiert werden.

Die Drehstrom-Lichtmaschine

Die neueren Modelle 200 D, 200 D/8 und 220 D/8 sind mit der Drehstrom-Lichtmaschine K 1 14 V 35 A 20 ausgestattet. Dieses Modell wird, mit kleinen Abweichungen, auch in verschiedenen anderen Personenwagen (z. B. BMW und Audi) eingebaut.
Diese Typenbezeichnung K 1 – 14 V 35 A 20 besagt nach der mit K 1 gegebenen Bauartkennzeichnung, daß diese Drehstrom-Lichtmaschine in beiden Drehrichtungen betrieben werden kann, bei einer maximalen Spannung von 14 Volt 35 Ampere (also 490 Watt) liefert und bei 2000 Umdrehungen pro Minute bereits zwei Drittel ihrer Höchstleistung, also etwa 23 Ampere (= 325 Watt) abgibt. 2000 Umdrehungen der Lichtmaschinenwelle sind bei einer Keilriemenübersetzung am Mercedes von 1 : 1,95 an der Motorkurbelwelle 1025 Um-

Die Drehstrom-Lichtmaschine, die seit der Einführung des 200 D eingebaut wird, hat unten (weißer Pfeil) einen Dreifach-Kabelstecker, der Lichtmaschine und Reglerschalter (Bild unten) miteinander verbindet. Nur das dicke Kabel, das von der Klemme B+ (im Bild rechts) über Klemme 30 des Anlassers zum Plus-Pol der Batterie führt, ist gesondert verlegt. Den weiteren, hier freien Batteriekabelanschluß B+ (links) sollte man zum Schutz gegen Berühren mit einem Gummikäppchen isolieren. An Klemme M das Masseverbindungskabel des Lichtmaschinengehäuses.

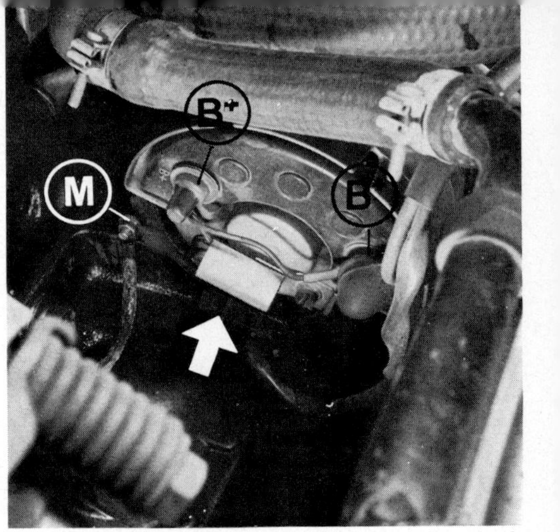

drehungen pro Minute, also nur wenig mehr als die vorgeschriebene Leerlaufdrehzahl. Bei solcher Motorkurbelwellendrehzahl beginnen die vorher durchgesprochenen Gleichstrom-Lichtmaschinen der älteren Mercedes-Diesel gerade erst mit Mindestleistung einzuschalten.

Der dreiphasige Wechselstrom (Drehstrom), den die Drehstrom-Lichtmaschine erzeugt, wird durch verschleißfeste Dioden (Halbleiter-Elemente) in den für die Zündanlage notwendigen Gleichstrom umgewandelt. Diese Dioden unterliegen zwar keinem mechanischen Verschleiß, aber sie sind gegen Spannungsspitzen, d. h. gegen hochgespannte Stromstöße, empfindlich.

Batterie, Generator, Regler und Ladekontrolle bilden bei dieser Drehstromanlage eine fest zusammengehörende Einheit. Anders als bei der Gleichstromanlage wird bei diesem Drehstromsystem der Strom für das Bordnetz und die Startanlage direkt an der Klemme B + der Lichtmaschine abgenommen (also nicht am Reglerschalter wie bei der Gleichstrom-Lichtmaschine), und wie auf dem Schaltplan in der hinteren Buchklappe ersichtlich, fließt der Strom von dieser Klemme B +, die auch mit Klemme 30 bezeichnet wird, durch ein dickes rotes Kabel über den Anlasseranschluß zum Pluspol der Batterie. In diesem System bildet die Batterie nicht nur die »Strom-Konserve« zum Start und zur Standlichtbeleuchtung, sondern sie wirkt auch als »Strom-Puffer«, um die empfindlichen Dioden der Drehstrom-Lichtmaschine gegen Stromstöße und Spannungsspitzen zu schützen. Aus diesem Grunde dürfen die Kabelverbindungen zwischen Lichtmaschine, Batterie und Regler niemals bei laufendem Motor getrennt oder miteinander verbunden werden!

Der Reglerschalter (1) der Lichtmaschine hat an seinem Dreifach-Kabelstecker (2) die gleichen Anschlüsse wie der Kabelstecker an der Drehstrom-Lichtmaschine (Bild oben, weißer Pfeil):
D+ – Plus-Strom;
D– – Minus-Strom;
DF – Feldwicklung.
Die Kabelfarben sind aus dem Schaltplan in der hinteren Buchklappe zu entnehmen. Zusätzlich ist dabei an Klemme D+ ein blaues Kabel angeschlossen, das zur Ladekontrolle im Armaturenbrett führt.

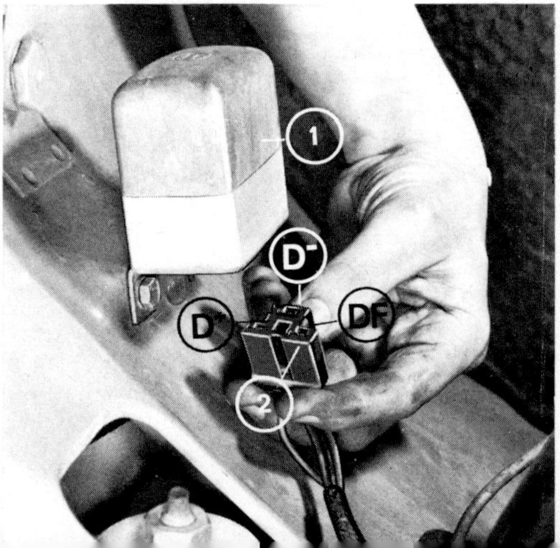

Der Reglerschalter

Die Drehstrom-Lichtmaschine mit ihrem andersartigen Aufbau braucht natürlich auch einen anderen Reglerschalter. Es ist der Bosch Typ AD 1/14 V, bzw. in der funkentstörten Ausführung ADN 1/14 V. Drehstrom-Lichtmaschine und Reglerschalter sind bei dieser Anlage durch drei dünne Kabel in einem Kabelschlauch miteinander verbunden, wobei auch am Reglerschalter ein Dreifach-Kabelstecker die Kabel zusammenfaßt, so daß beim etwa notwendigen Trennen der beiden Teile nur der Kabelstecker unten am Reglerschalter abgezogen werden muß.

Pflege der Drehstrom-Lichtmaschine

Die Eigenarten der Drehstrom-Lichtmaschine im Vergleich zur Gleichstrom-Lichtmaschine haben wir bereits zu Anfang dieses Kapitels erläutert. Dort ist auch bereits angedeutet, daß die Drehstrom-Lichtmaschine nahezu wartungsfrei ist, weil sie keine Schmierstellen, langlebige Schleifkohlen (mindestens 80 000 km Laufleistung) und keinen Kollektor hat.
Auch Reparaturversuche an der Drehstrom-Lichtmaschine haben keinen Sinn. Ein neugieriger Heimwerker kann es sich durchaus leisten, die normale Gleichstrom-Lichtmaschine auf dem Tisch säuberlich in ihre Einzelteile zu zerlegen und das Ganze wieder zusammenzubauen. Bei der Drehstrom-Lichtmaschine möchten wir davon abraten, denn die Lager sind nur mit verschiedenen Abziehgeräten zu lösen und vor allem sind etliche Bauteile sehr empfindlich gegen Wärme (Löten!), gegen Verdrehen, ungenauen Zusammenbau und gegen das Berühren nicht zusammengehörender Kontakte. Also unbedingt Werkstattsache.
Eigenartig ist auch an der Drehstrom-Lichtmaschine, daß die Ladekontrolllampe, falls durchgebrannt, sofort ersetzt werden muß. An einer anderen Lichtmaschine schadet eine durchgebrannte Ladeanzeige nichts, man hat nur keine Kontrolle mehr. Bei der Drehstrom-Lichtmaschine liefert sie jedoch zur sogenannten »Vorerregung« den notwendigen Strom, muß also intakt sein, sonst funktioniert die Stromlieferung nicht einwandfrei.

Keilriemenspannung prüfen

Wartungsdienst Nr. 21

Die Prüfung der Keilriemenspannung ist an sich nur bei der Inspektion alle 5000 km vorgesehen. Es kann aber nichts schaden, wenn man es selbst etwas häufiger macht. Das ist nicht nur für die Lichtmaschine von Bedeutung, denn dieser Keilriemen treibt ja auch die Wasserpumpe des Motors an, und die darf auf gar keinen Fall ausfallen. Ohne Lichtmaschine geht es zur Not, wie umseitig beschrieben, aber wenn die Wasserpumpe sich nicht dreht, muß der Mercedes leider abgeschleppt werden. Denn wenn das Kühlwasser nicht zum schnellen Durchströmen des Kühlsystems veranlaßt wird, ist der Abtransport der Verbrennungswärme ungenügend, die Kühlflüssigkeit rund um die Zylinder kommt in wenigen Minuten zum Kochen, die Kolben fressen sich trotz Motorschmierung fest oder die Zylinderkopfdichtung brennt durch.
Bei einem eventuell weiteren Keilriemen (für die Servolenkung) oder gar dritten Keilriemen (für die Klimaanlage) ist es dagegen nicht so schlimm, wenn er einmal ausfällt. Die Servolenkung geht, wenn auch schwerer, immer noch und die Klimaanlage kann man vorübergehend zur Not entbehren.
Die Spannung des Lichtmaschinen-Keilriemens stimmt, wenn er sich zwischen Lichtmaschine und Wasserpumpe ohne besonderen Kraftaufwand etwa einen Finger breit durchdrücken läßt. Ist der Keilriemen zu locker, rutscht er durch, erhitzt sich dabei und verschleißt in kurzer Zeit. Zu stramm gespannte Keilriemen beschädigen durch einseitigen Zug die Lager von Lichtmaschine und Wasserpumpe. Auch der eventuelle Keilriemen zwischen Kurbelwelle und Servolenkungspumpe wird in gleicher Weise geprüft.
Das Nachspannen eines zu lockeren Keilriemens zeigt unser Bild auf Seite 77.

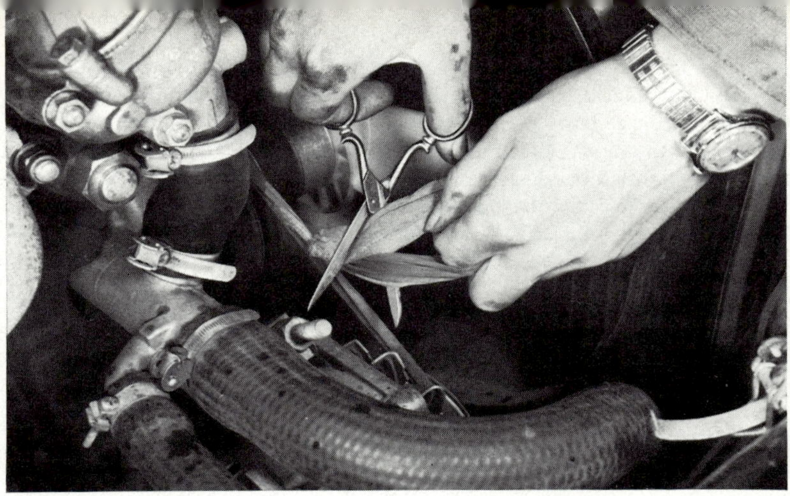

Wenn unterwegs ein Keilriemen reißt und kein Ersatz vorhanden ist, kann man sich mit einem Nylon- oder Perlonstrumpf (oder einem abgeschnittenen Strumpfhosenbein) helfen. Strümpfe mit aller Gewalt vor der Montage langziehen (sie reißen nicht) und einzeln so stramm wie möglich um die Keilriemenscheiben legen, nochmals stramm ziehen, sorgfältig verknoten und die überhängenden Enden abschneiden (nicht zu kurz, sonst löst sich der Knoten).
Bei Weiterfahrt Ladekontrolle und Kühlwasseranzeige sorgfältig beobachten und bei Bedarf wie normalen Keilriemen nachspannen.

Ein gerissener Keilriemen kommt selten vor und deswegen wird vermutlich kaum ein Fahrer einen Ersatzriemen an Bord haben. Aber es gibt noch eine ganz brauchbare Notlösung. Voraussetzung ist allerdings die Anwesenheit einer perlon- oder nylonbestrumpften Dame. Besagte Dame ist zum Opfer ihrer Strümpfe (Strümpfe mit bereits vorhandenen Laufmaschen genügen übrigens vollkommen) aufzufordern, wobei der Kavalier selbstverständlich vollwertigen Ersatz durch (bessere) Strümpfe zusichert (billiger als Abschleppenlassen). Dann werden die Strümpfe einzeln mit aller Kraft langgezogen, so stramm, wie es nur irgend geht, damit sie sich später nicht mehr längen. Keine Angst, die Strümpfe reißen nicht. Schließlich werden die beiden Strümpfe einzeln nacheinander um die drei Keilriemenscheiben montiert, wie oben im Bild gezeigt und im Bildtext beschrieben.

Fahren ohne Lichtmaschine

Wenn unterwegs die Ladekontrollampe am Armaturenbrett bei flott laufendem Motor aufleuchtet oder nach dem Starten nicht verlöschen will, sieht man natürlich zuerst einmal nach, ob der Keilriemen überhaupt noch da ist und, wenn vorhanden, die notwendige Spannung hat. Falls der Keilriemen in Ordnung ist und auch keine wackelnden Kabelanschlüsse zu finden sind, müßte man auf dem kürzesten Wege in die Werkstatt, um Lichtmaschine und Reglerschalter durchmessen und nach dem Fehler suchen zu lassen. Nachts oder am Sonntag wird man jedoch kaum so schnell eine Werkstatt finden.
Darf man dann weiterfahren, auch wenn die rote Ladekontrollampe darauf hinweist, daß die Lichtmaschine keinen Strom abgibt? Ja, man darf weiterfahren, wenn nicht durch einen gerissenen Keilriemen auch die Wasserpumpe ausfällt, denn der Diesel-Motor braucht ja keinen Strom. Es kommt nur darauf an, wie gut die Batterie geladen ist, um in der Dunkelheit die Beleuchtung oder bei Regen den Scheibenwischermotor mit Strom zu versorgen. Das ist also in der Nacht für ein paar hundert Kilometer gut und am Tag gibt es überhaupt keine Beschränkung. Allerdings sollten Sie unterwegs entweder nicht mehr anhalten oder, wenn doch notwendig, den Motor weiterlaufen lassen. Denn das Motorstarten kostet eine Menge Strom (siehe Seite 152) und man weiß ja nicht, ob so viel noch in der Batterie steckt. Auch mit Radio und Gebläsemotor ist man ein wenig sparsam, wenn es noch ein Ende bis nach Hause ist.
Der Fehler in Lichtmaschine oder Reglerschalter könnte allerdings durch einen Kurzschluß bewirken, daß sich die Batterie auch am hellichten Tag schwitzend entlädt. Damit dies nicht geschieht, löst man unten am Reglerschalter bei stehendem Motor; (weil er warm ist, springt er ja leicht wieder an) bei Gleich-

strom-Lichtmaschine das dicke rote Kabel an Klemme B + / 51 und isoliert das blanke Ende gut, während bei der Drehstrom-Lichtmaschine unten am Reglerschalter der Dreifach-Kabelstecker und möglichst auch noch an der Lichtmaschine selbst das dicke rote Kabel an Klemme B +, das ebenfalls sorgfältig gegen Berühren am blanken Ende isoliert werden muß, gelöst wird.

Was sagt das rote Licht?

Die rote Ladekontrollampe im Armaturenbrett soll aufleuchten, wenn die Zündung eingeschaltet, und verlöschen, wenn der Motor nach dem Anlassen beschleunigt wird. Das Erlöschen der roten Lampe beweist, daß die Lichtmaschine selbst Strom erzeugt, es besagt jedoch nicht, daß die Batterie bereits geladen wird. Sie sagt auch nichts über den Ladezustand der Batterie, es sei denn, die rote Lampe flackert beim mühsamen Durchdrehen des Anlassers, weil die Batterie nahezu entladen ist.
Wenn Sie sich einmal den Schaltplan in der hinteren Buchklappe betrachten, können Sie erkennen, daß die Ladekontrollampe einerseits Strom erhält, wenn das Lenkschloß eingeschaltet wird. Mit dem anderen Kabelanschluß hängt die Ladekontrolle an Klemme D +/61 des Reglerschalters, zusammen mit dem Pluskabel der Lichtmaschine. Steht die Lichtmaschine oder dreht sie nur wenig, dann hat dieses Pluskabel der Lichtmaschine keinen oder nur wenig »Plus«-Strom, ist praktisch also »Minus«, so daß die rote Ladekontrolle, die ja von der Batterie über das Lenkschloß »Plus« erhält, brennt. Liefert die Lichtmaschine aber genügend Strom, liegt an beiden Kabelenden der Ladekontrolle »Plus«, sie kann also wegen Mangel an »Minus« nicht mehr brennen. Darüber hinaus hat die Ladekontrolle im Verbund mit einer Drehstrom-Lichtmaschine noch eine spezielle Funktion. Sie muß durch Weiterleiten des Batteriestromes beim Einschalten der Zündung die Drehstrom-Lichtmaschine »vorerregen«, damit diese selbst bereits bei geringen Drehzahlen Strom abgeben kann. Fällt die Ladekontrolle aus, weil sie durchgebrannt oder ein Kabel gebrochen ist, dann schaltet die Drehstrom-Lichtmaschine nicht schon bei etwa 1000 Umdrehungen/Minute, sondern erst bei etwa 1600 U/min mit der Stromlieferung ein. Eine durchgebrannte Ladekontrolle muß deshalb so schnell wie möglich ersetzt werden (2-Watt-Lämpchen, siehe Seite 198 und 201).

Der Anlasser

Für den anstrengenden Startvorgang des hochkomprimierenden Diesel-Motors braucht man stärkere Anlassermotoren als sie in den vergleichbaren Benzin-Motoren notwendig sind. Mit einem 0,5 oder 0,8 PS starken Anlasser reicht es bei einem Benzinmotor, für unsere Diesel braucht man 1,8 PS (bis Modell 200 D) oder 2,5 PS (ab Modell 200 D/8). Diese Leistung geht auch aus der Typ-

Der Anlasser liegt ziemlich versteckt hinten unten an der rechten Seite des Motors. Das dicke Doppelkabel an Klemme 30 führt ständig Strom von der Batterie bzw. der Lichtmaschine zum Anlasser. Aber erst der Einschaltstrom von Klemme 50 des Glüh-Anlaß-Schalters in Anlaßstellung, der zu Klemme 50 des oben auf dem Anlassergehäuses sitzenden Magnetschalters fließt, setzt durch diesen Magnetschalter den Anlasser in Tätigkeit.

kennzeichnung für die älteren Modelle JD 12 V 1,8 (oder ältere Bosch-Bezeichnung EJD 1,8/12 R . . .) und für die neueren Modelle JD 12 V 2,5 hervor. Trotz dieser Leistung ist der Anlasser sehr klein. Die kompakte Bauweise bedingt, daß er nur kurzzeitig angestrengt werden darf. Bei längerer »Orgelei« wird er sehr heiß. Der Anlasser sollte jeweils nicht länger als 10 Sekunden betätigt werden (Mercedes spricht von höchstens 20 Sekunden). Dann muß der Batterie und dem Anlasser eine kleine Erholungspause gegönnt werden. Welche Ansprüche der Anlasser an die Batterie stellt, haben wir bereits auf Seite 152 beschrieben.

Der Anlasser des Mercedes ist ein Schubschraubtrieb-Anlasser. Dieses zungenbrechende Wort bedeutet, daß beim Durchdrehen des Zündschlüssels nach rechts sich zuerst durch einen Magnetschalter der Einrückhebel der Freilaufkupplung bewegt, wodurch sich das Zahnritzel des Anlassers auf einem Steilgewinde auf der Ankerwelle in den Zahnkranz des Motor-Schwungrades schiebt. Beim Eingreifen des Ritzels in den Zahnkranz schaltet der Einrückmagnetschalter den vollen Batteriestrom ein, so daß der Anlasser den Motor erst nach dem Eingreifen kräftig durchdreht.

Wer nicht gerade ein schlecht anspringendes Fahrzeug hat, wird am Anlasser für die Motorlebensdauer wahrscheinlich keine Störungen haben, denn seine Inanspruchnahme ist ja gering. Die wesentlichsten Verschleißteile, die Kollektorkohlen, haben ja kaum Gelegenheit, sich abzunutzen. Einen besonderen Anlasser-Pflegepunkt gibt es also im Wartungsdienst nicht.

Der Störungsbeistand für den Anlasser befindet sich auf Seite 179.

Störungsbeistand

Batterie und Lichtmaschine

Die Störung	– ihre Ursache	– ihre Abhilfe
A Rote Ladekontrolle brennt nicht bei Einschalten des Lenkschlosses	1 Anzeigelampe durchgebrannt	Neue Lampe einsetzen
	2 Batterie entladen	Wagen anschleppen
	3 Batteriekabelklemmen locker, oxydiert oder Kabel gebrochen	Batterieklemmen und Kabel kontrollieren
	4 Reglerschalter defekt	Austauschen
	5 Schleifkohlen abgenutzt	Schleifkohlen erneuern
B Rote Ladekontrolle brennt beim Ausschalten der Zündung weiter	Reglerschalter defekt oder Kurzschluß in der Lichtmaschine	Dickes Kabel an Klemme B+ der Lichtmaschine lösen und mit Batteriestrom zur Werkstatt
C Ladekontrolle verlöscht nicht bei hoher Drehzahl	1 Kabel zur Klemme D+ der Lichtmaschine hat Masseschluß	Leitung überprüfen und instandsetzen
	2 Regler oder Lichtmaschine defekt	Mit Batteriestrom zur Werkstatt
D Ladekontrolle brennt im Stand richtig, aber glimmt bei Motorlauf	Defekte Lichtmaschinen-Diode	Kabelstecker an Regler sofort abziehen und mit Batteriestrom zur Werkstatt
E Batterie wird überladen (Säurekristalle auf Batterieoberseite)	Spannungsregelung in Lichtmaschine oder Regler funktioniert nicht	Baldmöglichst zur Bosch-Werkstatt, Austausch defekter Teile
F Ladekontrolle flackert bei flott laufendem Motor	Keilriemen locker	Nachspannen oder austauschen

Drahtzieherei

Natürlich wissen Sie, daß ein elektrischer Strom nur in einem geschlossenen Kreislauf fließen kann, das heißt, der von Batterie oder Lichtmaschine ausgeschickte Strom muß über den Stromverbraucher wieder zur Batterie oder Lichtmaschine zurückfließen. Den Hinweg zum Stromverbraucher übernimmt im Auto in der Regel ein Kabel, der »Rückfluß« des Stromes erfolgt zumeist über »Masse«, d.h. die Stahlteile von Motor, Fahrgestell und Karosserie leiten den Strom zurück zum Minuspol (Merksatz: **M**inus an **M**asse!). Daher ist der Stromkreis doch geschlossen, auch wenn Sie an vielen Stromverbrauchern Ihres Mercedes nur ein einziges Kabel angeschlossen finden. Aber es gibt auch spezielle Minuskabel, z. B. vom Signalhorn zur Hupentaste im Lenkrad. Diese Masse-(Minus-)Kabel sind in Ihrem Mercedes in aller Regel braun.

Falls Sie einmal die Verkleidungspappe unterhalb des Armaturenbrettes abbauen und nach geeigneter Bodenakrobatik unter der Lenksäule Ihres Mercedes einen Blick hinter das Armaturenbrett werfen, werden Sie dort eine Menge Kabel in allerlei Farben kreuz und quer durcheinanderlaufen sehen. Das ist ein wenig verwirrend.

Hilfe durch Normung

In Wirklichkeit ist das alles halb so schlimm, denn gerade die verschiedenen Kabelfarben sind mit Bedacht gewählt, ebenso ihr unterschiedlicher Querschnitt, so daß man sich mit Hilfe eines Schaltplanes, wie Sie ihn in der hinteren Buchklappe schön farbig finden, sehr gut zurechtfinden kann. Grundsätzlich sind auch viele Einzelheiten der elektrischen Installation im Kraftfahrzeug genormt. Beispielsweise sind viele Zahlen, die man neben Kabelanschlüssen aufgemalt oder eingeprägt findet, in allen Kraftfahrzeugen gleich. So ist im Mercedes wie auch im VW, Opel oder Ford die Klemme 30 immer für ein stets stromführendes Kabel, das von der Batterie her gespeist wird,

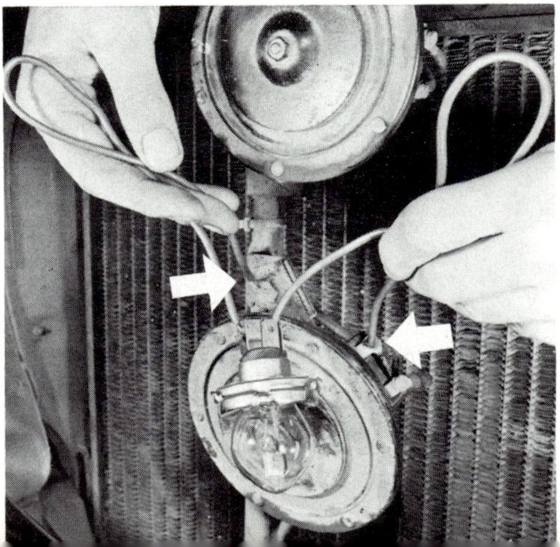

Hier wird mit einer ganz simplen Prüflampe, die sich jedermann selbst aus einer Scheinwerferglühlampe und zwei Drahtstücken basteln kann, an der stromführenden Klemme eines Signalhorns (weißer Pfeil rechts) geprüft, ob auch tatsächlich bei eingeschaltetem Lenkschloß Strom anliegt. Wird mit dem zweiten Prüflampenkabel gut leitfähige »Masse«, wie hier an der Montageschraube (weißer Pfeil links), berührt, muß die Lampe aufleuchten. So kann man alle Anschlüsse am Mercedes-Diesel prüfen.

Zur leichteren Montage sind in den Mercedes-Wagen die zu den einzelnen Stromverbrauchern führenden Kabel in Kabelsträngen zusammengefaßt und durch Mehrfach-Kabelstecker miteinander verbunden. Damit die Stecker nicht falsch zusammengesteckt werden, haben sie zumeist Führungszapfen (weißer Pfeil links), die nur bei richtiger Verbindung in die entsprechenden Führungshülsen (weißer Pfeil rechts) passen. Der im Bild gezeigte Mehrfach-Kabelstecker sitzt an der Bodenplatte der Batterie und verbindet die Kabel für die Rückfahrscheinwerfer.

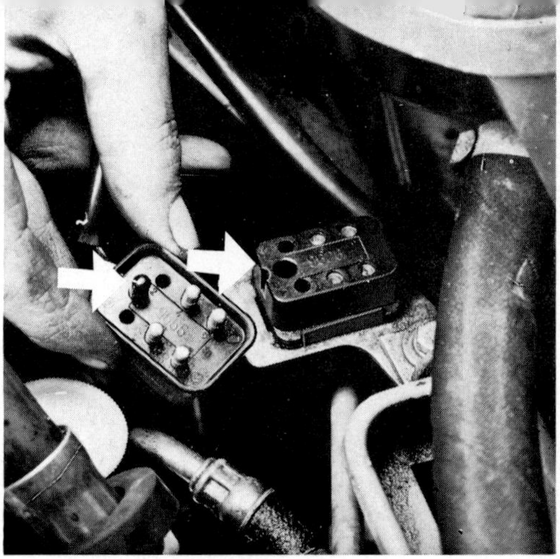

zuständig. Klemme 15 liefert bei den Benzin-Motoren den Zündstrom bei eingeschaltetem Zündschloß und bei unserem Diesel dementsprechend den Strom für die Glühkerzen, wenn das Lenkschloß herumgedreht wird, Klemme 50 setzt in allen Fahrzeugen deutscher Produktion den Anlasser in Bewegung und Klemme 56 sorgt für das Licht der Scheinwerfer. Die genaue Aufstellung der Kabelbezifferungen, soweit Sie sie in Ihrem Mercedes-Diesel finden, ist vor der letzten Textseite der hinteren Buchklappe zu entnehmen. Je nach Stromstärke und Stromspannung, die den einzelnen Stromverbraucher erreichen soll, wurde die Dicke jedes einzelnen Leitungsdrahtes gewählt. Man darf also, wenn man selbst in Heimwerkerei zusätzliche Kabel ziehen will, kein zu dünnes Kabel wählen, sondern besser ist es, »eine Nummer größer«, also Kabel mit 2,5 mm^2 Querschnitt, schon bei nur etwa 80 Watt Verbraucheranspruch, zu nehmen. Haushaltkabel hat zweifellos diese Stärke, aber es ist trotzdem im Auto nicht gut brauchbar. Denn dort sind die Kabel starken Temperaturschwankungen, Benzin- und Öldunst, ausgesetzt, worauf die Isolierungsumhüllung des Autokabels, aber nicht das Haushaltskabel, dressiert ist.
Müssen übrigens ganze Kabelsätze ersetzt werden, weil etwa die seitherigen durch Brand verschmort sind, dann sollten Sie wissen, daß es diese kompletten Kabelsätze, vorne und hinten mit den entsprechenden Mercedes-Mehrfachsteckern, mit Kabelumhüllung drumherum und in den planmäßigen Kabelfarben als leicht montierbare Ersatzteile gibt. Ebenso liefern die Firmen Hella, Bosch und Mercedes-Benz einbaufertige Kabelsätze für Radioeinbau und dergleichen.

Wer selbst in seinem Mercedes Kabel verlegen will, kommt mit einer gewöhnlichen Kombizange zum Verbinden der Anschlußklemmen nicht weit. Andererseits sind die dazu geeigneten Spezial-Quetschzangen der Autoelektriker recht teuer (ab 35 DM aufwärts). Hella hat darum eine einfache, aber trotzdem gebrauchstüchtige Quetschverbinderzange für Heimwerker entwickelt, die zusammen mit einem Sortiment gebräuchlicher Kabelverbinder (im Kasten und im Vordergrund unseres Bildes) nur rund 30 DM kostet (Hella-Bestell-Nr. 8 KW 002 733-001). Mit dem Mittelteil der Zange kann man die Isolierungen der gängigen Kabel abtrennen, ohne dabei die Metallitze des Kabels zu durchschneiden. Im Kopfteil der Zange werden Kabel und Verbinder so kräftig zusammengepreßt, daß sich auch ohne Verlötung die Verbindung nicht mehr lockert oder den Stromdurchfluß hemmt.

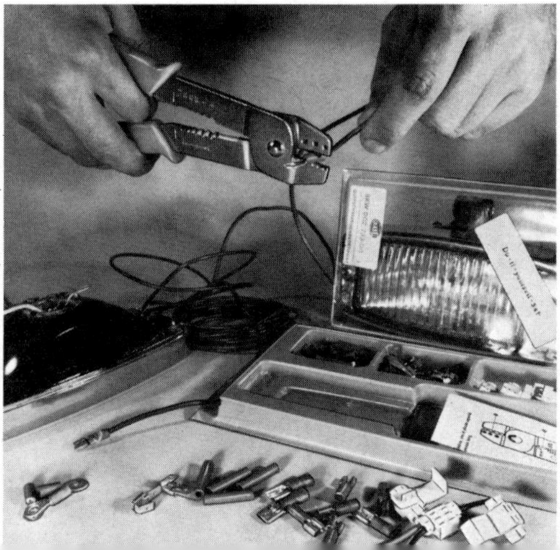

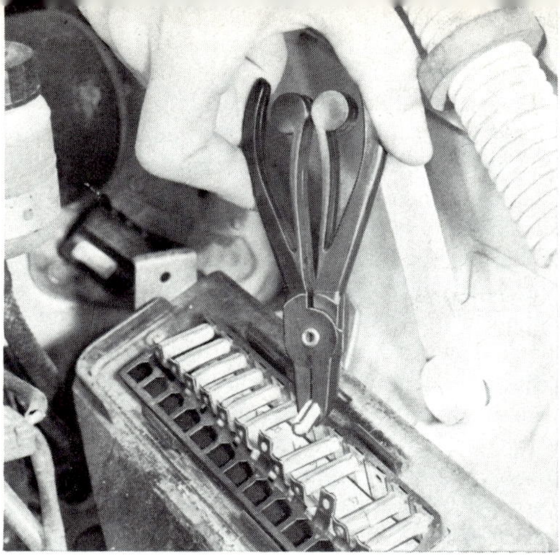

In den Bordwerkzeugtaschen der Mercedes-Fahrzeuge fand sich früher eine kleine schwarze Kunststoffzange, deren Verwendungszweck auch wir zuerst nicht erkannten, denn die Mercedes-Betriebsanleitung schweigt dazu. Aber sie basiert auf einer sehr vernünftigen Idee, denn das Herauspuhlen der eng nebeneinander sitzenden Sicherungen mit den bloßen Fingern ist nicht jedermanns Sache und mit einem Schraubenzieher (Kurzschlußgefahr!) erst recht nicht empfehlenswert. Dieses praktische Werkzeug ist unter Bestell-Nr. 000581 04 38 bei MB-Vertretungen zu beziehen.

Die »Masse«-Kur

Nimmt man bei Eigenbasteleien zu dünnes Kabel oder legt unnötig lange Drahtschlingen, hat dies Spannungsabfall zur Folge, d. h. statt der 12 Volt, die einen Stromverbraucher erreichen sollen, kommen dort nur vielleicht 10 Volt an. Das hat natürlich Leistungsabfall des Stromverbrauchers zur Folge. Solcher Spannungsabfall stellt sich aber mit den Jahren im serienmäßigen Leitungsnetz des Autos ein. Das ist jedoch nicht die Schuld der Leitungsdrähte an sich, sondern hat vielmehr in den Steckverbindungen der Kabel, den Anschlußkontakten der einzelnen Aggregate und den Schalterkontakten seine Ursache. Nur 10 Prozent Spannungsverlust bringen beispielsweise bereits 25 Prozent Leuchtkraftverlust an den Scheinwerfern. Darum empfiehlt es sich, bei Arbeiten an der Auto-Elektrik alle erreichbaren Steckverbindungen und Kabelanschlüsse blank zu schaben, insbesondere auch darauf zu achten, ob die Stecker und Hülsen der Mehrfach-Kabelstecker (das ist die Zusammenfassung eines Kabelbündels in einem Steckerpaar) nicht angeschmort sind.
Nach gründlichem Säubern der Kabelklemmen usw. auch die Klemmenumgebung von Schmutzkrusten reinigen und zum Schluß die Kontaktstelle mit einem Isoliersprühmittel (siehe Hinweis Seite 25) einsprühen. Das legt eine feine isolierende Schicht über die blanken Stellen und verhindert besonders Kurzschlüsse durch Wasserdunst an diesen Stellen. Falls man Verdacht auf oxydierte Schalterkontakte hat, die in dem betreffenden Schaltergehäuse nicht erreichbar sind, hilft eine einfache Probe: Verbraucher mit dem betreffenden Schalter einschalten und anschließend Stromaus- und -eingang des Schalters direkt mit einem kurzen, dicken Kabelstück überbrücken. Zeigt sich beim Antippen der beiden Schalterklemmen eine bessere Leistung des Verbrauchers, liegt die Schuld eindeutig im korrodierten Schalter. Neuen Schalter montieren.

Die Sicherungen

Die meisten einschaltbaren Stromkreise des »Elektrohaushaltes« im Mercedes liegen an einer der 12 Sicherungen, die bei Kurzschluß oder Überlastung der betreffenden Leitung durchzubrennen haben, bevor das Kabel zu schmoren beginnt oder der Verbraucher zerstört wird. Aus diesem Grunde darf eine durchgebrannte Sicherung niemals durch einen Nagel oder durch eine mit Stanniolpapier umhüllte »Ersatz-Sicherung« (beliebter Hilfstrick früherer Autofahrer-Generationen, der aber heutzutage durch Autobrand sehr teuer zu stehen kommen kann) überbrückt werden. Nicht durch Sicherungen überwacht sind die Schaltungen zwischen Batterie, Lichtmaschine, Anlasser und Lenkschloß. Falls die Glühkerzen einmal nicht wollen, hat es also überhaupt keinen Sinn, nach einer defekten Sicherung zu suchen.

Wenn aber ein elektrisches Aggregat, das in unserer nachfolgenden Sicherungstabelle aufgeführt ist, einmal nicht funktioniert, gehört der erste Blick der zuständigen Sicherung. Welche Sicherung jeweils zuständig ist, ist der nachfolgenden Tabelle und dem Schaltplan in der hinteren Buchklappe zu entnehmen. Also wohlgemerkt: Ein startunwilliger Motor kann seine Ursache nie in einer durchgebrannten Sicherung haben!

Alle Sicherungen im Mercedes sind auf 8 Ampere ausgelegt, können also 96 Watt übertragen. Eine Ausnahme bildet die Sicherung Nr. 2, die für 25 Ampere ausgelegt ist. Denn an ihr sind der Zigarrenanzünder und die Scheibenwischeranlage angeschlossen, die beide höheren Stromverbrauch haben.

Wenn eine Sicherung immer wieder nach kurzer Zeit durchbrennt, wird die betreffende Leitung irgendwie überlastet. Entweder berührt ein loses Drähtchen bei irgendeiner Erschütterung »Masse« oder durch Feuchtigkeit und Schmutz hat sich dort eine »Kriechstrombrücke« gebildet, d. h. ein Teil des Stromes kann über diese Schmutzkruste zur Masse abfließen. Am besten kann man diesen Fall mit einem Amperemeter prüfen, das man anstelle der Sicherung zwischen die beiden Lamellen klemmt. Das zeigt dann bei eingeschaltetem Verbraucher die durchfließende Stromstärke an. Ist die Anzeige ganz normal, verstärkt sich der Verdacht auf einen Wackel-Kurzschluß, der nur gelegentlich auftritt, bei höherer Anzeige ist zusätzlich irgendwo ein Stromkreis (über Feuchtigkeit) geschlossen. Aber wer hat schon ein Amperemeter als schlichter Autofahrer? Da probiert man es zuerst einmal mit einer 16-Ampere-Sicherung anstelle der serienmäßigen für 8 Ampere. Hält die durch, dürfte es eine Kriechstrombrücke sein (suchen und »Masse«-Kur dort betreiben), gelegentlich echte Kurzschlüsse hält aber auch die stärkere Sicherung nicht aus.

Fingerzeig: *Wenn ein Stromverbraucher ausfällt, kann es auch daran liegen, daß die Halteklemmen der zuständigen Sicherung locker oder oxydiert sind, so daß der Strom nicht hindurchfließen kann. Sicherung herausnehmen, Halteklemmen enger zusammendrücken, Sicherung wieder einsetzen und mehrmals in den Halteklemmen drehen, damit sich die Berührungsflächen gegeneinander blank reiben und wieder einwandfreier Kontakt hergestellt ist.*

Sicherungstabelle

Bei den Modellen 200 D/8, 220 D, 240 D findet man den Sicherungskasten für 12 Sicherungen unter der Motorhaube auf dem linksseitigen (in Fahrtrichtung gesehen) Radkasten neben dem Bremskraftverstärker. In den Vormodellen 190 Dc und 200 D ist der Sicherungskasten ebenfalls unter der Motorhaube, jedoch an der rückwärtigen Motorrauminnenwand, der sogenannten Spritzwand,

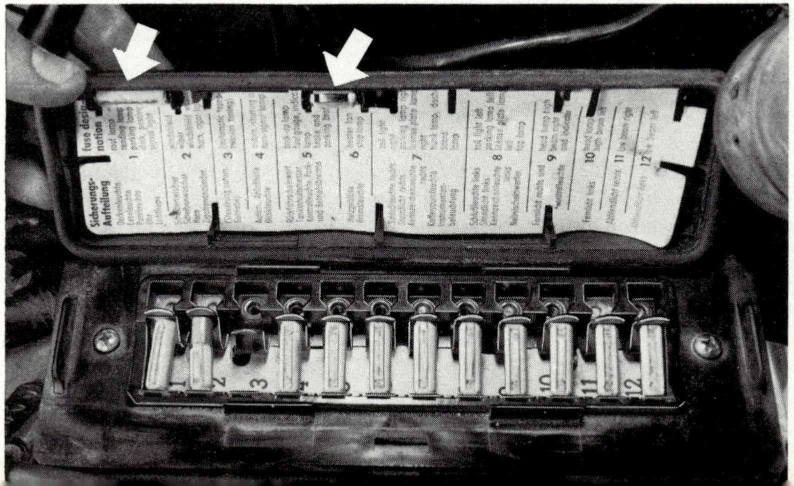

Bei den Fahrzeugen der »Neuen Generation« (ab Anfang 1968) sitzt der Sicherungskasten unter der Motorhaube auf dem linksseitigen Radkasten, wie hier gezeigt. Die vorsorgliche Firma Daimler-Benz hat gleich in besondere Halterungen eingeklemmt bzw. neuerdings dem Bordwerkzeug beigelegt. des Sicherungskastendeckels Ersatz-Sicherungen eingeklemmt. Die Sicherung Nr. 3 ist nicht vergessen, dort können Sondergeräte (z. B. Getriebe-Automatik) angeschlossen werden.

auch (in Fahrtrichtung) links zu finden. Die 12 Sicherungen sind an allen genannten Modellen grundsätzlich in gleicher Weise angeschlossen, kleine Abweichungen in der Fußnote zur nachstehenden Tabelle für den 200 D/8. Die in der Tabelle genannten Kabelfarben sind nur an den Rückseiten der Sicherungskästen oder beim Auftrennen der zuführenden Kabelstränge erkennbar, die Klemmenbezeichnungen entsprechen den zu Anfang des Kapitels erwähnten und im Schaltplan (hintere Buchklappe) ebenfalls eingezeichneten Normbezeichnungen.

Sicherung Nr. und Klemme	erhält Strom von	Kabel-farbe	angeschlossene Stromverbraucher	Kabel-farbe
1 (30)	stets stromführend von Pluspol Batterie und Lichtmaschine	rot	auf Strom-Eingangsseite (nicht abgesichert!): Lichtschalter, Lenkschloß	rot
			abgesichert: Innenraumleuchte	rot-grün
			Lichthupe	rot-blau-weiß
			Zeituhr	rot-gelb
			Parklichtschalter, rechtsseitiger Türkontakt f. Innenleuchte	rot-grün
			Kofferraumleuchte	grau-gelb
2 (54)	stromführend bei eingeschaltetem Lenkschloß	rot-schwarz	auf Strom-Eingangsseite (nicht abgesichert): Ladekontrolle	blau-rot
			abgesichert: Fußpumpe der Scheibenwaschanlage, Scheibenwischermotor	schwarz-violett
			Zigarrenanzünder	schwarz-gelb-grün
			Wischermotor-Endabstellung	schwarz-violett
			Signalhörner	schwarz-gelb
3 (54)	von Sicherung Nr. 2	—	frei für Sonderwünsche, z. B. Getriebeautomatik	—
4 (54)	von Sicherung Nr. 2	—	Blinklichtanlage	schwarz-rot-grün
5 (54)	von Sicherung Nr. 2	—	Kraftstoffanzeige, Kraftstoffreserve-Warnung, Bremsflüssigkeits- und Feststellbremsenkontrolle	schwarz-blau
			Rückfahrscheinwerfer	schwarz-gelb-rot
6 (54)	von Sicherung Nr. 2	—	Heizgebläse	schwarz-grün-rosa
			Bremslichtschalter	schwarz-violett
7 (58)	bei eingeschaltetem Lichtschalter von dessen Klemme 58	grau	Schlußlich rechts hinten	grau-rot
			Instrumentenbeleuchtung	grau-violett
			Standlicht rechts	grau-rot
8 (58)	von Sicherung Nr. 7	—	Nebelscheinwerfer	grau-grün-gelb
			Standlicht links	grau-schwarz
			Schlußlicht links, Kennzeichen	grau-schwarz

Sicherung Nr. und Klemme	erhält Strom von	Kabelfarbe	angeschlossene Stromverbraucher	Kabelfarbe
9 (56 a)	bei eingeschaltetem Fernlicht vom Abblendschalter	weiß	Fernlicht rechts Fernlichtkontrolle	weiß weiß-blau
10 (56 a)	von Sicherung Nr. 9	—	Fernlicht links Lichthupenschalter (bringt Strom bei Lichthupenbetätigung)	weiß-schwarz weiß-violett
11 (56 b)	bei eingeschaltetem Abblendlicht vom Abblendschalter	gelb	Abblendlicht rechts	gelb
12 (56 b)	von Sicherung Nr. 11	—	Abblendlicht links	gelb-schwarz

Bei manchen Fahrzeugen ist die Kofferraumbeleuchtung (hier an Nr. 1) an Sicherung Nr. 7 angeschlossen. Beim 190 Dc hängen Bremslicht, Rückfahrscheinwerfer, Kraftstoffanzeige an Sicherung Nr. 4. Statt dessen ist an Sicherung Nr. 5 das Gebläse der Standentfrostung angeschlossen und die Sicherung Nr. 6 dient ausschließlich der Lichthupe. Bei verschiedenen Fahrzeugen ist die Kennzeichenbeleuchtung geteilt und jeweils rechts bzw. links mit dem entsprechenden Schlußlicht gekoppelt.

Entstörung beim Radioeinbau

Falls Sie Ihren neuen Mercedes-Diesel nicht gleich mit eingebautem Radio bestellt haben, ist er nur »grundentstört«. Die Grundentstörung, die in Deutschland und den meisten europäischen Ländern amtlich vorgeschrieben ist (allerdings nicht in Italien und in Österreich), soll nur ausreichen, daß anderer Leute Radios und Fernseher nicht gestört werden können. Wenn Sie sich selbst ein Autoradio einbauen wollen, muß Zusätzliches geschehen, denn die Grundentstörung reicht dazu nicht aus. Von der einschlägigen Industrie werden Entstörmittel in der ersten Stufe für Mittel- und Langwelle, in der zweiten Stufe auch für UKW angeboten. Vernünftigerweise wird man gleich die UKW-Entstörung vornehmen. Dazu gibt es fix und fertig zusammengestellte Bausätze. In diesen Bausätzen sind alle Entstörkondensatoren, Schutzkappen, Entstörstecker, Kabelstücke usw. enthalten und vor allem werden bebilderte Einbauanleitungen mitgeliefert, die genau zeigen, wo und wie die Entstörteile an- und eingebaut werden müssen.

Die Entstöranleitungen kann man sich von den Kundendienstabteilungen sowohl von der R. Bosch GmbH., 7016 Gerlingen – Schillerhöhe, Robert-Bosch-Platz, sowie von der (Bosch-Firma) Blaupunkt-Werke GmbH, 32 Hildesheim, Robert-Bosch-Str. 200, oder von der Beru Verkaufsgesellschaft mbH, 7140 Ludwigsburg, Postfach 229, schicken lassen, wo man auch erfahren kann, wer in erreichbarer Nähe diese Entstörsätze verkauft. Am besten nennen Sie bei Ihrer Anfrage den genauen Mercedes-Diesel-Typ, den Sie fahren und sein Baujahr, denn im Laufe der Jahre wurden für die verschiedenen Modelle, angefangen vom 180 D bis zum 240 D, verschiedene Entstörbausätze entwickelt, die jeweils auf die Modelle abgestimmt sind und besonders auf den Bildern ihrer Einbauanweisungen genau zeigen, wo und wie die Entstörteile angebracht werden müssen.

Lassen Sie sich übrigens nicht von anderen Leuten irritieren: Auch ein Diesel muß entstört werden. Zwar hat ein Benzin-Motor durch seine Zündanlage wesentlich mehr Störungsquellen, aber auch am Diesel-Motor hängen eine Lichtmaschine und ein Reglerschalter, die entstört werden müssen. Selbst die Radnaben brauchen sogenannte Radnabenkontakte (im Bild auf Seite 54 gezeigt), wenn es im Radio knistert.

Mit Anstand rot werden

Der Diesel-Motor, wenn er einmal läuft, dann tut er das auch unentwegt, solange man ihm nicht die Luft oder den Kraftstoffzufluß absperrt. Der Benzin-Motor braucht noch eine dritte Kraft: die Elektrizität für den Zündfunken. Die spart man sich beim laufenden Diesel-Motor und man kann sie sich sogar zum Starten sparen, wenn es unbedingt sein muß und wie auf Seite 158 beschrieben. Aber angenehmer ist sie doch, denn im kalten Diesel-Motor reicht das Warmwerden der zusammengepreßten Luft beim Durchdrehen des Motors zu Anfang doch noch nicht zum Entflammen der winzigen Dieselkraftstoffteilchen, die im Verbrennungsraum »umherfliegen«.

Schaltung der Glühkerzen

Also steuert man von außen zu Anfang ein wenig Wärme zu, mit Hilfe der Glühkerzen. Die sind, bei Licht besehen, gar nichts anderes als die Heizspiralen eines Elektroherdes, auf dem man sein Süpplein kocht. Und technisch gesehen sind sie hintereinander geschaltet, d. h. vom Starterschalter ausgehend hängen Glühüberwacher, Vorwiderstand und die 4 Glühkerzen schön hintereinander. Erst die letzte Glühkerze ist mit ihrer »Ausgangsseite« an Masse, also das Metall des Motorblocks, angeschlossen und schließt damit den Stromkreis. Das bedeutet, daß die ganze Glüherei nicht funktionieren kann, wenn auch nur eine einzige Glühkerze nicht mehr mag, das ist genau wie bei elektrischen Kerzenketten am Weihnachtsbaum. Das bedeutet außerdem, daß alle diese Teile zusammen nur die 12 Volt des Bordnetzes haben dürfen. Sie wissen ja, daß man beispielsweise auch zwei 110-Volt-Glühlampen,

Wie die hier in der Hand gehaltene Glühkerze herausgeschraubt wird, ist auf Seite 178 beschrieben. Man braucht dazu einen Schraubenschlüssel SW 21, am besten geht es mit einem kurzen Zündkerzenschlüssel. Neben dem Glühfaden der Glühkerze sind die beiden Ösen der an diese Glühkerze angeschlossenen Stromschienen erkennbar, das sind die dicken blanken Kabel, die zwischen den Glühkerzen »gespannt« sind und diesen den Glühstrom zuführen. Zur besseren Übersicht sind auf dem Bild die Einspritzleitungen zwischen Einspritzpumpe und Zylinder 1 und 2 abgenommen.

hintereinandergeschaltet, an das übliche 220-Volt-Haushaltsstromnetz hängen kann. Genau so ist es bei der »Lichterkette« Glühüberwacher–Vorwiderstand–Glühkerzen. So ist es nicht weiter verwunderlich, daß die für unsere Mercedes-Diesel vorgeschriebene Glühkerze vom Bosch-Typ KE/GA 1/21 nicht auf 12 Volt Spannung ausgelegt ist, sondern sie darf nur höchstens 0,94 Volt (also nicht mal ein ganzes Volt) aufnehmen. Dafür verspeist sie aber allerhand Ampere Stromstärke, nämlich maximal 59 Ampere! Denn die Stromstärke und nicht die Spannung bringt die erwünschte Rotglut an der Glühwendel. Das ist auch der Grund, warum die 4 Glühkerzen und der Glühüberwacher (der bei unserem Typ auf 2 Volt Spannung ausgelegt ist und bis zu 65 Ampere zum gut sichtbaren Glühen braucht) so kräftig an der Batterie lutschen (siehe Tabelle Seite 152). Weil mit den knapp 6 Volt Spannung, die Glühkerzen und Glühüberwacher zusammen benötigen, der Anschluß an die 12-Volt-Batterie noch nicht möglich wäre, muß noch ein entsprechender Vorwiderstand her, der die restliche Spannung aufnimmt. Der Glühkerzenwiderstand für unsere Mercedes-Diesel ist dementsprechend auf ebenfalls knapp 6 Volt ausgelegt. Den kleinen Rest Spannung gleichen die Widerstände der Leitungen usw. aus.

Schaltungs-Trick beim Anlassen

Weil aber nun im Augenblick der Anlasserbetätigung die Glühkerzen auch noch aufgeheizt werden sollen (früher war das nicht so, da wurden sie durch die kalt einströmende Luft sofort wieder dunkel und wenn der Motor nicht sofort ansprang, mußte erst noch einmal vorgeglüht werden), der Anlasser aber gleichzeitig eine Menge Strom braucht (siehe Tabelle Seite 152), gäbe es im ganzen Bordnetz einen derartigen Spannungsabfall, daß weder Anlasser noch Glühkerzen genügend Strom bekämen. Der Anlasser ist, wie auf Seite 152 bereits beschrieben, auf einen solchen Spannungsabfall eingerichtet, er dreht auch noch bei 6 Volt Spannung. Und bei den Glühkerzen hilft man sich mit einem Schaltungstrick. Da wird im Starterschalter während der Anlasserbetätigung der Strom für die Glühkerzen auf einem zweiten Kabel am Glühüberwacher vorbei direkt zum Vorwiderstand und von dort zu den Glühkerzen geleitet. Damit sind 2 Volt Spannung zum Ausgleich des Spannungsabfalles und rund 60 Ampere Stromstärke gespart, wenn man den Starterknopf ganz herauszieht. Der Glühüberwacher wird deshalb während der Anlasserbetätigung bereits wieder dunkel, die Glühkerzen erhalten aber nach wie vor Strom, bis der Starterknopf losgelassen wird.

Wie lange vorglühen?

Da die Glühkerzen so viel Wärme erzeugen müssen, daß die erste Zündung des Kraftstoff-Luft-Gemisches in Gang kommt, hängt es natürlich vor allem von der Außentemperatur und der Wärme des Motors ab, wie lange die Glühkerzen aufgeheizt werden müssen. Es ist schon ein wesentlicher Unterschied, ob man im finnischen Winter einen über Nacht draußen stehenden Diesel frühmorgens starten soll oder in gleicher Temperatur einen, der bis vor einer Viertelstunde gelaufen war. Darum ist es im Winter beim Diesel-Motor nach wie vor eine vernünftige Idee, und man sollte sich nicht vor dem Grinsen umstehender Leute genieren, wenn man über die Motorhaube des gerade abgestellten Wagens eine große Wolldecke wirft. Selbst über Nacht hält das noch einige Grad Wärme zusammen, die beim Morgenstart entscheidend sein können. Und über den Wert einer über Nacht an die Heizung gestellten Batterie haben wir auf Seite 153 schon berichtet, ebenso über den Wert des richtigen Winteröls auf Seite 40. Wer sich mit diesen Dingen und den Kraftstofftricks (Seite 222) auskennt, den bringt auch ein arktischer Winter nicht zu Verzweiflungsschreien beim morgendlichen Dieselstart. Nach Werkserfahrungen genügen

- im Sommer 10 Sekunden,
- bei Frostbeginn etwa 20 Sekunden,
- bei – 5° C etwa 30 Sekunden,
- unter – 5° C höchstens 1 Minute

zum Vorglühen des Motors. Man sollte es, um Batteriekraft zu sparen, mit diesen kurzen Zeiten probieren. Der erst vor kurzer Zeit abgestellte warme Motor kommt außerdem ganz ohne Vorglühen aus. Aber: Wer allzu sparsam mit dem Vorglühen ist, muß nachher den Anlasser um so länger »orgeln« lassen. Das kostet letzten Endes die Batterie doch mehr Strom als ein großzügiges Vorglühen.

Der Starterschalter

Der in den neueren Mercedes-Diesel (ab 190 Dc) eingebaute Mehrstufenschalter dient sowohl zum Starten wie zum Abstellen des Motors. Er hat insgesamt 4 Schaltstufen, in denen jeweils verschiedene Aufgaben miteinander kombiniert werden:

- **Stopstellung:** Der Knopf des Zug-Druckschalters ist ganz hineingedrückt, die Stromzufuhr für Glühkerzen und Anlasser damit unterbrochen. Außerdem ist über einen Drahtzug (Bild Seite 93) der Verstellhebel an der Einspritzpumpe ganz nach vorne gerückt, so daß diese keinen Kraftstoff fördern kann. Darum bleibt der Motor wegen Absperrung der Kraftstoffzufuhr beim Hineindrücken des Knopfes in diese Stellung sofort stehen.
- **Fahrstellung:** In diese Stellung schwingt der Starterknopf selbständig zurück, wenn er nach Betätigen des Anlassers losgelassen wird. Der Drahtzug hält die Einspritzpumpe offen, so daß sie Kraftstoff fördern kann. Auch in dieser Stellung ist die Stromzufuhr unterbrochen. Außerdem verhindert eine Sperre, daß der Zündschlüssel des Lenkradschlosses abgezogen werden kann.
- **Vorglühstellung:** Bei dieser Schaltstufe wird der vom Lenkschloß zufließende Strom (Norm-Klemme 15/54) über einen Schalterkontakt (Norm-Klemme 19) an den Glühüberwacher, den Vorwiderstand und die Glühkerzen weitergeleitet. Der Drahtzug hält gleichzeitig die Einspritzpumpe »offen«.
- **Anlaßstellung:** In dieser Stellung bleibt der Starterknopf wie in der vorhergehenden nur solange stehen, wie er gezogen wird. Der zufließende Strom des Lenkschlosses (Norm-Klemme 15/54) wird nun einerseits über eine Schalterzunge (Norm-Klemme 17) unter Umgehung des Glühüberwachers (siehe Schaltplan) direkt zum Vorwiderstand und den Glühkerzen geleitet und andererseits erhält der Magnetschalter des Anlassers über eine weitere Kontaktzunge (Norm-Klemme 50) den Einschaltbefehl für den Anlasser. Zugleich zieht der Drahtzug den Verstellhebel der Einspritzpumpe über die Vollastförderung hinaus, so daß der Motor für den Startvorgang ein besonders kraftstoffreiches Gemisch erhält. Beim Loslassen des Knopfes springt dieser selbständig in die Fahrstellung zurück.

Der Starterschalter kann also defekt sein, wenn trotz ausreichenden Vorglühens und intaktem Anlasser der Motor nicht anspringen will. Dann ist beispielsweise die am Glühüberwacher nicht kontrollierbare Stromzufuhr an die Glühkerzen während der Anlasserbetätigung nicht in Ordnung. Weitere Fehlermöglichkeiten in unserem Störungsbeistand auf den nächsten Seiten.

Die Glühkerzen

Vorgeschrieben sind für unsere Mercedes-Diesel entweder von Bosch KE/GA 1/21 oder von Beru 381 GK. Es sind zweipolige Glühkerzen, d. h. sie leiten den durchfließenden Strom weiter und haben keine direkte Stromverbindung zur Masse. Sie müssen auf eine Temperatur von rund 1000° C aufgeheizt werden, um den Motor in Gang zu setzen und haben während des

Motorlaufs eine Dauertemperatur von 600–800° C auszuhalten. Liegt bei einer Glühkerze mit verschmorter Wendel kein Materialfehler vor, besteht der Verdacht, daß der betreffende Zylinder des Motors über eine längere Zeitspanne mehr als 800° C Wärme entwickelte (»gedroschener« Motor, Kühlungsmängel). Ihre Lebensdauer ist aber auch wesentlich vom Zustand der Einspritzdüsen abhängig. Zu geringer Einspritzdruck, falscher Einspritzbeginn und Verbrennungsrückstände morden den Glühdraht auch vorzeitig hin.

Fingerzeig: *Für die Modelle 200 D/8, 220 D/8 und 240 D gibt es von Beru und Bosch sogenannte Schnellstart-Glühkerzen zu kaufen, die die Vorglühzeit auf 5 bis 7 Sekunden verringern. Diese Kerzen können nachträglich in die betreffenden Modelle eingebaut werden.*

Schadhafte Glühkerze ermitteln

Woran merkt man, daß eine Glühkerze schadhaft ist? Nun, hierzu steht vor allem der Glühüberwacher auf Wachtposten. Leuchtet er beim Vorglühen zu hell und zu schnell auf, erhält er zu viel Strom – weil ihn eine der Glühkerzen wegen Kurzschluß nicht braucht. Entweder besteht der Kurzschluß direkt in einer Glühkerze oder von einer Stromschiene der Glühkerzen zur Masse. Zur Kontrolle Masseanschluß-Schiene des 1. Zylinders lösen, von Helfer Starterschalter auf Vorglühstellung halten lassen und gleichzeitig mit Prüflampe, am 4. Zylinder beginnend, an jeder Glühkerze zwischen Stromschienen und Masse prüfen, ob Strom zugeführt wird (Lampe muß brennen). Wenn Lampe an einer Stromschiene nicht mehr brennt, Glühüberwacher aber aufleuchtet, ist der Kurzschluß vor der geprüften Stelle gefunden. Bei einem Kurzschluß innerhalb einer Glühkerze, also einer »Überbrückung«, brennt die Prüflampe auch noch bei der Kontrolle der von Masse gelösten letzten Stromschiene, der Glühüberwacher kann aber wegen der zu aufnahmeschwachen Prüflampe nicht glühen. Dann alle Glühkerzen herausschrauben und überprüfen.
Wenn der Glühüberwacher aber nicht aufglüht, ist wahrscheinlich an einer Glühkerze der Glühfaden gebrochen oder wegen Masseschluß durchgebrannt. In diesem Falle ist eine andere Prüfung mit einem Schraubenzieher notwendig: Während ein Helfer den Starterschalter auf Vorglühstellung hält, drückt man nacheinander an jeder Glühkerze die Spitze des Schraubenziehers gegen die zum Motorblock liegende Stromschiene und berührt mit dem Schraubenzieherschaft die außen liegende Stromschiene. Damit wird jede Glühkerze nacheinander »umgangen«. Beginnt bei einer dieser Prüfungen der Glühüberwacher plötzlich aufzuglühen, hat man die defekte Glühkerze gefunden, weil ihr gebrochener oder durchgeschmorter Glühfaden durch den Schraubenzieher überbrückt wurde.
Eine Glühkerze läßt sich, nachdem die Stromschienen (die dicken blanken Drähte zwischen den Glühkerzen) demontiert wurden, am besten mit einem kurzen Zündkerzenschlüssel SW 21, wie man ihn beispielsweise an Opel-Fahrzeugen braucht, gut herausschrauben. Vor dem Einbau der Glühkerze soll der Glühkerzenkanal, der sich mit der Zeit mit Ölkohle festsetzt, gereinigt werden. Die Werkstatt macht dies mit einer Reibahle von 11 mm Durchmesser, deren Nuten mit Fett gefüllt werden. Diese Reibahle darf aber nur bis zu 55 mm tief eingeführt werden, damit der Kugelstift in der Vorkammer nicht beschädigt werden kann. Zur Sicherheit wird deshalb die Reibahle etwa 50 mm hinter der Spitze mit einem Gummiring oder Isolierband als Markierung umwickelt. Die Gewinde der Glühkerze werden außerdem vor dem Einbau leicht mit Graphitöl eingeölt.

Die Störung	– ihre Ursache	– ihre Abhilfe
Glühüberwacher glimmt beim Vorglühen nicht auf	Glühkerze durchgebrannt, wenn sich beim Weiterziehen des Starterknopfes Anlasser dreht	Schadhafte Glühkerze mit Schraubenzieher ermitteln (vorhergehender Abschnitt) und auswechseln
	Batterie fast leer, wenn Ladekontrolle dunkler wird	Batterie aufladen lassen
	Stromzufuhrkabel lose, wenn probeeingeschaltete Scheinwerfer beim Vorglühen verlöschen	Batteriekabel und Kabelanschlüsse an Anlasser, Eingangsseite Sicherung Nr. 1, Lichtschalter und Lenkschloß prüfen
	Starterschloß erhält keinen Strom, wenn sich auch Anlasser nicht dreht	Stromzugang bei eingeschaltetem Lenkschloß an Klemme 15/54 Starterschloß mit Prüflampe kontrollieren
Glühkerze durchgebrannt	Fehler an Einspritzdüse, Einspritzdruck, Düsennadel, Einspritzbeginn	Von Werkstatt Einspritzanlage überprüfen lassen
Glühüberwacher leuchtet zu schnell und zu hell auf	Eine Glühkerze oder Stromschiene hat Kurzschluß zur Masse	Von Glühkerze Zylinder Nr. 4 beginnend mit Prüflampe an Stromschienen prüfen, wo Prüflampe nicht mehr brennt. Dort Glühkerze oder Stromschiene defekt
Glühüberwacher glimmt beim Vorglühen richtig auf, aber Anlasser dreht nicht	Magnetschalter des Anlassers erhält keinen Strom	Stromweg ab Klemme 50 Starterschalter bis zum Magnetschalter des Anlassers prüfen
	Anlasser klemmt, wenn gleichzeitig Ladekontrolle dunkler wird	Abhilfeversuch: Mit eingelegtem Gang Wagen etwas vorwärts rucken oder mit Hammerstiel auf Anlasser klopfen
	Kurzschluß im Anlasser oder Magnetschalter, wenn Ladekontrolle (beinahe) verlischt	Werkstatt-Instandsetzung
Glühüberwacher und Anlasser funktionieren, Motor springt aber nicht an	Kraftstoffmangel	Tanken und Kraftstoffleitung mit Handpumpe entlüften (Seite 81)
	Vor- oder Hauptfilter verstopft	Vor- und Hauptfilter Durchfluß prüfen und reinigen
	Drahtzug von Starterschalter zu Verstellhebel der Einspritzpumpe defekt	Drahtzug auf Funktion prüfen (Bild Seite 93)
	Kraftstoff bei Kälte gestockt	Kraftstoff mit Wagen in warmem Raum aufwärmen (Seite 222)
Nur einzelne Zylinder springen an	Einzelne Glühkerzen schadhaft	Nochmals vorglühen ohne Anlasserbetätigung, Glühkerzen ausbauen, nasse und verrußte Kerzen defekt: Auswechseln

Bei Licht besehen

Unterwegs sparen Sie sich viel Ärger und Zeitverlust, wenn Sie bei einer Beleuchtungskontrolle durch Polizeibeamte hurtig ein Kästchen mit Ersatzlampen hervorziehen können und sofort die schadhafte Lampe auswechseln. Die Polizeibeamten sollen in diesem Falle keine Anzeige erstatten und keine gebührenpflichtige Verwarnung erteilen, denn bei einem so vorsorglichen Autofahrer ist es nach gerichtlicher Meinung durchaus glaubwürdig, daß die Lampe »gerade eben« durchgebrannt ist. Und dafür kann kein Autofahrer etwas.

Notwendige Ersatzlampen

200 D/8, 220 D/8, 240 D

Für Ihren Mercedes-Diesel benötigen Sie als wichtigsten Ersatz:

- Asymmetrische Zweifadenlampe 45/40 Watt (Scheinwerfer) oder
- Asymmetrische Halogen-Zweifadenlampe H 4 60/55 Watt
- Kugellampe 21 Watt, Sockel BA 15 s (Blinkleuchten und Bremslichter)
- Kugellampe 5 Watt, Sockel BA 15 s (Schlußlichter und Parklichter hinten)
- Soffittenlampe 5 Watt, 36 mm lang (Kennzeichen)
- Röhrenlampe 4 Watt, Sockel BA 9 s (Standlichter, Parklichter vorne)
- Einfadenlampe 35 Watt, Sockel BA 20 s (Nebellampe) oder
- Halogen-Einfadenlampe H 3 55 Watt, Sockel PK 22 s

Für ältere Modelle

- Asymmetrische Zweifadenlampe 45/40 Watt (Scheinwerfer)
- Kugellampe 18 Watt, Sockel BA 15 s (Blinkleuchten und Bremslichter)
- Röhrenlampe 4 Watt, Sockel BA 9 s (Schlußlichter, Parklichter, Standlichter)
- Kugellampe 5 Watt, Sockel BA 15 s (Kennzeichenleuchte)

Das sind die wichtigsten Typen, die Sie unterwegs immer mal brauchen können. Da die 18-Watt-Lampe (190 Dc, 200 D) bzw. 21-Watt-Kugellampe (200 D/8, 220 D/8) am Wagen für Blinker und Bremsleuchten insgesamt sechsmal benötigt wird, sollten Sie nicht nur ein einziges Ersatzstück, sondern mehrere davon haben.

Um eine defekte Glühlampe in der vorderen Leuchteinheit auswechseln zu können, muß zuerst der rundum abdeckende Zierring entfernt werden. Die Halteschraube für Kreuzschlitzschraubenzieher sitzt im unteren Rand des Zierringes. Nach Herausdrehen der Halteschraube wird der Zierring an seiner oberen Kante einfach ausgehängt.

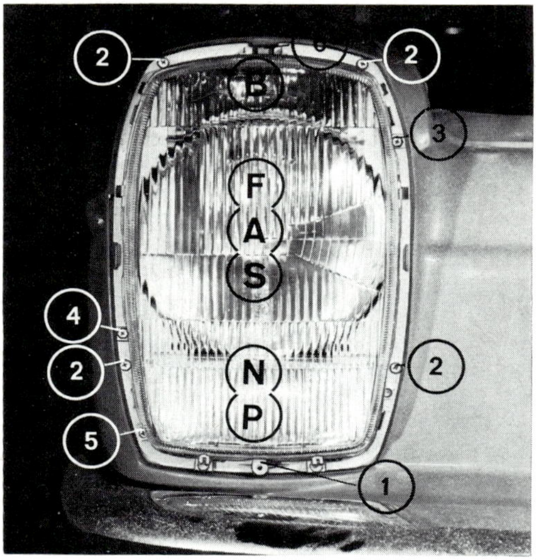

Auf der vorderen Leuchteinheit bedeuten: B – Blinkerlampe, F – Fernlicht, A – Abblendlicht, S – Standlicht, N – Nebellampe, P – Parklicht. Nach Abnahme des Zierringes werden auf dem Rand des Scheinwerfereinsatzes sichtbar: 1 – Gewindeöse für Zierring-Halteschraube, 2 – vier Halteschrauben des Scheinwerfereinsatzes, 3 – Höheneinstellschraube und 4 – Seiteneinstellschraube des Hauptscheinwerfers, 5 – Einstellschraube des Nebelscheinwerfers (sitzt beim 190 Dc und 200 D im unteren Rand neben Gewindeöse), 6 – obere Einhängeöse des Zierringes.

Scheinwerfer und Lampen prüfen

Wartungsdienst Nr. 8

Natürlich sieht man öfter nach den Lampen, als es der Pflegedienst vorschreibt, denn diese Prüfung macht gar keine Mühe, besonders wenn ein freundlicher Helfer bei der Lampenkontrolle rund um den Wagen springt. Es geht aber auch ohne fremde Hilfe vor einer hellen Wand, einem senkrecht zur Fahrtrichtung stehenden Ladenschaufenster oder sogar in der engen Garage, wenn sie hell gestrichen ist. Schalten Sie nacheinander Standlicht, Fernlicht, Abblendlicht, Nebelscheinwerfer und Parklicht ein, betätigen Sie danach die Blinker und vergessen Sie vor allem nicht die Bremslichtprobe (wobei die Zündung eingeschaltet sein muß) durch einen Tritt auf das Bremspedal. Alle Lampen in Ordnung? Und ganz zuletzt tippen Sie noch die Hupe an, es geht in einem Aufwaschen.

Wenn eine Lampe nicht mehr mag, ist es auch kein Unglück. Wie sie ausgetauscht wird, ist in den folgenden Abschnitten beschrieben. Natürlich sehen Sie sich die unwillige Lampe genau an, bevor Sie sie wegwerfen. Sie kann nämlich selbst in Ordnung sein und vermag nur nicht zu leuchten, weil an einem Steckkontakt, an einem Kabel, an einer Sicherung oder Lampenfassung der Strom gehemmt wird.

Scheinwerferlampe auswechseln

Asymmetrische Zweifadenlampe 45/40 Watt oder H 4 60/55 W, Fernlicht (Klemme 56 a) rechts: Sicherung Nr. 9, weißes Kabel; Fernlicht links (56 a): Sicherung Nr. 10, weiß-schwarzes Kabel; Abblendlicht rechts (Klemme 56 b): Sicherung Nr. 11, gelbes Kabel; Abblendlicht links (56 b): Sicherung Nr. 12, gelbschwarzes Kabel. Weitere Störungen durch Licht- oder Abblendschalter möglich.
Um eine defekte Scheinwerferlampe auszuwechseln, wird mit der Demontage des Zierrings begonnen. Dessen Halteschraube, eine »Linsensenkschraube« mit Kreuzschlitz, sitzt an der Unterkante (siehe Bild links). Mit Kreuzschlitzschraubenzieher herausdrehen und Zierring oben aushängen. Darunter wird dann der Halterahmen des Scheinwerfereinsatzes sichtbar, auf dem eine ganze Reihe Schrauben erkennbar sind. Ihre Bedeutung ist auf dem Bild oben für den 200 D/8 gezeigt. Nun die 4 Kreuzschlitzschrauben, die den Scheinwerfereinsatz in seiner Mulde halten (Nr. 2 im Bild) herausdrehen (bei den älteren Modellen 190 Dc und 200 D liegen die Halteschrauben um die runden Scheinwerfer). Scheinwerfereinsatz aus der Scheinwerfermulde heben, auf der

Auf der Rückseite des Scheinwerfereinsatzes sind erkennbar: B, F, S, N, P – wie im Bild auf der Vorderseite beschrieben. Ferner 1 – Mehrfachkabelstecker für B, S, N und P; 2 – Steckerstifte für den Mehrfachkabelstecker; 3 – Höheneinstellschraube und 4 – Seiteneinstellschraube des Hauptscheinwerfers; 5 – Einstellschraube für Nebelscheinwerfer; 6 – Kabelstecker für die Hauptscheinwerferlampe F.

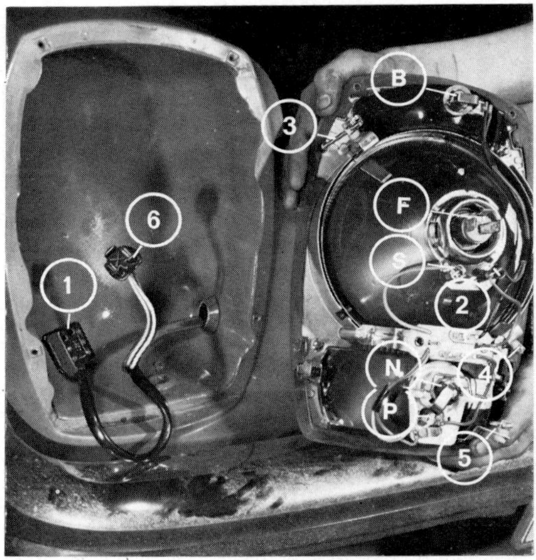

Rückseite den Hauptscheinwerfer-Kabelstecker (Nr. 6 im Bild oben) von den Glühlampenkontaktzungen (F im gleichen Bild) abziehen oder mit feinem Schraubenzieher vorsichtig abhebeln, da sehr festsitzend. Klemmring um Glühlampe gegen Lampe drücken, etwas nach links drehen (Bajonettverschluß) und abziehen, Glühlampe aus dem Scheinwerfer ziehen.

Neue oder intakte Glülampe nicht am Glaskolben mit bloßer Hand anfassen, sondern möglichst nur an Kontaktzungen, wie im Bild unten gezeigt, was beim Einsetzen auch durchaus genügt. Muß der Glaskolben berührt werden, nur mit sauberem Taschentuch zwischen Fingern und Glaskolben. Das Taschentuch dient auch zum sorgfältigen Abreiben eines versehentlich angefaßten oder mit Papierfasern (von der Lampenverpackung) bedeckten Glaskolbens. Beim Anfassen mit bloßer Hand setzt sich unweigerlich Hautschweiß – auch bei frisch gewaschenen Händen – auf den Glaskolben, der beim Brennen der Lampe verdampft und den Scheinwerferspiegel trübt.

Glühlampe in die Scheinwerferrückseite einsetzen (siehe untenstehendes Bild), Glühlampen-Klemmring aufsetzen, andrücken und nach rechts festdrehen. Dabei darauf achten, daß der Klemmring alle drei kleinen Haltezungen im Scheinwerferspiegelrand erfaßt und Kontaktzunge der Standlichtlampe einwandfrei aufsitzt. Glühlampenkabel aufstecken, Scheinwerfereinsatz in die Mulde

Beim Einsetzen einer neuen Glühlampe muß darauf geachtet werden, daß die Nocken am Glühlampensockel (oberer weißer Pfeil) genau in die entsprechende Aussparung am Scheinwerfergehäuserand (unterer weißer Pfeil) einrasten. Die Kontaktzungen an der Glühlampe bringen auf Norm-Klemme 56 a das Fernlicht (im Glaskolben Fernlichtfaden F), auf Norm-Klemme 56 b das Abblendlicht (im Glaskolben der Schirm des Abblendlichtfadens A). Weiter unten sitzt im Scheinwerferrand die Standlichtlampe (S), rechts unten im Bild der Glühlampen-Klemmring.

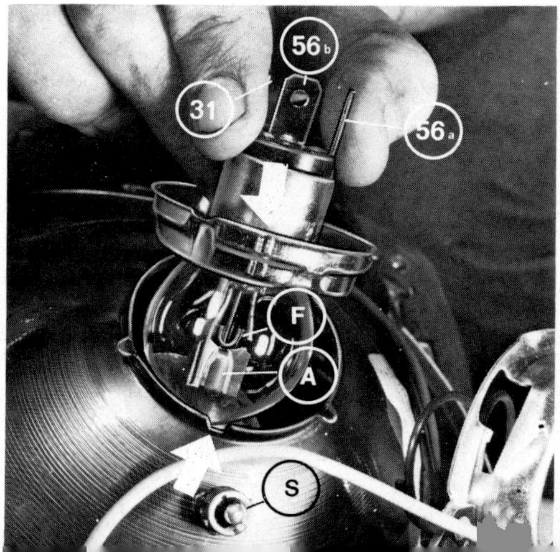

setzen, Glühlampe zur Kontrolle einschalten. Wenn in Ordnung, Scheinwerfereinsatz festschrauben und Zierring montieren.

Standlichtlampe auswechseln

Röhrenlampe, 4 Watt, Sockel BA 9 s. Standlicht wird mit Klemme 58 bezeichnet; rechts: Sicherung Nr. 7, grau-rotes Kabel; links: Sicherung Nr. 8, grauschwarzes Kabel.
Die kleine, unscheinbare Standlichtlampe brennt immer, wenn überhaupt ein Licht eingeschaltet ist, außer Parklicht. Sie dient als Notbeleuchtung, wenn Abblend- oder Fernlichtfaden einer Scheinwerferglühlampe ausgefallen ist und hat die offizielle Bezeichnung »Begrenzungslicht«. Die kleine Lampe braucht nur 4 Watt und ist äußerst langlebig. Lampenwechsel praktisch wie beim Austausch der Scheinwerferglühlampe. Zuletzt faßt man vorsichtig mit dem Zeigefinger durch die Glühlampenöffnung in den Scheinwerfer (Spiegelfläche nicht berühren!) und drückt die nur lose in ihrer Fassung sitzende Standlichtlampe heraus.

Scheinwerferscheibe auswechseln

Wenn durch Steinschlag oder Unfall die Streuscheibe des Scheinwerfers beschädigt ist, soll sie so bald wie möglich ersetzt werden, damit nicht inzwischen durch eindringende Feuchtigkeit die Verspiegelung verschmutzt oder getrübt wird. Diese Spiegelfläche ist »aufgedampft« und äußerst empfindlich; man kann sie nicht mit einem Lappen reinigen, sie darf auch nicht beim Austausch der Scheinwerferscheibe mit den Fingern berührt werden!
Zum Austausch der Streuscheibe (ihr Name besagt, daß sie das gebündelte Licht des Scheinwerferspiegels fahrgerecht »streut«) Scheinwerfer-Zierring abmontieren. Nun beim 200 D/8 nicht den Scheinwerfereinsatz ausbauen, sondern die an seinem unteren Rand sitzenden beiden Drehklammern (rechts und links der Gewindeöse; Bild Seite 181) mit einem breiten Schraubenzieher von der Glasscheibe zur Seite drehen, etwas nach vorne ziehen und von der Glasscheibe wegdrücken. Danach läßt sich die Streuscheibe nach vorne abnehmen. Der Einbau erfolgt sinngemäß umgekehrt.

Scheinwerfer einstellen

Nach einer Reparatur an der Fahrzeugfederung oder wenn unterwegs eine neue Scheinwerferlampe eingesetzt werden mußte, ist ein Neueinstellen der Scheinwerfer fällig, denn selbst Bruchteile eines Millimeters in der Fertigungs-Toleranz einer Scheinwerferlampe machen sich natürlich auf 25 oder 100 Meter Entfernung im Scheinwerferstrahl bemerkbar. Weil man nun im Kofferraum kein Scheinwerfereinstellgerät mitzuführen pflegt, bleibt in diesem Falle nichts weiter übrig, als den Wagen rund 10 oder 20 Meter vor einer möglichst hellen Wand aufzustellen und den neu bestückten Scheinwerfer der Höhe nach mit dem unveränderten Scheinwerfer gleichzustellen. Dazu wird das Abblendlicht eingeschaltet, das nach oben eine scharf abgegrenzte Hell-Dunkel-Grenze hat, und durch wechselseitiges Verdecken festgestellt, welches »Lichtbild« auf der Wand zu dem neu einzustellenden Scheinwerfer gehört und ob dieser höher oder tiefer gestellt werden muß. Nur die Kreuzschlitzschraube am Haltering rechts oben (im Bild auf Seite 181 mit »3« gekennzeichnet) wird dazu gedreht. Rechtsdrehen dieser Einstellschraube senkt den Scheinwerferstrahl, Linksdrehung hebt ihn an. Die Seiteneinstellung kann man sich bis zur baldmöglichen fachgerechten Scheinwerferjustierung sparen.
Unterläßt man jedoch die behelfsmäßige Einstellung nach dem Einsetzen einer neuen Lampe, ist zumeist entweder die Fahrbahn schlecht ausgeleuchtet oder die entgegenkommenden Autofahrer machen durch wütendes Geblinke darauf aufmerksam, daß auch der abgeblendete Scheinwerfer noch blendet.

Vor der senkrechten Wand, auf der Sie diese Hilfslinien zum Einstellen der Mercedes-Scheinwerfer ziehen, sollten Sie 9 Meter ebener Fläche haben. Auf was bei der Herrichtung dieses Platzes zu achten ist, wird auf diesen Seiten beschrieben. Den Abstand der beiden Hilfskreuze zueinander müssen Sie selbst an ihrem Wagen genau messen, ein kleines ungeriffeltes Glasrechteck in der Scheinwerferstreuscheibe zeigt Ihnen, wo genau der Scheinwerfermittelpunkt liegt. Am gleichen Punkt wird auch die Höhe des Scheinwerfermittelpunktes über dem Boden gemessen, nachdem die Wagenfederung durch Hin- und Herschieben des Wagens »frei« ist. Von dieser Höhe sind 5 cm abzuziehen, das entspricht dem vorgeschriebenen »Gefälle« des Scheinwerferstrahls auf 5 Meter Entfernung.

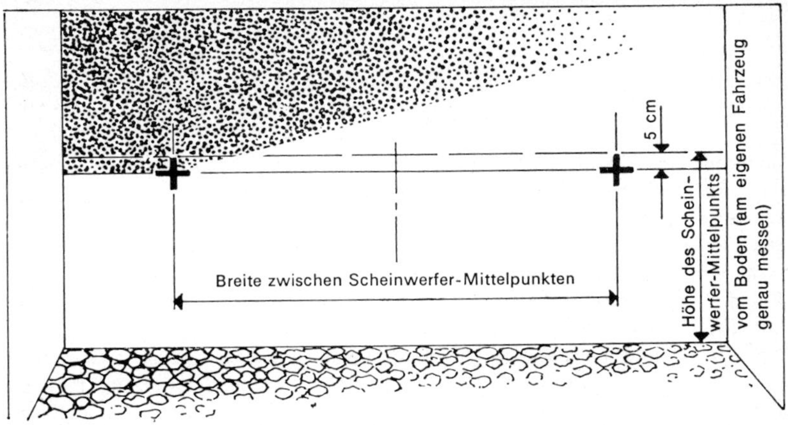

Das richtige Einstellen der Scheinwerfer nimmt die Werkstatt oder der Bosch-Dienst mit einem Scheinwerfereinstellgerät vor, das direkt vor jeden einzelnen Scheinwerfer geschoben wird. Das ist eine Arbeit von wenigen Minuten, die aber des Spezialgerätes wegen doch 2,– bis 3,– DM kostet. Sie können aber die Scheinwerfer Ihres Mercedes auch selbst vorschriftsmäßig einstellen, wenn Sie irgendwo eine ganz ebene Fläche von mindestens 9 m Länge mit abschließender senkrechter Wand zur Verfügung haben und auf dieser Wand mit Kohle oder Kreide malen dürfen. Ferner brauchen Sie einen Helfer, ein Metermaß und eine gerade Latte zum Stricheziehen.

Nun stellt man seinen Mercedes auf der ebenen Fläche genau im rechten Winkel zur Wand auf, schiebt ihn mit der Hand einige Meter hin und her, damit sich die Federung richtig einspielt, und stellt ihn schließlich so ab, daß die Scheinwerfer in genau 5 Meter Abstand zur Wand stehen.

Jetzt peilen Sie durch das Rückfenster des Mercedes nach vorne über die Motorhaube jenen Punkt auf der Wand an, auf den die Mitte Ihres Fahrzeuges genau zeigt. Als »Hilfs-Peilpunkte« nehmen Sie dazu die mittlere obere Zierleistenklammer des Rückfensters und den Mercedes-Stern auf der Motorhaube. Wo Ihr Auge die Wand anvisiert, lassen Sie von dem Helfer einen kurzen senkrechten Strich aufmalen und messen nun die Höhe der Scheinwerfermitte über dem Boden. Diese Scheinwerfermitte ist an einem kleinen Glasrechteck in der Streuscheibe vor dem Hauptscheinwerfer erkennbar. Von diesen kleinen Rechtecken der beiden Scheinwerfer ausgehend, mißt man den Abstand der Scheinwerfermittelpunkte voneinander. Die beiden Maße werden schön symmetrisch beidseitig der Mittelsenkrechtenmarkierung auf der Wand durch zwei kleine Kreuze markiert. Von jedem dieser Markierungskreuze mißt man 5 cm herunter – dies ist das Spezialmaß für die Scheinwerfereinstellung des Mercedes. Die ausgemessenen Punkte werden mit je einem dicken Kreuz markiert. Dann ziehen Sie durch die beiden Kreuze einen waagrechten Strich.

Nach dieser Vorarbeit beginnt das eigentliche Einstellen der Scheinwerfer. Dazu Helfer oder 65–70 kg Gewicht auf Mitte Rücksitzbank setzen und Abblendlicht einschalten. Da der Mercedes wie die meisten heutigen Fahrzeuge asymmetrisches Abblendlicht hat, steigt nach einer genau waagrechten linksseitigen Hell-Dunkel-Grenze des Scheinwerfer-»Lichtbildes« in einem sehr gut erkennbaren Abknickpunkt das beleuchtete Scheinwerferfeld im Winkel von 15° nach rechts oben an. Dieser Abknickpunkt muß haarscharf auf das vorher markierte, für ihn bestimmte Kreuz zeigen. Auch eine geringe Abweichung nach rechts, links oder oben ist nicht zulässig. Allenfalls dürfte der Lichtpunkt unterhalb des Kreuzes liegen. Das würde aber bedeuten, daß die Straße nicht so gut ausgeleuchtet wird, wie sie ausgeleuchtet werden darf.

Die Scheinwerfer werden nun abwechselnd mit einer Decke oder einer Jacke verdeckt, damit sich die beiden »Lichtbilder« nicht gegenseitig stören. Zeigt einer der Abknickpunkte nicht auf das für ihn bestimmte Markierungskreuz, wird mit der Einstellschraube oben rechts am Scheinwerferrand (mit »3« auf Bild, Seite 181, gekennzeichnet) zuerst die Höhe des Scheinwerferstrahls eingestellt. Rechtsdrehung senkt den Scheinwerferstrahl, Linksdrehung hebt ihn an. Wenn die Höhe stimmt, Seitenrichtung mit der Kreuzschlitzschraube unten links (mit »4« auf Bild, Seite 181, gekennzeichnet) justieren, bis Abknickpunkt des asymmetrischen Abblendlichtes genau auf dem Markierungskreuz liegt. Ist der Abknickpunkt nur unscharf zu erkennen, kann er durch Abdecken des linken oberen Viertels (in Fahrtrichtung gesehen) der Streuscheibe schärfer sichtbar gemacht werden.

Erst Höhe, dann Seite einstellen

Wer eine solche Wand nicht zur Verfügung hat oder auf ihr nicht malen darf, kann sich auch so helfen: In der Werkstatt Scheinwerfer peinlich genau einstellen lassen. Bei der Einfahrt in die eigene Garage den Wagen mit eingeschaltetem Abblendlicht am Garagentor stehen lassen, aussteigen und die beiden Abknickpunkte auf der Garagenrückwand markieren. Wenn das auf die wenigen Meter auch keine genaue Kontrolle ist, eine Hilfe zur Nachkontrolle ist es doch. Nach dieser Einstellung der Scheinwerfer mit dem Abblendlicht stimmt die Einstellung des Fernlichtes automatisch. Das Einschalten des Fernlichtes ist also beim Justieren der Scheinwerfer gar nicht notwendig.

Lampenwechsel

Blinkleuchten vorne

In unsere Mercedes-Diesel sind in die unterschiedlichen Blinkerlampen nicht die gleichen Glühlampen eingebaut. Zwar haben sie immer den gleichen Sockel (Normbezeichnung BA 15 s), aber verschiedene Leuchtstärke. Am 190 Dc und 200 D nehmen sie 18 Watt, am 200 D/8 und 220 D/8 aber 21 Watt auf. Bei Ersatz sollten Sie darauf achten, daß wieder Glühlampen gleicher Stärke eingesetzt werden, denn das Blinker-Relais ist jeweils auf den Gesamtverbrauch der Blinkerlampen eingerichtet. Zu starke oder zu schwache Lampen machen das Blinker-Relais entweder zu langsam oder zu schnell.

Gebraucht werden: Kugellampe 18 bzw. 21 Watt, Sockel BA 15 s, Sicherung Nr. 4 für die ganze Blinkanlage zuständig; Blinker rechts schwarz-grüne, Blinker links schwarz-weiße Kabel.

Den Ausfall einer einzelnen Blinkerlampe erkennt man am kurzen Aufblitzen der Blinker-Kontrollampe in kürzeren Zeitabständen. Andere Blinkerstörungen siehe Seite 195.

Zum Austausch einer defekten Blinkerlampe muß beim 200 D/8 und 220 D/8 genau wie zum Wechsel einer Scheinwerferlampe der vordere Scheinwerfereinsatz ausgebaut werden. Danach die beiden seitlichen Klemmbügel am Spiegel der Blinkleuchte (im Bild auf Seite 182 oben mit »B« bezeichnet) beiseite drücken, Spiegel herumdrehen, Glühlampe hineindrücken, dabei etwas in ihrer Fassung drehen und herausziehen. Neue Glühlampe einsetzen und sofort prüfen, ob sie brennt. Am 190 Dc (Blinker auf den vorderen Kotflügeln) und 200 D (Blinker in der Kombileuchte für Parklicht, Nebellampe und Blinker) erfolgt der Lampentausch sinngemäß.

Serienmäßige Nebelscheinwerfer und Parklicht vorne

Für serienmäßige Nebelscheinwerfer ab Modelle 200 D: Sicherung Nr. 8, von dort grau-grün-gelbes Kabel zu Klemme N Lichtschalter, von dort grau-grünes Kabel zu den Nebellampen.

Für Parklicht vorne Röhrenlämpchen 3 bzw. 4 Watt, Sockel BA 9 s; Sicherung Nr. 1; Parklicht rechts (Klemme PaR am Lichtschalter) grünes Kabel, Parklicht links (Klemme PaL) grün-schwarzes Kabel.

Das Abdeckglas der Heckleuchte wird vom Kofferraum aus durch Losdrehen der beiden Rändelmuttern (6) von den langen Schraubenbolzen (7) gelöst. Darunter werden auf der jeweiligen Fahrzeugaußenseite die Blinkerlampen (1) und zur Fahrzeugmitte die Bremsleuchten (2) sichtbar. In der Mitte der Heckleuchte sitzen Parkleuchte (3), Schlußleuchte (4) und Rückfahrscheinwerfer (5). Die Vorgängermodelle haben abweichende Heckleuchten, jedoch mit grundsätzlich ähnlicher Lampenanordnung.

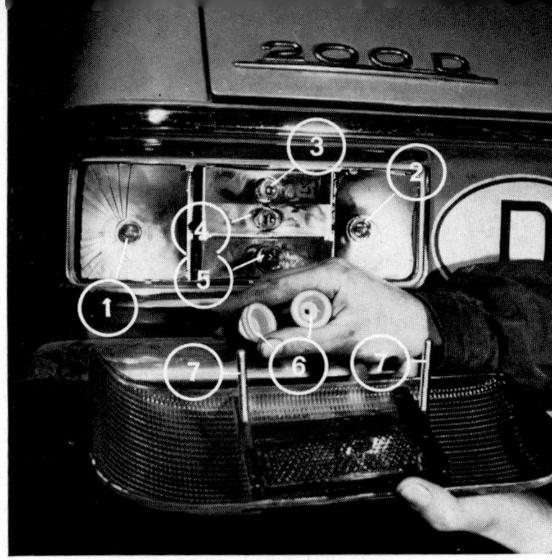

Zum Austausch einer defekten Nebel- oder Parklichtlampe beim 200 D/8 und 220 D/8 Scheinwerfereinsatz ausbauen, wie auf Seite 181 beschrieben. Danach Mehrfachkabelstecker (Nr. 1 auf dem Bild, Seite 182 oben) abziehen, Klemmbügel über Lampenfassung (Bild Seite 182, »N« und »P«) nach oben drücken, Lampenfassung herausnehmen. Schadhafte Glühlampe nach Druck und leichter Drehung aus dem Bajonettverschluß ziehen.
Beim 190 Dc und 200 D müssen zum Austausch eines defekten Parklichtes die jeweiligen vorderen Blinkerlampen ausgebaut werden.

Heckleuchten

Die Heckleuchten der verschiedenen Mercedes-Diesel-Modelle sind zwar verschieden geformt, haben jedoch eine grundsätzlich ähnliche Lampenanordnung. Jeweils außen sitzen die Blinker, zur Fahrzeugmitte die Bremsleuchten, in der Mitte der Heckleuchten Parklicht, Schlußlicht und Rückfahrscheinwerfer. Obgleich die eingesetzten Glühlampen unterschiedliche Leistungsaufnahme haben, werden beim 190 Dc und 200 D nur Lampen mit zwei verschiedenen Sockeln (BA 15 s und BA 9 s) und beim 200 D/8 und 220 D/8 nur mit einem Sockel (BA 15 s) verwendet, so daß sich beim Durchbrennen lebenswichtiger Lampen weniger wichtige vorübergehend dort einsetzen lassen, wenn man keine Ersatzlampen mit sich führt. Lebenswichtig sind die Schlußlichter (jeweils ersetzbar durch ein Parklichtlämpchen), die Blinker und Bremslichter (jeweils ersetzbar durch ein Rückfahrscheinwerferlämpchen). Bei solch einem Ersatz aus dem eigenen Heckleuchtenbestand darf man sich aber nicht zufrieden geben und die Sache auf sich beruhen lassen, sondern die umgetauschte Lampe muß schnellstmöglich ersetzt oder, falls schwächer, wieder umgetauscht werden. Denn bei einer eventuellen Polizeikontrolle hat es gar keinen Sinn, zu erklären, Rückfahrscheinwerfer und Parklampen seien ja nicht amtlich vorgeschrieben – das stimmt durchaus –, aber wenn man solche »freiwilligen« oder zusätzlichen Beleuchtungen am Auto hat, müssen sie stets funktionieren, auch das ist amtlich.
Um ein defektes Lämpchen der Heckleuchte austauschen zu können, sind lediglich vom Kofferraum aus zwei große Kunststoff-Rändelschrauben an der betreffenden Heckleuchten-Rückseite loszudrehen und das Abdeckglas nach außen abzunehmen. Die einzelnen Glühlampen (Bild oben) lassen sich aus ihren Bajonettverschlüssen durch Druck auf den Glaskolben und nach leichter Linksdrehung ohne weiteres herausziehen.

■ Blinkerlampe (Nr. 1 im Bild): Kugellampe 18 bzw. 21 Watt; Sicherung Nr. 4; Blinker rechts schwarz-grünes Kabel, Blinker links schwarz-weißes Kabel.

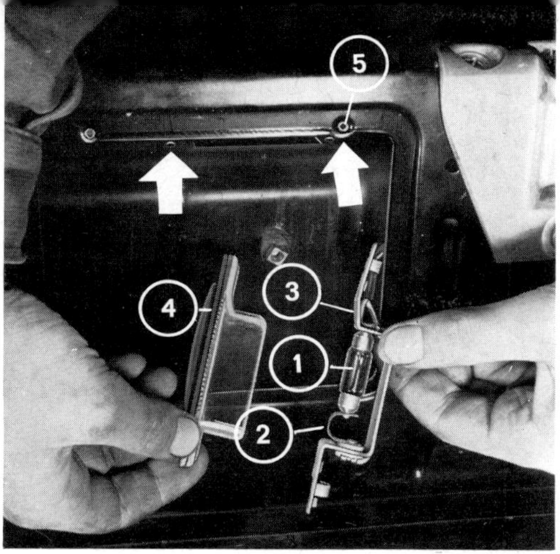

Beim 200 D/8 wird die Kennzeichenleuchte vom Kofferraum aus demontiert. Kreuzschlitzschrauben der Leuchtenabdeckung aus ihren Bohrungen (5) drehen, Abdeckung wegnehmen. Danach von außen zwei Halteschrauben der Leuchte neben dem Abdeckglas aus ihren Bohrungen (weiße Pfeile) drehen, Kennzeichenleuchte (3) in den Kofferraum ziehen, Abdeckglas (4) abnehmen und Soffittenlampe (1) nach Beiseitebiegen der Kontaktzunge (2) entfernen. Der Einbau erfolgt sinngemäß umgekehrt.

■ Bremslicht (2): Kugellampe 18 bzw. 21 Watt, Sockel BA 15 s; Sicherung Nr. 4 (190 Dc und 200 D) bzw. Nr. 6 (200 D/8 und 220 D/8); von dort schwarzviolettes Kabel zum Bremslichtschalter (Bild Seite 192), von dort schwarz-rote Kabel zu den Bremslichtern.

■ Schlußlicht (4): Für 200 D/8 und 220 D/8 Kugellampe 5 Watt, Sockel BA 15 s; für 190 Dc und 200 D Kugellampe 4 Watt, Sockel BA 9 s; Sicherung Nr. 7 für rechtes Schlußlicht mit grau-rotem Kabel, Sicherung Nr. 8 für linkes Schlußlicht mit grau-schwarzem Kabel.

■ Parklicht (3): Für 200 D/8 und 220 D/8 Kugellampe 5 Watt, Sockel BA 15 s; für 190 Dc und 200 D Kugellampe 4 Watt, Sockel BA 9 s; Sicherung Nr. 1. Rechts grünes Kabel, links grün-schwarzes Kabel.

■ Rückfahrscheinwerfer (5): Kugellampe 15 bzw. 18 Watt; Sicherung Nr. 4 (190 Dc und 200 D) bzw. Nr. 5 (200 D/8 und 220 D/8); von dort schwarz-gelbrotes Kabel zum Rückfahrlichtschalter am Getriebe, von dort grau-gelbes Kabel zu den Rückfahrscheinwerfern. Die Rückfahrscheinwerfer können also nicht direkt mit der Hand eingeschaltet werden, sondern sie brennen (auch bei Tage) automatisch, wenn der Rückwärtsgang eingelegt wird.

Kennzeichenleuchte

Die beiden Kennzeichenleuchten sitzen beim 190 Dc und 200 D in der oberen Kante der rückwärtigen Stoßstange, beim 200 D/8 und 220 D/8 in der oberen Kofferraumkante neben dem Kofferraumschloß.

Soffittenlampe 5 Watt, 36 mm lang; Sicherung Nr. 8; grau-rotes bzw. grauschwarzes Kabel. Beim 190 Dc und 200 D Kugellampe 5 Watt, Sockel BA 15 s. Sie sind jeweils mit dem Schlußlicht ihrer Seite verbunden und demgemäß an Sicherung Nr. 7 (rechts) und Nr. 8 (links) angeschlossen.

Zum Austausch eines defekten Glühlämpchens sind bei 190 Dc und 200 D auf der Stoßstangenoberkante jeweils 2 Schrauben zu lösen und der Lampeneinsatz herauszunehmen. Den Ausbau einer Kennzeichenleuchte am 200 D/8 zeigt das Bild oben. Das Soffittenlämpchen läßt sich nach Beiseitebiegen der einen Kontaktzunge ohne weiteres herausnehmen.

Kofferraumleuchte

Kugellampe, Sockel BA 15 s; Sicherung Nr. 1 (manchmal auch Nr. 7), von dort grau-gelbes, dann grau-blaues Kabel.

Bei Anschluß an Sicherung Nr. 1 steht die Kofferraumleuchte stets unter Strom, aber erst das Öffnen des Kofferraumdeckels und damit das Herausschnellen des Schalterstiftes schließt den Stromkreislauf zur Masse und läßt das Glühlämpchen aufleuchten. Serienmäßig wird ein schwaches 3- oder 5-

Zum Ausbau der Kofferraumleuchte aus der Hinterkante des Kofferraumdeckels die beiden Kreuzschlitzschrauben aus ihren Bohrungen (weiße Pfeile) drehen, den Lampensockel (2) mit der Glühlampe (1) herausziehen und den Kabelstecker (4) von den Steckerstiften (5) am Lampensockel ziehen. Der federnde Schaltstift (3) tritt beim Öffnen des Kofferraumdeckels heraus und schließt damit den Stromkreis zur Masse, so daß die Glühlampe brennen kann.

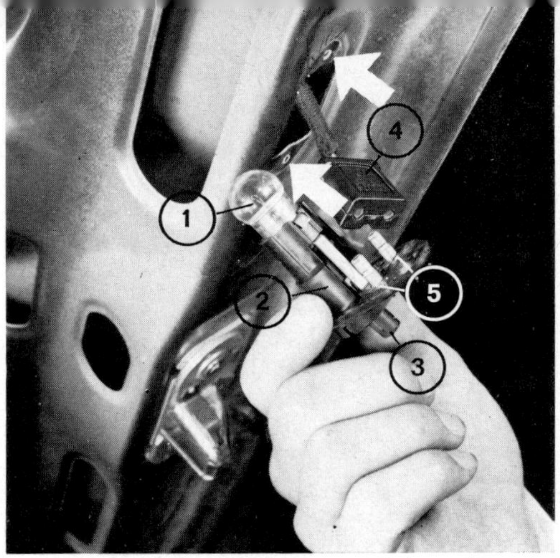

Watt-Lämpchen eingebaut. Man kann sich aber ebenso eine stärkere 15- oder 18-Watt-Lampe einsetzen, wenn man es in dem schwarz gestrichenen dunklen Kofferraum heller haben möchte. Man kann solch eine stärkere Lampe notfalls auch als Ersatz für eine wichtige durchgebrannte Glühlampe (Blinker, Bremslicht) benutzen. Den Ausbau der Kofferraumleuchte zeigt das Bild oben.

Innenleuchte

Soffittenlampe 10 Watt, 41 mm lang; Anschluß als automatische Türöffnerleuchte an Sicherung Nr. 1; für linken Türkontaktschalter direkt durch rotgrünes Kabel und ab linkem Türkontaktschalter weiß-grünes Kabel; für rechten Türkontaktschalter von Sicherung Nr. 1 durch rot-grünes Kabel über Klemme P 30 des Lenkschlosses an rechten Türkontakt durch rot-grünes Kabel und weiter über linken Türkontaktschalter durch weiß-grünes Kabel; Anschluß als handgeschaltete Leselampe von Sicherung Nr. 1 durch rot-grünes Kabel über linken Türkontaktschalter weiter zur Innenleuchte durch weiß-grünes Kabel, braunes Kabel zur Masse.

Diese Mercedes-Schaltung der Innenleuchte ist im Vergleich zur Schaltung anderer Fahrzeuge reichlich aufwendig. Bei unseren Mercedes leiten die Türkontaktschalter den »Plus«-Strom direkt von Sicherung Nr. 1 oder über den Umweg Lenkschloß (auch bei ausgeschalteter Zündung). Die Türkontaktschalter sind nur in den vorderen Türholmen eingesteckt, man kann sie also leicht ausbauen und die Kontakte reinigen, wenn beim Öffnen der Tür (bei der oft geöffneten Fahrertür zeigt sich das zumeist zuerst) die Innenleuchte nicht brennen will. In der Regel klemmt dann der herausspringende Schaltstift in

Die Innenraumleuchte wird mit einem feinen Schraubenzieher aus ihrer Halterung gehebelt. Die Soffittenlampe (1) läßt sich leicht zwischen den beiden Kontaktzungen herausziehen. Am abgezogenen Kabelstecker (3) kann mit einer Prüflampe die Stromzufuhr geprüft werden, wobei der zweite Prüflampenanschluß an den Massekontakt (4) gedrückt werden muß. Von den Kabeln im Stecker (3) ist eines stets stromführend, das andere muß ebenfalls Strom führen, wenn eine Vordertür geöffnet ist. Der Handschalter (2) sitzt neben dem Kabelsteckerstiften.

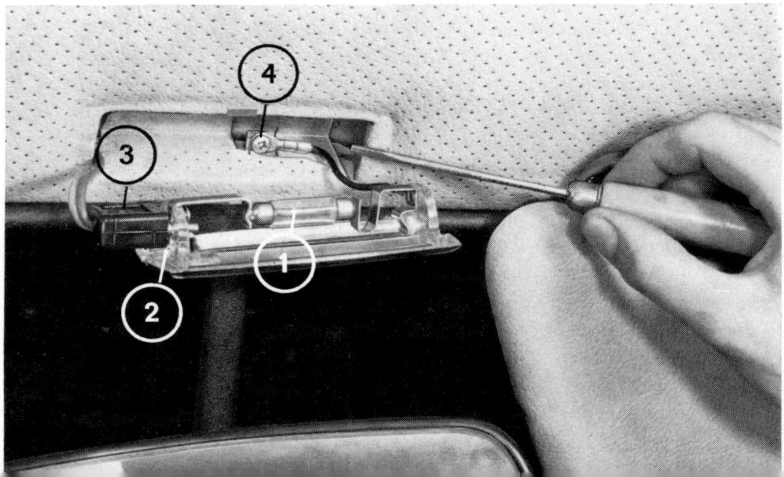

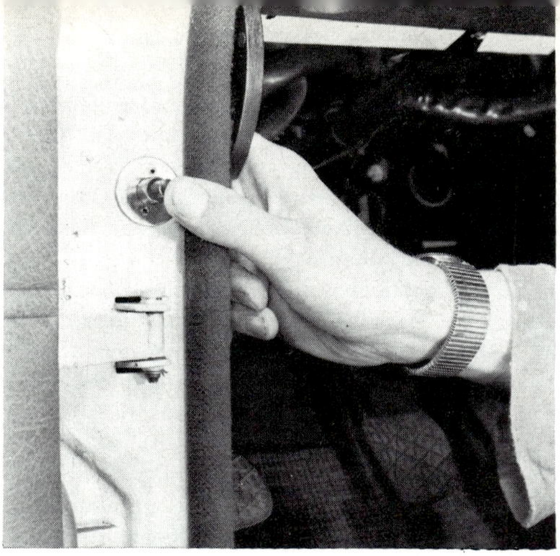

In den vorderen Türholmen sitzen die Türkontaktschalter, deren Schaltstifte beim Öffnen der Tür herausspringen und den Strom zur Innenleuchte weiterleiten. Brennt das Licht beim Öffnen einer Tür nicht, klemmt zumeist der verschmutzte Schaltstift des Türkontaktschalters. Abhilfe: Etwas Öl auf den Schaltstift träufeln oder Graphit in seine Führungshülse sprühen und den Schaltstift drücken, bis Öl eingedrungen ist und der Stift wieder leicht federt.

seiner Führungsbuchse. Wie man ihn gängig machen kann, ist im Bildtext oben beschrieben.
Die Innenleuchte selbst läßt sich leicht mit einem feinen Schraubenzieher aus ihrer Einbaumulde hebeln. Man kann dann erforderlichenfalls die Kontaktzungen des Glühlämpchens nachbiegen, die Soffittenlampe in ihrer Halterung drehen, um eventuelle isolierende Oxyde an den Kontaktstellen abzureiben oder eine defekte Soffittenlampe auszutauschen.

Der Lichtschalter

Wenn Beleuchtungsstörungen nach Prüfung der zuständigen Sicherung und der betreffenden Glühlämpchen vermuten lassen, daß der Fehler im Lichtdrehschalter liegt, muß man sich mal dessen Rückseite ansehen, wenn nicht bereits beim Drehen des Schalters fühlbar wird, daß im Schalter selbst etwas gebrochen ist. Zur Rückseitenprüfung nimmt man am besten eine Prüflampe.
Zuerst wird die linksseitige untere Armaturenbrettverkleidung ausgebaut, danach den nur fest aufgedrückten Drehschaltergriff (Nr. 1 im Bild) abziehen oder mit feinem Schraubenzieher vorsichtig abhebeln. Danach die Ringmutter (2) vom Schalterhaltegewinde (3) abdrehen. Den dazu erforderlichen Spezialschlüssel wird man nicht haben, es geht aber auch mit zwei feinen Schraubenziehern, die man fest in die beiden Kerben der Ringmutter drückt und gemeinsam mit einer Kombizange oder einem quer durch die Schraubenzieherklingen geschobenen Dorn dreht. Danach läßt sich der Lichtschalter in das Armaturenbrett hineindrücken, hinter dem Armaturenbrett weg- und nach unten herausziehen.

Wie der Hauptlichtschalter ausgebaut wird, ist im Text auf dieser Seite beschrieben. Es bedeuten: 1 – Drehgriff, 2 – Ringmutter zum Festhalten des Schalters im Armaturenbrett, 3 – Gegengewinde der Ringmutter, 4 – Lichtschalterdose mit den angeschlossenen 11 oder 13 Kabeln. Die Kabelfarben und ihre Bedeutung sind dem Schaltplan in der hinteren Buchklappe zu entnehmen.

An der runden Lichtschalterdose sind insgesamt 11 oder 13 Kabel angeschlossen, je nachdem, ob an die Klemmen PaR (Parklicht rechts) und PaL (Parklicht links) bereits die beiden Kabel für die vordere und hintere Parkleuchte der betreffenden Fahrzeugseite direkt angeschlossen oder erst später verzweigt sind. Die Farbe und Bedeutung der einzelnen Kabel ist aus unserem Schaltplan in der hinteren Buchklappe zu entnehmen. Die neben den einzelnen Kabelanschlüssen eingeprägten Norm-Klemmenbezeichnungen sind noch einmal besonders in der Tabelle auf der letzten Textseite dieses Buches erläutert.

Funktioniert eine der an den Lichtschalter angeschlossenen Lampen nicht (Sonderfall: Parklicht, siehe nächster Absatz), prüft man zuerst mit einer Prüflampe oder Behelfsprüflampe (siehe Bild Seite 169), ob das dickste rote Kabel an Klemme 30 von der Batterie Strom anliefert. Dieses Kabel ist auch bei ausgeschaltetem Lenkschloß stets stromführend. Dann wird der Drehschalter mit dem aufgesteckten Griffstück so gestellt, daß der angeschlossene Stromverbraucher Strom erhalten müßte. Darauf an der betreffenden Klemme mit der Prüflampe kontrollieren, ob dort auch Strom »abgeschickt« wird. Ist dies der Fall, liegt der Fehler im weiteren Kabelweg bis zum betreffenden Stromverbraucher oder an diesem selbst.

Anders liegt der Fall bei den am Lichtschalter angeschlossenen Parklichtern. Da sie während der Fahrt nach den amtlichen Vorschriften nicht einschaltbar sein dürfen, erhalten sie ihren Strom an die Klemme Pa über das grün-weiße Kabel von Klemme P des Lenkschlosses, das dort nur Strom abgibt, wenn das Lenkschloß blockiert ist. Bei Parklichtstörungen deshalb zuerst an Klemme Pa prüfen, ob Strom anliegt, dann nach entsprechender Schalterstellung nachprüfen, ob auch an der Klemme PaR (rechts) bzw. PaL (links) zur betreffenden Parklichtseite Strom abgeschickt wird.

Zeigt sich bei dieser Stromprüfung, daß eine Schalterklemme keinen Strom liefert, muß der Schalter ausgetauscht werden. Man macht es sich bei dieser Montage eines neuen Schalters einfach, wenn man die Kabel Zug um Zug einzeln vom alten Schalter löst und an den neuen montiert. Das verhindert, wenn auch nicht ganz totsicher, Verwechslungen. Die am Schalter vorgesehene und eingeprägte Klemme 57 ist bei unseren Mercedes-Diesel übrigens arbeitslos, es ist also dort kein Kabel vergessen worden.

Zusätzliche Leuchten

Nebelscheinwerfer

Allzu gewaltig sind die serienmäßigen Nebelscheinwerfer ab Modell 200 D in ihrer Wirkung nicht, man könnte eher von dürftig sprechen. So ist es kein Wunder, daß viele Mercedes-Fahrer zusätzliche Nebellampen auf die Stoßstangen montieren. Da man nach den amtlichen Vorschriften nicht zugleich 4 Nebellampen leuchten lassen darf, müssen bei der Montage zusätzlicher Nebellampen die serienmäßigen Nebellampen stillgelegt werden. Aber so leicht ist es nun auch nicht, daß man einfach die serienmäßigen Nebellampenkabel verlängert und die neu montierten Lampen daran hängt. Denn die richtige Wirkung bringen erst Nebellampen, die Strom ohne Spannungsverlust erhalten, deren Stromweg von der Batterie her möglichst kurz ist (Sicherungshülse mit 16-Ampere-Sicherung im Kabel) und nicht erst lange über einen Schalter führt. Dazu wird ein Schaltrelais (z. B. von Hella Typ 91/6–12 V oder von Bosch Nr. 0 332 003 017) zwischengeschaltet, das nach dem der Packung beigegebenen Schaltbild anzuschließen ist. Das serienmäßige, vom Lichtschalter herführende Nebellampenkabel wird dabei als Schaltstromleitung benutzt, d. h. der Lichtschalter schaltet seinerseits nur das Relais für die Nebellampen ein. So hat man schon einmal im Prinzip besseres Nebellicht als es das serienmäßige bietet.

Dazu kommt noch, daß nicht irgendwelche billigen Nebellämpchen gekauft werden sollen, sondern wenn schon, dann möglichst große Nebelscheinwerfer mit den leuchtstarken Halogenlampen (verbrauchen pro Stück 55 Watt) und mit wenigstens 135 mm Lichtaustrittsöffnung. Als Nebellampen haben sich auch rechteckige Scheinwerfer bewährt, da ja das Nebellicht als flacher breiter Fächer ausgestrahlt werden soll. Sie passen auch in der Form bei genügender Breite gut unter die vordere Leuchteinheit, wobei sie unter der Stoßstange montiert werden müssen. Die meisten Mercedes-Fahrer sind da etwas ängstlich, aber so steinschlaggefährdet sind die Nebellampen auch unter der Stoßstange gar nicht. Sie sind aber gerade dort sehr leuchtwirksam, denn das Nebellicht soll ja die meist nicht ganz auf der Fahrbahn aufliegende Nebelwand unterwandern. Achten Sie aber bei der Montage unter der Stoßstange genau darauf, daß Sie Nebelscheinwerfer für »hängende Anbringung« (Wasserablaufloch gegenüber dem Anschraubzapfen) erhalten.

H 4-Austauschscheinwerfer

Seit 1972 sind in Deutschland auch die Halogen-H 4-Lampen zugelassen, das sind jene Lampen, die wie die bekannten konventionellen »Bilux«-Birnen über einen Abblend- und einen Fernlichtfaden verfügen. Hella hat zur Verwendung dieser lichtstarken Lampen H 4-Umrüstsätze entwickelt, die man nachträglich gegen die serienmäßigen Scheinwerfer auswechseln kann. Für die »Heckflossen«-Modelle der Baujahre Mai 1964 bis Dezember 1967 erhält man passende Einsätze unter der Bestell-Nr. 1 A 9 001 159–81 und für die Typen 200/8 bis 250/8 ab Baujahr Januar 1968 unter der Bestell-Nr. 1 ER 001 166–81.
Von Bosch gibt es H 4-Scheinwerfereinsätze nur für die seit Anfang 1968 gebauten Modelle. Die Bestell-Nummern für die einzelnen Einsätze ohne Glühbirnen lauten 0 301 854 102 (bis Baujahr November 1970) bzw. 0 301 854 101 (ab Baujahr Dezember 1970).

Mit freundlichen Grüßen

Auf verschiedene Weise kann der Autofahrer seiner verkehrsteilnehmenden Umgebung mitteilen, was er vorhat: durch die tönende Hupe, die Licht-»Hupe«, die Blinker und die Bremslichter.

Von sehr höflichen Autofahrern wird berichtet, sie hätten erst bei einer zufälligen Polizeikontrolle festgestellt, daß ihr Signalhorn defekt war – sie brauchten es gar nicht. Man sollte es mal probieren – es geht tatsächlich ohne Hupe, wenn man entsprechend aufmerksam und rücksichtsvoll fährt. Trotzdem muß die Hupe und ihre Sicherung in Ordnung sein.

Die Lichthupe ist amtlich nicht vorgeschrieben, und sie hat nicht den Zweck, andere Verkehrsteilnehmer von der Fahrbahn zu scheuchen. Sie ist aber auch höflichen Autofahrern beim Überholen und bei der nächtlichen Annäherung an eine unübersichtliche Straßenkreuzung nützlich. So sparsam man als kultivierter Autofahrer mit den beiden Hupen – Ton und Licht – umgehen sollte, so reichlich soll von den Blinkern Gebrauch gemacht werden, wenn man seine Richtung ändern will.

Kein direkter Einfluß besteht auf das Aufleuchten der Bremslichter, die nur zugleich mit der Betätigung des Bremspedals eingeschaltet werden.

Das Bremslicht

Pflegedienst Nr. 8

Zum regelmäßigen Prüfen der Beleuchtungsanlage auf einwandfreie Funktion gehört auch die Bremslichtprobe. Da der Bremslichtstrom über Sicherung Nr. 6 (beim 190 Dc Nr. 4) kommt, kann das Bremslicht nur bei eingeschaltetem Lenkschloß brennen. Die Bremslichter sind so hell, so daß man ohne Umstände auch am Tage bei der Herausfahrt aus der Garage mal schnell probebremsen kann – es muß hinter dem Wagen an der Wand hell aufleuchten. Eine ausgefallene Bremslichtlampe muß sofort ersetzt werden (Beschreibung Seite 187), denn sie gehört zu den lebenswichtigen Lampen.

Weil die Bremslichter nur bei eingeschaltetem Lenkschloß Strom erhalten, darf

Wenn das Bremspedal (1) niedergetreten wird, drückt eine Kolbenstange (2) im (hier nicht sichtbaren) Bremszylinder Bremsflüssigkeit in die Bremsleitungen zu den einzelnen Rädern. Bei diesem Niedertreten kann ein kleiner weißer Schaltstift (weißer Pfeil) aus dem Bremslichtschalter (4) heraustreten, damit wird der Strom von Sicherung Nr. 6 über diesen Schalter durch den Kabelstecker (5) und das Bremslichtkabel (6) zu den Bremslichtern weitergeleitet. Die Spiralfeder (3) zieht das Bremspedal beim Loslassen wieder in seine Ausgangsstellung zurück.

An der durch Lack »plombierten« und gesicherten Einstellschraube (der Schraubenzieher ist darauf angesetzt; weißer Pfeil), läßt sich unter günstigen Umständen ein krächzendes Horn wieder stimmen. Innerhalb der Garantiezeit darf man diese »Plombe« nicht verletzen, sonst erlischt die Garantie. Dreht man später an dieser Schraube, muß sie wieder durch einen Wachs- oder Farbtropfen gegen selbsttätiges Verstellen (durch Vibrationen) gesichert werden.

man das Einschalten des Lenkschlosses nicht vergessen, wenn der Mercedes einmal abgeschleppt werden muß. Denn besonders an einem langsam dahinschleichenden Schleppzug muß das Bremslicht des geschleppten Wagens den nachfolgenden Verkehr warnen können.
Sind beide Bremslichter ausgefallen, dann bei eingeschaltetem Lenkschloß probeweise den Heizgebläseschalter ziehen (beim 190 Dc statt dessen Kraftstoffanzeige beobachten). Funktioniert auch das nicht, ist die Sicherung Nr. 6 (im 190 Dc Nr. 4) wahrscheinlich durchgebrannt. Andernfalls kann es am Bremslichtschalter (Bild links unten) liegen, vielleicht klemmt dort der Schaltstift in seiner Führung (mit einer Fingerspitze Fett oder Vaseline gängig machen) oder der Kabelstecker oben auf dem Bremslichtschalter bringt keinen Strom bzw. kann ihn nicht weiterleiten. Brennen die Bremslichter zu spät, also erst bei völligem Niedertreten des Bremspedals, muß der ganze Bremslichtschalter durch Verstellen der beidseitigen Sechskantschrauben an seiner Haltelasche ein wenig vom Bremspedalhebel entfernt werden, so daß der Schaltstift früher heraustreten und den Stromkreis schließen kann. Umgekehrt wird der Bremslichtschalter näher justiert, wenn die Bremslichter schon beim Berühren des Bremspedals brennen.

Die Signalhörner

Pflegedienst Nr. 7

Die Signalhörner zu prüfen, ist der einfachste Wartungspunkt unserer Liste: Zündung einschalten, Finger auf die Hupentaste. Tönen die Hupen, ist schon alles erledigt, denn Wartung braucht so ein Signalhorn nicht. Krächzt eines der Hörner jedoch nur noch, dann ist dort Feuchtigkeit eingedrungen oder auf dem Stromweg hat es durch einen oxydierten Kontakt oder ein gebrochenes Kabel zu starken Spannungsverlust gegeben. Wenn es am Horn liegt, kann man, wie im Bild oben gezeigt, noch Stimmversuche machen. Andernfalls wird das kranke Signalhorn ersetzt. Da es aber zwei Signalhörner sind, die angenehm und aufeinander abgestimmt miteinander tönen sollen, müssen Sie vor dem Kauf eines Ersatzhornes erst einmal probieren, ob es auch zu dem anderen in der Tonlage paßt. Hella hat hierzu beispielsweise für die Mercedes-Typen den aufeinander abgestimmten Satz der Hörner B 31/39 – 12 V mit der Tonlage H 3 und T 4.

Fingerzeige: *Falls Ihnen die serienmäßigen Hörner an Ihrem Mercedes nicht laut genug erscheinen, dann stehen grundsätzlich zwei verschiedene Signalhorntypen zur Auswahl: Sogenannte Aufschlaghörner (das serienmäßige Signalhorn gehört dazu) und Fanfaren. Die Preßluft-Fanfaren erwecken dabei*

Um die Kontakte der Signalanlage zu prüfen, muß das Lenkrad ausgebaut werden. Zuerst wird die Polsterplatte mit dem Markenzeichen (rechts in der Hand) von der Lenkradmitte mit einem breiten Schraubenzieher abgehebelt. Diese Polsterplatte ist von drei geriffelten Kunststoffzapfen (weißer Pfeil rechts) in entsprechenden Bohrungen (weißer Pfeil links) des Lenkradgehäuses gehalten. Danach mit Steckschlüssel SW 13 die 5 Muttern der Lenkradbefestigung lösen.

den Eindruck, daß sie viel lauter seien als das Aufschlaghorn. Das ist jedoch eine akustische Täuschung, denn die tellerförmigen Aufschlaghörner haben einen scheinwerferartig gerichteten Tonstrahl, der in Wirklichkeit viel stärker den in Schallrichtung befindlichen Verkehrslärm durchdringt als die laut erscheinenden Fanfaren. Denn deren Mangel ist es, daß sie rundum gleichmäßig ihren dadurch in Fahrtrichtung schwächeren Ton abstrahlen. Wirkungsvoller sind also bei schnellen Autobahnfahrten zweifellos die von Hella und Bosch als Starktonhörner angebotenen Aufschlaghörner, wobei es allerdings darauf ankommt, daß sie genau in Fahrtrichtung montiert sind und nicht etwa quer zum Wagen unter der Stoßstange sitzen.

Bei jeder zusätzlichen Signalhorn- oder Fanfarenmontage sollte nicht auf ein besonderes Signalhorn-Relais verzichtet werden. Es verkürzt den Stromweg, verhindert also leistungsmindernden Spannungsabfall. Wie Zusatzfanfaren und -hörner angeschlossen werden, ist auf den Prinzipschaltbildern zu entnehmen, die grundsätzlich allen Signalhörnern beigepackt sind.

Die Hupen wollen nicht

Bei eingeschaltetem Lenkschloß stehen die Signalhörner von der Sicherung Nr. 2 her über ein schwarz-gelbes Kabel ständig unter Strom. Die Hupentaste im Lenkrad stellt erst die Verbindung zur Masse her (siehe auch Schaltplan in der hinteren Buchklappe). Wenn die Hupen also nicht hupen wollen, beginnt die logische Prüfung mit einer Prüflampe zuerst an den Signalhörnern selbst. Erhalten die Signalhörner bei eingeschaltetem Lenkschloß Strom (siehe Bild Seite 169), stellt man mit einem kurzen Kabelstück zwischen der Klemme des schwarz-gelb-rosa Kabels und Masse eine Kurzschlußbrücke her. Wenn es jetzt hupt, liegt der Fehler in dem schwarz-gelb-rosa Kabel über den Signalring zur Masse. Hupt es dagegen nicht, sind die Signalhörner selbst defekt, aber erst sollten Sie die Kabelkontakte an den Signalhörnern abschrauben, die Kontakte blankschaben und wieder montieren – vielleicht war das der Fehler.

Defekt im Signalhornschalter

Es kann aber auch passieren, daß die Hupen beim Einschalten des Lenkschlosses plötzlich losbrüllen und gar nicht mehr aufhören wollen. Dann besteht auf dem Weg des schwarz-gelb-rosa Kabels zum Signalhornschalter, in diesem selbst oder an einem der Signalhörner Kurzschluß zur Masse. Unterwegs erste Hilfe: An beiden Signalhörnern die stromzuführenden schwarz-gelben Kabel losschrauben, die blanken Enden irgendwie isolieren und den Fehler in Ruhe zu Hause suchen.

Ist der Fehler der Tonlosigkeit oder des Dauertönens der Signalhörner im

Nach Lösen der Lenkradmuttern von den Haltebolzen (8) auf dem Pralltopf (3), Lenkrad (1) mit Signalring (2) vorsichtig abheben, da auf der Rückseite des Lenkradgehäuses (5) an den beiden Kabelklemmen (6) des Kontaktringes die Signalanlagekabel (7) befestigt sind. Diese lösen und Lenkrad mit Zubehör wegnehmen. Auf dessen Rückseite nun die drei Schrauben (9) des Lenkradgehäusedeckels (5) herausdrehen und Signalring mit Kontaktring und Feder herausnehmen und prüfen. In der Mitte unten im Pralltopf die Lenkspindel (4) mit Lenkspindelmutter für SW 22.

Hupenringschalter des Lenkrades zu suchen, braucht man zur Störungsbehebung mindestens einen Rohrsteckschlüssel SW 13 zum Ausbau des Lenkrades und, wenn auch der sogenannte »Pralltopf« ausgebaut werden muß, noch einen Rohrsteckschlüssel SW 22. Die Bilder auf diesen Seiten zeigen den Ausbau bis zum Erreichen der Signalhorn-Schleifkontakte genauer.

Die Blinkanlage

Wartungsdienst Nr. 6

Die Blinkanlage erhält ihren Strom von Sicherung Nr. 4. An ihr ist die Klemme 49 (190 Dc und 200 D Klemme 15) des Blinker-Relais über ein schwarz-rotgrünes Kabel angeschlossen. Es liegt also immer an Strom, wenn die Zündung eingeschaltet ist, sitzt hinter dem Armaturenbrett links oben oberhalb des Lichtschalters (bei den Vormodellen im Motorraum links hinten) und sieht wie eine Kleinbild-Filmspule aus. Seit Herbst 1969 ist es mit einem serienmäßigen Warnblinkrelais kombiniert (Bild Seite 197). Über Klemme 49 a (190 Dc und 200 D Klemme 54) und ein schwarz-weiß-grünes Kabel leitet das Blinker-Relais den Strom zum Blinkerhebel unter dem Lenkrad weiter. Dort wird erst durch Schalten des Blinkerhebels der Strom »verteilt«, je nachdem, welche Blinkerseite eingeschaltet ist.

Das Auswechseln einer defekten Blinkerlampe ist auf Seite 185 und 186 erläu-

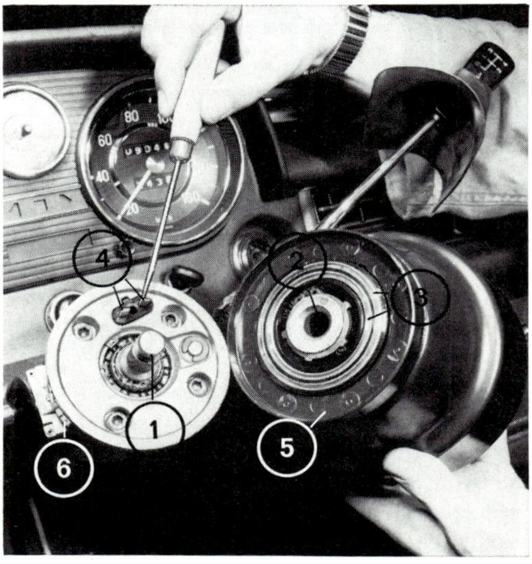

Nach Lösen der Lenkspindelmutter von der Lenkspindel (1) läßt sich der Pralltopf (5) mit seiner Kerbverzahnung (2) durch ruckelnde (aber nicht durch drehende!) Bewegungen von der Lenkspindel abziehen. Nun ist zu prüfen, ob die beiden Schleifringe (3) an der Pralltopfunterseite und die beiden federnden Kontaktstifte (4) einwandfrei funktionieren. Bei gleichzeitigem Berühren der beiden Kontaktstifte mit einem Schraubenzieher müssen die Signalhörner ertönen (Lenkschloß eingeschaltet). Wenn nicht, Kombischalter (6) demontieren und Kabelanschlüsse prüfen.

Zum Ausbau des Kombischalters an der Lenksäule wird zuerst die Schutzmanschette am Schalterhebel (1) zurückgestreift. Danach die beiden Halteschrauben des Kombischalters aus ihren Bohrungen (2) drehen, Kombischalter (6) aus der Lenksäulenöffnung ziehen und die zu prüfenden Kabelanschlüsse (Farbe und Bedeutung im Schaltplan in der hinteren Buchklappe) mit Prüflampe auf Stromzufuhr und Stromweiterleitung kontrollieren. Weiter bedeuten: 3 – Signalhorn-Kontaktstifte, 4 – Lenkspindel, 5 – Kabelschlauch für angeschlossene Kabel.

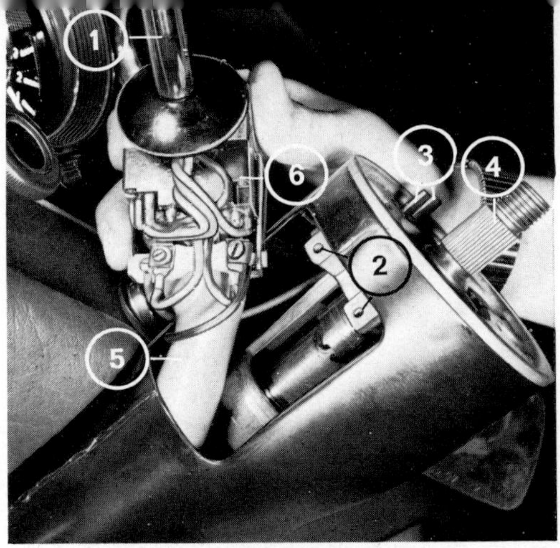

tert. Störungen und Defekte in der Blinkanlage zeigen die beiden Blinkerkontrollämpchen im Armaturenbrett an. Sie müssen im gleichen Rhythmus zusammen mit ihrer eingeschalteten Blinkerseite brennen. Weil nun das Ein- und Ausschalten des Blinker-Relais (es ist ein sogenannter Hitzdrahtblinkgeber) von dem durchfließenden Strom abhängig ist, wird es bei verändertem Stromfluß in seinem Rhythmus gestört. So erkennt man beispielsweise eine durchgebrannte Blinkerlampe oder ein unterbrochenes Kabel zu einer Blinkerlampe am wesentlich schnelleren Blink-Rhythmus – die Blinkerkontrolle der betreffenden Wagenseite blitzt in kürzeren Abständen schnell hintereinander auf. Hat dagegen das Kabel einer Blinkerlampe oder diese selbst Kurzschluß – etwa durch Feuchtigkeit – blitzt die Kontrollampe in längeren Zeitabständen nur ganz kurz auf. Ist das Blinker-Relais selbst defekt, dann brennt die Blinkanlage beim Einschalten entweder dauernd oder überhaupt nicht. Auswechseln.

Fingerzeig: *Fällt das Blinkerrelais aus, ist die Weiterfahrt ohne Blinkermöglichkeit äußerst gefährlich. Auch heftige Handzeichen können übersehen werden. Einfacher Notbehelf: Am Blinkerrelais selbst die beiden Kontaktklemmen 49 und 49 a (an älteren Modellen 15 und 54) mit einem kurzen Drahtstückchen oder Büroklammer überbrücken. Bei Betätigung des Blinkerhebels brennt nun die eingeschaltete Blinkerseite auf Dauerlicht. Darum durch Handbetätigung des Blinkerhebels Blinkerrhythmus imitieren.*
Die serienmäßig eingebauten Blinkgeber sind, wie bereits erläutert, auf eine Belastung von 2 x 18 bzw. 21 Watt eingerichtet. Hat man nun einen Anhänger an seinem Mercedes, der ja auch blinken muß, käme der Blinkgeber aus dem Rhythmus und zu Schaden. Es muß daher bei Anhängerbetrieb ein anderer Blinkgeber eingebaut werden, der wahlweise 2 oder 3 Lämpchen zu je 18 bzw. 21 Watt verkraftet. Bei Bosch-Dienststellen und Mercedes-Vertretungen kann man den passenden Blinkgeber erfragen und erhalten.

Warnblinkanlage

Als unübersehbares Warnsignal bei Gefahr hat sich die mit allen vier Blinkern rhythmisch gleichzeitig aufleuchtende Warnblinkanlage sehr bewährt. Sie darf nicht nur beim Halt hinter einem Fahrzeugstau benutzt, sondern auch bei Gefahr während der Fahrt eingeschaltet werden, wenn man beispielsweise plötzlich vor sich einen Verkehrsunfall beobachtet, den die nachfolgenden Fahrzeuge nicht erkennen können. Die nachfolgenden Fahrzeuge werden zu schnellerem und schärferem Bremsen veranlaßt. Die Warnblinkanlage muß also bei jeder

Zündschlüsselstellung arbeiten können und ist darum, im Gegensatz zur Blinkanlage, an eine stets stromführende Klemme 30 (beim Mercedes an die Sicherung Nr. 1) anzuschließen.

Die Lichthupe

Die Lichthupe benutzt an sich bereits vorhandene Teile. Trotzdem kann es geschehen, daß sie versagt, obgleich das Fernlicht bei Betätigung des Licht- und des Abblendschalters einwandfrei funktioniert. Das liegt daran, daß die für die Lichthupe brennenden Fernlichtfäden der Scheinwerfer ihren Strom nicht von den Sicherungen Nr. 9 und 10 erhalten, sondern der Lichtstrom kommt von der stets stromführenden Sicherung Nr. 1 über ein rot-blau-weißes Kabel. Wenn die Lichthupe nicht funktioniert, zur Kontrolle schnell einmal die Innenraumleuchte einschalten. Wenn sie nicht brennt und die eingebaute Zeituhr nicht geht, ist die Sicherung Nr. 1 defekt. Wird nun der Lichthupenhebel betätigt, erhält das weiß-violette Kabel zur Ausgangsseite der Sicherung Nr. 10 Strom. Mit diesem Kabel ist an der Ausgangsseite der Sicherung Nr. 10 das weiß-schwarze Kabel zum Fernlichtfaden des linken Scheinwerfers angeschlossen, der also auf jeden Fall brennen muß, auch wenn Sicherung Nr. 9 oder 10 defekt sind. Dieser Strom läuft zugleich »rückwärts« durch Sicherung Nr. 10 zu deren Eingangsseite und speist damit die Eingangsseite der Sicherung Nr. 9 zum rechten Scheinwerfer-Fernlichtfaden. Wenn also bei der Lichthupe nur der linke Scheinwerfer brennt, ist ein Defekt an Sicherung Nr. 9 oder 10 möglich. Das hat man durch Einschalten des Fernlichtes schnell herausgefunden, wo der »Kupferwurm« steckt.

Die Nebelschlußleuchte

Unter den Autofahrern, die bei allen Wetterbedingungen fahren müssen, haben die zusätzlichen Nebelschlußleuchten viele Freunde gewonnen. Denn die normal ausreichenden Schlußleuchten sind für dichten Nebel einfach zu schwach, das haben viele hundert Auffahrunfälle im Nebel bewiesen. Manche Autofahrer helfen sich damit, bei Nebelfahrt gelegentlich die Bremsen anzutippen, damit die helleren Bremsleuchten den nachfolgenden Verkehr in Respektabstand halten. Besser und sicherer sind aber die intensiv rot leuchtenden speziellen Nebelschlußleuchten.
Da die Nebelschlußleuchte, um Verwechslungen mit dem Bremslicht zu ver-

Seit Herbst 1969 gibt es im Mercedes kein besonderes Blinker-Relais mehr, sondern dieses ist mit der serienmäßigen Warnblinkeinrichtung (1) kombiniert, die ihrerseits griffgünstig in die Mittelkonsole des Wagens eingebaut ist. Die Kabel der Blinker- und Warnblinkeinrichtung sind in einem Sechsfach-Kabelstecker (2) zusammengefaßt, wodurch Anschlußverwechslungen vermieden werden. Rechts im Bild der Zigarrenanzünder (3) und der davon abgezogene Kabelstecker (4).

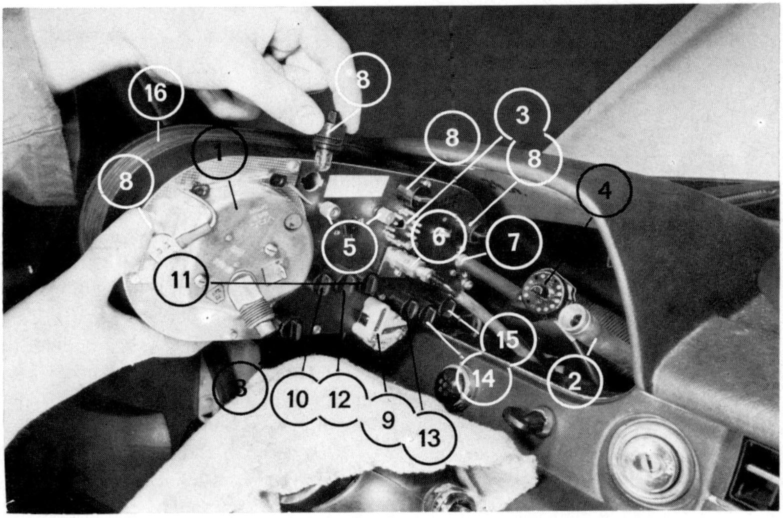

Die Rückseite des ausgebauten Kombi-Instrumentes. Es bedeuten: 1 – Tachometergehäuse, 2 – gelöste Tachowelle, 3 – Kabelsteckerstifte für alle Elektroverbindungen, 4 – Mehrfachkabelstecker abgezogen, 5 – Befestigungsschrauben der Zeituhr, 6 – Schraubanschluß der Öldruckanzeige mit Druckschlauch, 7 – Kapillarrohr der Kühleranzeige, ab August 1973 elektrische Steckverbindung, 8 – fünf Instrumentenbeleuchtungslämpchen, 9 – Regelwiderstand für Instrumentenbeleuchtung, 10 – Blinkerkontrolle rechts, 11 – Blinkerkontrolle links, 12 – Fernlichtkontrolle, 13 – Ladekontrolle, 14 – Kraftstoffreserve-Warnlampe, 15 – Bremsenkontrolle, 16 – geriffelter Gummiring der Instrumentenbefestigung.

meiden, in mindestens 10 cm Abstand vom Außenrand der linken Bremsleuchte entfernt montiert werden muß, gehört sie beim Mercedes auf die hintere Stoßstange und zwar, was ebenfalls vorgeschrieben ist, in der linken Hälfte des Fahrzeugs, wobei sie das hintere Nummernschild nicht verdecken darf. Zur Nebelschlußleuchte gehört ein Schalter, der gleichzeitig ein grünes Kontrollicht im Armaturenbrett aufleuchten läßt. In der Regel benutzt man Spezialschalter, die das vorgeschriebene Kontrollicht gleich im Schalterknopf haben. Das Kontrollicht darf aber auch getrennt sitzen.

Wach- und Schließgesellschaft

Auf dem Armaturenbrett Ihres Mercedes-Diesel sind alle jene Instrumente, Kontrolleuchten und Schalter versammelt, die Ihnen das Fahren und Überwachen Ihres Wagens erleichtern sollen. Mancher hätte da gerne mehr Apparaturen, etwa einen Drehzahlmesser, ein Amperemeter und dergleichen. Anderen sind aber die vorhandenen Instrumente bereits zuviel, so daß sie deren Beobachtung versäumen und sich wundern, wieso das Auto plötzlich mit leergefahrenem Tank stehenbleibt.
Was nachstehend über die verschiedenen Instrumente und Geräte gesagt ist, gilt in erster Linie – insbesondere bezüglich der Anordnung auf dem Armaturenbrett – für die Typen ab 1968, jedoch auch sinngemäß für alle vorhergehenden Modelle ab 180 Dc.

Kombi-Instrument ausbauen

Das Kombi-Instrument wird von einem stramm sitzenden geriffelten Gummiring im Armaturenbrett gehalten. Wenn man Glück hat, läßt es sich deshalb durch kräftiges Zupacken an den Gehäuserändern des Tachometers und des links sitzenden Anzeigegerätes herausziehen. Das wird aber nur selten möglich sein, weil gleichzeitig, um an die Rückseite der Instrumententafel herankommen zu können, die verschiedenen Kabel und angeschlossenen Leitungen nachgeschoben werden müssen. Deshalb muß in der Regel zuerst die untere Abdeckung links unter dem Armaturenbrett ausgebaut werden. Die haltenden Blechschrauben sind unschwer zu finden. Nach dem Herausnehmen der Abdeckung einen Lappen zum Schutz gegen Kratzer auf das Mantelrohr der Lenksäule legen (am besten geht es bei ausgebautem Lenkrad; siehe Bild links oben) und unter dem Armaturenbrett durchgreifend das Kombi-Instrument aus dem Armaturenbrett drücken. Dabei Zug um Zug den Tachowellenschlauch, das Mehrfachkabel, die Öldruckleitung und das Kapillarrohr der Kühleranzeige nachschieben, bis das Kombi-Instrument genügend herausgezogen ist, um dahinter greifen zu können. Wenn man die Tachowelle losschraubt und den Mehrfachstecker abzieht, erleichtert man sich die Arbeit und kann das Kombi-Instrument, wie auf nebenstehendem Bild zu sehen, ganz herausschwenken. Nach dieser Vorarbeit läßt sich ein defektes Kontrollämpchen austauschen.
Muß das ganze Kombi-Instrument ausgebaut werden, um etwa Tachometer oder Zeituhr austauschen zu können, sind weitere Arbeiten erforderlich: Mehrfachkabelstecker abziehen, Rändelschraube der Tachowelle mit der Hand abschrauben. Weiterhin muß die Zuführung zur Kühlertemperaturanzeige mit dem Kombiinstrument herausgezogen werden. Bis August 1973 handelt es sich um ein zum Motorblock führendes Kapillarrohr (nicht knicken), ab diesem Zeitpunkt um eine elektrische Leitung, die man am Instrument löst. Das Kapillarrohr kann nur am Motorblock zusammen mit dem dort eingeschraubten Geber gelöst werden. Damit dort kein Wasser heraus-

läuft, zuerst Kühlerverschlußdeckel öffnen, um eventuellen Überdruck abzulassen. Kühlerverschluß wieder aufsetzen, damit Wasser beim Herausdrehen des Anzeige-Gebers nur tröpfeln kann, nach dessen Herausdrehen Gewindeöffnung im Motorblock mit Lappenpfropfen verstopfen. Die Öldruckleitung ist an der Rückseite des Kombi-Instrumentes angeschlossen, sie wird mit einem Gabelschlüssel SW 10 gelöst. Danach kann das Kombi-Instrument vorsichtig herausgenommen werden, wobei ein Helfer das Kapillarrohr der Kühleranzeige Zug um Zug durch seine Öffnung in der Stirnwand zum Motorraum schiebt. Das darf nicht auf einmal geschehen, denn dadurch würde das Kapillarrohr geknickt und unbrauchbar.

Kontroll- und Beleuchtungslämpchen auswechseln

Alle zum Kombi-Instrument führenden Kabel sind in einem Mehrfachstecker zusammengefaßt, der in der Rückseite der Instrumententafel steckt. Er muß nur abgezogen werden, eventuell mit einem feinen Schraubenzieher dabei vorsichtig hebelnd nachhelfen. Ein halbkreisförmiger Nocken in der Mitte verhindert, daß der Stecker verkehrt herum aufgesteckt wird. Von den Steckerstiften fließt der elektrische Strom in einer sogenannten »gedruckten Schaltung« zu den einzelnen Lämpchen und Anzeigegeräten, d. h. auf der Innenseite der Instrumententafel leiten blanke Metallstege den Strom weiter.

Die am Mehrfachkabelstecker zusammenlaufenden Kabel sind in einer schwarzen Kabelumhüllung unsichtbar versteckt. Man muß sie aufschneiden, um die Farben der einzelnen Kabel (nachfolgend aufgeführt) erkennen und ihren Weg bei Fehlerverdacht nachprüfen zu können.

Die Kontroll- und Instrumentenleuchten stecken als sockellose Glühlämpchen für 1,2 Watt in einer Fassung, die ihrerseits mit einem sogenannten Bajonettverschluß im Instrumentenbrett befestigt sind. Also nicht versuchen, die Lampenfassung herauszudrehen oder einfach herauszuziehen, sondern Griffsteg der Fassung eindrücken und dabei nach rechts drehen. Darauf läßt sich die Fassung mit dem Glühlämpchen herausziehen. Glühlämpchen aus der Fassung nehmen und ersetzen. Einbau sinngemäß in umgekehrter Reihenfolge.

Instrumentenbeleuchtung

Strom von Sicherung Nr. 7 (Klemme 58) bei eingeschaltetem Lichtschalter über ein grau-violettes Kabel zum drehbaren Regelwiderstand. An diesem sind die 5 Instrumentenbeleuchtungslämpchen direkt angeschlossen. Die Verbindung zur Masse stellt das braune Kabel des Mehrfachsteckers her. Von der Tachobeleuchtung führen seit August 1973 noch zwei blaue Kabel zur Beleuchtung der Heizungs-Belüftungshebel.

Blinkerkontrollen

Zugleich mit den Blinkerlampen erhält die seitenentsprechende Blinker-Kontrollampe Strom, die Blinkerkontrolle rechts durch ein schwarz-grünes, die Blinkerkontrolle links durch ein schwarz-weißes Kabel. Die grün aufleuchtenden Kontrollämpchen sitzen in der Mitte (bei den Vormodellen oben) im Kombi-Instrument. Störungsmöglichkeiten siehe Seite 195. Der Anschluß zur Masse läuft über das gemeinsame braune Kabel des Mehrfachsteckers.

Fernlichtkontrolle

Angeschlossen an Sicherung Nr. 9 durch ein weiß-blaues Kabel. Die blaue Fernlichtkontrolle brennt zusammen mit dem Fernlicht rechts, ebenfalls bei Betätigung der Lichthupe. Störungsmöglichkeiten Seite 197.

Kraftstoffreserve-Warnung

Die orange brennende Kraftstoffreservewarnung erhält gemeinsam mit der Kraftstoffanzeige und der Bremsenkontrolle Strom von Sicherung Nr. 5 (Klemme 15/54) über ein schwarz-blaues Kabel. Von der Kraftstoffreservewarnung blau-grünes Kabel zum Tankanzeigegerät (siehe Bild unten), wo bei Erreichen einer Mindest-Kraftstoffmenge für etwa 35 km Wegstrecke Verbindung zur Masse hergestellt wird, so daß die Warnlampe aufleuchten kann.

Bremsenkontrolle

Die rot leuchtende Bremsenkontrolle (bei Vormodellen nur als Handbremsleuchte weiß leuchtend) hat in den Modellen ab 200 D/8 die doppelte Aufgabe, erstens bei getretener Feststellbremse zu leuchten (wenn Lenkschloß auf Zündung geschaltet ist) und zweitens das Absinken der Bremsflüssigkeit unter das Minimum in einem der Bremsflüssigkeitsbehälter anzuzeigen. (Höchste Alarmstufe! Wo ist sie geblieben?) Die Kontrolleuchte steht dazu (gemeinsam mit der Kraftstoffanzeige) ab Sicherung Nr. 5 (Klemme 15/54) über das blau-schwarze Kabel dauernd unter Strom, wenn die Zündung eingeschaltet ist. Sie kann jedoch nur aufleuchten, wenn die Verbindung zur Masse entweder über das braun-weiß-rote Kabel zur Fußfeststellbremse oder über das braun-weiß-grüne Kabel (beide Kabel am gleichen Kontaktstift des Mehrfachkabelsteckers) zum vorderen Bremsflüssigkeitsbehälters hergestellt wird. Dort schließt sich jeweils ein Kontakt zur Masse.

Ladekontrolle

Angeschlossen zwei Kabel: blau-rot zur Sicherung Nr. 2 (Klemme 15/54) und blau zur Klemme D +/61 des Lichtmaschinen-Reglerschalters. Wie die rote Ladekontrollampe funktioniert und was sie durch Brennen oder Nichtbrennen anzeigt, ist auf Seite 167 beschrieben.

Die Kraftstoffanzeige

Die Kraftstoffanzeige besteht aus dem Geber im Tank und der Anzeige im Kombi-Instrument. Sozusagen parallel dazu ist die Kraftstoffreservewarnung geschaltet. Beide erhalten zusammen Strom bei eingeschaltetem Lenkschloß direkt von Sicherung Nr. 5 (Klemme 15/54) über ein schwarz-blaues Kabel. Von der Tankanzeige führt ein blau-schwarzes Kabel zum Geber im Tank. Dort verändert ein Schwimmer im Tauchrohr des Anzeigegerätes den Stromdurchfluß zur Masse durch einen Widerstand. Dementsprechend schlägt der Zeiger auf der Anzeige im Kombi-Instrument aus.
Funktioniert die Anzeige nicht ordentlich, kann man den Geber aus dem Tank ausbauen (siehe Bild unten) und durch Hin- und Herschieben des Schwimmers bei angeschlossenen Kabeln und eingeschaltetem Lenkschloß prüfen, ob das Gerät »leer« und »voll« einigermaßen genau anzeigt. Man darf aber nicht zu viel erwarten, solche Kraftstoffanzeiger sind keine Präzisionsinstrumente. Ist die Anzeige vollkommen falsch, Geber im Tank austauschen.

Ein Schwimmer im Tauchrohr des Kraftstofftanks orientiert über elektrische Leitungen und die Anzeige am Armaturenbrett den Fahrer über den Kraftstoffvorrat. Hier wurde das Geberelement, das sogenannte Tauchrohr, nach Lösen von 5 Muttern (SW 8) aus dem Tank herausgezogen. Zuvor muß das Minuskabel der Batterie zur Vermeidung eines Kurzschlusses (Brandgefahr!) demontiert werden.

Die Zeituhr

Sie erhält Strom von der stets stromführenden Sicherung Nr. 1 (Klemme 30) über ein rot-gelbes Kabel. Die Verbindung zur Masse ist über das gemeinsame braune Kabel des Mehrfachkabelsteckers hergestellt.

Zum Ausbau einer defekten Zeituhr zuerst Kombi-Instrument, wie beschrieben, ausbauen. Danach die beiden Haltemuttern der Uhr auf der Rückseite des Instrumentenbrettes (Bild Seite 198) lösen und Uhr herausziehen. Beim Einbau darauf achten, daß die Stromkontakte der Zeituhr in die Kontaktfedern eingesetzt werden.

Geht die Uhr falsch, kann an den meisten Modellen (wie z. B. bei den Uhren von VDO) durch Verstellen einer kleinen Querschlitzschraube (beidseitig durch + und – gekennzeichnet) auf der Rückseite des Uhrgehäuses (sie muß also ausgebaut werden) der Gang der Uhr beschleunigt oder verlangsamt werden. Vernünftigerweise baut man die Uhr nach solchen Einstellversuchen erst nach einem oder zwei Tagen Probelauf ein. Dazu Uhr direkt an eine Autobatterie anschließen, auf einwandfreien Stromfluß achten.

Das Tachometer

Zwar wird das Tachometer nicht elektrisch betrieben, doch beruht die Wirkung des Geschwindigkeitsmessers auf einem ringförmigen Magneten, der durch die biegsame Antriebswelle Wirbelströme erzeugt, die ihrerseits wieder eine darüber gestülpte Metallglocke mit Zeiger mit sich zu ziehen versuchen.

Die Tachometerwelle bedarf keiner besonderen Pflege. Ist sie gebrochen oder macht sie durch eine zitternde Tachonadel darauf aufmerksam, daß sie bereits einen Knick hat und bald brechen wird (Ursache für die zitternde Tachonadel kann aber auch eine verschlissene Antriebsschnecke am Getriebe sein), muß die Welle baldmöglichst ausgetauscht werden.

Am Tachometer ist bei Defekten nichts zu reparieren, es muß ausgetauscht werden. Dazu, wie bereits beschrieben, das Kombi-Instrument ausbauen. Danach die auf der Instrumentenplatte rückseitig links sitzende Tachometerbeleuchtung herausnehmen (siehe Seite 198), die beiden oben und unten sitzenden Kreuzschlitzschrauben sowie die links außen sitzende Mutter herausschrauben, Tachometer etwas nach hinten herausziehen, an der freien Seite dabei verkanten und halbseitlich aus der Instrumentenplatte nehmen. Beim Einbau darauf achten, daß die Welle der Kilometerzähler-Rückstellung genau in die Hülse des entsprechenden Drehknopfes eingreift.

Fingerzeig: *Das Tachometer kann nicht selbst die genaue Entfernung und Geschwindigkeit messen, sondern es mißt nur die Umdrehungen des Tachowellenantriebs am Getriebegehäuse und setzt sie dann in eine Kilometer-*

Mit ihrem anderen Ende sitzt die im Bild auf Seite 198 gezeigte Tachowelle (dort Nr. 2) unten am Getriebegehäuse. Das Tachometer »übersetzt« die Drehzahlen der Getriebeausgangswelle in Geschwindigkeitsangaben. Diese Angabe wird durch Reifen mit anderem Abrollumfang (siehe Kapitel »Reifenwahl«) oder durch Austausch der Hinterachsübersetzung verfälscht. Die Tachowelle muß zwischen Schaltgetriebe und Tachometer in schwungvollen Bogen verlaufen. Bei zu scharfen Biegungen wird sie geknickt und bricht bald.

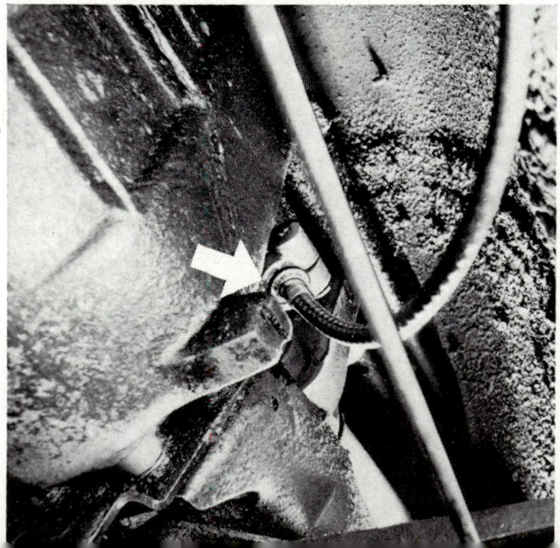

angabe um. Wieviele Umdrehungen des Tachowellenantriebs einen Kilometer auf der Straße ergeben, ist vom Abrollumfang der jeweils montierten Reifengröße abhängig. Darum empfiehlt sich das gelegentliche »Nacheichen« (Seite 17).

Die Öldruckanzeige

Die Öldruckanzeige unserer Mercedes funktioniert nicht, wie bei den meisten anderen Fahrzeugen, elektrisch, sondern durch eine direkte Druckleitung. Bei der elektrischen Anzeige läßt sich nur feststellen, ob der Öldruck über oder unter eine Grenzmarke steigt oder fällt, das Öldruckmanometer des Mercedes gibt den Öldruck genau an, wobei das kältesteife Öl kurz nach dem Start einen höheren Öldruck erzeugt als das leichter fließende heiße Öl bei einer flotten Autobahnfahrt.
Muß die Öldruckanzeige (oder Kraftstoff- oder Kühlwassertemperaturanzeige) ausgetauscht werden, so ist dazu das ganze Anzeigegerät auszubauen. Der einleitende Ausbau des Kombi-Instrumentes ist auf Seite 199 beschrieben. Danach müssen das Tachometer (siehe Vorseite) und der Regulierschalter für die Instrumentenbeleuchtung (zwei Kreuzschlitzschrauben) abgenommen werden. Nun die kleine Sechskantmutter auf der Außenkante der Instrumentenplatte hinter dem Anzeigegerät und drei Kreuzschlitzschrauben (eine Mitte oben, eine Mitte unten, eine neben Sitz des Regulierschalters) lösen und die Kontaktplatte mit den Anzeigegeräten herausnehmen, drei kleinere Kreuzschlitzschrauben um die unten sitzenden Kontrollämpchen auf der Rückseite herausdrehen und Zifferblatt mit Zwischenblende abnehmen. Auf Instrumentenplattenrückseite zwei Querschlitzschrauben neben Kapillarrohranschluß der Kühleranzeige herausdrehen und Fernthermometer herausnehmen. Ebenso Halteschrauben für Kraftstoffanzeige und für Öldruckanzeige auf der Instrumentenplattenrückseite entfernen und Geräte abnehmen. Der Zusammenbau erfolgt sinngemäß umgekehrt. Dabei darauf achten, daß die Isolierplatten unter den Anzeigegeräten nicht vergessen werden.

Scheibenwischer und Scheibenwascher

Wartungsdienst Nr. 9

Die Funktionsprüfung der Scheibenwischer- und -wascheranlage ist schnell ausgeführt: Ein Druck auf den Kombischalterhebel in Richtung Lenksäule (bei den älteren Modellen ein Zugschalter im Armaturenbrett), dazu ein Umschalten des Wippschalters im Hebelknopf zur Kontrolle der beiden Wischergeschwindigkeiten. Wenn (bei eingeschaltetem Lenkschloß) die Scheibenwischer sich bewegen, ist dieser Schalter in Ordnung. Ab Modell 200 D bewirkt auch der Tritt auf den Scheibenwascherknopf ein Einschalten des Wischermotors für einige Wischbewegungen.
Der Ausschaltdruck am Kombischalterhebel oder das Loslassen des Wischerknopfes schaltet den Scheibenwischermotor aus, aber nicht sofort. Das Wischerblatt läuft nämlich weiter bis zur sogenannten Endstellung. Das bewirkt nicht etwa eine Rückholfeder oder dergleichen, sondern eine raffinierte Schaltung, die an den vier Kabelanschlüssen des Wischermotors erkennbar ist. Sie hat den Nachteil, daß beim Anhalten des Wischerblattes von Hand oder bei starkem Schneetreiben durch Vereisung außerhalb seiner Endstellung der Wischermotor noch unter Strom steht, auch wenn er vom Schalter ausgeschaltet wurde. Durch diesen Strom werden Anker und Spulen des Wischermotors stark überlastet, da sie ihn nicht durch Ankerdrehung ausgleichen können, so daß sie nach kurzer Zeit durchschmoren können. Bei starkem Schneetreiben muß man also unter Umständen aus dem Wagen und den Schnee von der Windschutzscheibe wischen, damit der Wischerarm nicht steckenbleibt.

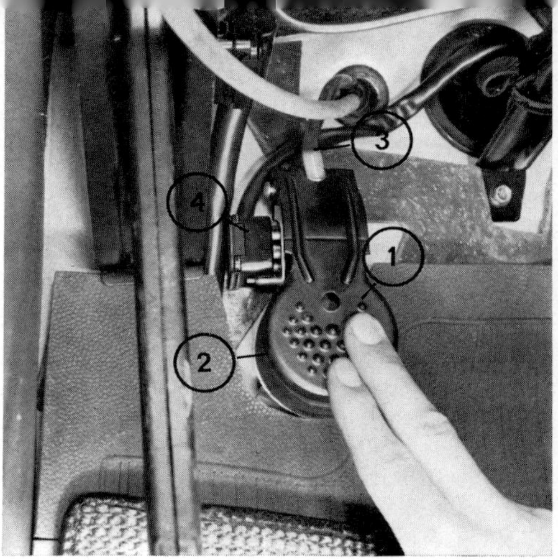

Ab Januar 1968 ist am Fußpumpenpedal der Scheibenwaschanlage auch ein elektrischer Kontakt angeschlossen, der den Scheibenwischermotor für die Dauer der Fußpumpenbetätigung in Gang setzt. Es bedeuten: 1 – Fußpumpenpedal, 2 – Pumpenbalg, 3 – Wasserdruckschlauch, 4 – Vierfach-Kabelstecker mit den Kabeln zu Sicherung Nr. 2 (schwarz-violett), zu Klemme 1 Wischermotor (schwarz-blau-gelb), zu Klemme 2 Wischermotor (schwarz-violett-weiß) und Klemme 14 Scheibenwischerschalterhebel am Lenkrad (schwarz-violett-rosa Kabel).

Wischerschaltung prüfen

Es empfiehlt sich, die nachfolgende Erläuterung der Stromwege zu leichterem Verständnis im Schaltplan in der hinteren Buchklappe mit spitzem Stift zu verfolgen:

Beim Einschalten des Lenkschlosses erhält die Sicherung Nr. 2 Strom, an der die Scheibenwischeranlage mit drei schwarz-violetten Kabeln (Wischerschalter Klemme 11, Fußpumpenschalter Klemme 4, Scheibenwischermotor Klemme 4) angeschlossen ist. Also alle drei Teile der Wischeranlage erhalten Strom, der sich an den Endkontakten der schwarz-violetten Kabel mit einer Prüflampe kontrollieren läßt. Wird der Kombischalterhebel bei Wippschalterstellung I (1. Geschwindigkeitsstufe) gedrückt, erhält der Scheibenwischermotor an seiner Klemme 1 über ein schwarz-violett-blaues Kabel von Klemme 12 des Wischerschalters Strom für den »Langsamgang« der Scheibenwischer. Wird der Wippschalter im Kombischalterhebelknopf auf Stufe II gedrückt, fließt der Strom über den Wischerschalter Klemme 13 durch ein schwarz-violett-grünes Kabel zu Klemme 3 des Wischermotors für den »Schnellgang«. Beim Treten des Fußpumpenschalters wird in diesem der von Sicherung Nr. 2 kommende Strom über die Klemme 1 durch ein schwarz-blau-gelbes Kabel zu Klemme 1 des Wischermotors für den »Langsamgang« geleitet.

In allen eben genannten Schaltstellungen wurde der direkt durch das schwarz-violette Kabel an Klemme 4 des Wischermotors geleitete Strom noch nicht in Anspruch genommen. Er wird erst wirksam, wenn der Fuß vom Fußpumpenschalter gehoben oder der Wischerschalterhebel zum Ausschalten der Scheibenwischer gedrückt wird und die Scheibenwischer noch nicht in ihre Endstellung gelangt sind. Dann leitet ein Nockenschalter im Wischermotor den direkt ankommenden Strom von Klemme 2 des Wischermotors durch ein schwarz-violett-weißes Kabel zu Klemme 2 des Fußpumpenschalters, von der weiteren Klemme 2 des Fußpumpenschalters durch ein schwarz-violett-rosa Kabel zu Klemme 14 des Wischerschalterhebels und von dort über die bereits erwähnte Klemme 12 durch das schwarz-violett-blaue Kabel zur Klemme 1 des Wischermotors, so daß dieser im »Langsamgang« die Scheibenwischer zur Endstellung bewegt, in der der Nockenschalter im Wischermotor den Strom unterbricht und den Motor abbremst. Für diese Endabstellung muß also der Strom einen Umweg vom Wischermotor über den Fußpumpenschalter und den Wischerschalterhebel zurück zum Wischermotor machen, was bei einer Störung der Endabstellung zur Störungsuche beachtet werden muß. Das braune Kabel am Wischermotor (Klemme 31) stellt die übliche Verbindung zur Masse her, um den jeweils geschalteten Stromkreis zu schließen.

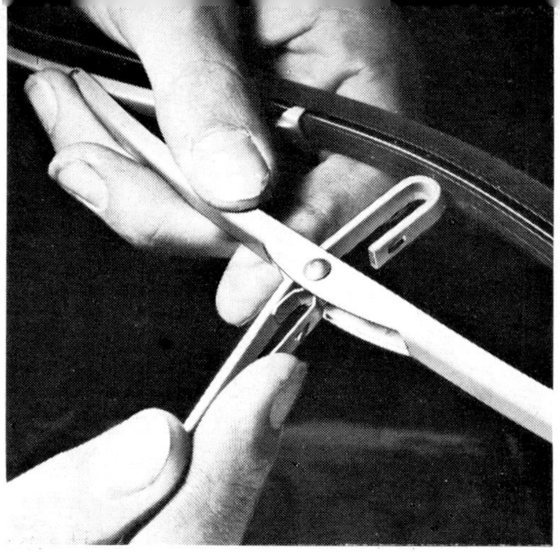

Zum Auswechseln der Wischerblätter diese zusammen mit dem Wischerarm von der Windschutzscheibe abklappen, die Arretierungsfeder (vom Zeigefinger der unteren Hand gehalten) des Wischerblattes aus dem Ausschnitt des Wischerarmes drücken und das Wischerblatt in Richtung auf die Scheibenwischerwelle aus dem Wischerarm aushängen. Der Einbau des neuen Wischerblattes erfolgt sinngemäß umgekehrt.

Wischermotor ausbauen

Der Wischermotor sitzt hinter der linken Seite des Armaturenbrettes und ist nach Abbau der unteren Armaturenbrettverkleidung zu erreichen. Das Scheibenwischergestänge ist mit einem Kugelgelenk am Wischermotorarm aufgesteckt, es darf also nicht die Sechskantschraube des Wischergestänges gelöst werden (sie dient zur Einstellung des Wischergestängeausschlages und soll nicht verstellt werden), sondern das Kugelgelenk ist mit einem Schraubenzieher vom Kugelkopf des Wischermotorarms abzudrücken. Danach die drei Haltemuttern an den Gewindebolzen der Motorplatte abschrauben, den Sechsfach-Kabelstecker vom Motorraum aus abziehen und Scheibenwischermotor herausnehmen.

Wischerblätter pflegen

Die Wischerblätter erfordern Sorgfalt. Nur selten bringen sie ein wirklich einwandfreies Wischfeld zustande. Das liegt einmal daran, daß die Windschutzscheibe nur selten mit Sidol (zum Windschutzscheibenreinigen bewährt) und statt dessen mit einem verfetteten Fensterleder beim Tanken und bei der Wagenwäsche geputzt wird. Und zum anderen nützen sich die Wischerblätter selbst auch ab, verhärten und werden spröde. Deshalb sollte man sie mindestens einmal im Jahr ersetzen; am besten im Herbst vor ihrer Schwerarbeits-Saison. Schließlich sollten die Wischerblätter auch von Zeit zu Zeit gereinigt werden. Man reibt sie am besten mit einer festen Nylonbürste (Nagelbürste) und starker Waschmittellösung ab. Auch Brennspiritus ist dafür geeignet. Benzin jedoch auf keinen Fall nehmen, damit wird der Gummi nur verhärtet. Wie ein kompletter Wischerarm demontiert wird, zeigt das Bild unten.

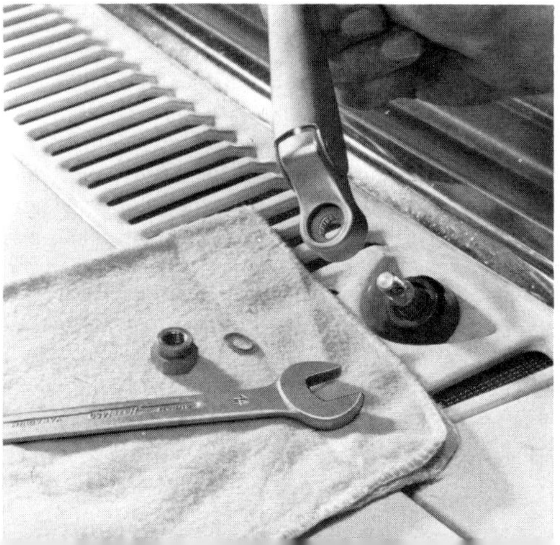

Zum Ausbau eines defekten oder schief stehenden Scheibenwischerarmes zuerst die links liegende Hutmutter mit Schraubenschlüssel SW 14 losdrehen, den darunter sitzenden Federring wegnehmen und den Wischerarm von der Kerbverzahnung der Wischerwelle ziehen. Schlägt der Wischerarm in der Endstellung auf das Karosserieblech oder steht zu hoch, kann er auf der Kerbverzahnung der Wischerwelle um einen oder zwei Zähne versetzt werden. Neue Wischerarme besitzen noch keine Kerbverzahnung. Sie wird erst durch die erste Montage »eingefräst«.

Durch den serienmäßigen Einbau des Wisch-Intervallschalters änderte sich der Schaltplan der Mercedes 200 D/220 D/240 D geringfügig. Die Zahl vor der Kabelfarbe gibt den jeweiligen Kabelquerschnitt in mm an. Die Kabelfarben bedeuten bl = blau; br = braun; gn = grün; rs = rosa; vi = violett und sw = schwarz.

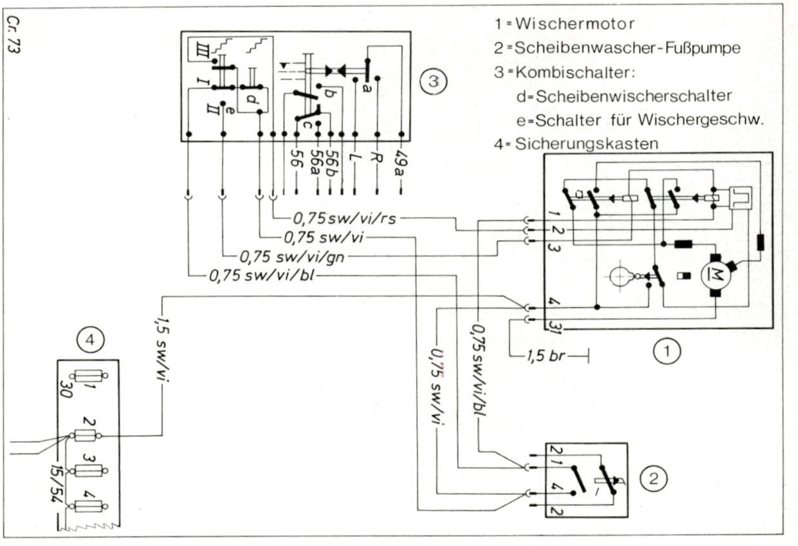

Intervall-Schalter

Seit Frühjahr 1972 besitzt die Scheibenwischanlage zusätzlich einen Intervall-Schalter, der am Kombihebel links des Lenkrades mit Stufe III bezeichnet ist. Alle 5 Sekunden laufen die Scheibenwischer einmal hin und her. Dies geschieht durch einen Widerstand im Scheibenwischermotor, der den Stromzufluß jeweils 5 Sekunden lang unterbricht und dann kurz freigibt.
Die Wisch-Intervallstufe läuft, ohne daß der Kombihebel in Richtung Lenksäule gedrückt zu werden braucht. Dagegen wird beim Druck auf den Hebel automatisch von der Intervall- auf die Normal-Wischstufe umgeschaltet.

Scheibenwaschanlage auffüllen

Wartungsdienst Nr. 19

Natürlich schaut man nicht nur alle 5000 km nach Wartungsplan in den Behälter der Scheibenwaschanlage, sondern öfter. Er hängt im Motorraum vorne am linken Radkasten neben der Batterie. Es bewährt sich, ihn nicht nur mit sauberem Leitungswasser zu füllen, denn auch im Sommer wird reines Wasser auf die Dauer nicht mit dem Öldunst fertig, der sich unweigerlich durch Abgase und verfettete Fensterleder auf der Windschutzscheibe niederläßt. Es gibt eine Unmenge von Scheibenwaschwasserzusätzen zur Auswahl. Besonders wirkungsvoll haben wir den »Ice-cleaner« von Pingo gefunden, den es ohne Frostschutz als »Sommerfüllung« und mit Frostschutz für den Winter gibt (siehe Kapitel »Winterschutz«). Es hat keinen Sinn, solch einen Scheibenwaschwasserzusatz einfach zu dem eingefüllten Leitungswasser in den Waschbehälter zu füllen. Da beide Flüssigkeiten unterschiedliche spezifische Gewichte haben, vermischen sie sich nicht von selbst, so daß man entweder reines Wasser oder fast unverdünnte Zusatzflüssigkeit (gefährlich für den Lack) aus den Düsen spritzt. Besonders wichtig ist sorgfältiges Vormischen von Wasser und Zusatzmittel im Winter, sonst friert das Wasser unter dem leichteren Frostschutzmittel im Behälter doch ein. Also entweder beide Flüssigkeiten in einem Gefäß tüchtig vormischen oder Waschbehälter herausnehmen, befüllen, Behälteröffnung mit den Fingern zuhalten und den Behälter kräftig durchschütteln.
Gelegentlich spritzt die eine oder andere Scheibenwascherdüse die Windschutzscheibe zu flach an oder spritzt über das Wagendach. Um dem Wasserstrahl die richtige Richtung zu geben, braucht man nur eine feine Stecknadel, die in die Düsenöffnung gesteckt wird. Diese Düsenöffnung sitzt in einem

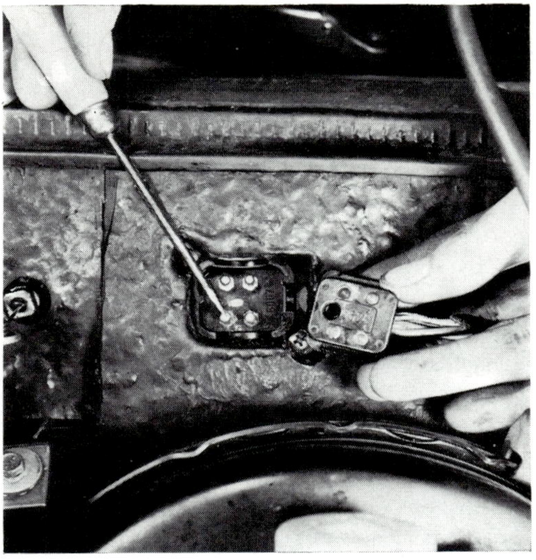

Das Bild zeigt den Vierfach-Kabelstecker für das Heizgebläse in der Spritzwand des Motorraumes direkt über dem Bremskraftverstärker. Der abgezogene Kabelstecker bringt den Strom zum Gebläsemotor. Der Schraubenzieher zeigt auf die Anschlußklemme 15/54, die aus der entsprechenden Buchse des Steckers von Sicherung Nr. 6 bei eingeschaltetem Lenkschloß stets Strom erhält. Die drei anderen Buchsen verbinden den Gebläsemotor mit dem Heizgebläseschalter.

kleinen Kugelgelenk, das sich mit der eingesteckten Stecknadel leicht bewegen und richten läßt. Eine verstopfte Spritzdüse läßt sich in der Regel mit einem feinen Blumendraht wieder aufbohren.

Das Heizgebläse

Wie die Heizung funktioniert und was an ihr zu pflegen und instandzusetzen ist, findet sich im Kapitel »Kühlung und Heizung«. In diesem Elektrokapitel interessiert besonders das Heiz- und Kühlgebläse. Der Gebläsemotor wird durch den mittleren Drehknopfschalter der Heizungsarmatur dreistufig, also mit drei Gebläsegeschwindigkeiten, eingeschaltet. Den Strom erhält der Gebläsemotor über ein schwarz-grün-rosa Kabel von Sicherung Nr. 6 (Klemme 15/54). Er liegt also bei eingeschaltetem Lenkschloß ständig an Strom. Die Verbindung zur Masse wird, je nach Schaltstufe, über einen oder keinen Vorwiderstand (an der Stirnwandrückseite zum Motorraum) und den Drehknopfschalter hergestellt. Setzt der Gebläsemotor beim Drehen des Schaltknopfes zwischendurch aus, kann es an einem Schaltkontakt oder an den Vorwiderständen liegen.

Wasserspiele

Wenn Autofahrer die ersten zaghaften Versuche machen, an ihrem Wagen handgreiflich zu werden, so beginnen sie zumeist mit der Wagenwäsche, weil, so meinen sie, nichts leichter ist als dieses. Werden doch überdies durch solche persönliche Bemühungen die fünf, sechs oder sieben Mark gespart, die man der Tankstelle für einmal Wagenwäsche hinzulegen hat. Auch ist es naheliegend, sein Auto zuerst einmal von außen schön zu machen. Doch wollen wir nicht verhehlen, daß uns vielfach der Blick unters Blech, mit einem Schraubenschlüssel oder sonstigem Werkzeug in der Hand, viel nützlicher erscheint. Denn bei Wagenwäsche und Lackpflege, allzu eifrig und nicht fachgerecht betrieben, kann sich das Sprichwort durchaus bewahrheiten, daß allzuviel ungesund sei. Man kann nämlich den schönen Lack seines Wagens recht bald vor lauter Eifer zu Tode pflegen.

So stehen die Kapitel über Wagenwäsche und Lackpflege (ziemlich im Gegensatz zu den meisten anderen dieses Buches) unter der Tendenz, Ihnen öfter zu sagen, wie man es nicht macht. Weil wir, wenn wir so am Wochenende den shampoo-bedeckten und wassertriefenden Autos am Straßenrand oder vor den Garagen begegnen, gar manchen Wagenlack vor Schmerzen wimmern zu hören glauben.

Viel Wasser

Wenn die entsprechenden Voraussetzungen bestehen, ist der Wagenwäsche mit fließendem Wasser aus dem Schlauch unbedingt der Vorzug zu geben. Auch der Tankwart wäscht den Wagen mit dem Wasserschlauch, damit das ununterbrochen fließende Wasser den Schmutz abschwemmt. Der Schmutz darf nämlich nicht abgerieben werden, sondern die Schlauchbürste oder der Schwamm darf ihn nur lockern, so daß ihn das strömende Wasser abschwemmen kann. Reibt man den Schmutz statt dessen mit wenig Wasser ab, dann schmirgeln feine Staub- und Sandkörnchen über den Lack und zerkratzen ihn unvermeidbar. Nach der ersten Mißhandlung dieser Art ist zwar noch nicht viel zu sehen, aber wenn der Lack auf diese Weise eine Zeitlang behandelt wurde, ist sein Glanz restlos hin, vor allem bei schwarzem Lack. Deutlich ist vor allem im Sonnenlicht die streifig geschmirgelte Lackoberfläche zu sehen. Deshalb: Viel und noch mehr Wasser bei der Wagenwäsche.

Waschen ohne Wasser?

Nun gibt es doch, wie man hört und in großen Anzeigen sieht, auch Möglichkeiten, ohne Wasser seinem Wagen zu strahlendem Glanz zu verhelfen.

In der Tat, so ist es. Eine davon wollen wir als sommerlichen Notbehelf gelten lassen, wenn beispielsweise wegen Wassermangels das Autowaschen hier und dort verboten ist: Das ist der Automop, der beispielsweise von der Firma Apa angeboten wird. Dies ist eine Art Handfeger mit dicken, weichen Wollfäden, die mit einer Flüssigkeit getränkt sind. Wenn das Auto verstaubt ist – aber nur dann – kann mit mit dem Automop leicht über die Flächen wischen.

Besonders in den Sommermonaten sollten Sie bei der Wagenwäsche das Durchspritzen des Kühlers von der Motorseite her nicht vergessen. Dort klemmen sich viele Fliegenleichen zwischen die Kühlerlamellen, verstopfen den Luftdurchzug und setzen gerade in der warmen Jahreszeit die so notwendige Kühlwirkung herab. Solche verstopften Kühlerlamellen sind oft der Grund scheinbar unerklärlichen Temperaturanstiegs im Kühlsystem.

Dabei bleibt der Staub im Mop hängen und die getränkten Wollfäden polieren dazu noch etwas die Lackoberfläche. Das ist also beispielsweise eine feine Sache für Taxichauffeure, deren Wagen immer frisch gewaschen aussehen soll. Sowie der Schmutz aber von einem Gewitterregen stammt und auf dem Lack angetrocknet ist, ist das nichts mehr für den Automop. Wenn man nämlich entsprechend fest aufdrückt, ist das genau die oben beschriebene Dreckschmirgelei auf der zarten Lackoberfläche.
Gänzlich zu verdammen sind jedoch jene mit großem Geschrei propagierten Zaubersprühmittel, die man, so bekommt man eingeredet, nur auf den verschmutzten Wagen sprühen und dann abwischen muß – husch, husch ist der Wagen blank. Denn der mirakulöse Spray hat die Staubkörnchen eingehüllt, damit sie dem Wagen nicht schaden – soll man glauben. In Wirklichkeit werden beim Abreiben feinste Rillen in den Lack gezogen, die aber sogleich mit dem gelösten Wachs des Wundermittels wieder ausgefüllt werden, so daß man von dem Schaden vorläufig nichts sieht. Die Rechnung kommt spätestens nach einem Jahr, wenn man brav dem Wunder glaubte: Der Lack ist hin. Daher: Wer sein Auto liebt, nimmt Wasser.

Waschen mit dem Schlauch

Bei der Schlauchwäsche muß trotz der Forderung nach viel Wasser nicht die nächste Umgebung zum Teich werden. Wenn nicht gerade die Radkästen ausgespritzt oder Teile des Fahrgestells gereinigt werden, braucht der Wasserhahn gar nicht weit aufgedreht zu sein. Ein mäßig und ohne Druck aus dem Schlauch fließender Wasserstrom ist gerade richtig. Damit wird zuerst die ganze Außenhaut des Wagens »eingeweicht«.
Ist dies geschehen, kommt als zweiter Arbeitsgang die eigentliche Wäsche mit der Schlauchbürste, dem Waschhandschuh oder dem Schwamm. Am einfachsten ist eine langborstige, weiche Schlauchbürste, die auf das Schlauchende aufgesteckt und ständig von frischem Wasser durchflossen wird. Ihre Anschaffung lohnt sich, wenn man seinen Wagen in der Regel selbst wäscht. Aber wenn der Borstenbesatz nicht dicht genug ist, gibt es Streifen.
Sehr praktisch ist auch ein Waschhandschuh, den man sich selbst aus einem

langhaarigen Stück Pelz schneidern kann, oder den es auch als langhaarigen Perlon-Waschhandschuh zu kaufen gibt.
Natürlich geht diese Arbeit auch mit einem Schwamm, am besten mit einem großporigen Naturschwamm. Auch grobporige Viskoseschwämme sind nicht schlecht. Nicht geeignet sind dagegen feinporige Gummischwämme – sie schmirgeln bereits, weil sie den Schmutz stärker festhalten.

Wagen abledern

Ist der Schmutz restlos beseitigt, kommt als dritter Arbeitsgang das Trocknen des Wagens mit dem Waschleder. Nichts anderes ist zum Trocknen des Wagens besser geeignet als ein großflächiges Ziegen- oder Rehleder. Sie können sich statt eines teuren Waschhandschuhes einen billigen Viskoseschwamm kaufen, aber am Waschleder ist nichts zu sparen; alle Kunst- und Ersatz-Fensterleder taugen nicht viel. Sie sind zumeist auch zu klein, denn Ihr Waschleder soll mindestens 50 x 50 cm groß sein. Nehmen Sie's auf die Haushaltskasse, denn die Hausfrau wird schnell dahinterkommen, daß sich mit solch einem echten Fensterleder auch die Wohnungsfenster viel leichter und besser putzen lassen.
Das Trocknen des Wagens läßt sich nur bei Regenwetter sparen, denn das von der Luft angetrocknete Waschwasser würde mit der Zeit unvermeidbar einen grauen Film oder Tropfenflecken auf den Lack bringen. Das ist besonders ärgerlich bei dunklem Lack.

Fingerzeige: *Genau so wenig wie die erfahrene Hausfrau schafwollene Socken auf der Heizung trocknet – sie würden hoffnungslos einschnurren und verfilzen –, darf das Natur-Ziegenleder auf der Heizung getrocknet werden. Es würde hart und bald unbrauchbar. Deshalb nach Gebrauch das Fensterleder sorgsam auswaschen, auswringen und so aufhängen, daß es langsam trocknet. Dauernässe schadet natürlich ebenfalls: Das Naturleder würde faulen.*
Soll das Fensterleder gereinigt werden, darf es auf keinen Fall in Benzin ausgewaschen werden, auch Auskochen ist unmöglich. Genau wie wollene Sachen wird es in milder Seifenflockenlauge handwarm tüchtig ausgewaschen und einwandfrei ausgespült. Nur dann behält es seine Geschmeidigkeit.

Die Eimerwäsche

Nicht jeder Autobesitzer kann in Hof, Garten oder auf dem Platz vor der Garage einfach einen Schlauch an die Wasserleitung anschließen. Viele müssen, wenn sie ihren Wagen waschen wollen, zum Eimer greifen. Wenn, dann sollten Sie aber nach mindestens zwei Eimern greifen, denn mit einem Wascheimer ist das nichts. Für die Eimerwäsche gilt das gleiche wie für die Wäsche mit dem Wasserschlauch: viel Wasser! Da aber in einem Eimer die Waschbrühe schnell trübe ist, schmirgelt man bei falscher Wasser-Sparsamkeit immer wieder den darin schwebenden Sand und Staub über den Lack. Wie wenig gut dies dem Lack bekommt, haben wir schon beschrieben. So schwer es auch fällt, das Wasserschleppen ist in diesem Falle der wichtigste Teil der Arbeit. Zuerst wird der ganze Wagen mit Wasser aus dem Eimer übergossen, damit der Schmutz aufweicht. Also auf keinen Fall sofort mit dem nassen Schwamm auf dem trockenen Schmutz herumfummeln! Darum stehen zwei Eimer zur Verfügung – am besten Kunststoffeimer und keine Zinkeimer, damit es nicht sofort Kratzer gibt, wenn man einmal mit ihnen an den Wagen stößt.
Zum Abwaschen des gröberen Schmutzes an den Stoßstangen, den Felgen und in den Radkästen benutzt man eine Waschbürste oder eine ganz simple Wurzelbürste. Aber den Schwamm, mit dem Dach und Seitenwände der Karosserie gepflegt werden, sollte man dazu nicht nehmen. Das ruiniert ihn vorschnell und

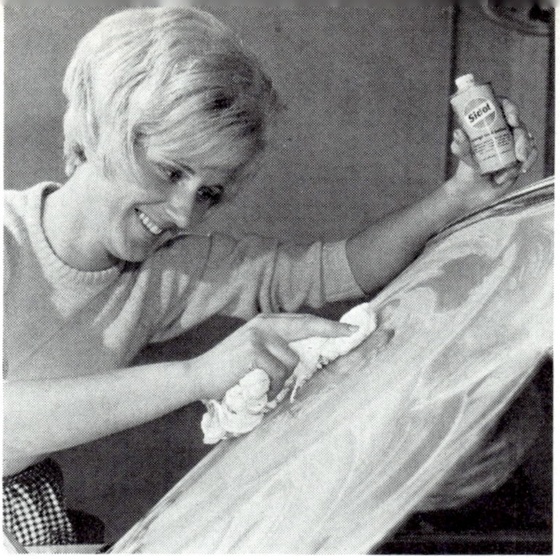

Bei der Windschutzscheibenreinigung genügt Wasser allein auf die Dauer nicht, denn dort setzt sich öliger Dunst von Motorabgasen und eventuell auch etwas Silikon aus Lackpflegemitteln ab. Auch das Waschleder zum Abtrocknen der Windschutzscheibe ist nie ganz fettfrei. Geben Sie deshalb bei Bedarf zur Beseitigung dieser Rückstände der Windschutzscheibe eine intensive »Abreibung«, am besten mit dem schon von Großmutter gelobten Messingputzmittel Sidol. Es ist billiger und mindestens ebenso wirkungsvoll wie viele andere für diesen speziellen Zweck angebotene moderne Pflegemittel.

außerdem bleibt leicht grober Schmutz darin hängen, der dann später auf der Lackoberfläche herumgerieben wird.

Sorgfalt bei der Windschutzscheibe

Natürlich müssen auch die Scheiben des Wagens getrocknet werden. Diesbezüglich wissen Tankwarte, daß man dazu nicht das Waschleder, das zum Trocknen der Karosserie dient, nehmen soll, weil sonst unweigerlich Spuren von Lackpflegemitteln auf die Windschutzscheibe übertragen werden. Das ist wichtig, denn bei Regen gibt es dadurch üble Schlierenbildung, die unter den Scheibenwischern alle Sicht nimmt. Aber Tankwarte haben mehrere Fensterleder und können dementsprechend ein neues nur für die Windschutzscheibe nehmen. Doch Sie besitzen nur eines, und außerdem sollen Sie sowieso ganz zum Schluß der Windschutzscheibe eine Abreibung geben, die alle eventuellen Pflegemittel- und Dieselqualm-Niederschläge wieder beseitigt. Dazu dient das schon von Großmutter gelobte Messingputzmittel Sidol – nicht zu verwechseln mit dem in diesem Falle nicht wirksamen Sidolin, das nur für Fensterscheiben bestimmt ist. Dieses Sidol, mit einem Lappen auf der Windschutzscheibe verrieben und dann blank poliert, ist das einfachste und wirksamste Mittel, selbst gegen die sogenannte »Silikonpest«.

Nicht am Fluß waschen!

Manche Leute gehen, damit sie das Wasser in dem Eimer nicht zu weit zu tragen brauchen, an einen Fluß oder Bach, um dort ihrem Wagen wieder Glanz zu verleihen. Aus Gründen des Gewässerschutzes ist das grundsätzlich verboten. Aber in manchen Fällen schaut die Polizei nicht so genau hin, weil an der betreffenden Flüssigkeit doch nichts mehr zu schützen ist. Das bedeutet aber, daß sich darin allerlei Abwässer befinden, deren Einfluß auf den Lack nicht unbedingt vorauszusehen ist. Also lieber dort nicht waschen!

Nicht in der Sonne waschen!

Versuchen Sie nie, den Wagen in starker Sonne zu waschen und abzuledern. Wasserflecken auf dem Lack sind unvermeidbar. Ist's schon passiert, muß noch einmal – aber jetzt im Schatten! – Wasser darüber geschwemmt werden, und zwar soviel, daß sich das Blech dabei auch abkühlt. Das gilt vor allem für die Motorhaube, die zusätzlich vielleicht vom Motor beheizt wurde. Dann zügig abledern, damit der Lack wieder einwandfreien Glanz erhält. Wenn weit und breit nur Sonne ist, muß auf die Wagenwäsche verzichtet werden.

Vorsicht bei der Motorwäsche!

Die Seitenwände des Motorraumes und die Teile des Motors verlocken einen auf Sauberkeit erpichten Mercedes-Besitzer, auch hier Wasser und Schwamm

Das ist eine einfache Kontrolle, ob der Lack ein Pflegemittel braucht: Perlt das Wasser, wie hier, in kleinen Tropfen über den Lack, ist weiterhin reine Wasserwäsche ausreichend. Wenn jedoch das Wasser »teigig« und ohne Ränder verläuft, wird auf jeden Fall Lackpflege fällig. Irrtum ist bei dieser Probe möglich, denn auch bei Petroleum und Öl auf dem Lack »perlt« das Wasser. Trotzdem ist in diesem Fall Lackpflege dringend erforderlich.

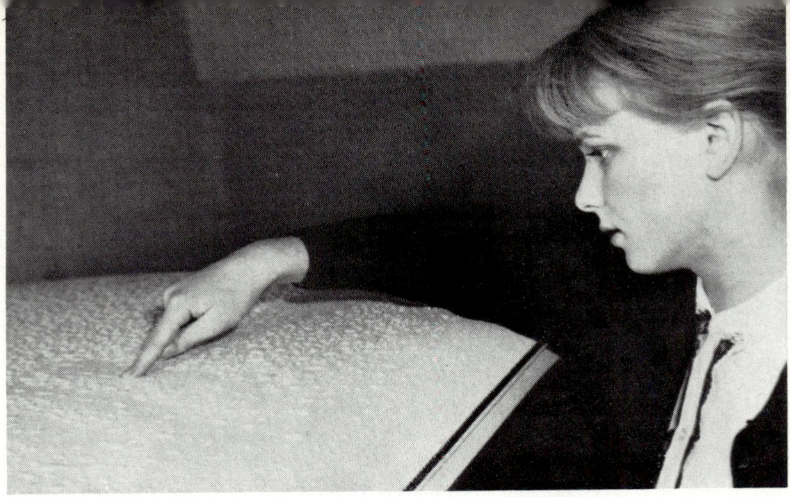

walten zu lassen. Am besten ist die Reinigung des Motors und des Motorraums mit einem Motor-Reiniger, wie er heute in den handlichen Spray-Dosen (z. B. von Aral, Shell, Teroson und Caramba) an vielen Tankstellen angeboten wird. Damit die verschmutzten Teile einsprühen und nach kurzer Wartezeit mit vorsichtigem Wasserstrahl abspritzen. Die gereinigten Teile haben hinterher einen sauberen Glanz. Versucht man statt dessen diese Reinigung mit Benzin oder Dieselöl, sieht nach dem Austrocknen alles grau und unansehnlich aus. Abgesehen davon vertragen Gummiteile diese Behandlung nicht und schließlich ist Fahrbenzin wegen der Bleitetraäthyl-Beimischung noch giftig, was bei Hautabschürfungen und offenen Wunden gefährlich werden kann.

Auto-Waschstraßen

Manchem Autobesitzer ist die Wagenwäsche mit Schlauch oder Eimer zu zeitraubend und er fährt deshalb lieber in eine Schnellwaschstraße, wo der Wagen in fünf Minuten wieder sauber ist. Dagegen ist grundsätzlich nichts einzuwenden. Wer seinen Mercedes aber ausschließlich auf diese Weise säubern läßt, sollte zwischendurch gezielt nach Lackschäden durch Steinschlag oder Korrosion suchen. Kleinere Schäden sind leichter auszubessern, wenn man nicht zu lange wartet. Nach fünf Schnellwäschen sollte der Lack wieder mit Hartwachs konserviert werden; es wirkt als Puffer gegen die schleudernden Borsten. Das in der Waschanlage versprühte Wachs genügt nicht, da es nur dem schnelleren Trocknen der Karosserie dient.
Wichtig ist beim Schnellwaschen weniger der geforderte Preis, als vielmehr der gebotene Service. Zwar werden pro Wagen rund 600 Liter Wasser verwendet, aber an unzugänglichen Stellen muß von Hand nachgewaschen werden. Ein stark verschmutztes Auto sollte zuerst mit weichem Wasserstrahl abgespritzt werden, damit die Schmutzschicht aufweichen kann; sonst wird der Lack durch die Schmutzpartikel zerkratzt. Ein nachlackierter Wagen sollte erst nach acht bis zehn Wochen Aushärtungszeit in einer Schnellwaschanlage gesäubert werden.

Das beste Waschmittel: klares Wasser

Vielleicht wundern Sie sich, daß bis jetzt noch gar nicht von einem der zahllosen Waschmittel und Auto-Shampoos die Rede war, die in allen Tankstellen einen großen Raum des Zubehörschrankes einnehmen. Das hat seinen Grund: Der allzu häufige Gebrauch der zahlreichen Wagenkosmetika hat das gleiche Ergebnis wie bei jungen Damen: Ihre jugendfrische Haut braucht's eigentlich noch nicht, aber wenn sie damit beginnen, geht's nicht mehr ohne. Das nächste Kapitel unterrichtet Sie darüber, wie und wann diese Mittel angewendet werden.

Mit Glanz und Gloria

Die eigentliche Lackpflege mit irgendeinem Mittel soll erst dann angewendet werden, wenn die Wäsche mit klarem Wasser nicht mehr ausreicht. Besorgte Heimwerker tun da zumeist zuviel des Guten. Wer immer wieder mit einem Poliermittel an seinem Auto herumfummelt, wird eines Tages die hauchdünne Lackschicht durchpoliert haben. Wenn erst die Grundierung herausschaut, wird eine teure Neulackierung fällig. Deshalb gilt bei der Lackpflege der Grundsatz, daß man an seinem Lack um so länger Freude hat, je sparsamer man mit Pflegemitteln umgeht.

Keine Haushalts-Spülmittel nehmen

Ganz besonders müssen Sie sich davor hüten, anstatt eines speziellen Auto-Shampoos etwa eines der im Haushalt durchaus bewährten Spül- und Reinigungsmittel im Wagenwaschwasser zu verwenden, auch wenn auf dem Etikett nebenbei irgend etwas von Autopflege steht. Was nämlich zur Reinigung von Glas, Porzellan und Eßbestecken sehr wirkungsvoll ist, taugt für den stets porösen und geschmeidigen Autolack gar nicht. Glas und Porzellan sind selbst für scharfe Reinigungsmittel unangreifbar. Nicht so der Lack.

Frage nach der Qualität ist wichtig

Unter den speziellen Autopflegemitteln ist die Auswahl nicht leicht, zumal es für jeden einigermaßen schlauen Chemiker ein Kinderspiel ist, in seiner Waschküche recht fragwürdige »Auto-Pflegemittel« nach eigenem Rezept zusammenzurühren. Das reicht von flüssig gemachtem Bohnerwachs bis zu ätzenden Säuren, die oft mit vielversprechendem Etikett versehen von fliegenden Händlern auf Parkplätzen angeboten werden.
Andererseits gibt es auch kleine, weniger bekannte, aber strebsame Betriebe, die ausgezeichnete Autopflegemittel herstellen, weil sie mit deren Qualität ins Geschäft kommen wollen, und nicht selten übertreffen sie die Qualität sehr bekannter Autopflegemittel-Marken. Bei unseren eigenen Pflegeversuchen haben wir sehr gute Erfahrungen gemacht mit den Erzeugnissen der Marken

- Pingo
- 1z (lies »eins-zett«)
- Polifac
- Rex

Auch die Aral-, Esso- und BP-Tankstellen bieten unter ihren Benzinmarken ein reichhaltiges Programm von Pflegemitteln für Selbstpfleger an, wobei das Verkaufsprogramm von Aral praktisch alles umfaßt, was man für sein Auto gebrauchen kann und die Gebrauchsanweisungen auf jeder Packung der Aral-Autopflegemittel wegen ihrer sachlichen und klaren Verständlichkeit hervorzuheben sind. Ebenfalls achten die führenden Kaufhäuser und Versandfirmen darauf, daß die von ihnen vertriebenen Autopflegemittel von guter Qualität sind.

Lackpflege von Stufe zu Stufe

Ungepflegter Lack verliert mit der Zeit seine Elastizität, er »altert«, indem sich die Poren erweitern, Feuchtigkeit eindringt und die Farbschichten von innen zermübt. Der im Kunstharzlack enthaltene »Weichmacher«, der ihm seine

Elastizität verleiht, verflüchtigt sich allmählich, und die einzelnen Farbkörnchen liegen nicht mehr eingebettet im Lack, sondern stehen spröde ab, wodurch er ein stumpfes Aussehen erhält. Im fortgeschrittenen Zustand »kreidet« der gealterte Lack aus, wie die Autolackierer sagen.
Es ist nun nicht damit getan, daß man zu seiner Tankstelle oder in den Autozubehör-Laden geht und sagt, man möchte ein gutes Lackpflegemittel haben. Der Verkäufer, wenn er fachkundig ist, wird sich zuerst nach dem Zustand des Lackes erkundigen, der behandelt werden soll. Denn darauf kommt es an.

Fingerzeig: *Kaufen Sie keine sogenannten Universal-Lackpflegemittel, mit denen sich angeblich sowohl neue wie alte Lacke gleichermaßen gut pflegen lassen sollen! Leider gibt es auch unter guten Markennamen solche abzulehnenden Universalmittel. Die können einfach nicht funktionieren, denn was für neuen Lack gut ist, taugt für alten nicht mehr, und umgekehrt sind Pflegemittel für verwitterten Lack auf jungem Lack viel zu scharf.*

Auto-Shampoo nicht zu oft anwenden

Leider ist Auto-Shampoo zur »Naß-Pflege« des Lacks bei Samstagnachmittag-Straßenrand-Pflegern viel zu beliebt, so daß sie allwöchentlich mit wenigen Eimerchen Wasser und Shampoo ihr Auto wieder auf Hochglanz bringen. Daß Eimerwäsche schon an sich problematisch ist, wurde bereits auf Seite 210 beschrieben. Schlimmer wird es noch, wenn die fehlende Wassermenge durch Shampoo ausgeglichen werden soll. Die Rechnung geht nicht auf, denn die meisten Auto-Shampoo, auch als »Auto-Schaumwäsche« bezeichnet, laugen den Lack mit der Zeit doch ziemlich aus und ihre vielfach angebliche »rückfettende Wirkung«, bei der die fettlösenden Bestandteile des Shampoos in den Lackporen nach getaner Arbeit während des Reinigungsprozesses durch schützende Wachsteilchen ersetzt werden sollen, ist eine Art chemischer Akrobatik, die wohl nur in der Theorie einwandfrei funktioniert. Nicht so in der Praxis, denn die Versuche verantwortungsbewußter Pflegemittelhersteller haben gezeigt, daß nach zwei Jahren der Lack nie mit Shampoo gewaschener Wagen wesentlich besser ist als jener, der ständig fleißig mit Shampoo gepflegt wurde.
Deshalb: Auto-Shampoo nur gelegentlich verwenden, wenn der Lack etwa von

Eine eifrige Zubehörindustrie bietet eine solche Masse von Autopflegemitteln dem Heimwerker an, daß sich selbst der Kenner der Materie kaum noch hindurchfindet. Die Auswahl ist deshalb nicht leicht, und wer seinem Mercedes damit Gutes tun möchte, sollte sich erst in diesem Kapitel informieren, was dies und jenes wirklich nützt und wie es anzuwenden ist. Als Polierwatte braucht man sich nicht die spezielle Auto-Polierwatte zu kaufen, sondern ebenso gut geht es mit der zumeist billigeren Verbandwatte aus Kaufhäusern und Discountläden.

Dieselqualm, Ruß oder anderer Schmiere wasserunlöslich verschmutzt ist. Vorher wird der grobe Schmutz vom Wagen abgewaschen – also noch ohne Shampoo –, danach kommt als zweiter Gang die »Feinwäsche« mit Shampoo, das hinwiederum mit einer tüchtigen Wasserflut abgeschwemmt werden muß, damit alle fettlösenden Stoffe und Emulgatoren aus den Lackporen gewaschen werden (aus diesem Grund ist also Shampoo schon nichts für die wassersparende Eimerwäsche). Und schließlich soll nach dem Trockenledern die Lackierung mit einem Hartwachs oder Lack-Konservierer (siehe Seite 216) behandelt werden, wenn die »Tropfenprobe« auf dem trockenen Lack nicht durch scharfe Tropfenränder beweist, daß eine wasserabstoßende Schutzschicht bereits auf dem Lack durch die »rückfettende« Wirkung sitzt.

Wasch-Konservierer
Wasch-Politur

Wasch-Konservierer ist bei manchen Fabrikaten mit Auto-Shampoo kombiniert, dient also sowohl zur Wäsche wie auch der Beschichtung des Lackes mit einem schützenden Wachsfilm, in der Regel wird jedoch der Wasch-Konservierer erst angewendet, nachdem der Wagen ganz normal mit klarem Wasser gewaschen wurde und sauber ist. Auf einen kleinen Eimer Wasser gibt man zumeist einen Meßbecher Wasch-Konservierer und überwäscht den Wagen noch einmal mit dem Schwamm – er wird »abgeschwammt«, sagt der Wagenpfleger. Danach wird der Wagen, je nach der Gebrauchsanweisung des einzelnen Präparates, im nassen Zustand abgeledert (z. B. bei »Rex« und »alwi«) oder man läßt ihn von der Luft trocknen (z. B. bei Polifac). Zuletzt mit Poliertuch oder Polierwatte nachreiben. Es bleibt eine feine Wachs-Schutzschicht auf dem Lack zurück.
Diese Wasch-Konservierung ist bei gesundem Lack angebracht. Wird sie zu oft, etwa bei jeder Wagenwäsche, ohne andere Lackpflege wiederholt, zeigt sich der Lack nach unseren Erfahrungen nach einiger Zeit milchig-trübe. Dann ist die Wachsschicht mit der Zeit zusammen mit feinstem Staub »zu dick« geworden. Das schadet dem Lack darunter an sich nichts, aber diese Schicht sollte zwischendurch mit einem milden Lackreiniger wieder heruntergeputzt werden.

Spezial-Waschmittel

Wer die Insektensammlung eines ganzen Sommerhalbjahres auf der Vorderfront seines Mercedes sitzen hat oder Flugrost auf dem Lack entdeckt, wird mit Auto-Shampoo noch keinen vollen Erfolg haben. Dem speziellen Zweck, besonders hartnäckigen Schmutz aufzulösen, Rostpartikelchen zu beseitigen und der Korrosion auf und unter dem Lack Einhalt zu gebieten, dienen Spezial-Waschmittel, die, im Gegensatz zum Auto-Shampoo, säurehaltig sind. Wir kennen da »Bostik wie neu« (Bostik, Oberursel) und Spezial-Autolackreiniger »abomar« (Loba-Chemie, Wien; Vertrieb Firma Artweger, 8415 Nittenau).
Beide Mittel würden wir nur anwenden, wenn ein Wasserschlauch unbegrenzt Wasser spendet, denn so viel Wasser, wie zum nachträglichen Abschwemmen des etwa 10 Minuten einwirkenden Waschmittels notwendig ist, kann man in Eimern gar nicht herbeischleppen. Was für die normale Wasserwäsche schon gilt, wird hier zum Gesetz: Die Sonne darf nicht zuschauen, das Karosserieblech muß kühl sein, sonst kann es verheerende Lackverfleckungen geben. Praktisch sind das also Lackreinigungsmittel, die nur an regentrüben Tagen und nur bei wirklich hartnäckiger Lackverschmutzung angewendet werden sollten. Dann sind sie allerdings überraschend wirkungsvoll. Man nimmt zum Auftragen dieser Mittel am besten eine breite, wasserfeste Kleiderbürste. Zum Schluß darf nicht versäumt werden, den sorgfältig abgelederten Lack mit einem Lack-Konservierungsmittel (siehe folgenden Abschnitt) zu pflegen.

Lack-Konservierungsmittel

Lack-Konservierungsmittel gibt es zumeist unter den Bezeichnungen »Hartglanz«, »Autowax«, »Sprühwachs«. Auch manche »Auto-Polish«, die dem Namen nach eigentlich zu den polierenden Lackpflegemitteln gehören, sind in Wirklichkeit Lack-Konservierer. Das ist die richtige Pflege für einwandfrei gesunden Lack, der nur ein wenig frischen Glanz und eine schützende Wachsschicht benötigt. Er ist in der Wirkung ähnlich wie Wachskonservierer, bleibt jedoch auch nach längerer Anwendung ohne milchige Trübung. Es gibt die Lack-Konservierer als Paste (z. B. das sehr brauchbare Polifac Auto-Wax) oder helle Flüssigkeit und (teuer, aber leicht zu handhaben) in Spraydosen. Nach dem Auftragen je nach Gebrauchsanweisung wird die Wachsschicht blank gerieben – wir sagen bewußt nicht »poliert«, denn das ist etwas anderes und eine Stufe weiter. Beim Blankreiben darf die Watte nichts von der Lackfarbe annehmen, sonst ist es kein echtes Konservierungsmittel, sondern es enthält schleifende oder lacklösende Bestandteile, die in einen Konservierer nicht hineingehören und bei gesundem Lack völlig fehl am Platze sind. Durchweg ist auch Silikon drin. An sich ist Silikon auf der Windschutzscheibe, wo es von dem Autoblech her unvermeidbar hingerät und bei Regen zur sichtstörenden Schlierenbildung führt, gar nicht erwünscht. Da es aber unbestritten ein wirkungsvolles Konservierungsmittel ist und auch zur leichteren Verarbeitung der Lackpflegemittel beiträgt, wollen die Pflegemittelhersteller nicht darauf verzichten. Ist tatsächlich kein Silikon in einem Lackpflegemittel, wird dies auf der Verpackung ausdrücklich mit dem Hinweis »ohne Silikon« vermerkt.

Fingerzeig: *Ähnlich strapaziert wird auch der Lack, wenn der Wagen vorzugsweise und oft in der Schnellwaschstraße gereinigt wird. Dort werden ebenfalls Auto-Shampoos eingesetzt, die nicht immer von dem am Ende des Waschvorgangs versprühten Wachs neutralisiert werden, denn dieses dient in erster Linie der Schnelltrocknung der Karosserie. Auch die schleudernden Nylonborsten strapazieren den Lack beträchtlich. Deshalb empfiehlt sich für waschanlagengepflegte Wagen öfter eine Lackpflege mit einem guten Konservierer (»Hartglanz«, »Hartwachs«). Ein nachlackierter Wagen sollte übrigens erst frühestens nach 8 bis 10 Wochen eine Schnellwaschanlage sehen.*

Autopolitur

Das ist schon eine scharfe Waffe zur Lackpflege und sie sollte erst dann angewendet werden, wenn der Lack gealtert ist und stumpf zu werden beginnt. Der Schmutz wird von der Flüssigkeit, die es auch unter den Bezeichnungen »Auto-Polish«, »Spezial-Politur«, »Wax-Politur« usw. gibt, aufgelöst und die Lackoberfläche ganz leicht angeschliffen, wobei die »toten« Farbkörperchen in der Polierwatte hängen bleiben. Deshalb darf sich die Watte, mit der man die Autopolitur auf dem Lack verarbeitet, auch leicht in der Wagenfarbe färben.

Wenn die Watte aber sehr kräftig Farbe annimmt, ist das Mittel bei nur verschmutztem Lack schon zu scharf, es handelt sich dann um eine intensiv schleifende Lackpolitur.

Lackpolitur und Schleifpolierpaste

Das sind die schwersten Geschütze, die nur bei stark verwitterten Lacken und nur sehr selten angewendet werden dürfen. Vor allem Schleifpolierpaste, die fast schon so grob wie Handwaschpaste aussieht und von den meisten Lackpflegemittelherstellern gar nicht für Selbstpfleger angeboten wird, sollte nur zum Auspolieren von Schrammen und nach einer Streifberührung mit einem

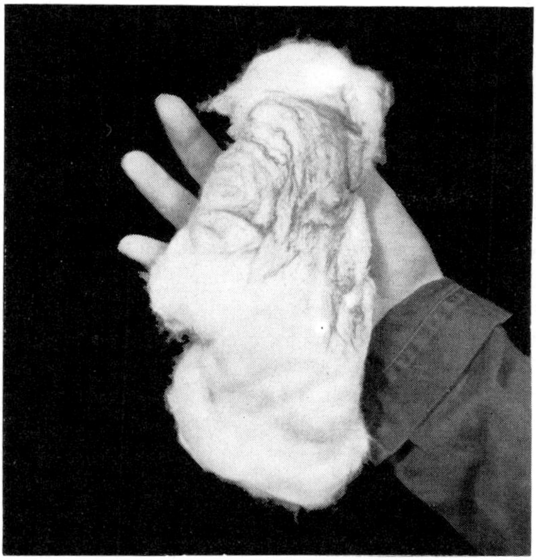

Bei den zahlreichen Lackpflegemitteln laufen die Bezeichnungen oft verwirrend durcheinander. Ihre schwersten Geschütze, die Poliermittel mit schleifender Wirkung, sollen nur sehr selten angewandt werden. Ob ein Lackpflegemittel den Lack schleifend angreift, läßt sich auf dem polierenden Wattebausch erkennen: Wenn der Lack auf ihm »abfärbt«, handelt es sich um ein Poliermittel mit schleifender Wirkung. Bei geringer Abfärbung ist es zumindestens ein intensiv wirkender Lackreiniger.

fremden Fahrzeug zum Wegpolieren des fremden Lackes benutzt werden. An der starken Farbe, die in der Watte hängen bleibt, können Sie die schnelle und scharfe Wirkung erkennen, die manchen Autopfleger – auch die Wagenpfleger an manchen Tankstellen – verlockt, schon bei geringerem Anlaß zu dieser Brisanzgranate zu greifen. Das ist aber falsch, denn der Kunstharzlack hält dies nicht ewig aus. Vor allem nimmt er die härteste oberste Schicht des Lackes weg; darunter ist der Lack »weicher« und weniger widerstandsfähig, so daß er nach einigen Schleifpoliturbehandlungen immer wieder nach Politur »schreit«. Bis die Grundierung herausschaut.

Lackreiniger

Eine Sonderstellung nehmen die Lackreiniger ein. Sie dienen vor allem zur Vorbehandlung und Aufarbeitung sehr stumpfer und stark angegriffener Lacke, also ähnlich wie die scharfen Lackpolituren. Im Gegensatz dazu haben jedoch die Lackreiniger auch stark lösende Zusätze, die die oberste »tote« Lackschicht ablösen, so daß diese mit der Polierwatte und durch die schleifenden Pflegemittelanteile leicht beseitigt werden kann. Wir haben recht gute Erfahrungen z. B. mit »1z Extra« (gelbe Flasche) und »Pingo Rapid Extra« gemacht. Man sollte sich aber hüten, solche wirksamen Lackreiniger öfter nur zum Beseitigen der auf der Wagenfront angeklebten Mückenleichen zu benutzen. Dafür gibt es harmlosere Mittel.
In der Regel (Gebrauchsanweisung beachten!) muß der Lack nach Aufarbeitung mit einem Lackreiniger durch eine Nachbehandlung mit Lack-Konservierer (»Hartglanz«, »Auto-Wax« usw.) sorgfältig gegen Schmutz und Witterungseinflüsse geschützt werden.

Fingerzeig: *Bei der Anpreisung von Lackpflegemitteln wird gerne das Wort »mühelos« verwendet. Glauben Sie bloß die Hälfte. Und das ist meist noch zu viel. Lackpflege kostet nämlich Schweiß, beim einen Mittel mehr, beim anderen weniger. Aber ganz ohne Mühe geht es nicht. Geht es doch, war eine Lackpflege noch gar nicht nötig.*
Für die Lackpflege ist die Grundregel der Wagenwäsche noch bedeutungsvoller: Die Sonne darf nicht zusehen! Lackpflege ist nur im Schatten und bei kühlem Karosserieblech (Motorhaube!) angebracht.

Pflege von neuem Lack

Wie eingangs dieses Kapitels erwähnt, soll man an seinem neuen Wagen nicht gleich mit Lackpflegemitteln herumfummeln. Ist aber auf neuen Lack, etwa durch ein naheliegendes Industriewerk, hartnäckiger Schmutz geraten, verträgt auch der Lack des neuen Wagens die Behandlung mit einem geeigneten Pflegemittel. Denn bei den heutigen Kunstharzlacken ist es nicht mehr so, daß der neue Wagen vor allem deshalb nur mit klarem Wasser gewaschen werden muß, weil der Lack noch zu empfindlich wäre. Er ist ja durch Transportkonservierung und Entkonservierung auf dem Weg von der Fabrik bis zum Besitzer schon allerhand an Plagen gewohnt. Selbstverständlich benutzt man bei der Verschmutzung eines neuen Lackes keine schleifenden Poliermittel – die oberste harte Lackschicht soll ja möglichst lange halten –, sondern versucht es entweder mit Shampoo oder – beispielsweise bei Rostanflug – mit dem bereits besprochenen Spezialwaschmittel »Bostik wie neu«, aber letzteres nur ziemlich verdünnt und nicht durch Direktauftrag mit einer Waschbürste.
Echte Vorsicht ist aber bei Nach- oder Neulackierungen geboten, denn in den Kraftfahrzeugwerkstätten und Autolackierereien wird entweder lufttrocknender Lack oder solcher mit geringerer »Einbrenntemperatur« verwendet, der nicht so robust sein kann, wie der mit höherer Temperatur »eingebrannte« Lack der Autofabrik. Hier darf man in den ersten Wochen tatsächlich nur mit klarem Wasser waschen, wenn man den Lack nicht schädigen oder zerstören will.

Chrom will gepflegt sein

Genau wie der Lack braucht auch die Verchromung Pflege und Schutz gegen Witterungseinflüsse. Chromschutzmittel gibt es ebenfalls in Massen. Man trägt sie auf und reibt mit einem weichen Lappen oder Polierwatte blank. Besondere Schwierigkeiten gibt es dabei nicht, doch sollte man sich darüber klar sein, daß die üblichen Chrompasten (zumeist auf Vaseline-Basis, die – billiger – genau so gut ist) der Verchromung im Winter nicht genügend Schutz bieten. Darüber mehr im Kapitel »Winterschutz« dieses Buches. Erste Rostspuren auf der Verchromung müssen unbedingt »bekämpft« werden, sonst frißt der Rost unter der Verchromung weiter. Sehr gute Erfahrungen haben wir dabei mit Lackreiniger gemacht, wie der an den meisten Tankstellen erhältliche von »1z« (gelbe Flasche). Für diese Rostspuren ist übrigens Rostumwandler nicht zu empfehlen, denn er kann die Unterrostungen unterwandern, dabei die Chromschicht anheben, so daß der Schaden unter Umständen noch auffälliger wird.

Teerspritzer und Insekten

Bei der Fahrt über frisch asphaltierte Straßen hinterläßt der hochgespritzte Splitt kleine schwarze Teerflecken auf dem Lack. Völlig falsch ist es, sie mit dem Messer oder auch mit einem Holz abschaben zu wollen. Das gibt Kratzer im Lack, die nicht weniger schäbig als der Teerflecken aussehen. Sie müssen chemisch aufgelöst werden. Das geht schon mit Petroleum, besser ist aber ein besonderer Teerfleckenentferner. Die modernen und sehr einfach zu handhabenden Mittel dieser Art gibt es in Spraydosen (z. B. von Rex und Pingo). Sie sind abwaschbar, was alle Reibereien erspart und den Lack schont.
Insektenleichen, die die Wagenvorderseite im Sommer zu Tausenden auffängt, können den Lack verätzen, wenn sie nicht rechtzeitig beseitigt werden. Auch hier ist Herumkratzen nur schädlich. Ebenso falsch ist es, jedesmal mit scharfem Lackreiniger an diesen Stellen zu arbeiten. Die Insektenleichen gehen zwar davon weg, aber der Lack auch. Das mildeste Mittel ist der kleine Insekten-Spezialschwamm, wie ihn beispielsweise Polifac anbietet. Das ist ein rauher und grobporiger Kunststoffschwamm, der sehr wirkungsvoll ist, den Lack aber nicht zerkrazt. Lange angetrocknete Fliegenleichen lassen sich

allerdings besser mit einer Spezialflüssigkeit lösen, wie sie z. B. Rex anbietet.
Ein »altes Hausmittel«, das noch den Vorteil hat, sehr billig zu sein, ist jedoch ein Packen patschnasser Zeitungsblätter, die man über Nacht auf die Wagenvorderfront legt. Die Feuchtigkeit weicht die Fliegenrückstände auf, die sich danach ohne heftiges Reiben abwischen lassen.

Ausbessern von Lackschäden

In Zeitungsanzeigen oder auf Plakaten in den Schaufenstern von Farbgeschäften sieht man gelegentlich adrette Damen oder Herren, die im Cocktailkleid oder Smoking mit einer Spraydose auf ihr Auto zielen. Sie bessern schnell noch einen Lackschaden aus, heißt es im Werbetext. Ganz so leicht geht es doch nicht. Obgleich die dort propagierten Farbsprühdosen auch nach unseren Erfahrungen sehr gut und brauchbar sind. Aber die Lackierung muß kunstgerecht »aufgebaut« werden, damit sie wirklich haltbar ist. Dazu

■ beschädigte Karosserieteile zuerst mit Gummihammer, »Handfaust« und Schlichthammer sorgfältig ausbeulen, leicht überfeilen, mit trockenem Schleifpapier alle Lack-, Grundierungs- und Spachtelreste von der schadhaften Stelle entfernen, spachteln, nach Trocknungszeit alle Unebenheiten abschleifen (mit Schleifpapier, das über ein handgroßes, völlig planes Brettstück gespannt ist), Grundierung aufpinseln oder aufsprühen, mit feinem Schleifpapier naß nachschleifen, angrenzende Karosserieteile sorgfältig abdecken und Lackfarbe aus der Sprühdose aufsprühen. Übrigens: Die Grundierung darf auf keinen Fall gespart und etwa die Lackfarbe direkt auf das blank geschliffene Metall gesprüht werden. Das »deckt« nicht und das Metall schimmert durch die wolkige Farbe.

■ Neue unlackierte Karosserieteile (etwa eine Motorhaube) gründlich entfetten mit reinem Drogerie-Benzin (selbst Fingerspuren vom Transport würden sonst später durch die Lackierung schlagen), eventuelle Transportschäden (auch kleinste!) mit Spachtel und Grundierung beseitigen und erst dann Lackfarbe sprühen, wenn das Teil einwandfrei grundiert ist.

■ Roststellen (auch unter dem Lack) bis aufs blanke Blech abschleifen, mit Rostumwandler überziehen, eventuelle Unebenheiten spachteln, grundieren, naß schleifen und nach sorgfältiger Trocknung lackieren.

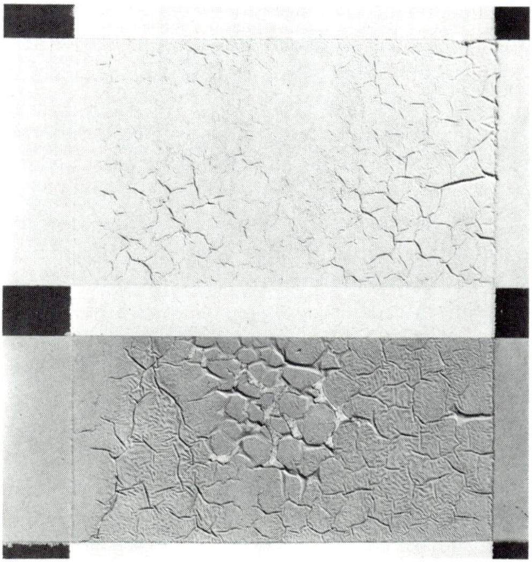

Das kann Ihnen auch passieren, wenn Sie, wie wir es hier in einem Demonstrationsversuch gezeigt haben, Autolack verschiedener Hersteller übereinander sprühen, selbst wenn inzwischen lange Zeit verflossen ist. Nitrokombinations-, Acryl- und Kunstharzlack vertragen sich nicht miteinander, sie können dann schrumpfen und reißen.
Darum sollten Sie Haftgrund, Sprühlacke (und eventuell Überzugslack) nur von einer Marke zusammen verwenden.

Sprühdosen im Original-Farbton

Alle Materialien, die man braucht, bekommt man in Farbgeschäften, von denen sich bereits viele auf »Selbst-ist-der-Mann«-Arbeiten eingestellt haben. Allen Versuchen mit Farbsprühpistolen (wenn nicht entsprechende Ausstattung mit Kompressor usw. zur Verfügung steht) sind die Farbsprühdosen vorzuziehen. Verlassen Sie sich bei der Farbwahl einer solchen Lacksprühdose auf keinen Fall auf Ihr Augenmaß. Grundsätzlich ist am Mercedes der Originalfarbton auf einem kleinen Prägeschildchen vermerkt, das sich auf dem Frontstegblech (unter der Vorderkante der Motorhaube) bei Draufsicht rechts oben vor dem Kühlerverschlußdeckel findet (symmetrisch dazu sitzt links das Typschild). In dem Prägeschildchen ist in Ziffern die Karosserienummer (untere Zeile) und die Farbtonnummer des Lacks (oben) in einer dreistelligen Zahl zu finden, z. B. 040 für »schwarz« oder 408 für »havannabraun«. Diese Farbtonkennziffer benutzen die Lacksprühdosen-Hersteller auch auf ihrem Etikett.

Wurde der Wagen umlackiert oder sind Sie aus anderen Gründen wegen der Farbe nicht ganz sicher, hat es keinen großen Zweck, den Lack mit einem Farbmuster-Karton des Lackhändlers zu vergleichen. Einwandfreie Aufklärung gibt nur ein Farbsprühversuch auf einem Stück Autoblech.

Drei Firmen haben sich mit fünf Marken auf diese Autolack-Sprühdosen spezialisiert. Zwischen diesen Erzeugnissen bestehen einige Unterschiede:

	Auto-K-Lack	Belton	Ducolux	Dupli-Color	Prestoflux
Lackart	Nitrokombinationslack	Nitrokombinationslack	Kunstharzlack	Acrylharzlack	Acrylharzlack

Wenn Sie sich zu einer dieser Marken entscheiden, dürfen Sie sich vom Händler keinesfalls weitere Sprühdosen einer anderen Marke – auch nicht Haftgrund oder Klarlack für Metallicfarben – verkaufen lassen, denn die verschiedenen Fabrikate vertragen sich nicht miteinander (Ausnahmen: Belton und Auto-K-Lack sowie Dupli-Color und Prestoflux, denn sie stammen jeweils von gleichen Herstellern). Da die Verarbeitung dieser Lacke sehr stark von der Temperatur abhängt (man wird als Heimwerker in der Regel im Freien arbeiten müssen), empfiehlt sich für hochsommerliche Temperaturen zwischen 20 und 35° C nach unseren Erfahrungen der Kunstharzlack von Ducolux, für Übergangstemperaturen zwischen 15 und 30° C der Nitrokombinationslack Belton und Auto-K-Lack. Darunter trocknet es zu langsam oder gar nicht, darüber trocknet es zu schnell, so daß der Lack blind wird, weil er keine Zeit zum Verlaufen hat.

Die Farbtongenauigkeiten der Sprühdosen sind nach unseren Beobachtungen sehr gewissenhaft eingehalten, wobei der Farbton natürlich der neuen Lackierung entspricht. Wenn also an einem drei Jahre alten Wagen an einer Ecke nachlackiert wird, trifft den Sprühdosenhersteller keine Schuld an der abweichenden Farbtönung, sondern sie liegt bei Sonne, Wind und Regen, die den ursprünglichen Wagenlack verändert haben. Bevor Sie mit einer dieser Sprühdosen auf die Außenseite Ihres Mercedes zielen, sollten Sie auf einem Blech (altes Autoteil) ein wenig üben, wie man Fließtropfen, sogenannte »Rotznasen«, vermeidet. Und auf der Wagenaußenseite lackiert man bis zu einer Sichtkante durch, wobei die angrenzenden Karosserieteile (und Reifen) sorgfältig mit Zeitungspapier (mit Krepp-Klebeband kantensauber angeklebt!) bedeckt werden. Pustet man nur gerade den Lackschaden mit frischem Lack zu, gibt es rundum einen glanzlosen »Hof«, weil die dort aufgesprühten wenigen Lacktropfen nicht miteinander zu einer glänzenden Schicht verlaufen konnten.

Kleinste Lackschäden, beispielsweise von Steinschlag, sollten nicht mit Lack ausgebessert werden. Auch nicht feine Kratzer, die nur bei der Lackpflege zu erkennen sind. Was nämlich in diesem Fall wie ein Spinnwebfaden oder ein Fliegenschmutz aussieht und daher unauffällig ist, wird besonders durch den Ausbesserungs-Lackstift auffallend. Wir möchten daher von der Verwendung von Tupflack oder Lackstiften grundsätzlich abraten, auch wenn von Daimler-Benz selbst im Zubehör angeboten. Der darin enthaltene Lack ist notwendigerweise dick, stimmt daher oft im Farbton nicht genau und bildet einen warzenartigen, dicken Farbklecks, der unübersehbar ist. Kleine Steinschlagschäden schmiert man am besten mit Lackpflegemittel auf Wachsbasis aus, so daß das Blech darunter nicht rosten kann.

Ausbessern kleiner Lackschäden

Von einer Ganzlackierung sollte man als Heimwerker ganz die Finger lassen. Das gibt meistens nur eine Enttäuschung, wenn es an der fachmännischen Erfahrung fehlt. Auch fehlt es in der Regel am staubfreien Arbeitsplatz und am Luftkompressor mit Farbspritzpistole, die in diesem Fall unbedingt erforderlich sind. Die vielfach angebotenen elektrischen und sonstigen Farbspritzpistolen haben sich für anspruchsvolle Autolackierung nicht bewährt.
In einigen »Do-it-yourself«-Werkstätten (z. B. der Autohobby-Werkstatt in Frankfurt, Niederkirchweg 113) kann man einen selbst zum Lackieren vorbereiteten Wagen (Ausbeulen, Schleifen) von einem Fachmann spachteln und spritzen lassen.

Selbsthilfe-Ganzlackierung bringt Enttäuschungen

Vorsicht mit der Poliermaschine

Mancher Heimwerker hat eine vielseitig verwendbar Bohrmaschine in seiner Privatwerkstatt, in deren Prospekt auch auf die Möglichkeit der Lackpolitur mit dieser Maschine verwiesen ist. Man braucht nur eine Lammfellscheibe aufzustecken, heißt es im Prospekt, und kann – nebenbei pfeiferauchend – in aller Gemütsruhe den Lack polieren. Vorsicht, das kann dem Lack übel bekommen, denn diese Universalmaschinen drehen in aller Regel zu schnell, so daß zwischen der Polierscheibe und dem Lack Reibungswärme entsteht, die das Poliermittel plötzlich zersetzt oder festbrennt, so daß bitterböse Kratzer in den Lack gerissen werden. Will man die Reibungswärme vermeiden, reicht der Druck selten aus, um das Poliermittel in die Lackporen zu drücken. Außerdem kann bei dem schnellen Drehen dazwischen geratener Staub oder Sand bereits eine große Fläche kreisförmig verschrammt haben, bevor man es richtig merkt. Bei der guten, alten, wenn auch strapaziösen Handarbeit bemerkt man solch einen Schaden schneller und bevor er wirklich unangenehm wird. Selbst versierte Tankwarte und Wagenpfleger wollen von der Poliermaschine nichts wissen und strengen sich lieber mit der Hand an. Nur Lackierwerkstätten arbeiten zum Lackschleifen erfolgreich damit.

Fingerzeig: *Auf den vorhergehenden Seiten konnten wir die Wagenwäsche, Lackpflege und Lackausbesserung nur in kurzen Umrissen beschreiben, denn es kommt in diesem Band ja speziell auf die technischen Besonderheiten Ihres Mercedes-Diesel an. Da aber Lackpflege, Lackierung und darüber hinaus die Rostbekämpfung, der Rostschutz (kurz beschrieben ab Seite 227) und das Aufarbeiten verbeulter oder durchgerosteter Blechteile bei allen Modellen gleich ist, gibt es in dieser Buchreihe den Sonderband Nr. 45, der sich speziell und ausführlich mit der Autokarosserie befaßt. Wenn Sie also in dieser Richtung an Ihrem Mercedes mehr Aktivität entwickeln wollen, dann sollten Sie sich diesen Sonderband von Ihren Lieben zum nächsten Geburtstag oder zu Weihnachten schenken lassen.*

Kühle Erwägungen

Früher meldeten Autobesitzer – abgesehen von den ganz Unentwegten – im Spätherbst ihren Wagen ab, setzten ihn in der Garage kunstvoll auf Holzböcke, damit die Reifen entlastet waren – und schraubten die Nummernschilder erst kurz vor Ostern wieder an. Heute sind die Leute selten, die wegen des Winters zweimal zur Zulassungsstelle laufen, denn das Autofahren ist im Winter problemlos geworden – so scheint es. Gewiß, man stopft sich heute kein Bund Stroh in das Auto, damit die Füße über dem Gefrierpunkt bleiben; das macht man mit einer wirkungsvollen Wagenheizung. Aber die Wasserkühlung muß noch wie einst frostfest gemacht werden. Darüber hinaus sind mit dem Streusalz auf den Straßen neue Probleme aufgekommen, die man früher nicht kannte. Den Wert seines Wagens den Winter über zu erhalten macht also einige Vorkehrungen erforderlich.

Dünneres Motoröl im Winter

Daimler-Benz empfiehlt bei Temperaturen unter + 10° Celsius das dünnflüssigere Motoröl SAE 10 W und bei arktischer Kälte sogar SAE 5 W. Sehr oft ist aber das Öl SAE 10 W an Tankstellen nicht zu bekommen (und SAE 5 W schon gar nicht), weil andere Autos zumeist auch im Winter SAE 20 W/20 fahren und vor allem, weil Tankwarte wegen der besseren Verdienstspanne gerne das ebenfalls von Daimler-Benz zugelassene Mehrbereichsöl SAE 10 W-30 verkaufen. Aber es ist Ihr Geld, was Sie dafür mehr ausgeben sollen, ohne den rechten Gegenwert für den Mehrpreis zu bekommen (siehe auch Seite 40). Wenn Sie stets an einer Stamm-Tankstelle den Ölwechsel machen lassen, können Sie ruhig verlangen, daß für Sie Öl SAE 10 W bestellt wird, denn alle Mineralölgesellschaften führen es in Dosen. Für den Winterbetrieb sollten Sie aber besonders beachten: Das Motoröl wird im Winter – und in dieser Zeit ganz besonders im Kurzstrecken- und Stadtverkehr – weit höher beansprucht als im Hochsommer in noch so flotter Autobahnfahrt, bei deren günstiger Motortemperatur es sich gar nicht besonders »anstrengen« muß. Warum dünnflüssiges »Winteröl« gerade für den Diesel-Motor so wichtig ist, lesen Sie auf Seite 39.

Sorgen mit dem Kraftstoff

Jeder Kraftstoff besteht aus vielen verschiedenen Kohlenwasserstoffen. Beim Diesel handelt es sich dabei vorwiegend um sogenannte Paraffine, die die gewünschte Zündwilligkeit aufweisen.
Negative Eigenschaften der Paraffine ist ihre Neigung, bei niedriger werdenden Temperaturen immer mehr auszukristallisieren. Die einzelnen Kristalle lagern sich rasch aneinander an und bilden dann miteinander komplexe, netzförmige Verbindungen.
Ab einer bestimmten Temperatur haben sich dann so viele Kristallnetze gebildet, daß der Kraftstoff komplett »versulzt« ist und nicht mehr durch das Filter fließen kann. Der Diesel steht – der Fahrer läuft.

Winterkraftstoff

Um Störungen vorzubeugen, werden die Tankstellen mit Kraftstoff beliefert, der für die jeweilige Jahreszeit angepaßt ist. Sogenannte Fließverbesserer erhalten auch bei Minusgraden die Fließfähigkeit, so daß der Diesel-Fahrer mit dem Problem des Versulzens gar nicht in Berührung kommt. Wie folgt ist der Dieselkraftstoff an den Tankstellen »eingestellt«:

Sommer-Dieselkraftstoff ist gewissermaßen »naturbelassen«. Er würde schon stocken, wenn das Thermometer unter −2° C fällt.

Übergangs-Diesel wird im Frühjahr und im Herbst verkauft. Er soll Sicherheit schaffen, wenn die Quecksilbersäule unerwartet nach unten rutscht. Bestenfalls ist er noch bei −8° bis −10° C filtergängig.

Winterkraftstoff muß laut DIN-Norm bis mindestens −12° C brauchbar sein. In der Regel wird er jedoch durch entsprechende Zugabe von Fließverbesserern bis ca. −15° C fließfähig gehalten.

Wie wirken die Fließverbesserer?

Die Bildung von Paraffinkristallen können auch Fließverbesserer nicht verhindern. Ihre Aufgabe ist es vielmehr, sich um die einzelnen Kristalle zu legen und somit zu verhindern, daß sich Kristallnetze bilden.

Einzelne Kristalle sind noch klein genug, um durch die Poren des Filters zu schlüpfen. Der Kraftstoff kann also bis zur Einspritzpumpe gelangen – der Motor wird mit Nachschub versorgt.

Wann sind Probleme zu erwarten?

In der Regel wird der Diesel-Fahrer hierzulande kaum in Verlegenheit kommen, mit versulztem Dieselkraftstoff stehenzubleiben. Es sei denn,

☐ die Temperaturen fallen unter −15° C;

☐ der Wagen wurde ein halbes Jahr nicht gefahren, und es befindet sich noch Sommerkraftstoff im Tank;

☐ eine äußerst schwach frequentierte Tankstelle hat winters noch Sommerdiesel verkauft (was sie nicht darf) oder

☐ Sie haben bei einem Auslandsaufenthalt nicht bemerkt, daß dort »nicht geimpfter« Kraftstoff verkauft wird. Wo das der Fall ist, erfahren Sie von jeder Automobilclub-Geschäftsstelle.

Mittel gegen »Versulzen«

☐ Beste und unproblematischste Möglichkeit ist die Zugabe eines Dieselkraftstoff-Zusatzmittels, z. B. Autol Desolite D/DW, LM Fließfit, Valvoline Winterfit oder Veedol Diesel Aktiv. Allerdings ist Vorsicht am Platze, denn nicht jedes Mittel verhindert das Stocken. Lesen Sie also genau die Verpackungsaufschrift!

☐ Zweite Möglichkeit ist Beimengen von Normalbenzin (keinesfalls Super, denn es verschlechtert die Zündwilligkeit). Soll Sommerkraftstoff von 0° bis −15° C und Winterkraftstoff von −15° bis −25° C einsatzfähig bleiben, so empfiehlt sich ein Zusatz von höchstens 30 % Normalbenzin oder 50 % Motoren-Petroleum. Bezogen auf den randvollen 65-Liter-Tank eines 220 D/8 wären das also maximal 19,5 Liter Benzin. Erreicht die Temperatur nicht die genannten Minus-Werte, gießen Sie natürlich entsprechend weniger zu. Mit diesem Gemisch läuft der Motor sehr unwirtschaftlich, und er springt auch schlechter an. Außerdem bekommt er einen ungewohnt harten Motorlauf. Entsprechend hoch ist auch der Verschleiß beim Betrieb mit diesem Kraftstoff-Gemisch. Tanken Sie deshalb, sobald es die Temperaturen erlauben, wieder Dieselkraftstoff dazu.

Anwendung der Fließverbesserer

Ist der Dieselkraftstoff schon versulzt, hilft es natürlich nichts, den (womöglich noch im eiskalten Handschuhfach liegenden) Fließverbesserer in den Tank zu kippen.

Ist der Stockpunkt wesentlich überschritten, muß der Wagen in eine beheizte Garage geschleppt werden, wo sich bei angenehmen Temperaturen die Paraffinkristalle zurückbilden können. Eilige tauen den Diesel in der Lackierbox einer Karosseriewerkstatt auf.
Nur kurzfristigen Erfolg bringt das Auswechseln des Filters. Verzweifeltes Orgeln mit dem Anlasser nützt gar nichts.
Wie macht man's richtig?
Unbedingt vor der zu erwartenden –20° C-Nacht zur Tankstelle fahren, zuerst den Fließverbesserer (er sollte möglichst Zimmertemperatur haben) in den Tank kippen und dann randvoll tanken. Der in den Erdtanks gelagerte Dieselkraftstoff hat in jedem Fall Plusgrade, so daß sich der Fließverbesserer gut mit dem Diesel vermischen kann. Ideal ist es natürlich, wenn der Tank vorher möglichst leer war, da dann der erdtanktemperierte Kraftstoff den Rest im Fahrzeugtank ausreichend »anwärmt«, um eine Kristall-Rückbildung zu bewirken.
Während der anschließenden kurzen Fahrt vermischt sich der Tankinhalt gut, und man kann sibirischer Kälte ruhig entgegensehen.

Unterschiede sind möglich

Tücke der Fließverbesserer ist die Tatsache, daß sie nicht auf alle Dieselkraftstoffe gleich ansprechen. Auch kann natürlich nie schlüssig gesagt werden, bis zu welcher Temperatur der getankte Kraftstoff »eingestellt« war. Wer auf Nummer Sicher gehen will, zieht also von den auf der Dosenaufschrift versprochenen Kältegraden einige ab, um nicht doch noch Schiffbruch zu erleiden.

Fingerzeig: *Wird der möglicherweise im Sommer gefüllte Reservekanister winters in den Tank gekippt, sollten Sie sofort die nötige Frostfestigkeit durch Beimischen eines Fließverbesserers herstellen.*

Richtig starten

Dem Anlasser wird das Andrehen des Motors durch das kältesteife Motoröl ganz besonders schwer gemacht. Und die Glühkerzen brauchen auch erheblich länger, um eine ausreichende Zündtemperatur zu verbreiten. Dazu braucht man eine kraftvolle Batterie, deren Ausbau vor frostklirrenden Nächten sehr nützlich (siehe Seite 153) ist. Weitere Winterstart-Hinweise S. 71 und 176.
Letztes Hilfsmittel bei beißendem Frost, vorausgesetzt, die Batterie ist noch nicht leer georgelt oder es steht eine frische Batterie zur Verfügung: Kühlwasser ablassen und kochend heißes Wasser einfüllen. Das schadet nicht, nur das umgekehrte Verfahren – kaltes Wasser in ein kochendheißes Kühlsystem – zerreißt den Zylinderblock mit großer Wahrscheinlichkeit. Hat man heißes Wasser in Mengen, kann man natürlich auch dem Motor von außen ein heißes Duschbad zum Aufwärmen verpassen.

Kühlflüssigkeit frostfest machen

Rechtzeitig vor den ersten Nachtfrösten muß das Kühlwasser frostfest gemacht oder geprüft werden, ob der Frostschutz des Kühlsystems ausreicht, wenn Sie die Frostmischung den Sommer über drin gelassen haben (was man bei Daimler-Benz seit Anfang 1973 billigt).
Die Frostfestigkeit ist abhängig vom Mischungsverhältnis Wasser : Frostschutzmittel. Eine Mischung 1 : 1, bei den 10,7 Liter Kühlsystem-Inhalt ab 200 D/8 also 5,4 Liter, schafft Frostfestigkeit bis etwa –40° C. So viel braucht man in unseren Breitengraden in der Regel nicht. Es genügt im allgemeinen eine Frostfestigkeit bis etwa –25° C. Da die Frostschutzmittel in der Regel in 1,5-Liter-Dosen verkauft werden, nimmt man deren dreie und mischt zu den 4,5 Litern Frostschutzmittel den Rest (beim 190 Dc 5,6 Liter und beim 220 D/8 6,2 Liter) Wasser hinzu. Beim 200 D/8 reicht es immer noch bis –27° C.

Das Frostschutzmittel selbst verdampft und verdunstet nicht, man kann also unbesorgt klares Wasser bei Kühlflüssigkeitsmangel nachfüllen. Anders ist das natürlich, wenn das Kühlsystem irgendwo ein Leck hat. Dann muß, wenn dieses Leck wegen Geringfügigkeit nicht gesucht und behoben zu werden braucht, die Frostfestigkeit der Kühlflüssigkeit »gespindelt« werden. Wie dies geschieht, ist im Bild auf Seite 74 gezeigt, außerdem ist dort auch beschrieben, wie das Kühlwasser abgelassen werden muß, um eine frostfeste Mischung einfüllen zu können. Nur bei mangelnder Frostfestigkeit kann man reines Frostschutzmittel nachfüllen. Bei einer vollständig neuen Kühlsystembefüllung läßt man entweder gleichzeitig Leitungswasser aus einem Schlauch und Frostschutzmittel aus der Dose in den Kühlerstutzen fließen, damit es eine gute Durchmischung gibt oder die Frostschutzmischung wird vorher in einem sauberen Gefäß einwandfrei angerührt.

Frostschutz für den Scheibenwascher

Der Scheibenwascherbehälter im Motorraum wird von der Ausstrahlung des Motors während der Fahrt zwar warm gehalten, aber davon darf man sich nicht irritieren lassen, denn maßgebend ist der kalte Fahrtwind, der die Außentemperatur um das Auto noch herabsetzt, so daß nicht genügend frostfestes Wasser beim Versprühen auf der Windschutzscheibe sofort vereist.
Für diesen Zweck gibt es an den Tankstellen eine Fülle von Spezialmitteln, die dem Scheibenwaschwasser beigemischt werden können. Sie zu kaufen hat aber nur Sinn, wenn sie gleichzeitig in der Lage sind, Öldunst und Silikonschleier von der Windschutzscheibe zu vertreiben. (Nicht jeder Waschwasserzusatz, der das verspricht, z. B. Shell Scheibenreiniger, kann es auch.) Andernfalls geht es mit Brennspiritus, der Silikon und Öldunst auch nicht lösen kann, weitaus billiger. Er wird im Verhältnis 1 : 1 mit dem Waschwasser gemischt. Den Brennspiritus kann man auch zusetzen, wenn man den Sommer über mit einem Scheibenwascherzusatz gute Reinigungserfahrungen gemacht hat, dieses Mittel aber von sich aus keinen Frostschutz bietet.
Den Wascherzusatz oder den Brennspiritus kippt man nicht einfach zum Wasser in den Behälter, sondern mischt die Flüssigkeit gründlich durch Schütteln des herausgenommenen Behälters. Andernfalls trennten sich die unterschiedlich schweren Flüssigkeiten im Wascherbehälter und das Wasser friert unter dem Wascherzusatz über Nacht im Freien doch ein.

Gleitschutzketten

Das schwerste Geschütz gegen Eis und Schnee sind »Schneeketten«, die bei Hochgebirgsfahrten und Alpenpässen auch dann noch weiterhelfen, wenn der griffigste M + S-Reifen schon versagt. Den Ausdruck »Schneeketten« mögen die Fachleute nicht, denn diese Ketten sind nicht nur für Schnee das letzte Mittel, sondern auch auf Glatteis und vereistem Schnee wirkungsvoller als die besten Haft-Reifen. Deshalb heißen sie offiziell Gleitschutzketten. Viele Leute schwören deshalb darauf, aber die meisten Autofahrer sind – geben wir es zu – einfach zu faul, die Gleitschutzketten mit frostklammen Fingern wieder auf- und abzumontieren. Denn das ist unvermeidbar. Schon nach wenigen Kilometern flotter Fahrt auf trockener Autobahn können vor allem bei billigen Ketten die ersten Fetzen davonfliegen. Auch ist die Fahrgeschwindigkeit mit Gleitschutzketten hierzulande auf 50 km/h begrenzt,
Früher war es ein guter Tip, sich für Fahrten in schneereiche Gebiete ein komplettes sechstes Rad anzuschaffen und dieses wie das ohnehin vorhandene Reserverad daheim in Ruhe mit Ketten zu versehen und mitzunehmen. Statt unterwegs Ketten aufzulegen, wurden dann einfach die Hinterräder gewechselt. In den letzten Jahren haben jedoch die Kettenhersteller fast narrensichere Montierhilfen entwickelt, mit denen das Kettenauflegen wesentlich

leichter geht als das Ummontieren der Räder. Dennoch sollte man das Auflegen der Ketten vorsichtshalber zu Hause üben. Im Schnee und mit kalten Fingern geht dann doch alles wesentlich schwerer.
Gleitschutzketten montiert man möglichst nicht auf M + S-Reifen. Die Ketten müssen nämlich so locker auf den Reifen montiert werden, daß sie während der Fahrt darauf »wandern« können. Sonst gibt es derartig einseitige Spannungen in den Kettenteilen, daß diese reißen oder den Reifen beschädigen. Wegen der hohen Profilstollen der M + S-Reifen können die Ketten aber auf dieser Reifensorte nicht so gut wandern, sondern sie verklemmen sich leicht und reißen unter Umständen ganze Profilstollen weg.
Wenn Sie an den Kauf von Gleitschutzketten denken, sollten Sie sich keine veralteten »Leiterketten« oder »Zickzack-Ketten« aufschwatzen lassen, sondern nur die sogenannten »Spurkreuzketten« in Betracht ziehen, denn sie allein geben wirklichen Gleitschutz, da nur bei ihnen ständig ein nicht nur seitlich führendes Kettenteil auf der Fahrbahn aufliegt.

Fingerzeig: *Wer von seinem bisherigen Wagen noch gute Spurkreuzketten hat, die nicht für den Mercedes passen, kann diese in den Sommermonaten umarbeiten lassen. Das machen z. B. die Firmen RUD und Erlau an von ihnen gelieferten Ketten.*

Praktische Hilfen unterwegs

Für Fahrten im Winter nimmt man als kluger Autofahrer noch einige Hilfsmittel mit, die unterwegs sehr nützlich sein können.

- Eis-Schaber, um vereiste Scheiben zu reinigen. Er muß aus Kunststoff sein, damit die Scheiben nicht verkratzt werden. Manche Mineralölfirmen verschenken an die Stammkunden ihrer Tankstellen solche Eis-Schaber als Werbegeschenk, man kann ihn aber auch als »Teig-Schaber« – für die Kuchenteigschüssel gebraucht ihn die Hausfrau – im Haushaltwarengeschäft kaufen.
- Sandsäckchen, um an vereister Steigung eine Fahrbahn zum Anfahren streuen zu können. Am besten sind dichte Leinen- oder Kunststoffsäckchen.
- Schneeschaufel, um sich bei Schneefall einen Weg bahnen zu können. Damit es auch ein wirklich brauchbares Gerät ist, kein kleines Handschäufelchen mitnehmen, sondern möglichst eine breite Kohlenschaufel mit kurzem Stiel.

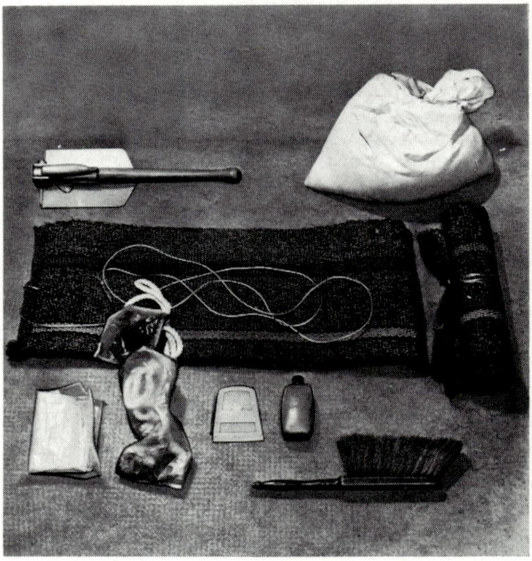

Für alle Winterfälle gerüstet und nicht kostspielig: zusammenklappbarer Spaten, Sandsack, Unterlegematten aus alten Kokosläufern, Anti-Beschlagtuch, Abschleppseil, Eis-Schaber, Kunststoff-Flasche mit Brennspiritus und Handfeger. Am besten verstaut man alles in einem festen Karton, damit es nicht im Kofferraum des Wagens umherpoltert. Das zusätzliche Gewicht im Kofferraum kommt überdies der Straßenlage Ihres Mercedes im Winter zugute.

Anfahren am Berg bei Glatteis oder glattgefahrenem Schnee ist manchmal recht schwierig. Ein bewährtes Hilfsmittel sind solche zurechtgeschnittenen Stücke aus alten Kokosläufern oder Teppichfetzen. Sie werden hinter den Hinterrädern ausgebreitet, dann läßt man den Wagen rückwärts drauf rollen und fährt auf dieser griffigen Unterlage behutsam an. Ist der Wagen erst mal in Schwung, geht es zumeist auch gleich weiter bergauf. Damit man nun nicht wieder anhalten und die Unterlegmatten aufsammeln muß, werden diese mit entsprechend langen Schnüren an die Stoßstange angebunden.

- Anti-Beschlagtuch, mit dem die von innen beschlagene Windschutzscheibe und Heckscheibe abgerieben werden kann. Die Imprägnierung, die das Beschlagen etwa für eine Woche verhindert, reicht in dem Tuch für eine Saison. Dann wird es ausgewaschen und als normales Staubtuch weiter verwendet.
- Zwei alte Teppichstreifen, jeweils etwa einen halben Meter breit und mindestens 1,5 m lang aus einem alten Teppich oder Kokosläufer. Diese Stücke kann man zum Anfahren unter die Hinterräder legen, wenn es auf Glatteis nicht mehr weitergeht. Wichtig ist, daß an beiden Stücken jeweils eine lange Schnur befestigt ist. Damit wird der Teppichstreifen auf der für ihn zuständigen Wagenseite an der hinteren Stoßstange angebunden, bevor man ihn vor den antreibenden Hinterrädern ausbreitet. Wenn der Wagen mit Hilfe der Teppichstreifen nämlich an der Steigung endlich ins Rollen gekommen ist, zieht er die Streifen an der Stoßstange einfach hinterher, bis die Steigung genommen ist. Erst dann anhalten und die Streifen abhängen. Dadurch spart man sich bei sofortigem Anhalten die laufende Wiederholung der Anfahrversuche.
- Sprühdose mit Klarsichtmittel gegen vereiste Windschutzscheiben. Es wird aufgesprüht, das Eis löst sich schnell auf, die Scheibenwischer besorgen den Rest. Klarsichtmittel in der Sprühdose sind allerdings teuer; billiger und nahezu genauso wirkungsvoll geht es mit einfachem Brennspiritus, den man sich in eine kleine Plastikflasche mit Sprühdüse füllt.

Schutz für die Karosserie

Unterbodenschutz nachträglich aufbringen?

Bei einem älteren Gebrauchtwagen sollten Sie sich keinen Illusionen hingeben; hier hilft kein Unterbodenschutz mehr, wenn der oder die Vorbesitzer bislang nichts zum Schutz der Unterseite getan hatten. Unterbodenschutz auf vorhandenen Rost aufzutragen, hat allenfalls moralische Wirkung – der Rost setzt seine Tätigkeit dann eben vorläufig unsichtbar fort. Wer gar vor dem TÜV-Termin noch schnell etwas Unterbodenschutz auf durchgerostete Bleche kleistert, wird mit hundertprozentiger Sicherheit wieder nach Hause geschickt und muß das kunstvolle »Make-up« durch handfeste Bleche ersetzen (hierfür gibt es von verschiedenen Firmen spezielle Reparaturbleche zum Einschweißen). Wenn Sie aber ein gepflegtes Exemplar Ihr eigen nennen, das bereits in zurückliegender Zeit einen richtigen Unterbodenschutz erhielt, oder einen neueren Mercedes besitzen, der ab Werk bereits einen Unterbodenschutz besitzt, dann sollten Sie diese Schutzschicht weiterhin erhalten.

Unterbodenschutz kontrollieren

Mindestens einmal im Jahr muß der aufgetragene Unterbodenschutz kontrolliert und eventuell nachgearbeitet werden. Wenn Sie einen hellen und gün-

stigen Arbeitsplatz haben, wo sich der Mercedes sicher aufbocken läßt, können Sie das selbst machen. Sie brauchen dazu eine helle Handlampe und ein Spachtelwerkzeug oder abgebrochenes Messer, mit dem Sie verdächtige Stellen ankratzen und damit prüfen können, ob der alte Unterbodenschutz nicht locker sitzt oder unterrostet ist. Um alle Ecken beobachten zu können, ist weiterhin ein Spiegel nützlich.
Nach einer gründlichen Unterwagenwäsche – am besten an einer Tankstelle, die ein Heißdampfstrahlgerät hat – werden alle schadhaften Stellen sorgsam ausgekratzt mit Spachtelwerkzeug, Schaber und Drahtbürste. Alle Rostansätze so weit wie möglich bis aufs blanke Metall abschleifen und den letzten Porenrost mit einem Roststopper »einbalsamieren«. Bewährt hat sich dazu »Terotex Rostprimer« von Teroson, der zugleich die Haftfestigkeit des nachfolgenden Unterbodenschutzmaterials verbessert. Sogenannte Rostumwandler haben am Unterboden keinen Sinn, sie versprechen viel und halten wenig.
Zum eigentlichen Ausbessern benötigen Sie streichbares Material für die größeren Flächen und überall dort, wo Sie mit dem Pinsel hinkommen, denn es läßt sich dickschichtiger auftragen. Für schwer zugängliche Fugen und Ecken brauchen Sie außerdem eine Sprühdose mit Unterbodenschutz und schräg nach oben strahlenden Sprühkopf, was für diese Arbeit sehr praktisch ist.
Zum Sprühen montiert man die Räder ab und verdeckt die Bremsen mit Papierbogen gegen die schmierigen Sprühnebel.

Hohlraumkonservierung

Seit August 1970 wurde eine serienmäßige Innenkonservierung der Längs- und Querträger der Rahmenbodenanlage, der Türschächte und einiger Partien der Fahrzeugunterseite vorgenommen. Die seit 1967 durchgeführte Konservierung bestimmter Hohlräume wurde somit erweitert. Wollen Sie Ihren Mercedes auf lange Zeit behalten, können Sie eine Nachbehandlung der Konservierung machen lassen. Das verbessert den Rostschutz erheblich.
Eine ordentliche Hohlraumkonservierung kostet Geld. Wie lange rentiert sich diese Geldausgabe bei einem Gebrauchtwagen?
Darüber gibt nur eine innere Sichtprüfung mit dem Endoskop durch den Hohlraumkonservierungs-Fachmann genauere Auskunft. Eine Jahreszahl kann man nicht nennen, denn es kommt auf den seitherigen Gebrauch des Fahrzeugs an. Unter ungünstigen Umständen kann es für eine Nachbehandlung zu spät sein. Das ist dann der Fall, wenn man mit dem Endoskop auf dem Boden der Hohlräume großformatige Rostzunder in Schichten liegen sieht. In solch einem Falle rentiert sich eine Hohlraumkonservierung praktisch kaum noch. Den letzten Entscheid gibt eine sorgfältige Prüfung der tragenden Hohlräume von außen. Sind da irgendwo außen Rostpickel zu erkennen oder läßt sich ein dünner Schraubenzieher durch das Blech bohren oder das Blech mit leichtem Hammerschlag eindellen oder gar durchschlagen, dann ist jede Mark für eine Hohlraumkonservierung zum Fenster hinausgeworfen.
Die Hohlraumkonservierung kann man als Heimwerker auf gar keinen Fall selbst machen – alle derartigen Behauptungen verschiedener Spraydosen-Anbieter sind Unfug. Das kann nur die Fachwerkstatt mit entsprechend langen Sprühsonden und dem notwendigen hohen Arbeitsdruck.

Lackpflege im Winter

Auch der Lack erfordert im Winter, wenn er im kommenden Frühjahr noch glänzen soll, erhöhte Aufmerksamkeit. Vor der Lackpflege steht allerdings die Wagenwäsche, die aber bei hartem Frost nicht möglich ist, sonst frieren Türen, Schlösser und Hauben zu. Deshalb muß im Winter frostfreies Wetter abgewartet, aber dann möglichst bald der mit Auftausalzen vermischte Schmutz

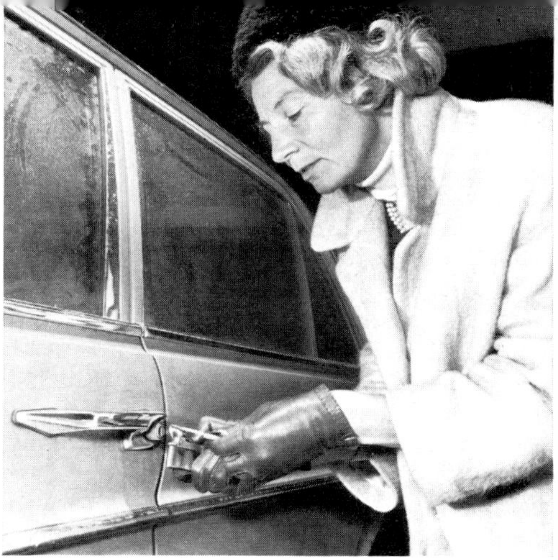

Wenn das Türschloß im Winter doch zugefroren ist, hilft kein Anhauchen – das Türschloß vereist nur noch mehr. Stattdessen die Spitze des Türschlüssels mit dem Feuerzeug tüchtig anheizen und schnell in den Schlitz des Schlosses stecken. Das macht man mehrmals schnell hintereinander, bis sich das Schloß ohne Zwang – sonst bricht der Schlüssel ab – öffnen läßt. Damit das Schloß nicht wieder einfriert, entweder wasserverdrängendes Isolier-Spray oder einige Tropfen unverdünntes Frostschutzmittel einspritzen.

gründlich und mit viel Wasser abgewaschen werden. Der Wagen wird im Winter besonders viel an seiner Schönheit verlieren, wenn man sich mit dem Gedanken tröstet, die Wagenwäsche sei nicht so wichtig, weil der Wagen nach einem Tag schon wieder schmutzig sei. Öfter als im Sommer soll im Winter auch der Lack mit Konservierungsmitteln gepflegt werden. Lackreiniger und polierende, d. h. schleifende Lackpflegemittel verwendet man dagegen im Winter nicht und wartet mit der Aufarbeitung des Lackes bis zum kommenden Frühjahr.

Chromglanz auch im Winter

Lack und vor allem Chrom sind im Winter keine ausreichende Schutzschicht für Metall. Das versalzene Schneematsch-Wasser dringt durch die feinsten Poren der Verchromung, unterwandert sie und frißt das Metall von innen heraus an. Das gibt dann die häßlichen Rostblüten, die den Chrom in kleinen Pickeln in die Höhe drücken, bis er in kleinen Splitterchen abfällt und die Wühlarbeit des Rostes nicht mehr zu verbergen ist. Solche Rostansätze lassen sich vorsichtig mit feinem Scheuermittel entfernen. Danach aber unbedingt Chrompflegemittel anwenden, sonst können die Scheuermittelreste in den Poren der Verchromung ätzend wirken.

Natürlich läßt sich der Chromschmuck im Winter gegen das aggressive Salzwasser wirksam schützen. Das einfachste Mittel ist eine reine säurefreie Vaseline, aber sie wird durch hart anprallendes Spritzwasser mit der Zeit verdrängt, und wirkungslos. Besser ist dann ein wachsartiges Unterbodenschutzmittel, wie etwa Tectyl. Aber diese Mittel verstecken den Chromschmuck unter einer unansehnlichen Fett- oder Wachsschicht. Verständlich ist es, daß mancher Autofahrer seinen Chromschmuck im Winter glänzen lassen möchte. Dazu gibt es Sprühdosen mit glasklarem Chromschutzspray, wie ihn beispielsweise Polifac anbietet. Das ist ein hauchdünner, aber zäher Wachsfilm, der auch unter noch vorhandene Feuchtigkeit dringt und sich auf Glanz polieren läßt.

Weniger bewährt hat sich nach unseren Erfahrungen der vielfach angepriesene Chromschutzlack, da vor dessen Aufsprühen oder Aufpinseln das Metall auch in den Poren restlos trocken sein muß. Das ist es aber in der feuchten Herbst- und Winterluft praktisch nie, so daß die unter der Lackschicht eingeschlossene Feuchtigkeit weiterwirkt und unter Umständen böse Rostschäden verursachen kann.

Darüber hinaus läßt sich Chromschutzlack im Frühjahr nur schwer entfernen. Versäumt man aber diese Arbeit, geht es im Sommer oder Herbst überhaupt nicht mehr. Das Gegenteil des beabsichtigten Chromschutzes wird erreicht.

Enthüllungsversuche

Auf die Karosserie ist man bei Daimler-Benz ganz besonders stolz. Nicht nur, weil sie das renommierte Markenzeichen überall umherzeigt, sondern weil sie vorne und hinten eine »Knautschzone« hat. Das ist gar nichts Unanständiges, sondern eine mit großer Sorgfalt entwickelte Sicherheitseinrichtung. Wenn es nämlich einmal bummst, dann soll das Karosserieblech des Motorraumes oder des Kofferraumes – je nachdem, woher der andere Unfallbeteiligte kommt – nachgeben, es soll sich zusammenknautschen und damit den Aufprall, so gut es eben noch geht, abbremsen, bevor sich das Blech des eigentlichen Fahrgastraumes zusammenknüllt. Der Innenraum ist als »Sicherheitszelle« konstruiert und es gibt da Fotos und Filme, die anschaulich zeigen, daß sich selbst an einem bis zur Windschutz- oder Heckscheibe zusammengeschobenen Mercedes die Türen noch satt öffnen und schließen lassen.

Was ist demontierbar?

Wenn man solch einen Aufprallversuch mit dem eigenen Mercedes erlitten (und gut überstanden) hat, kann natürlich nur die Fachwerkstatt helfen. Auch bei leichteren Schäden wird man sie in der Regel aufsuchen müssen, denn zumeist wird nicht nur ein demontierbares Teil – etwa die Kofferraumhaube – beschädigt, sondern fast immer haben auch die benachbarten Blechteile etwas abbekommen, was oft nicht ohne weiteres erkennbar, sondern erst nach genauem Vermessen festzustellen ist. Deshalb lohnen sich Hausmacher-Klempnerarbeiten an der Karosserie nur nach leichten Schadensfällen. In der Regel wird sich der Mann aus der Werkstatt mit seinen Spezial-Werkzeugen und Spezial-Meßgeräten der Sache annehmen müssen.

Klappergeräusche

Klappergeräusche, die eine schreckliche Blechmusik sind, genügen bereits, um die Aufmerksamkeit auf das Autogehäuse zu lenken. Die Haubendeckel oder Türen können daran schuld sein. Aber auch ein Schlüsselbund im Handschuhkasten! Sehr oft ist es übrigens ein locker hängendes Kabel, das während der Fahrt irgendwo gegen das Autoblech klappert. Wenn also ein solches Störgeräusch auftritt, zuerst einmal alle Kabel abtasten, die in der Geräuschgegend in Frage kommen können, und alle lockeren Kabel wieder in die Kabelschellen drücken oder mit Tesafilm an anderen, festen Kabeln anhängen. Denken Sie daran, daß es auch ein einzelnes, nachträglich eingezogenes Kabel sein kann. Sind die Kabelstränge kritisch überprüft und für gut befunden, müssen die Haubendeckel und Türen untersucht werden.

Motorhaube justieren

Bei geschlossener Motorhaube muß der Abstand zu den beiden Kotflügeln und zu dem hinteren Windlauf vor der Windschutzscheibe rundum annähernd gleich sein. Sitzt die Haube schief, müssen die Sechskantschrauben an den beiden Haubenscharnieren beidseitig am hinteren Ende der Motorhaube etwas gelockert werden, so daß sich der Haubendeckel entsprechend verschieben

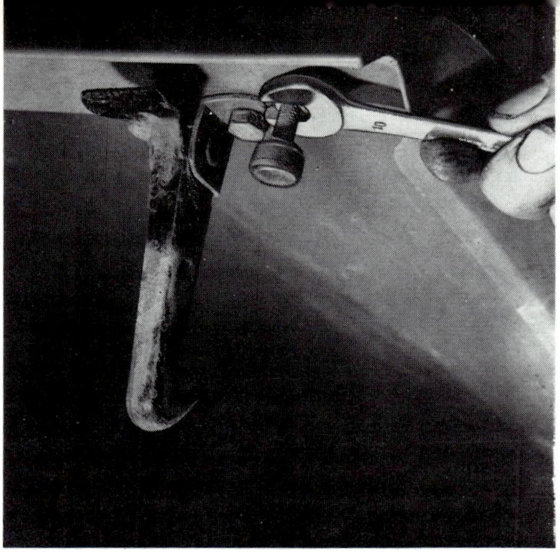

Beidseitig außen unter der Motorhauben-Vorderkante sitzt je ein Anschlagpuffer zum festen Sitz der Motorhaube. Wenn die Motorhaube klappert oder sich nicht einwandfrei ins Schloß drücken läßt, müssen diese Anschlagpuffer nachjustiert werden. Dies geschieht durch Lockern der Kontermutter des Gewindebolzens mit einem Gabelschlüssel SW 10. Bei zu lockerer Motorhaube sind die Anschlagpuffer ein wenig herauszudrehen. Läßt sich das Haubenschloß erst mit festem Druck schließen, müssen die Puffer etwas hineingedreht werden. Zum Schluß Kontermutter wieder festziehen.

läßt. Anschließend Schrauben an den Haubenscharnieren wieder gut anziehen. Unter der Haubenvorderkante sitzt beidseitig je ein Gummipuffer (siehe Bild oben), der bei geschlossenem Haubendeckel fest gegen den Karosseriesteg drücken muß, sonst klappert die Haube natürlich.

Kofferraumhaube justieren

Rundum muß bei geschlossener Kofferraumhaube der Spalt zwischen Haubenrand und Kofferraumdeckel-Ausschnitt möglichst gleichmäßig breit sein.
Klappert die Kofferraumhaube, ist entweder der im Deckelausschnitt rundum eingeklebte Abdichtgummi ausgerissen (Kofferraumhaube festgefroren, gewaltsam geöffnet, dabei Gummi beschädigt) oder das Haubenschloß sitzt schief.
Der Abdichtgummi und der Sitz des Schlosses müssen auch überprüft werden, wenn das Gepäck im Kofferraum verstaubt oder Feuchtigkeit eindringt.

Demontierbare Teile ausbauen

Motor- und Kofferraumhaube

Bei der Motorhaube sind zum Ausbau lediglich an beiden Scharnieren die Schrauben zu lösen. Zum Abheben der losgeschraubten Haube – das gilt auch für die Kofferraumhaube – braucht man jedoch unbedingt einen Helfer und unter die hinteren Ecken der Hauben müssen beidseitig dicke Lappen gelegt werden, damit von diesen nicht der Lack der anschließenden Karosserieteile zerkratzt wird.
Nicht ganz so einfach ist der Ausbau der Kofferraumhaube, wobei es kleine Unterschiede zwischen den Karosserien der »Neuen Generation« und den Vormodellen gibt. Bei der Kofferraumhaube des 190 Dc und 200 D hält ein Drehstab, bei den Nachfolgemodellen eine Spiralzugfeder die Haube offen.

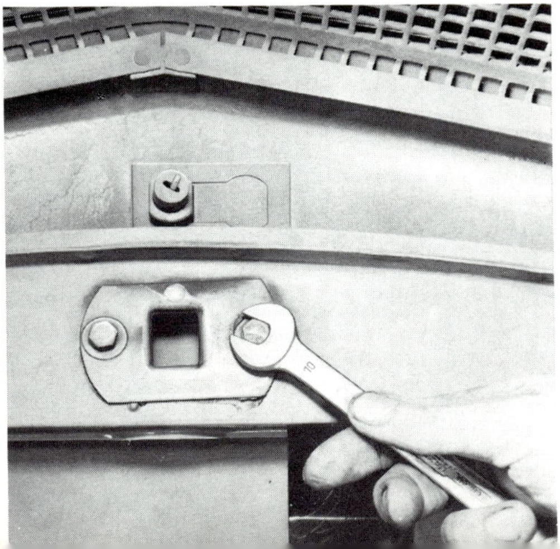

Wenn das Motorraum-Haubenschloß beim Schließen nicht sauber einrastet, läßt sich der sogenannte Schloßfang an der Unterkante der Motorraumhaube in der Mitte hinter dem Ziergitter verstellen, denn die beiden Halteschrauben des Schloßfangs sitzen in Langlöchern. Zum Justieren die beiden Sechskantschrauben (SW 10) ein wenig lockern und den Schloßfang entsprechend in seinen Langlöchern verschieben und wieder festschrauben.

Zum Justieren einer nicht allseitig gleichmäßig anliegenden Kofferraumhaube brauchen nur die jeweils zwei Sechskantschrauben der Scharnierbügel (die zwei oberen weißen Pfeile zeigen darauf) ein wenig gelockert und die Haube in ihren Langlöchern entsprechend verschoben zu werden. Anschließend Sechskantschrauben wieder festziehen. Der untere weiße Pfeil zeigt auf das Kabel zur Kofferraumbeleuchtung, dessen im Kofferraumdeckel verlaufende Fortsetzung vor der Demontage des Haubendeckels herausgezogen werden muß.

Diese Spiralzugfeder braucht zur Demontage der Haube nicht ausgehängt und herausgenommen zu werden, wenn die Scharniere nicht beschädigt sind. Bei der Hochstellung durch Drehstab muß letzterer jedoch als erster Arbeitsgang gelöst und entspannt (Vorsicht, sehr starke Federkraft!) werden. Dazu ist sein Splintbolzen an der Beugestrebe abzunehmen. Danach die außen an der Haubenkante sitzenden Sechskantschrauben (Scharnierschrauben) lösen und Haube mit Helfer (und Lappen unter den Haubenkanten!) abheben.
Bei der Kofferraumhaube des 200 D/8 und 220 D/8 ist stattdessen das Kabelende der Kofferraumleuchte nach Abziehen des Steckers an derselben (siehe dazu Bild Seite 188) mit der Gummitülle neben dem linken Scharnierbügel aus dem Rahmen des Haubendeckels zu ziehen.

Tankklappe aus- und einbauen

Die Klappe über dem Tankstutzen wird von einer Spannfeder geschlossen gehalten. Zum Ausbau des Klappendeckels diesen nur halb öffnen und dabei die Feder in Richtung auf die obere Klappenkante aushängen. Danach lassen sich ohne weiteres die beiden am unteren Klappenrand sitzenden Halteschrauben herausdrehen.

Kofferraumhaubenschloß aus- und einbauen

Der Aus- und Einbau des Kofferraumhaubenschlosses ist im Bild oben rechts gezeigt. Das Gegenstück, die Schließplatte, ist in der Hinterkante des Haubendeckels mit zwei Schrauben befestigt. Beim Ausbau des Schloßdrückers aus dem Heckblech (das Lösen der beiden Muttern wird gerade im Bild oben rechts gezeigt) muß man darauf achten, daß außen eine Kunststoff-Unterlage und eine verchromte Blende gegen den Schloßdrücker verschraubt sind, die nach außen abzunehmen sind, während der Schloßdrücker selbst in Richtung Kofferraum herausgeschoben wird.

Stoßstangen ersetzen

Die in der Mitte geteilten Stoßstangen werden erst nach dem kompletten Ausbau in ihre Einzelteile zerlegt und komplett mit den Stoßstangenhaltern (Ausnahme: Unterteil der vorderen Stoßstange, sie wird ohne Halter ausgebaut) abgeschraubt. Nach dem Ausbau den Gummischutzstreifen seitlich von seiner Laufschiene abziehen, die mittlere Stoßstangenabdeckung nach Lösen der Halteschraube abnehmen, die Schrauben der Versteifung herausdrehen und Stoßstangenhälften trennen.
Die Gummischutzstreifen lassen sich nach dem Zusammenbau der Stoßstangenhälften nicht einfach seitlich auf ihre Führungsschienen aufschieben, das rutscht nur ein Stück weit. Die Führungsschienen mit nasser Seife oder

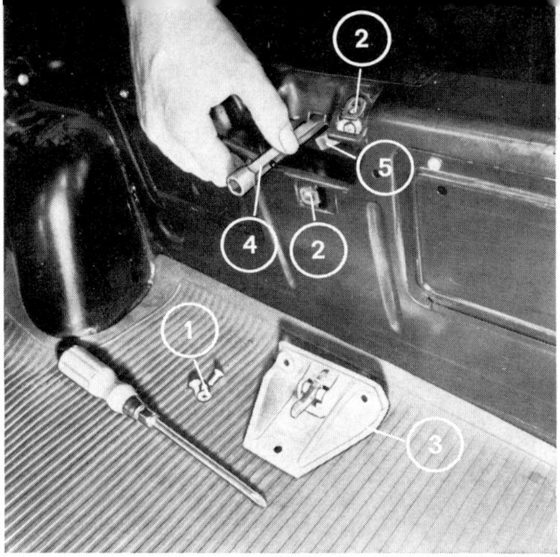

Das Schloß der Kofferraumhaube (3) wird von 3 Kreuzschlitzschrauben (1) in den entsprechenden Blechmuttern (2) gehalten. Nach Ausbau des Schloßkörpers (3) mit einem Rohrsteckschlüssel (4) die beiden Haltemuttern des Schloßdrückers abschrauben. Beim Einbau des Schloßdrückers darauf achten, daß dessen Drückerzapfen (5), wie auf dem Bild, nach rechts unten zeigt.

gar Fett gleitfähig zu machen, wäre wegen Rost oder Anlösen des Gummis sehr unzweckmäßig. Man hilft sich einfach durch scharfes Zurückknicken der Gummischutzleisten, so daß sich die zur Führungsschiene zeigende Falte weit spreizt und mit der anderen Hand Stück um Stück über die Führungsschiene gedrückt werden kann.
Beim Anbau einer Stoßstange müssen die um die Karosseriekanten herumgreifenden Enden mit Lappen umwickelt werden, damit sie den Lack nicht zerkratzen. Man braucht für diese Arbeit außerdem einen Helfer, um die ersten Halteschrauben einwandfrei einsetzen zu können.
Soll vorne nur das Stoßstangen-Unterteil demontiert werden, ist es vom Stoßstangenhalter loszuschrauben, danach Verbindungsschraube zum Oberteil lösen und Unterteil abnehmen. Bei diesem Unterteil ist die Gummischutzschiene an der Innenseite mit zwei Muttern angeschraubt.

Zierleisten aus- und einbauen

Die Zierleisten unserer Mercedes-Diesel sind unterschiedlich befestigt, das muß man vor Demontageversuchen vorher sorgfältig prüfen, sonst sind die dünnen Chromleisten sofort verbogen und geknickt. Es können entweder Schrauben sein, auf die von der Karosserie-Innenseite her kleine Sicherungsclips aus Blech gedrückt sind, manchmal sind es auch Spreizstifte, mit denen die betreffende Zierleiste einfach von außen in die entsprechenden Bohrlöcher gedrückt werden. Soweit dies möglich, schaut man sich deshalb zuerst die Innenseite des verzierten Blechstücks an, eventuell mit Hilfe eines Taschenspiegels und einer Lampe.
Sind die Zierleisten mit Schraubenbolzen befestigt, so sind entweder die zugehörigen Muttern oder die Sicherungsclips auf der Blechinnenseite loszuschrauben bzw. mit der Kombizange abzudrehen. Die abgedrehten Clips lassen sich nur selten noch einmal verwenden, deshalb neue kaufen.
Bei Befestigung der Zierleisten mit Spreizstiften – dies ist zumeist an von innen nicht zugänglichen Stellen der Fall – schiebt man einen an der Klinge mit einem Lappen umwickelten (Schutz gegen Kratzer im Lack!) Schraubenzieher vorsichtig unter die Zierleiste (möglichst dicht an einem Spreizstift) und hebelt die Zierleiste behutsam Stück um Stück ab. Beim Anbau dieser Zierleiste genügt ein Handballenschlag von außen.
Einige Türfenster-Zierrahmen sind auch mit Kreuzschlitzschrauben befestigt, die in der Führungsschiene des betreffenden Fensters oder unter der Gummidichtleiste sitzen. Man muß da ein wenig suchen, wo die richtigen Schrauben sitzen.

Die Zierleisten an Windschutz- und Heckscheibe sind wieder anders befestigt. Soweit sie in der Mitte der Gummidichtungsrahmen sitzen, haben sie in der Mitte oben oder unten eine Endstück-Abdeckklammer, die außen drauf sitzt. Diese Abdeckklammer muß zuerst mit einem flachen Holzkeil und vorsichtigen Handballenschlägen auf dessen Ende soweit beiseite geschoben werden, bis die beiden Zierleistenenden frei liegen. Darauf mit einem lappenumwickelten Schraubenzieher die Zierleiste behutsam aus dem Gummidichtungsrahmen heraushebeln.

Die untere, breitere Zierleiste an Windschutz- und Heckscheibe ist in der Mitte geteilt und ebenfalls dort mit einer Abdeckklammer überdeckt, die mit einem flachen Holzkeil beiseite gedrückt werden kann. Gehalten werden die beiden Zierleisten bei den neueren Modellen jedoch in Steckklammern, von denen die beiden Hälften nach außen mit Hilfe des flachen Holzkeiles heruntergeschoben werden müssen. Bei den älteren Modellen sind die Zierleistenhälften an den äußeren Enden jedoch festgeschraubt.

Fenster austauschen

Abgesehen vom Austausch der Türfenster (siehe Seite 237) möchten wir vor dem Einsetzen neuer Scheiben, also Windschutzscheibe und Heckscheibe, warnen. Erstens brechen bei ungeschickter Handhabung die Scheiben leicht. Dann hat man nur noch höhere Kosten, denn die Scheiben sind teurer als die Einbauarbeit. Wenn dagegen dem Mann in der Werkstatt beim Einsetzen eine Windschutzscheibe bricht, war es seine Schuld. Zweitens muß beim Einbau jeder Scheibe mit einer besonderen Druckpresse Dichtungsmasse zwischen die Gummifassung der Scheibe und den Karosserierand gedrückt werden. Da diese Dichtungsmasse nicht eintrocknet, kann man sich empfindlich das Wageninnere verschmieren.

Diese Dichtungsmasse ist übrigens werkseitig vergessen oder nicht in genügender Menge eingepreßt, wenn bei starkem Regen Wasser in den Wagen eindringt. Das kommt gelegentlich vor und sollte bald behoben werden.

Arbeiten an den Türen

Wenn auch in der Ausführung unterschiedlich, so sind die vorderen und hinteren Türen der Mercedes-Wagen im Prinzip doch gleich. Beim Ausbau der Türen macht das Lösen der Scharniere an den Türholmen keine besonderen Schwierigkeiten. Nicht ganz so einfach ist das dabei notwendige Demontieren des stählernen Türhaltebandes, das ein vollständiges Aufschlagen der Türen verhindert. Zuerst versucht man, den Scharnierbolzen und die beiden darunter sitzenden Kunststoffscheiben des Haltebandes (siehe Bild Seite 53) auszubauen. Wenn das nicht gelingt, muß die Innenverkleidung der Tür (siehe nächster Abschnitt) ganz und die darunter angeklebte Türfolie am vorderen Ende zum Teil abgenommen werden. Danach die Mutter des Türhalter-Einschubkastens neben dem Ausschnitt des Fensterhebelmechanismus und die beiden Schrauben ober- und unterhalb des Haltebandes an der Türvorderkante abschrauben. Dann läßt sich beim Abnehmen der Tür mit einem Helfer die Haltevorrichtung aus dem Türkasten ziehen.

Türen justieren

Wenn eine Tür nicht einwandfrei in den Rahmenholmen sitzt, weil sie z. B. beim Öffnen des schräg stehenden Wagens hart auf den Bürgersteig aufgeschlagen ist, muß je nach Korrektur-Notwendigkeit unterschiedlich justiert werden. Sitzt die Tür an der schloßseitigen Kante nicht flächenglatt zum anschließenden Karosserieteil, kann dies durch seitliches Verschieben der Türraste behoben werden (Bild rechts oben). Nur wenn die seitliche Zierleiste auf der Tür nicht mit der anschließenden in gleicher Visierrichtung liegt, darf die

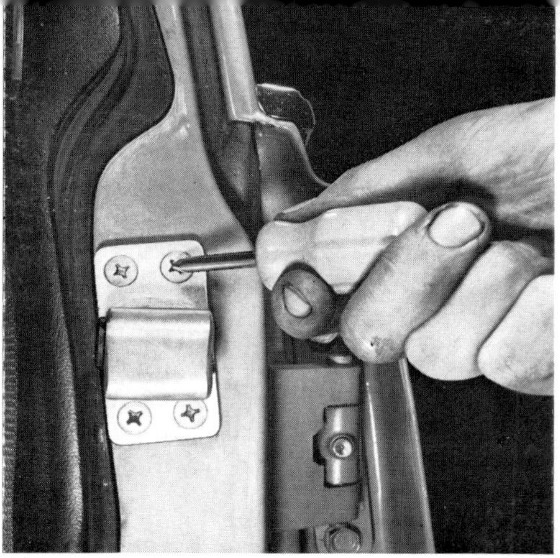

Wenn die Tür klappert oder ihre Außenseite nicht völlig flächenglatt mit den anschließenden Karosserieteilen liegt, läßt sich dies für die hintere Türkante durch Versetzen der Schließplatte auf dem Türholm beheben.
Dazu ist ein kräftiger Kreuzschlitzschraubenzieher zum Lockern der 4 Halteschrauben der Schließplatte notwendig. Die Schließplatte soll nur seitlich versetzt werden, was am besten bei gelockerten Halteschrauben durch leichte Hammerschläge mit einem zwischengelegten Holzstück geschieht.

Türraste auch ein wenig nach oben oder unten verstellt werden, falls es nicht an einer der Zierleisten selbst liegt. Liegt die Tür auf der Scharnierseite nicht flächenglatt an, sind diese Scharniere wie zum Ausbau der Tür an den Türholmen leicht zu lockern, die Tür ist in den Langlöchern der Türholmen entsprechend nach außen oder innen zu versetzen.

Türverkleidung ausbauen

Obwohl die Türen der verschiedenen Mercedes-Modelle unterschiedlich verkleidet (»aufgerüstet«) sind, ist das Lösen der einzelnen Teile im Prinzip doch jeweils gleich. Das »Abrüsten« der Tür kann zum Justieren oder Instandsetzen des Fensterhebermechanismus, zum Einsetzen eines neuen Fensters oder zum Beseitigen von Rost im Türkasten notwendig werden. Als Werkzeug sind Kreuzschlitz- und Querschlitzschraubenzieher, ein schmaler Winkelschraubenzieher (zur Demontage des Ausstellfenster-Drehgriffs; siehe Bild nächste Seite) sowie bei weitergehenden Arbeiten Gabel- und Steckschlüssel notwendig.
Zuerst Fensterkurbel ausbauen. Dazu das im Kurbelhebel liegende Schutzpolster mit feinem lappenumwickeltem Schraubenzieher in Längsrichtung zum Drehknopf heraushebeln und die darunter verdeckte Kreuzschlitzschraube herausdrehen, worauf sich die Fensterkurbel von ihrem kerbverzahnten Zapfen abziehen läßt. Die genaue Stellung des Drehgriffs auf seinem Zapfen muß man sich merken, sonst steht er nach Wiedereinbau in falscher Richtung (Behinderung am Knie). Danach Drehgriff des Ausstellfensters demontieren, wie im Bild auf der nächsten Seite gezeigt. Nun aus der Unterseite der Armlehne die beiden tief sitzenden Kreuzschlitzschrauben herausdrehen und Armstütze mit den beiden Konturenblechen abnehmen. Außer an der Fahrertür ist die Armstütze mit einem Haltegriff verlängert. Bei dessen Ausbau ist die oben sitzende Chromblende mit einem lappenumwickelten breiten Schraubenzieher von der Türverkleidung auf dem Haltegriff abzudrücken und die darunter verdeckte Schraube herauszudrehen. Als nächste Arbeit wird die kleine Zierblende um das Türschloß abgeschraubt. Danach aus der Mulde des Türinnengriffes das Kunststoffteil mit feinem Schraubenzieher von der Seite des Griffendes her heraushebeln, die Schraube des Muldenrahmens herausdrehen und den Muldenrahmen herausnehmen. An den hinteren Türen sind anschließend noch die Aschenbecher auszubauen.
Nach der Demontage dieser Teile kann nun die Türverkleidung selbst abgenommen werden. Sie ist mit Spreizklammern in Langlöchern des Türkastens und mit einem Einhängehaken unterhalb des Türhaltebandes befestigt. Das Lösen der Spreizklammern wird mit einem lappenumwickelten breiten Schrau-

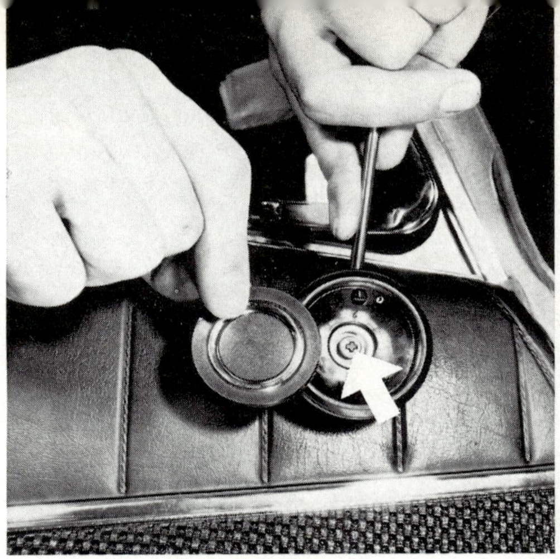

Der Drehgriff der vorderen Ausstellfenster ist in seiner Mitte von einer Kreuzschlitzschraube (weißer Pfeil) gehalten, die ihrerseits unter einem Kunststoffdeckelchen versteckt ist. Diese Abdeckscheibe muß von der Drehgriff-Rückseite her durch eine Bohrung mit einem abgewinkelten Draht oder einem schmalen Winkelschraubenzieher (wie hier) herausgedrückt werden, um anschließend die Kreuzschlitzschraube lösen zu können.

benzieher begonnen, der seitlich unter die Verkleidung geschoben wird. Ist ein Stück der Verkleidung abgehoben, faßt man mit der anderen Hand und zieht die Verkleidung mit kurzen Rucken ab. Am oberen Rand sitzt die Verkleidung unter der Fensterleiste, außerdem ist sie noch aus dem Haken neben dem Türhalteband auszuhängen.

Unter der Türverkleidung ist eine Klarsichtfolie auf den Türrahmen geklebt. Zu Arbeiten am Fensterhebermechanismus muß die Folie abgezogen werden, man darf sie aber beim Zusammenbau auf keinen Fall vergessen, sonst kommt das durch den Fensterschlitz eindringende Regenwasser auf die Rückseite der Türverkleidung und weicht deren Pappe mit der Zeit auf, so daß sie sich wellt und verschimmelt. Man kann die Folie manchmal wieder mit dem noch haftenden plastischen Klebstoff befestigen, andernfalls kann man auch den Klebstoff »Pattex« oder ähnliches dazu nehmen.

Störungen an den Türfenstern

Am Kurbelfenster treten gelegentlich Störungen durch Schwergängigkeit auf. Das liegt entweder am Kurbelmechanismus oder am Kippen der Fensterscheibe, wenn die Fensterführungen ausgeweitet sind. Ob die Scheibe kippt und dadurch schwergängig ist, läßt sich beim Hochkurbeln durch ständiges Geraderichten der Scheibe mit der Hand feststellen. Geht die Scheibe dann leichter, hat sie seitlich zu viel Spiel. In diesem Falle muß ein Ausgleichsstreifen zwischen Scheibe und Führungsrille geschoben werden. Man kann sich selbst einen passenden Streifen aus etwa 5 mm breitem Kabelschlauch, sogenanntem Bougierrohr, machen.

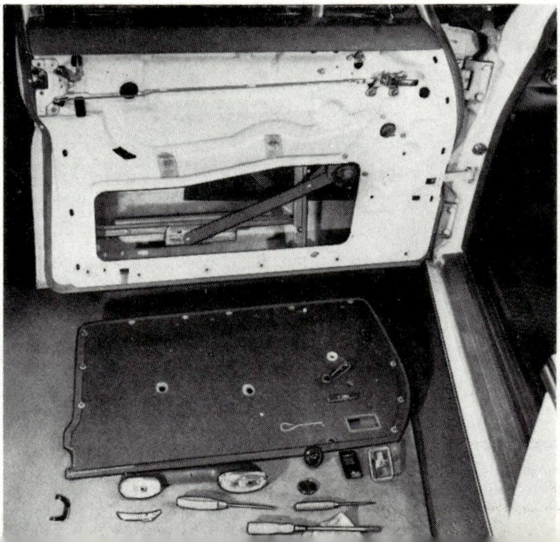

Eine »abgerüstete« Tür des 200 D/8 mit ihren Einzelteilen. Es fehlt lediglich die Abdeckfolie, welche unter der Innenverkleidung auf den Türkasten geklebt ist und beim Zusammenbau nicht vergessen werden darf. Sie schützt die Rückseite der Innenverkleidung vor der Feuchtigkeit, die von oben durch den Türfensterschlitz eindringt und leitet das Regenwasser in den Türkasten ab, aus dem es durch unten sitzende kleine Öffnungen (prüfen, ob sie nicht verstopft sind) ablaufen kann.

Nach der Demontage der Türinnenverkleidung das Fenster nach unten kurbeln, die beiden Halteschrauben aus der Fensterheberschiene (s. Bild unten) herausdrehen, Fenster wieder hochkurbeln, mit einem Keil festklemmen und Fensterheber nochmals nach unten drehen, zuletzt die vier Halteschrauben des Fensterhebermechanismus lösen und letzteren seitlich aus dem Türausschnitt herausziehen. Soll auch noch die Fensterscheibe herausgenommen werden, sind die beiden Halteschrauben der Fensterführungsschiene unten und oben zu lösen, darauf die Fensterscheibe nach Wegnahme des Klemmkeiles vorsichtig nach unten gleiten lassen, aus der beiseite geschobenen Führungsschiene aushängen und ebenfalls durch den Türausschnitt herausnehmen.
Aus den hinteren Türen muß die Fensterscheibe nach oben herausgezogen werden. Dies ist jedoch erst möglich, nachdem die Abdichtschiene am Fensterschacht oben demontiert wurde. Dazu zuerst die außen sitzende Zierleiste mit lappenumwickeltem Schraubenzieher oder schmal zulaufendem Holzkeil nach oben abhebeln und aus seinen Steckklammern ziehen. Danach sind die Steckklammern mit einem Schraubenzieher nach oben abzudrücken, wobei dieser zum Schutz gegen Lackkratzer auf einem dünnen Holzbrettchen oder Holzkeil aufgelegt wird. Zuletzt ist die Abdichtschiene selbst abzunehmen.

Fensterkurbelapparat und Fensterscheibe ausbauen

Zum Ausbau des Dreh- oder Ausstellfensters ist, wie bereits beschrieben, zuerst die Türinnenverkleidung abzunehmen. Danach den Feststellknopf für das Türschloß abdrehen, das Seitenfenster herunterkurbeln und die Abdichtleiste oben am Fensterschacht nach oben abnehmen. Hinter dieser Abdichtleiste wird oben an der Drehwelle des Ausstellfensters eine Schraube sichtbar, die zu lösen ist. Danach die beidseitig des Drehzapfens im Türkasten sitzenden Schrauben herausdrehen und den Drehverschluß herausnehmen.
Soll auch das Ausstellfenster selbst mit Rahmen ausgebaut werden, ist auch die auf der Außenseite sitzende Abdichtschiene mit der Zierleiste, wie bereits beschrieben, auszubauen. Bei heruntergekurbeltem Türfenster ist danach die biegsame Fensterführungsschiene oben zu lösen und beiseite zu biegen. Etwa in Verlängerung der hinteren Kante des Drehfensters sitzt oben unter dem Türrahmengummi eine Halteschraube, die zu lösen ist. Eine weitere Halteschraube sitzt neben dieser hinteren Kante unten auf dem Türrahmen. Auch diese herausdrehen, das Drehfenster mit Rahmen etwas zurückziehen und seitlich herausnehmen.
Beim Einbau ist darauf zu achten, daß die an der spitzen Vorderkante des Drehfensters sitzende kleine Kunststoffecke wieder eingesetzt wird.

Drehfenster und Drehverschluß ausbauen

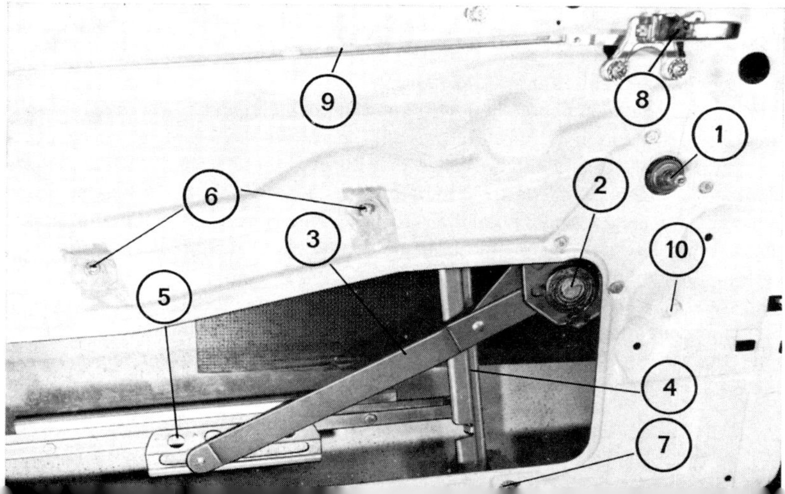

Die Einzelteile des Fensterhebermechanismus und der Türschloßbetätigung bei »abgerüstetem« Türkasten:
1 – Fensterkurbelzapfen,
2 – Gelenk des Fensterhebermechanismus,
3 – Fensterheberarm,
4 – Fensterführungsschiene,
5 – Fensterheberschiene,
6 – Schraublöcher für Armstütze,
7 – Halteschraube der Fensterführungsschiene,
8 – Innenbetätigung des Türschlosses,
9 – Zugstange zwischen Türschloß und Innenbetätigung,
10 – Befestigungsschraube der Türhalterung.

Das Türschloß nach abgenommener Türverkleidung:
1 – Halteschraube des Tür-Außengriffes,
2 – Montageöffnung im Türkasten,
3 – Sicherungsklammern an Türschloß-Zugstange und Verriegelungsstange,
4 – Zugstange zwischen Innenbetätigung und Türschloß,
5 – drei Schrauben zur Türschloßbefestigung,
6 – Zugstange vom Verriegelungsknopf (7) zum Türschloß.

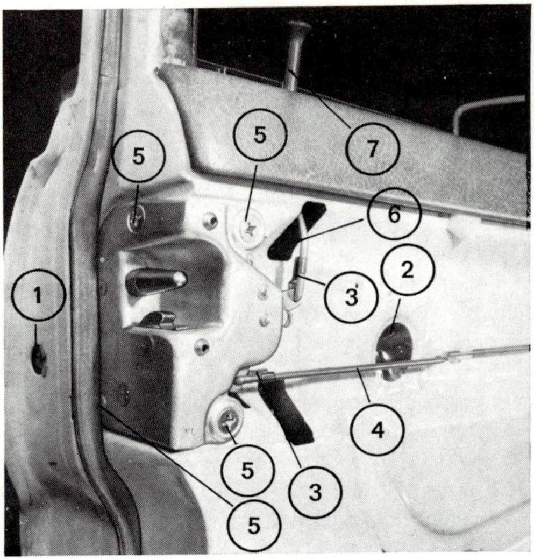

Türabdichtungen einreiben

Wartungsdienst Nr. 57

Wenn man den Dichtgummileisten rings um die Türen, die Türfenster und auch um die Kofferraumhaube keine Aufmerksamkeit schenkt, werden sie nach längerer Zeit entweder klebrig oder sie stoßen Feuchtigkeit nicht mehr richtig ab. Entweder können diese Dichtgummis dann ankleben oder im Winter anfrieren, so daß sie beim Öffnen der Türen, Fenster oder der Kofferraumhaube aufreißen und ihre Dichtwirkung verlieren. Ihre Pflege, die alle 20 000 km, also etwa einmal im Jahr, empfohlen wird, ist einfach: Man reibt sie entweder mit einem glyzeringetränkten Läppchen (Glyzerin aus der Drogerie) oder Talkum (wie man es gegen Zusammenkleben von Gummi auch beim Montieren eines Reifenschlauches benutzt) sorgfältig ab. Natürlich kann man dazu auch ein besonderes Gummipflegemittel (keinen Plastikreiniger!) nehmen, aber das ist teurer. Vor allem das Abreiben mit Glyzerin vor den ersten Frostnächsten verhütet den ganzen Winter über das Anfrieren der Türen.

Störungen am Türschloß

Zum Aus- und Einbau von Türschloßteilen muß die Türverkleidung, wie beschrieben, abgenommen werden. Um den Innenbetätigungshebel zu demontieren, zuerst die Sicherungsfeder zwischen dem Hebel und der Zugstange lösen und danach die beiden Kreuzschlitzschrauben unterhalb des Betätigungshebels herausdrehen, worauf sich der Betätigungshebel abnehmen läßt. Beim Einbau des Betätigungshebels die beiden Halteschrauben so festdrehen, daß der Betätigungshebel spielfrei in Ruhestellung liegt.

Zur Demontage des außen liegenden Türgriffs die in der Türaußenkante tief sitzende Schraube (Nr. 1 im Bild oben) herausdrehen, Türgriff außen nach vorne drücken und abnehmen. Sitzt der Türgriff zu fest, muß seine hintere Montageschraube durch das Montageloch (Nr. 2 im Bild) im Türkasten etwas gelockert werden. Beim Einbau des Türgriffes muß seine Kunststoffunterlage angefeuchtet werden, damit sie zusammen mit dem Türgriff besser auf dem Lack in ihre Endstellung gleitet.

Zum Ausbau des Türschlosses zuerst die Sicherungsfedern (Nr. 3 im Bild) der Innenbetätigungszugstange (4) und der Feststellknopfstange (6) abnehmen, danach die vier Halteschrauben (5) des Schloßgehäuses herausdrehen und dieses abnehmen.

Außenspiegel ab 8/73 abbauen

Seit August 1973 sitzt der Außenspiegel im vorderen Fensterdreieck und läßt sich von innen verstellen. Zum Ausbau einen passenden kleinen Schraubenzieher in die Bohrung vorn am Verstellhebel stecken und die Klinge in Richtung Tür drücken. Der Verstellhebel kann jetzt nach hinten abgezogen werden. Silberfarbene Plastikabdeckung vorsichtig abhebeln und die drei Kreuzschlitzschrauben darunter losdrehen. Spiegel dabei von außen gegenhalten.
Soll auch rechts ein Original-Spiegel eingebaut werden, so ist die innere Abdeckung im vorderen Fensterdreieck abzunehmen und die äußere Metallzierplatte von innen abzuschrauben. Spiegel montieren und von innen Abdeckplättchen mit Loch für Verstellachse einsetzen.

Rost an der Karosserie

Speziell bei den zwischen 1968 und 1970 gebauten Modellen muß der Besitzer mit erheblichem Rost an der Karosserie kämpfen. Die Rostplage wurde bei Fahrzeugen ab 1970 etwas eingedämmt, bei denen Daimler-Benz eine komplette Hohlraumversiegelung einführte.
Kritische Stellen sind das Kniestück am hinteren Seitenteil, die Türschweller sowie die Längsträger über der Hinterachse und vorn am Übergang zum Schweller. Sehr rostgefährdet sind auch die Seitenbleche im Motorraum. Je nach Erhaltungszustand kann der Wagenboden durchgerostet sein. Die angeklebten Veloursteppiche verdecken zumeist dieses Leiden; ebenfalls schwierig ist der Zustand der Türschweller festzustellen, denn man muß die innere Schwellerverkleidung abnehmen, um an eventuellen Rost heranzukommen. Weitere Stellen, wo der Rost zu nagen pflegt, sind die Kotflügelränder, die unteren Türpartien und die Radkästen.
Interessenten für einen gebrauchten Mercedes aus den Baujahren bis 1970 sollten sich vor dem Kauf sehr eingehend die kritischen Stellen betrachten, vor allem, wenn der nächste TÜV-Termin nahe gerückt ist. Schweißarbeiten an der Unterseite eines oberflächlich scheinbar guten Exemplares gehen schnell in die Tausende DM.

Arbeiten im Innenraum

Vor allem gehört es zu jeder Wagenwäsche, daß der Bodenteppich abgebürstet oder – noch besser – mit dem Staubsauger gereinigt wird. Der Bodenteppich ist in der Regel zusammen mit einer darunter befindlichen Dämmplatte aufgeklebt. Bis zum eigentlichen Blechboden kann man also nicht vordringen. So läßt es sich besonders im Winter nach vielem Einsteigen mit schneenassen Schuhen nicht vermeiden, daß sich der Bodenteppich allmählich intensiv einfeuchtet. Bleibt bei anschließendem trockenem Wetter der Wagen dann immer geschlossen – wegen Laternengarage beispielsweise –, riecht es über diesem Boden bald wie in einem ungelüfteten Kartoffelkeller. Deshalb in der Garage vor allem im Winter über Nacht alle Fenster – und wenn vorhanden, auch das Schiebedach – stets offen halten und an einem sonnigen Tag den Wagen sperrangelweit geöffnet ins Freie stellen, damit die Bodenmatten gründlich austrocknen können. Vermeiden Sie vor allem, im Winter Streusalz mit den Schuhen ins Auto zu schleppen – der Teppich wird nie mehr trocken, denn das Salz zieht immer wieder Feuchtigkeit an.
Den Kunststoffhimmel, mit dem die Dachinnenseite bespannt ist, reinigt man wie die Sitzbezüge auf keinen Fall mit Benzin oder Fleckenwasser, denn damit lassen sich viele Kunststoffarten auflösen, so daß es nicht mehr reparierbare Flecken und Schäden gibt. Statt dessen versucht man es erst einmal mit einem feuchten Schwamm und etwas Seifenschaum. Noch schneller und intensiver geht es mit einem Plastikreiniger, den es von verschiedenen guten Pflegemittelfirmen gibt.

In den Führungsschienen der Vordersitze sitzen jeweils vorne und hinten Halteschrauben, die zum Ausbau der Vordersitze herausgedreht werden müssen. An die tief sitzenden Schrauben kommt man nur mit einem Rohrsteckschlüssel oder einer »Stecknuß«, wie hier, gut heran.

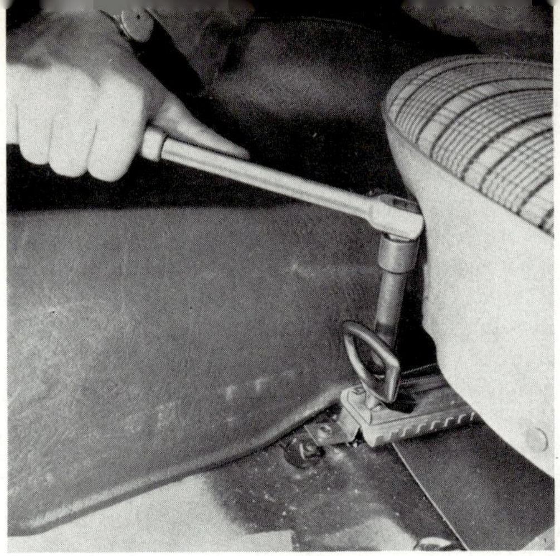

Die Sitzpolster, soweit sie aus Textilien sind, müssen regelmäßig ausgebürstet oder mit einem Staubsauger gereinigt werden. Trotzdem wird es dort, ebenso wie auf dem Teppichboden, gelegentlich Schmutzflecken geben. Wir haben besonders gute Erfahrungen mit dem dicken weißen Reinigungsschaum des Aral-Polsterschaumreinigers gemacht. Öl-, Fett- oder Teerflecken in den Polstern haben sich recht gut mit Teerentferner in Spraydosen beseitigen lassen. Diese Mittel verdunsten rückstandslos (deshalb sind auch nicht alle Teerentferner an Polstern brauchbar) und sind »wasserlöslich«, so daß man auch noch mit Wasser nachwaschen kann.

Sitze ausbauen

Zur gründlichen Innenreinigung baut man am besten die Sitze aus. So lassen sich unter den Sitzen manchmal verlorengegangene Dinge wieder finden und die Polster lassen sich leichter säubern und pflegen.

Vordersitze

Vordersitz auf seinen Führungsschienen bis zum Anschlag nach hinten schieben, vordere Halteschrauben an den Sitzschienen mit Rohrsteckschlüssel oder Stecknuß herausschrauben (Bild oben). Danach Sitz bis zum vorderen Anschlag nach vorne schieben und hintere Halteschrauben an den Sitzschienen

Die hintere Sitzbank ist mit je einem Bügel in ihren Halterahmen eingesetzt. Es gibt da also nichts, was losgeschraubt werden muß, wenn die Sitzbank herausgenommen werden soll. Zum Ausbau wird die Einbau muß dieser Bügel zuerst Sitzbank zuerst an der Vorderkante hochgezogen, beim angesetzt und dann die Sitzbank hinten unter die Rückenlehne gedrückt werden.

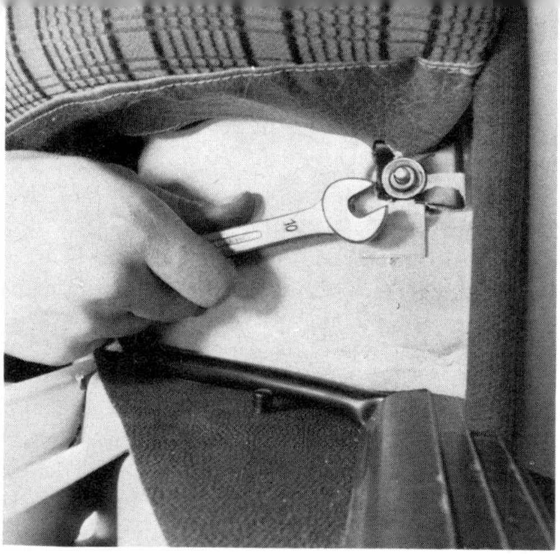

Die Rückenlehne ist beidseitig unten und oben festgeschraubt. An der Unterkante können die Schrauben erst nach Herausnahme der Sitzbank gelöst werden. Die oberen Halteschrauben werden vom Kofferraum aus gelöst. Die oberen Haltebolzen werden beim Einbau zuerst durch die entsprechenden Bohrungen in der Kofferraumrückwand geschoben, damit die Rückenlehne richtig justiert ist.

herausdrehen. Zuletzt Sitz herausheben. Falls vorne eine Sitzbank und keine Einzelsitze eingebaut sind, muß sinngemäß an den insgesamt drei Sitzschienen verfahren werden.

Hintere Sitzbank

Die hintere Sitzbank ist an ihrer Vorderkante nur mit einem Bügel (siehe Bild unten) eingesetzt. An dieser Vorderkante muß die Sitzbank angehoben werden, wobei zur Rückenlehne hin gedrückt werden soll. Mit einem Helfer (damit es keine Kratzer gibt) Sitzbank seitlich zu einer Tür herausziehen. Beim Einsetzen der hinteren Sitzbank muß diese, wie auf dem Bild links unten gezeigt, angesetzt und danach unter die Rückenlehne gedrückt werden.
Die Rückenlehne ist beidseitig unten (Bild oben) und an der Oberkante festgeschraubt. Wie die unteren Schrauben gelöst werden, zeigt das Bild oben. Die Muttern der an der Oberkante sitzenden Gewindebolzen sind vom Kofferraum aus zugänglich. Sie sitzen beide etwas oberhalb der Riffelung der Fahrgastraum-Rückwand. Diese beiden Gewindebolzen sind beim Einbau der Rückenlehne zuerst durch ihre entsprechenden Bohrungen in der Rückwand zum Kofferraum zu schieben.

Hutablage aus- und einbauen

Muß die Hutablage vor der Heckscheibe ausgebaut werden, sind zuerst die hintere Sitzbank und die Rückenlehne, wie in den vorhergehenden Abschnitten beschrieben, auszubauen, sonst läßt sich die Hutablage nicht anheben. Sie ist beidseitig an ihrer Rückseite mit einem Gewindebolzen befestigt, dessen Mutter vom Kofferraum aus zugänglich ist und jeweils neben dem Kofferraumhaubenscharnier sitzt. Zuletzt Hutablage vom Innenraum aus anheben.

Handschuhkasten ausbauen

Je nach Modell des Fahrzeugs ist der Handschuhkasten innen mit Blechschrauben oder mit Spreizklammern befestigt. Die Blechschrauben lassen sich mit einem kurzen kräftigen Schraubenzieher (sogenannter Vergaser-Schraubenzieher) an der Handschuhkasten-Vorderkante (Verkleidung an der unteren Vorderkante anheben) herausdrehen. Bei den Spreizstiften müssen die in der Mitte sitzenden Spreizbolzen mit einem entsprechend dünnen Werkzeug (kurz abgewinkelter Schweißdraht) durchgedrückt werden (dürfen zum Wiedereinbau nicht verlorengehen!), danach lassen sich die eigentlichen Spreizstifte heraushebeln.
Zuerst muß jedoch in der Regel die untere Armaturenbrettverkleidung vor dem Beifahrersitz ausgebaut werden, damit die Kabelzuführung der Handschuhkastenleuchte abgenommen werden kann.

Mittelkonsole ausbauen

Beidseitig direkt unter der unteren Armaturenbrettverkleidung sitzt am oberen Ende der Mittelkonsole eine Kreuzschlitzschraube, die herausgedreht werden muß. Darauf läßt sich die Mittelkonsole oben schon etwas zurückziehen und die dahinter sitzenden Kabelstecker lassen sich lösen. Danach läßt sich das Oberteil der Mittelkonsole wegnehmen (Bild Seite 196).
Um auch das Unterteil der Mittelkonsole auszubauen, Fußmatten am Fahrerboden links und rechts herausnehmen, Halteschrauben unten an der Fußraumstirnwand und beidseitig an der hinteren Seite der Tunnelabdeckung herausschrauben. Zuletzt Konsole unten anheben und herausnehmen.

Dachverkleidung instandsetzen

Die innere Dachverkleidung wird als »Himmel« bezeichnet. Daß dieser himmlische Plastikstoff nicht mit Benzin, sondern nur mit speziellem Plastikreiniger gereinigt werden darf, sei warnend erwähnt. Aber auch sonst sollte dieser irdische Himmel einem Heimwerker heilig sein. Es gelingt nämlich nach unseren Erfahrungen nur dem versierten Fachmann, einen neuen Himmel so einzubauen, daß er weder Falten schlägt, noch eines Tages den Insassen auf die Köpfe fällt. Also: Werkstattsache oder Autopolsterei aufsuchen.

Sicherheitsgurte kontrollieren

Die Hersteller von Sicherheitsgurten vertreten die Ansicht, daß ihre Produkte ein ganzes Autoleben überstehen, wenn die Gurte nicht bei einem Unfall gedehnt wurden. Trotzdem sollten Sie schon in Ihrem eigenen Interesse von Zeit zu Zeit die Gurte Ihres Wagens genauer unter die Lupe nehmen. Ist das Gurtband wellig, zeigen sich ausgefranste Kanten, aufgeriebenes Gewebe oder angerissene Nähte, dann sollten Sie den betreffenden Gurt unbedingt auswechseln. Und wenn bei einem »lahmen« Automatikgurt das Gurtband öfter zwischen Tür und Rahmen eingeklemmt wurde, verliert der Gurt mit der Zeit an Festigkeit. Auch in diesem Fall ist Ersatz anzuraten. Schmutzige Gurte werden mit einer milden Seife und lauwarmem Wasser gesäubert, keinesfalls dürfen chemische Reinigungsmittel verwendet werden.

Fingerzeig: *Wenn bei einem Unfall die Passagiere von den angelegten Sicherheitsgurten »gebremst« wurden, dehnt sich das Gurtgewebe. Ein solcher Gurt muß unbedingt ausgetauscht werden, denn er bietet anschließend nur noch unzureichenden Schutz. Bei einem unverschuldeten Unfall bezahlt die zum Schadenersatz verpflichtete Versicherung auch die neu anzuschaffenden Sicherheitsgurte.*

Anzüglichkeiten

So gut Sie Ihren Mercedes auch kennen und so oft Sie sich vielleicht schon zu helfen wußten – eines Tages kann es doch einmal passieren, daß Sie hilflos am Straßenrand stehen, weil irgend etwas am Wagen streikt. Ihr Wagen müßte abgeschleppt werden. Natürlich können Sie sich einen Abschleppdienst herbeirufen lassen. Aber das wird in der Regel eine sehr saftige Rechnung geben – auch bei verhältnismäßig kurzen Strecken. Billiger ist es, wenn Sie ein mildtätiger Zeitgenosse mit seinem Wagen ins Schlepptau nimmt. Sie können ihn nachher zu einem fürstlichen Essen einladen und haben doch noch Geld gespart.

Abschleppseil

Der voll beladene Mercedes kann bis zu 1910 kg wiegen, da ist mit einem zierlichen Seilchen nicht zu helfen, es muß schon ein kräftiges Abschleppseil her. Nach der DIN-Norm 76 033 eignet sich also nur ein blau gefärbtes Seil, denn mit diesem können Sie bis zu 2500 kg ziehen. Gelbe Abschleppseile können nur bis zu 1450 kg schwere Wagen verkraften.

Welche Ausführung?

Perlonseile dehnen sich beim Abschleppen und verhüten so am besten, daß beim Anrucken an den beiden Fahrzeugen etwas verbogen wird. Dafür sind Perlonseile hitze- und scheuerempfindlich; wenn sie an den heißen Auspuff kommen oder an einer Karosserie- oder Stoßstangenkante schaben, sind sie schnell hin. Ein Perlonseil braucht deshalb unbedingt verschiebbare Manschetten zum Schutz vor Auspuffwärme und Kanten. Hanfseile sind besonders preiswert, aber dick und unelastisch. Stahlseile sind bei der Handhabung ziemlich störrisch und wenig nachgiebig. Wollen Sie ein derartiges Seil kaufen, dann nur mit »Ruckdämpfer« (ein Gummistück oder eine Stahlfeder bildet aus der Seilmitte eine dehnfähige Schlinge).

Am Rahmen-Längsträger des Mercedes sitzt vorne rechts eine besondere Abschleppöse. Wir hätten sie für eine günstigere Fahr-Geometrie lieber auf der linken Seite, damit auch das Schleppseil direkt vor den Augen des Fahrers hängt, aber so ist es immerhin noch besser als garnichts. Durch die vernünftig große Öse läßt sich auch ein anständig kräftiges Seil, wie hier der »APA-Schlepp-Michel« mit dem praktischen Schnellverschluß, durchziehen. Solch ein Stahlseil muß jedoch, um bei ungeschicktem Abschleppen Fahrwerksschäden zu vermeiden, einen elastischen Ruckdämpfer (übernächste Seite) haben.

Unter Umständen ist ein handelsübliches Abschleppseil für die weit zurückliegende vordere Abschleppöse zu kurz. Dann kann das Schleppseil zur Not auch einmal um die Stoßstangenhalterung, wie hier gezeigt, geschlungen werden. Beide Fahrer müssen dann aber Schlepp-Erfahrung haben und das Seil muß gut dehnbar aus Nylon oder Perlon sein, sonst wird da einiges krumm und schief gezogen.

Abschleppstangen

Wenn der doch relativ schwere Mercedes abgeschleppt werden soll, ist eine Abschleppstange die sicherste Lösung. Besonders bei Wagen mit Bremskraftverstärker ist sie zu empfehlen, denn bei stillstehendem Motor arbeitet natürlich auch die Bremsunterstützung nicht, und dann muß um ein Vielfaches stärker als normal auf das Pedal getreten werden. Falls Sie beim Abschleppen mit Seil zu schwach oder einen Sekundenbruchteil zu spät auf das Bremspedal traten, kann der Abstand zum Schleppwagen schon gefährlich kurz sein. Mit der Schleppstange ist es unproblematisch, da muß allenfalls der Vorausfahrende Ihren Wagen zusätzlich mitbremsen. Achten Sie jedoch darauf, daß die Schleppstange nicht zur Seite wegknickt.

Fingerzeig: *Wird man abgeschleppt, Belüftung schließen, sonst atmet man die Abgase des abschleppenden Wagens ein.*

Im Schlepptau

Beim Abschleppen mit einem Seil besteht der wichtigste Punkt darin, daß das Schleppseil möglichst immer straff gespannt bleibt. Abrupte Reaktionen unbedingt vermeiden; dann bleibt auch das Rucken aus, das beim Anfahren oder Schalten die Gefahr birgt, daß das Seil reißt oder die Kräfte an den Befestigungspunkten zu stark werden. Der Fahrer des Abschleppwagens muß viel mit der Kupplung arbeiten, um die Übergänge beim Anfahren und Schalten weich zu gestalten. Im geschleppten Wagen bleibt die Fußspitze des Fahrers stets in geringem Abstand über – nicht auf – dem Bremspedal. Er muß die Verkehrssituation vor seinem Zugwagen beobachten und beinahe vorausahnen, denn er muß eher bremsen als sein Helfer vorn, ihn also praktisch mitbremsen, damit das Seil immer straff bleibt. Vereinbaren Sie vor der Schleppfahrt einige Zeichen der Verständigung untereinander und vergessen Sie nicht, die Warnblinkanlage einzuschalten, denn das ist laut StVO Vorschrift.
Die »Zündung« muß zur Schleppfahrt eingeschaltet sein, denn nur so brennen auch die Bremslichter.

Schlepp-Probleme mit der Automatik

Besondere Probleme haben die Besitzer eines Mercedes mit Getriebeautomatik sowohl beim Abschleppen wie beim Anschleppen dieses Fahrzeugs.
Zum Abschleppen bleibt der Schalthebel der Getriebeautomatik in Stellung »0«. Das Fahrzeug muß in einem Geschwindigkeitsbereich über 25 km/h geschleppt werden, damit die Zweitpumpe am Automatikgetriebe den notwendigen Öldruck aufbauen kann. Andernfalls läuft das Getriebe (mit entsprechender Schadensgefahr) trocken. Andererseits soll die Schleppgeschwindigkeit auch

nicht mehr als 50 km/h betragen, auch das brächte Teile im Getriebe wegen des zu hohen »Leerlaufs« (eigentlich müßte geschaltet werden) in Schwierigkeiten. Dafür gibt es für Fahrzeuge mit der Mercedes-Getriebeautomatik keine Entfernungsbegrenzungen (etwa 40 oder 50 km), wie bei fast allen anderen Fahrzeugen mit einem automatischen Getriebe. Man kann also einen Mercedes mit Getriebeautomatik auch einige hundert Kilometer weit schleppen, wenn das unbedingt notwendig ist.
Muß allerdings der Mercedes aus irgendeinem Grund mit weniger als 20 km/h abgeschleppt werden (beispielsweise mit einem langsamen Traktor) oder ist durch Bruchschaden aus der Getriebeautomatik Öl ausgelaufen, dann muß die Kardanwelle ausgebaut werden, damit sich die Drehbewegungen der Räder nicht auf das Getriebe übertragen können, denn das trotz Zweitpumpe trocken laufende Getriebe würde noch mehr beschädigt.

Anschleppen bei Getriebeautomatik

Soll ein Mercedes mit Getriebeautomatik zum Motorstart angeschleppt werden, ist ein langes Schleppseil erforderlich, man kann auch zwei handelsübliche Seile, die zumeist recht knapp bemessen sind, zusammenknüpfen. Solch ein langes Seil braucht man, damit der anspringende Motor den Wagen nicht auf den Vordermann treibt, denn auch zum Anschleppen muß eine Geschwindigkeit von etwa 50 km/h (auf jeden Fall mehr als 30 km/h, sonst funktioniert die Zweitpumpe nicht) gefahren werden. Das Anschleppen geht dann so vor sich:
Seil befestigen, Wählhebelstellung auf »0« (ab 1968: »N«), Zündung einschalten und mit Glühkerzen vorglühen, wenn noch möglich (wenn z. B. nur Anlasser defekt ist). Danach Schleppfahrer Handzeichen zum Anfahren geben. Zeigt das Tachometer 30 km/h (bei 200 D/8: 50 km/h) an, Schalthebel auf »3« oder »4« (ab 1968 auf »2«) legen, Hand bleibt zu sofortiger Reaktion am Schalthebel, wenn Motor anspringt. Demgemäß beim Anspringen des Motors Schalthebel sofort auf »0« bzw. »N« zurück, Schleppfahrer Hupzeichen geben und Schleppzug mit dem geschleppten Fahrzeug sanft abbremsen. Spürt man beim Umschalten des Wählhebels auf »3« oder »4« (bzw. »2« seit 1968), daß der Motor nicht durchgedreht wird, ist dies ein Zeichen, daß die Zweitpumpe noch nicht genügend Öldruck liefert. Dann Schalthebel sofort wieder auf »0« bzw. »N« und warten bis etwa 40 km/h (seit 1968: 50 km/h) erreicht sind und nochmals auf »3« oder »4« (bzw. »2«) schalten. Übrigens: Dieses Anschleppen eines Wagens mit Getriebeautomatik ist nur bei den Mercedes wegen der dort vorhandenen Zweitpumpe möglich.

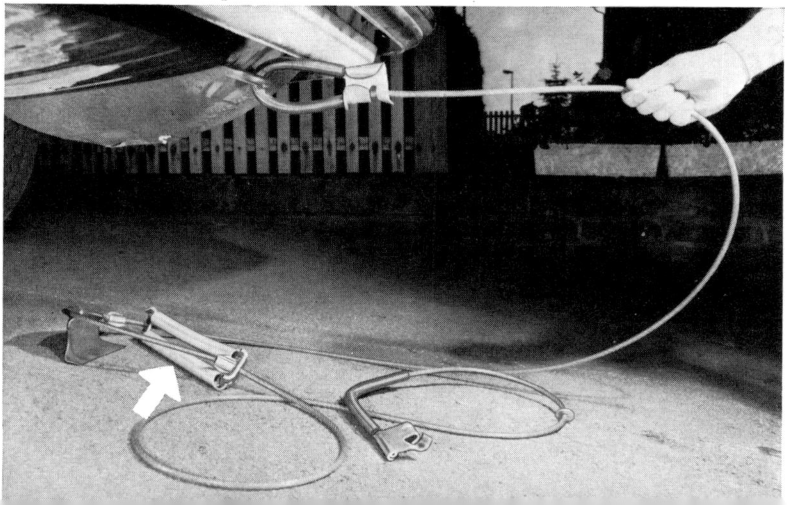

Auch hinten haben die Mercedes eine besondere Abschleppöse, an der Hinterkante des Ersatzradkastens ist sie zu finden. Stahlseile sind zwar nicht sehr handlich, aber sie sind widerstandsfähiger und bei schwereren Wagen besser geeignet. Dann müssen sie jedoch zur Vermeidung von Fahrwerksschäden in der Mitte einen Ruckdämpfer (weißer Pfeil) haben, der sich bei plötzlichen Rucken dehnen kann. Der besonders kräftige »Elastik-Schlepp« von APA kann auf diese Weise bis zu 15 cm nachgeben.

Eigenes Haus am Haken

Was man seinem Mercedes längere Zeit hinten dranhängen will, muß mit diesem durch eine typgeprüfte und amtlich zugelassene feste Anhängerkupplung verbunden sein. Das gilt für kleine Musterkofferanhänger, für größere Geräte- und Transportanhänger wie auch für das eigene Haus auf Rädern. Der Anhänger, ob zum Wohnen oder Warentransport, darf nach amtlicher Festlegung je nach Wagentyp (siehe »Technische Daten« Seite 250) 645 bis 710 kg wiegen, wenn er keine eigenen Bremsen besitzt, und 1200 kg mit eigener Bremseinrichtung. Mercedes-Benz ist da etwas zurückhaltender – wahrlich im Interesse der Autofahrer – und empfiehlt nur 400 kg bei ungebremstem und 750 kg bei gebremstem Anhänger. Sowieso sollte man einem gebremsten Anhänger den Vorzug geben, damit man auf nassen oder schmierigen Straßen beim Bremsen nicht vom Anhänger geschoben wird. Und die eingesparten Kilogramm unter der erlaubten Höchstgrenze wird einem auf die Dauer der Diesel-Motor danken, so robust er auch sein mag.

Anhängerkupplungen sind kein Gebiet für Eigenbaukonstruktionen. Der Anbau einer für den Mercedes amtlich typgeprüften und zugelassenen Anhängerkupplung muß dem TÜV vorgeführt werden. Nach der TÜV-Prüfung muß die Anhängevorrichtung im Kraftfahrzeugbrief und im Kraftfahrzeugschein (Zulassung) eingetragen werden.

Zum Mitzählen

Als »Technische Daten» bezeichnet man am Auto nicht nur das, was sich wiegen, messen oder sonst wie in Zahlen ausdrücken läßt. Auch die Kurzbeschreibung der einzelnen Teile des Motors, der Karosserie und des Fahrwerks gehört dazu. Diese Angaben, die eines Tages vielleicht für Sie von Interesse sein werden, finden Sie nachstehend für die nachfolgenden Modelle aufgeführt:

- 180 Dc August 1961 bis Oktober 1962
- 190 D September 1958 bis Juli 1959
- 190 Db August 1959 bis Juli 1961
- 190 Dc August 1961 bis Juli 1965
- 200 D August 1965 bis Dezember 1967
- 200 D/8 Januar 1968
- 220 D/8 Januar 1968
- 240 D August 1973

Motor	180 Dc	190 D 190 Db	190 Dc 200 D	200 D/8	220 D/8	240 D
Bezeichnung	OM 621/IV	OM 621/I	OM 621/III OM 621/VIII	OM 615	OM 615	OM 616
Bauart	Vierzylinder-Diesel-Reihenmotor mit obenlieg. Nockenwelle					
Arbeitsverfahren	Viertakt-Diesel/MB-Vorkammerverfahren					
Hubraum ccm	1988	1897	1988	1988	2197	2376
Bohrung mm	87	85	87	87	87	91
Hub mm	83,6	83,6	83,6	83,6	92,4	92,4
Leistung (DIN) PS	48	50	55	55	60	65
(SAE) PS	52,4	55	60	60	65	70
bei U/min	3800	4000	4200	4200	4200	4200
Leistung PS/Liter	24,2	26,3	27,7	27,6	27,3	27,1
Leistungsgewicht kg/PS	25,5	24,4	23,7/24,1	24,8	22,7	21,4
Höchstdrehmoment mkg	11,0	11,0	11,5	11,5	12,8	14
bei U/min	2200	2200	2400	2400	2400	2400
Höchstdrehzahl		4000	4320	4350	4350	4350
Verdichtung	21 : 1	21 : 1	21 : 1	21 : 1	21 : 1	21 : 1
Mittl. Kolbengeschw. m/sec	10,6	11,1	11,7	11,7	13,0	13,0
Ventilanordnung	hängend senkrecht					
Ventilspiel (kalt) Einlaß mm	0,10	0,10	0,10	0,10	0,10	0,10
Auslaß mm	0,40	0,40	0,40	0,30	0,30	0,30
Ventilsteuerzeiten						
Einlaß öffnet	12° 30′	11°	12° 30′ v. OT	12° 30′ v. OT	12° 30′ v. OT	12° 30′ v. OT
schließt	41° 30′	40°	41° 30′ n. UT	41° 30′ n. UT	41° 30′ n. UT	41° 30′ n. UT
Auslaß öffnet	45°	43° 30′	45° v. UT	45° v. UT	45° v. UT	45° v. UT
schließt	9°	7° 30′	9° n. OT	9° n. OT	9° n. OT	9° n. OT
Einspritzfolge	1 - 3 - 4 - 2					
Kurbelwellenlager	Mehrstoff-Gleitlager mit Stahlstützschalen					
Anzahl	3	3	3/5	5	5	5
Pleuellager	Mehrstoff-Gleitlager mit Stahlstützschalen					
Kolben	Leichtmetall, geschmiedet von Mahle oder Nüral					
Kolbenringe, Ölabstreif-	1	1	1	1	1	1
Verdichtung	3	3	3	3	3	3
Zylinderanzahl	4	4	4	4	4	4
Nockenwelle	eine Nockenwelle obenliegend					
Nockenwellenantrieb	Duplexkette mit automatischer Nachstellung					
Schmierung	Öldruckumlaufschmierung durch Zahnradpumpe					
Ölfilter	im Hauptstrom			Kombiniertes Haupt-Nebenstromfilter		
Kühlung	Wasserumlauf mit Pumpe, Thermostat mit Kurzschlußleitung, Ventilator und Rippenrohrkühler					
Motorgewicht kg			180	193	195	210
Motorlagerung	Dreipunktlagerung in Gummi					

Kraftstoffanlage

	180 Dc	190 D 190 Db	190 Dc	200 D	200 D/8 220 D/8 240 D
Kraftstoff-Förderung	Bosch-Pumpe an der Einspritzpumpe				
Type	FP/K 22 M 6	FP/KE 22 M 2/8	FP/K 22 M 7	FP/K 22 M 7 FP/K 22 M 13	FP/K 22 M 7 FP/K 22 M 13
Einspritzpumpe	Bosch-Vierstempelpumpe				
Type	PES 4 M 50 A 320 RS 14	PES 4 M 50 A 320 RS 1	PES 4 M 50 A 320 RS 14	PES 4 M 50 A 320 R 14	PES 4 M 50 C 320 RS 14 PES 4 M 55 C 320 RS 47
Einspritzdruck atü	110–120	110–120	110–120	110–120	110–120
Förderbeginn vor OT	26°	26°	26°	26°	26°/24°
Verstellung bis v. OT	38°	38°	38°	38°	38°/36°
Einspritzdüsen	DNO SD 151	DNO SD 151	DNO SD 151	DNO SD 151 DNO SD1510	DNO SD1510
Luftfilter	Ölbad-Dämpferfilter				
Kraftstoffilter	Kunststoff-Siebfilter				

Elektrische Anlage

	180 Dc	190 D, 190 Db	190 Dc	200 D	200 D/8, 220 D/8 240 D
	OM 621/IV	OM 621/I	OM 621/III	OM 621/VIII	OM 615/OM 616
Netzspannung	12 V	12 V	12 V	12 V	12 V
Batteriekapazität	66 Ah	84 Ah	66 Ah	66 Ah	66/88 Ah
Lichtmaschine Bosch Type	Gleichstrom			Drehstrom	
	EG 14 V 20 A 29	EG 14 V 20 A 29	G 14 V 30 A 25	K 1 14 V	35 A 20
Leistung Watt	280	280	420	490	490
Ladebeginn bei U/min Kurbelw.	1025	1140	900	700	700
Übersetzung Kurbelwelle/Lichtmaschine	1: 2	1 : 1,8	1 : 1,8	1 : 1,95	1 : 1,95
Reglerschalter	UA 14 V 20 A	UA 14 V 20 A	UA 14 V 30 A	Bosch	AD 1/14
Anlasser Bosch Type	Schubschraubtrieb				
	JD 12 V 1,8	JD 12 V 1,8	JD 12 V 1,8	JD 12 V 1,8	JF 12 V 2,5
Stromaufnahme Ampère	60–750	60–750	60–750	60–750	80–1200
Glühkerze Bosch	KE/GA 1/21	KE/GA 1/8	KE/GA 1/21	KE/GA 1/21	KE/GA 1/21
Glühkerze Beru	381 GK		381 GK	381 GK	381 GK
Glühlampen	Vorgeschriebene Typen, siehe Seite 180				

Kraftübertragung

	180 Dc 190 D/190 Db	190 Dc	200 D	200 D/8 220 D/8	240 D
Art	Antrieb auf die Hinterräder über geteilte Kardanwelle				
Kupplung	Einscheibentrockenkupplung				
Betätigung	mechanisch	hydraulisch	hydraulisch	hydraulisch	hydraulisch
Getriebeschaltung	Lenkrad	Lenkrad	Lenkrad oder Mittel	Lenkrad oder Mittel	Lenkrad oder Mittel
Getriebe, vollsynchronisiert	4-Gang	4-Gang	4-Gang	4-Gang	4-Gang
Übersetzungen					
1. Gang	4,05	4,05	4,09	3,90	3,90
2. Gang	2,38	2,28	2,25	2,30	2,30
3. Gang	1,53	1,53	1,42	1,41	1,41
4. Gang	1,00	1,00	1,00	1,00	1,00
Rückwärtsgang	3,92	3,92	3,62	3,66	3,66
Hinterachse	hypoidverzahntes Ausgleichgetriebe				
Hinterachsuntersetzung	3,70	3,90	3,92	3,92	3,69
Motordrehzahl im 4. Gang bei 100 km/h	3220	3310	3320	3375	3155
Getriebeautomatik wahlweise	–	ab 1963	ja	ja	ja

Fahrwerk

	180 Dc 190 D/190 Db	190 Dc	200 D	200 D/8, 220 D/8, 240 D
Baumuster	120.110/121.110	110.110	110.110	115.115, 115.110, 115.110
Bauart	Rahmen-Boden-Anlage, mit Karosserie verschweißt, mittragende Karosserie			
Lenkung	Kugelumlauflenkung mit autom. Nachstellung und Lenkungsdämpfer			
Lenkübersetzung	1 : 18,5	1 : 21	1 : 22,7	1 : 22,7
Wendekreis m	10,7	10,7	10,5	10,83
Radeinschlag innen bis	39°	39°	39°	43°
außen bis	30°	32° 30′	32° 30′	35°
Vorderradaufhängung	Einzelradaufhängung mit Trapez-Dreieck-Querlenkern, Schraubenfedern mit Gummi-Zusatzfedern, hydraulische Teleskopstoßdämpfer, Drehstabstabilisator			
Spur vorne mm	1420/1430	1482	1482	1444

Vorspur vorne mm	1–3	1–3	1–3	4–6
Nachlauf	3° 40′	3° 30′	3° 30′	2° 30′
Radsturz vorne	+ 30′	+ 30′	+ 30′	+ 20′
Hinterachse	Eingelenk-Pendelachse mit tiefgelegtem Drehpunkt und Schubstreben			Diagonal-Pendelachse
Federung	Schraubenfedern, hydraulische Teleskopstoßdämpfer			
Spurweite hinten mm	1460/1475	1485	1485	1440
Vorspur hinten mm	± 2	± 2	± 2	0–3
Radsturz hinten (belastet)	+ 1°	— 45′	— 45′	— 45′
Radstand mm	2650	2700	2700	2750
Bremsanlage	Öldruck	Zweikreis-Öldruck mit Unterdruckverstärker		
Bremsen vorne	Trommel	Scheiben	Scheiben	Scheiben
Durchmesser mm	230	253	253	273
Bremsen hinten	Trommel	Trommel	Trommel	Scheiben
Durchmesser mm	230	230	230	279
Felgen	5 JK x 13	5 JK x 13–B	5 JK x 13–B	5½ J x 14–H
Reifen	6.40–13	7.00–13	7.00–13	6.95/175–14
oder (Radial)	7.00 SR 13	7.00 SR 13	7.00 SR 13	175 SR 14
Luftdruck	Tabelle siehe Seite 138			

Maße und Gewichte

	180 Dc 190 D 190 Db	190 Dc	200 D	200 D/8, 220 D/8, 240 D
Länge cm	448,5	473	473	468,5
Breite cm	174	179,5	179,5	177
Höhe unbelastet cm	156	149,5	149,5	144
Leergewicht kg	1220	1300	1325	1360, 1370, 1390
Zul. Achslast vorne kg	780	830	845	900, 900, 925
hinten kg	880	970	980	980, 980, 985
Zuladung bis kg	440	500	500	520
Zul. Gesamtgewicht kg	1660	1800	1825	1880, 1890, 1910
Anhängelast, zulässig				
gebremst kg	1200	1200	1200	1200
ungebremst kg	645	685	700	715
Anhängelast, empfohlen				
gebremst kg	750	750	750	750
ungebremst kg	400	400	400	400
Dachbelastung kg	60	60	60	60
Bodenfreiheit cm	19,5	14	13	10
Überhang vorne cm		73	73	78
hinten cm		130	130	115,5

Füllmengen

Kraftstoff	Diesel-Kraftstoff			
Tank Liter	56	52	65	65
Reserve Liter		5	8	9
Kühlsystem Liter	9,3	10,1	10,1	10,7; mit Ölkühler 10,1
Ölwechselmenge				
mit Filter Liter (ab 8/73)	4,5	5	5	5, 5,5 (6), 6
ohne Filter Liter (ab 8/73)	4	4	4	4, 4,5 (4), 5,5
Ölstand min. Liter	2,5	2,5	2,5	2,5, 3,0, 3,5
Schaltgetriebe Liter		1,4	1,4	1,6
Autom. Getriebe Liter				
Inhalt (ab 8/73)		4,5	4,5	5,4 (5,9), 5,4 (5,9), 5,9
Wechsel (ab 8/73)		3,75	3,75	4,5 (4,8), 4,5 (4,8), 4,8
Hinterachse Liter (ab 3/73)	2,25	2,5	2,5	1,15 (1,0)
Lenkung Liter	0,3	0,3	0,3	0,3
Servo-Lenkung Liter	—	1,4	1,4	1,4
Bremsanlage Liter	0,55	0,55	0,55	0,55
	Sortenangaben in den jeweiligen Textabschnitten			

Fahrwerte (Werksangaben)

	180 Dc	190 D 190 Db	190 Dc	200 D	200 D/8	220 D/8	240 D
Höchstgeschwindigkeit km/h	120	120	125	130	130	135	138
autom. Getriebe	—	—	123	127	127	132	133
Beschleunigung in sec 0–100 km/h	36	29	30	30	31,0	28,1	24,6
Kraftstoffnormverbrauch Liter/100 km	8,0	7,1	7,6	8,1	8,1	8,5	9,5
Motorölverbrauch Liter/100 km	0,15	0,15	0,15	0,15	0,2	0,2	0,2
Bergsteigefähigkeit in %							
1. Gang		36	38	38	34	39	44
2. Gang		19	20	20	19	21	37
3. Gang		11	12	10,5	10	11,5	15
4. Gang		6	6,5	6,5	6	7	7

Entwicklungsjahre

Die Mercedes-Diesel-Typen sind nicht zuletzt ihrer hohen Lebensdauer wegen so begehrt. Es laufen heute noch beträchtliche Stückzahlen der alten Modelle auf unseren Straßen. Die folgende Aufstellung soll die Weiterentwicklung im Laufe der Jahre zeigen, die nicht nur aus chronologischen Gründen interessant ist, sondern auch für Gebrauchtwagenkäufer und Bastler wegen der doch zahlreichen Änderungen. Genauere technische Angaben im vorhergehenden Kapitel.

1961

August:
190 Db ersetzt durch 190 Dc mit neuem Motor (OM 621/III), 1988 ccm, Leistung 55 PS bei 4200 U/min, Karosserie wie Typ 220 (»Einheitskarosserie« mit hinterer Visierkante), jedoch kürzere Motorhaube, einfache Stoßstangen und runde Scheinwerfer.

Oktober:
Halterungen für Sicherheitsgurte.

1963

Juli:
Zusatz-Ausgleichsluftfeder lieferbar.

August:
Zweikreis-Scheibenbremsen eingeführt, Automatik-Getriebe a. W. lieferbar, Außenspiegel auf Fahrertür montiert, Sonnenblenden auch seitlich schwenkbar.

1965

Produktion des 190 D eingestellt, 200 D eingeführt, Motor wie 190 Dc, jedoch Kurbelwelle 5fach gelagert (OM 621/VIII), Karosserie mit Dauerentlüftung in hinteren Dachsäulen, veränderte Heckverzierungen, »Blinkwarzen« entfallen auf Vorderkotflügeln, kombinierte Nebel-Blinkleuchten unter Rundscheinwerfern, wahlweise Lenkrad- oder Knüppelschaltung, Ablagefächer in den Vordertüren.

1966

September:
Kombiversion mit 5 Türen, Reserverad unter Ladefläche, Länge des Fahrzeuges 4740 mm.

1967

September:
200 D »lang« vorgestellt, Karosserie als 7sitzige Pullman-Ausführung, Radstand 3350 mm, Gesamtlänge 5380 mm.

1968

Januar:
»Neue Generation« mit zwei verschiedenen Motoren (OM 615) als 200 D/8 und 220 D/8. /8 (sprich Strich-8) steht für den Produktionsbeginn 1968. Motor des 200 D gleichgeblieben, Typ 220 D mit größerem Hub bei gleicher Bohrung wie 200 D, Bohrung x Hub 87 x 92,4 mm, Hubraum 2197 ccm, Leistung 60 PS bei 4200 U/min, Karosserie kompaktere Abmessungen, Scheinwerfer, Parkleuchten und Nebellampe unter gemeinsamem Deckglas, geänderte Stoßstangen mit Gummileisten, Kühlermaske niedriger, Kofferraum verkleinert, Radaufhängung hinten statt Eingelenk-Pendelachse jetzt Schräglenker-Hinterachse (»Diagonal-Pendelachse«) mit Schraubenfedern, 220 D »lang« in 7sitziger Pullman-Ausführung (Radstand 3400 mm), lieferbar, Gesamtlänge 5335 mm, gleicher Typ mit Motor des 200 D wird nicht mehr gebaut.

März:
Zusätzlicher Ölkühler für 220 D/8.

1969

September:
Alle Motoren (ab Fahrgestell-Endnummer 045610 beim Typ 200 D, ab Fahrgestell-Endnummer 099440 beim 220 D) werden mit Zylinderlaufbüchsen und 4-Ring-Kolben ausgerüstet (einzelne Motoren schon vorher, erkennbar an »4 B« neben Drehzahlmesseranschluß am Motorblock); Innenraum mit Teppichboden statt Gummimatten, Konsole einteilig, Aschenbecher mit Beleuchtung, Anzünder im Aschergehäuse, Warnblinkanlage serienmäßig.

November:
Statt 4-Ring-Kolben erhalten die Motoren der Fahrzeuge ab Fahrgestell-Endnummer 047 110 (200 D) bzw. 086 270 (220 D) 3-Ring-Kolben.

1970

März:
Ölwannen bei 200 D/8 und 220 D/8 vergrößert, Ölfüllmengen um 0,5 l erhöht.

August:
Serienmäßige Wachskonservierung als Korrosionsschutz.

September:
Scheibenwischergestänge aus U-Profil.

1971

Februar:
Vereinheitlichung (nur noch 3 Ausführungen) der Klappenregler an den Typen 180 DC, 190 D, 190 DB, 190 DC, 200 D, 200 D/8 und 220 D/8. Venturirohr im Klappenregler nicht mehr eingeschraubt, sondern gegossen.

April:
Polystop-Befestigungsmutter des Spritzverstellers gegen glanzverzinkte Sechskantmutter mit geschliffener Unterlegscheibe ausgetauscht.

Mai:
Änderungen am Zylinderkurbelgehäuse und an Nockenwellenlagern der Typen 200 D und 220 D; Kombination neuer und alter Ausführung erfordert Zwischengrößen-Zylinderkopfschrauben. Geänderter Druckölkettenspanner.

Juli:
Vereinheitlichte Vorderradnaben mit größerem Lochkreisdurchmesser, Paßsitz und Flanschabstand. Zugleich Änderung der Bremsscheiben.
Typen 200 D und 220 D mit verbreitertem Fuß der Zylinderkopfhaube und entsprechender Dichtung.

September:
1 Million Diesel-Pkw hergestellt seit der Wiederaufnahme der Dieselproduktion im Jahr 1949.
Wartungs-System geändert.
Spannschienenlagerung an den Motoren 200 D und 220 D geändert: Bisherige Führung durch Sicherungsdraht entfällt.

Oktober:
Ölablaßschrauben mit Innensechskant SW 14 (bisher Außensechskant SW 17).
Zwölfkant-Muttern für Pleuelschrauben am Typ 200 D ab Fahrgestell-Nr. 116 785 und am Typ 220 D ab Fahrgestell-Nr. 234 385; Pleuellagerdeckel mit Sechskant-Muttern dürfen nicht nachträglich auf Zwölfkant-Muttern umgestellt werden.
Verbesserung der Kurbelwellenabdichtung bei den Typen 200 D und 220 D. Einbaukombination alt-neu nicht zulässig.

Dezember:
Beim Typ 200 D ab Fahrgestell-Nr. 117 880 und beim 220 D ab Fahrgestell-Nr. 236 355 geänderte Lenkspurhebel.

1972

April:
Kulissenplatte aus Kunststoff bei Fahrzeugen mit Getriebeautomatik und Mittelwählhebel. Bezeichnungen der Wählhebelstellungen links.

Mai:
Alle Modelle mit Verbundglas-Windschutzscheiben, Scheibenwischer mit Intervallschaltung (alle 5 Sek. eine Wischbewegung), geänderten Türverkleidungen und neuen Sitzbezugsmustern.

Juli:
Scheinwerfer-Waschanlage gegen Aufpreis lieferbar.
Gelenke der Hinterachswellen mit Spezialöl (Sterngelenköl) statt Fett befüllt. Sterngelenköl und Fett dürfen nicht gemischt eingefüllt werden.

September:
Beim 200 D Schmierölbohrungen der Kurbelwelle mit geändertem Verlauf. Geänderte obere Paßlagerschalen-Hälfte. Die bisherigen Paßlagerschalen dürfen nicht mit neuen Kurbelwellen kombiniert werden.
Bei allen Modellen auf Wunsch H 4-Halogen-Scheinwerfereinsätze lieferbar.

November:
Typen 200 D und 220 D mit geändertem Kraftstoffilter mit Verschluß- statt Entlüfterschraube. Das neue Filter kann auch in ältere Fahrzeuge eingebaut werden.

1973

Januar:
Zur Vermeidung von knarrenden Geräuschen beim Einschlagen der Lenkung werden am Lenkzwischenhebel Gummi-Gleitlager mit verringerter axialer Vorspannung eingebaut.

Februar:
Vierspeichen-Sicherheitslenkrad mit Kunststoff-Umschäumung (wie S-Klasse).

März:
Alle Modelle erhalten serienmäßig Dreipunkt-Sicherheitsgurte und Kopfstützen vorn.
Bremsschläuche direkt in die Bremszangen eingebaut (die Rohrleitungen zwischen Bremszangen und Schlauch entfallen).
Am Hinterachsmittelstück wird ein neuer Abschlußdeckel eingebaut; dadurch verringert sich die Öleinfüllmenge auf 1 Liter (200 D ab Fahrgestell-Nr. 159 632, 220 D ab Fahrgestell-Nr. 311 331).

April:
Das Kühlsystem wird ganzjährig mit Gefrierschutzmittel bis —30° C befüllt. Alle zwei Jahre soll das Kühlmittel erneuert werden; es braucht nicht mehr - wie bisher - jedes Frühjahr abgelassen zu werden.

August:
Ein neuer 2,4-Liter-Dieselmotor mit 65 PS ergänzt die Diesel-Modellreihe. Zur Hubraumvergrößerung wurde der 2,2-Liter-Motor um 4 mm aufgebohrt, außerdem erhielt er größere Einlaß- und Auslaßventile. Die Öleinfüllmenge ist auf 5 Liter (max.) bzw. 3,5 Liter (min.) erhöht, zusätzlich wird ein Ölkühler eingebaut. Beim 220 D entfällt dieser Ölkühler. Der Thermostat regelt jetzt den Eintritt des kalten Wassers in den Motor (bisher Austritt des warmen Wassers in den Kühler).
Spannvorrichtung für Keilriemen geändert. Halter verstärkt, statt 3 Schrauben jetzt 4. Fortfall des Viergang-Automatik-Getriebes mit hydraulischer Kupplung. Automatik mit hydraulischem Drehmomentwandler (W 4 W 025). Hinterachsübersetzung 3,69, also direkter als beim 220 D.
Karosserie mit kleinen Retuschen: Kühlerverkleidung um 100 mm breiter, 9 mm niedriger, Lufteinlaß unter Vorderstoßstange (Fischmaul), Kennzeichenblende vorn nicht mehr unter, sondern an der Stoßstange, dadurch größerer Böschungswinkel (26° statt 20°).
Fortfall der vorderen Ausstellfenster. Von innen zu verstellender Außenspiegel (wie S-Klasse). Schmutzabweisende Zierschienen an den Säulen der Windschutzscheibe, sie halten die Seitenscheiben verschmutzungsfrei (wie S-Klasse).
Zierrahmen über Heckscheibe hält diese schmutzfrei, bessere Sicht nach hinten (wie S-Klasse).
Griff am Kofferdeckel verbreitert. Heckleuchtengruppe mit starker Profilierung und dadurch geringere Verschmutzung.

1974

März:
Der 240 D erhält eine verbesserte Kupplungs-Mitnehmerscheibe.

Juni:
Serienmäßig werden alle Modelle mit Gürtel-Reifen der Größe 175 SR 14 ausgerüstet.

Juli:
Alle Modelle erhalten serienmäßig einen verschließbaren Tankdeckel.

1975

Juli:
Neue Stoffmuster für Sitzbezüge und neue Farbskala der Außenlackierungen.
Mittelarmlehne vorn (auf Wunsch) am Fahrersitz statt am Beifahrersitz befestigt.
1,5 Millionen Diesel-Pkw seit 1949 gebaut.

August:
Auf Wunsch Rücksitzbank mit drei Beckengurten lieferbar.

September:
Geänderter Kombihebel am Lenkrad, Kontrolleuchte für Nebelschlußleuchte gelb statt grün.

1976

Januar: Vorstellung der neuen Modellreihe (interne Bezeichnung W 123), die zunächst parallel zur bisherigen /8-Serie gebaut wird. Für die neuen Modelle ist der Band 70 innerhalb dieser Handbuchreihe erschienen.
Dezember: Produktionsauslauf der seit Anfang 1968 gebauten Modellreihe.

Stichwortverzeichnis

Erläuterungen zum Schaltplan in der hinteren Buchklappe

Lassen Sie sich von dem bunten Kabelgewirr unserer Zeichnung nicht erschrecken. Die Farben entsprechen den Kabelfarben in Ihrem Wagen. Dort sind sie allerdings zumeist in schwarzen Kabelschläuchen versteckt. Die Buchstaben und Ziffern der nachfolgenden Tabellen sollen Ihnen außerdem im Schaltplan zu weiterer Übersicht verhelfen. Als Vorlage diente für unseren Schaltplan der Mercedes 200 D/8, wie er seit Anfang 1968 gebaut wird. Er entspricht damit im Prinzip allen Schaltplänen der in diesem Buch behandelten Diesel-Typen.

A — Anlasser
B — Batterie
C — Reglerschalter
C_1 — Ladekontrolle
D — Drehstrom-Lichtmaschine
$E_{1,2}$ — Blinker vorne
$E_{3,4}$ — Blinker hinten
E_5 — Blinker-Relais
E_6 — Blinker-Kontrollen
E_7 — Blinkerschalter
F — Bremslichtschalter
$F_{1,2}$ — Bremslichter hinten
F_3 — Bremsflüssigkeitskontrolle
F_4 — Bremsenkontrollampe
F_5 — Kontrollschalter/Feststellbremse
G — Glühanlaßschalter
G_1 — Glühüberwacher
G_2 — Glühkerzen
H — Signalhörner
H_1 — Hupentaste im Lenkrad
J_1 — Instrumentenbeleuchtung
J_2 — Regelwiderstand für Instrumentenbeleuchtung
J_3 — Innenraumleuchte
$J_{4,5}$ — Türkontaktschalter für Innenleuchte
K_1 — Geber der Kraftstoffanzeige
K_2 — Kraftstoffstand-Anzeige
K_3 — Kraftstoff-Reserve-Warnlampe
$L_{1,2}$ — Fern- und Abblendlichter
$L_{3,4}$ — Standlichter vorne
$L_{5,6}$ — Standlichter hinten
L_7 — Lichtschalter
L_8 — Lichthupenschalter
L_9 — Handabblendschalter
L_{10} — Fernlichtkontrolle
M_1 — Gebläsemotor
M_2 — Gebläsemotorschalter
$N_{1,2}$ — Nebellampen
$P_{1,2}$ — Parklichter vorne
$P_{3,4}$ — Parklichter hinten
$R_{1,2}$ — Rückfahrlichter
R_3 — Rückfahrlichterschalter am Getriebe
S — Sicherungskasten
T — Zeituhr
U — Lenkschloß
V_1 — Kennzeichenbeleuchtung
V_2 — Kofferraumbeleuchtung
W — Wischermotor
W_1 — Scheibenwischerschalter
W_2 — Wischergeschwindigkeitsschalter
W_3 — Fußpumpenschalter für Scheibenwischer
X — Radioanschluß
Z — Zigarrenanzünder

Klemmenbezeichnungen im Schaltplan

Die nachstehenden Klemmenbezeichnungen sind sowohl im Schaltplan in der hinteren Buchklappe an den betreffenden Stellen eingedruckt als auch auf den meisten entsprechenden Bauteilen im Auto eingeprägt. Diese Klemmenbezeichnungen sind allgemeinverbindlich für alle Kraftfahrzeuge genormt. Nicht genormt sind die Mercedes-Klemmenbezeichnungen 1, 2, 3, 4, 11, 12, 13 und 14 an Scheibenwischermotor, Scheibenwischerschalter und Fußpumpenschalter. Sie sind auf Seite 204 erklärt.

Klemme	Kabel von – zu
15	Stromführend bei eingeschaltetem Lenkschloß: Lenkschloß Klemme 15 – Glühanlaßschalter Lenkschloß Klemme 15 – Sicherungen 2 bis 6 Sicherung Nr. 5 – Kombi-Instrument Klemme 15/54 (angeschlossen Kraftstoff-Reserve-Warnlampe, Kraftstoffanzeige, Bremsenkontrolle)
17	Stromführend während Starten des Motors: Glühanlaßschalter Klemme 17 – Glühkerzen (umgeht Glühüberwacher)
19	Stromführend während Vorglühen des Motors: Glühanlaßschalter Klemme 19 – Glühüberwacher Klemme 19
30	Stets stromführende Leitungen: Drehstromlichtmaschine Klemme B^+ – Anlasser Klemme 30 – Plus-Pol Batterie Anlasser Klemme 30 – Sicherung Nr. 1 Eingang – Lichtschalter – Lenkschloß Sicherung Nr. 1 Ausgang – Lenkschloß Klemme P 30 (für Parklicht und Innenleuchte) Sicherung Nr. 1 Ausgang – Kombi-Instrument Klemme 30 (Zeituhr)
31	Masseanschlußleitungen: Kombi-Instrument Bremsenkontrolle – Bremsflüssigkeitsstandkontrolle Kombi-Instrument Bremsenkontrolle – Kontrollschalter für Feststellbremse Scheibenwischer – Masse Blinker-Relais – Masse
49	Sicherung Nr. 4 (Klemme 15/54) – Blinker-Relais
49 a	Blinker-Relais – Blinkerschalter
50	Anlasser-Schaltstrom bei Starten des Motors: Glühanlaßschalter Klemme 50 – Magnetschalter des Anlassers
56	Stromführend bei eingeschalteten Scheinwerfern: Lichtschalter Klemme 56 – Abblendschalter
56 a	Abblendschalter Klemme 56 a – Sicherungen Nr. 9, 10 – Fernlicht Sicherung Nr. 9 – Fernlichtkontrolle Sicherung Nr. 1 (Klemme 30) – Lichthupenschalter – Sicherung Nr. 10 (Ausgang) – Fernlicht
56 b	Abblendschalter Klemme 56 b – Sicherungen Nr. 11, 12 – Abblendlicht
57	Frei verfügbare Klemme am Lichtschalter (z. B. Nebelschlußleuchte)
58	Stromführend bei eingeschaltetem Lichtschalter: Lichtschalter Klemme 58 – Sicherungen Nr. 7, 8 (für Standlichter, Kennzeichenbeleuchtung und Instrumentenbeleuchtung)
58 d	Klemme an Regelwiderstand für Instrumentenbeleuchtung
61	Reglerschalter Klemme D^+/61 – Kombi-Instrument Klemme 61 (Ladekontrolleuchte)
B^+	Plus-Pol Batterie – Anlasser Klemme 30 – Drehstromlichtmaschine Klemme B^+
D^+	Lichtmaschine (Ankerwicklung) – Reglerschalter
D^-	Lichtmaschine – Reglerschalter (Masse)
DF	Lichtmaschine (Feldspulen) – Reglerschalter
N	Lichtschalter – Nebelscheinwerfer
P	Stromführend bei ausgeschaltetem Lenkschloß (für Parklicht): Sicherung Nr. 1 (Ausgang) Klemme 30 – Lenkschloß Klemme P 30 Lenkschloß Klemme P – Lichtschalter Klemme Pa Lichtschalter Klemme PaL – Parklichter links Lichtschalter Klemme PaR – Parklichter rechts
R	Radio-Klemme an Lenkschloß
R	Blinkerschalter Klemme R – Blinkerlampen rechts
L	Blinkerschalter Klemme L – Blinkerlampen links

TESTEN SIE AUTO MOTOR UND SPORT.

auto motor und sport testet jedes Jahr über 400 Autos – vom Ford Fiesta mit 50 PS bis zum 420.000 Mark teuren Porsche 959 mit 450 PS. Moderne Meßmethoden, zwei Millionen Testkilometer pro Jahr sowie eine Test-Mannschaft mit langjähriger Erfahrung und sicherem Beurteilungsvermögen bilden die Basis für die anerkannte Testkompetenz von Europas großem Automagazin. Für Ein- und Aufsteiger der mobilen Gesellschaft ist auto motor und sport die kompetente Informationsquelle. Testen Sie uns. Alle 14 Tage neu bei Ihrem Zeitschriftenhändler und an Ihrer Tankstelle.

Unabhängig. Kritisch. Engagiert.

auto motor und sport